JN209756

代数函数論

代数函数論

岩澤健吉著

岩波書店

増 補 版 序

　ここに解説された代数函数論は，本書がはじめて刊行された頃，既に一応完成を見た古典的理論であって(緒言参照)，その後二十余年を経た今日これを省みても，その理論の大綱において著しい進展・深化の跡は見られない．しかし理論の個々の部門について言えば，なおいくつかの重要な新構想・新成果が認められる．よってその一斑を紹介するために，微分とその留数に関する新方法を解説して，これを巻末に付すこととした．なお本版の刊行に当り，理学博士藤崎源二郎氏並びに岩波書店牧野正久氏より種々の御助力を得た．ここに記して感謝の意を表わす．

　1973 年　春

著　者

序

　本書は代数函数論の概要を古典的理論に重きをおいて解説したものである
が，内容その他の注意に関しては緒言を見られたい．本書によって初めて代数
函数論に接する読者は一度本書を読了された後，ふたたび緒言の歴史的解説を
読み返されることを著者は希望する．

　本書の刊行にあたっては，恩師弥永昌吉先生に初めから終りまでお世話にな
った．ここに記して厚く感謝の意を表する．また校正その他に関して多大の援
助を与えられた玉河恒夫氏に対しても深く感謝する．

　1951 年　秋

著　者

目　次

本書は『代数函数論』第 21 刷をもとに，組版ソフト
LaTeX を用いて新たに組みなおしたものである．組
版にあたっては，新字体を用いるとともに一部の漢字
かな遣いを改めた以外，本文は原則変更していない．

緒　言

1.　周知のごとく Descartes は今日の解析幾何学の創始者であるが，代数学と幾何学との統合という考を説明して彼がその著 La Géométrie の第二巻に述べているのは，(実係数の)多項式 $f(x,y)=0$ を満足する二変数 x,y の間の関係を曲線として幾何学的に表示すること，あるいは逆に与えられた(代数)曲線を表わす方程式を求める方法等であった．$f(x,y)=0$ によって結ばれた x,y の函数関係を考究したものとしてこれは代数函数論の萌芽とも見られよう．

このような(実)変数 x,y の間の函数関係 $y=\varphi(x)$ は平面代数曲線としてその後微分積分学の発展と共に Newton, Euler 等によっても研究されたが，代数函数 $y=\varphi(x)$ の本質的な性格はもとよりそれを複素函数として考察することによって初めて解明せらるべきものであった．Gauss, Cauchy による複素函数論の基礎付けが代数函数論成立のために必須であった所以である．

Gauss は既に 1800 年頃二つの週期を有する函数を研究して今日の楕円函数を得ていたが，文献において初めて楕円函数について明らかに述べたのは Abel の論文 Recherches sur les fonctions elliptiques, Crelle's Jour.3, 4 (1827-28)であろう．Paris 滞在中に Cauchy の複素函数論に接した Abel は，早速これをかねて自ら研究していた楕円積分

$$u=\int^x \frac{dx}{\sqrt{f_4(x)}}, \qquad f_4(x)=x \text{ の 4 次式}$$

に応用して，その逆函数としての楕円函数 $x=x(u)$ に想到するとともに，この函数の二重週期性，虚数乗法，分割の問題等を深く研究した．彼はまた楕円積分の拡張として，今日彼の名に因んで Abel 積分と呼ばれている一般の代数函数の積分を考察し，有名な 'Abel の定理' を得た．複素函数としての代数函数を明確に捉え，しかもそれに関して初めて本質的に重要な結果を得たという点で，Abel こそ代数函数論の鼻祖であるというに相応しい(Wirtinger).

　Jacobi もまた Abel と同様に楕円函数の研究から出発してそれの拡張を試みた．すなわち彼は楕円積分の一般化である超楕円積分を考察し，特に最も簡単な場合として積分

$$u_1 = \int^{x_1} \frac{dx_1}{\sqrt{f_6(x_1)}}, \qquad u_2 = \int^{x_2} \frac{x_2 dx_2}{\sqrt{f_6(x_2)}}, \qquad f_6(x) = x \text{ の } 6 \text{ 次式}$$

の逆函数 $x_1 = x_1(u_1), x_2 = x_2(u_2)$ を研究して 4 重週期の多価函数に逢着したが，函数の解析接続や多価性に関して明確な概念の得られなかった当時にあっては，このような函数は "unvernünftig" なものとして捨てられなければならなかった．しかし Jacobi は Abel の定理によって更にこの問題を追及し，遂に超楕円積分の代わりに二つの積分の和

$$u_1 = \int^{x_1} \frac{dx_1}{\sqrt{f_6(x_1)}} + \int^{x_2} \frac{dx_2}{\sqrt{f_6(x_2)}},$$
$$u_2 = \int^{x_1} \frac{x_1 dx_1}{\sqrt{f_6(x_1)}} + \int^{x_2} \frac{x_2 dx_2}{\sqrt{f_6(x_2)}}$$

をとれば，x_1, x_2 の対称式 $x_1 + x_2, x_1 x_2$ が u_1, u_2 の（1 価の）4 重週期函数となることを発見した(1832)．彼は更にこれらの函数が u_1, u_2 の theta 級数によって表わされるであろうことを予想したが，これは後に Rosenhain (1846)および Göpel (1847)によって確かめられた．

　Abel, Jacobi の活躍に刺戟され，その後多くの数学者の努力は，これらの結果を更に一般の Abel 積分の場合に拡張すること，すなわち一般の Abel 函数，theta 関数の理論を建設していわゆる Jacobi の 'Umkehrproblem' を解決することに集中された．そしてそれが必然的に一般の解析函数，特に代数函数，多変数の多重週期函数等の基本的な研究を促した．Riemann, Weierstrass の複素変数の函数論もそのような事情の下に生まれたのである．

　ここで年代が少し前後するがまず Weierstrass について触れておこう．周知のごとく Weierstrass は巾級数を基礎にして彼の函数論を組み立てたが，特に代数函数に関しては次のごとく考えた．すなわち彼は既約方程式 $f(x, y) = 0$ を満足する複素数値 $x = a, y = b$ の組 (a, b) の全体を algebraisches Gebilde と

名付け，各 (a,b) をその Stelle と呼んだ．そして一般に x,y の有理函数 $R(x,y)$ を，Stelle(a,b) において値 $R(a,b)$ をとる algebraisches Gebilde の上の函数として考察した．その際彼が基礎にとったのは，任意の Stelle(a,b) が与えられたとき，$f(x(t),y(t))=0$ を満足する

$$x(t) = a + a_1 t + a_2 t^2 + \cdots, \qquad y(t) = b + b_1 t + b_2 t^2 + \cdots, \qquad |t| < \varepsilon$$

なる形の巾級数の組，いわゆる Element$(x(t),y(t))$ を適当にいくつかとれば（一般には唯一つでよい），(a,b) に十分近い Stelle(x,y) の座標 x,y が

$$x = x(t), \qquad y = y(t)$$

により与えられるという定理である．ここから出発して Weierstrass は多変数の巾級数をも含めた代数的方法によって $R(x,y)$ に関する多くの結果，例えば $R(x,y)$ の留数の和が 0 である等の結果を得た．特に彼は与えられたいくつかの Stelle において ∞ となる $R(x,y)$ の全体を考察して "種数" の概念に到達し，また Riemann-Roch の定理を得た．このように Weierstrass の理論の特色は常に方程式 $f(x,y)=0$ から出発し，巾級数を用いてすべてを代数的に厳密に処理して行く点にある．従って例えば Abel 積分に関する事柄もできるだけこれを微分の問題に帰着させ，また algebraisches Gebilde にしてもそれを曲面として幾何学的に考察することはむしろ意識的に避けていたもののごとくである．これは彼の批判的精神の，当時未だ厳密な基礎付けの得られなかった Riemann の理論，すなわち Riemann 面論に対する不信の現われであろうが，しかしすべての点が明確にされた今日から眺めるとこのような方法は何となく不徹底な感じを免れない．

　一般の解析函数を巾級数によって定義することはもちろん Weierstrass に始まったのであるが，代数函数を与えられた点の近傍で巾級数に展開することは彼以前にも知られていた．すなわち Cauchy, Laurent による正則点あるいは極における巾級数展開についで，Puiseux は代数函数 $y = \varphi(x)$ が分岐点においても分数巾の巾級数に展開されることを示した(1850)．これは実質的には Weierstrass の展開，$x = x(t), y = y(t)$ と一致する(ただし Weierstrass は parameter t が x,y の有理関数としてとれることを重要視した．このような点

にも彼の方法の代数性がうかがわれる）．Puiseux はまた $\varphi(x)$ の一つの巾級数展開から出発して，これを全複素球面上に次々に解析接続することによって $\varphi(x)$ の多価性が生ずることを認識し，更に Abel 積分 $\int \varphi(x)dx$ の週期性をも指摘した．これらはいずれも，代数函数の本質に関わる貴重な発見ではあったが，しかもそれらの結果の由って来る所以を根本的に解明するためには，なお Riemann の天才を俟たねばならなかった．

　代数函数論における Riemann の寄与は決定的である．すなわち彼はまず解析函数，とくに代数函数の多価性を究明して与えられた函数の Riemann 面を定義し，複素球面の代わりにこの Riemann 面を用いれば複雑な性質を示す多価函数も普通の一価函数と同様に取扱い得ることを示した．彼は特に $f(x,y)=0$ によって定まる代数函数 $y=\varphi(x)$ の Riemann 面 $\mathfrak{R}$ の位相幾何学的構造を追及して，それが一般に $2p+1$ 重連結の閉曲面であること，すなわち適当な $2p$ 個の閉曲線に沿うて $\mathfrak{R}$ を切開けばそれを単連結な面になし得ることを証明し，かつこの p，すなわち今日いう $\mathfrak{R}$ の種数が

$$p = \frac{w}{2} - n + 1$$

によって与えられることを示した．ここに n は $\mathfrak{R}$ が複素 x-球面を蔽う枚数，すなわち $f(x,y)$ の y に関する次数であって，また w は $\mathfrak{R}$ の同じ複素球面に対する分岐点の数である．このような $\mathfrak{R}$ の位相幾何学的研究により Abel 積分の週期性の根拠が直観的に明白となり，特に Abel 積分の任意の週期が $2p$ 個の基本週期の有理整係数の和となることがわかった．

　かくのごとく Riemann は Riemann 面という幾何学的な像を用いて，従来とかく理解しにくかった多くの事柄に明快な解答を与えたが，しかし Riemann において最も重要なのは，与えられた代数函数から Riemann 面を構成したということではなくて(それは例えば Weierstrass の algebraisches Gebilde によってもある程度達せられている)，逆に彼が Riemann 面を基礎としてそこから彼のすべての理論，とくに代数函数の存在を導いたという点にある．すなわち Riemann は代数函数とは独立に任意の閉 Riemann 面 $\mathfrak{R}$ を考察し，

Dirichlet の原理により $\mathfrak{R}$ の任意の点において与えられた特異性を有する微分（あるいは調和函数）の存在を証明し，それによって彼が Klasse と呼んだ $\mathfrak{R}$ 上の解析函数の全体 K が今日いう代数函数体をなすことを示した．すなわち適当な函数 x, y をとれば K に属する任意の函数は x, y の（複素係数の）有理式として表され，かつ x と y とは既約方程式

$$f(x, y) = 0$$

を満足し，これによって定まる代数函数の Riemann 面がすなわち初めの $\mathfrak{R}$ に他ならぬことを証明した．ここにおいて初めて代数函数が表面的な方程式 $f(x, y) = 0$ を離れてその最も本質的な性格である閉 Riemann 面上の解析函数として捉えられたのである．あるいはまた代数的にいえば代数函数の基本的性質が本来 $f(x, y) = 0$ にではなく，代数函数体 $K = k(x, y)$（$k =$ 複素数体）に依存していることが認識されたわけである．

　Riemann は更に Abel 積分を精密に考察して，後に Roch によって補充されたいわゆる Riemann-Roch の定理を証明し，また一般の theta 函数を定義して Jacobi の Umkehrproblem を完全に解決した．このように我々は Riemann において今日の古典的代数函数論が事実上ほとんど完成されていることを見るのである．しかしながら現在の我々の立場から見て Riemann の叙述が種々の点で厳密性を欠いていることはやむを得ない．抽象代数学も位相幾何学も未だ生れていなかった当時のことを思えばこれはむしろ当然であろう．しかし Riemann の死の直後（1869）すでに Weierstrass の鋭い批判的精神は Riemann の用いた Dirichlet の原理の証明の論理的欠陥を指摘して数学界に波紋を投げた．

　Dirichlet の原理というのは Potential 論における Green の函数を求めるために Gauss, W. Thomson, Dirichlet 等によって用いられた方法で，与えられた 3 次元領域 G の境界上で与えられた値をとり，かつ G の内部で

$$\Delta u = \frac{\partial^2 u}{\partial x^2} + \frac{\partial^2 u}{\partial y^2} + \frac{\partial^2 u}{\partial z^2} = 0$$

を満足する調和函数 $u = u(x, y, z)$ を得るためには，この境界条件を満足する

微分可能な函数のうちで積分

$$\int_G \left(\left(\frac{\partial u}{\partial x} \right)^2 + \left(\frac{\partial u}{\partial y} \right)^2 + \left(\frac{\partial u}{\partial z} \right)^2 \right) dxdydz$$

の値を最小にするものをとればよいことを教えるものである．Riemann はこの方法を 2 次元の場合に巧みに適用して先に述べたごとく任意の閉 Riemann 面上に与えられた特異点を有する微分および調和函数の存在を証明したのであるが，その際彼は所与の条件を満足する函数のうちで積分値を最小ならしむるものが実際に存在するということの証明を自明なこととして省みなかった．それが Weierstrass によって指摘されたのである．

　この Weierstrass の批判によって Riemann の理論の基礎は一時危く見えたが，やがて Schwarz および C. Neumann により Dirichlet の原理とは別の方法で調和函数の存在が証明され，彼の結果はすべて救われることとなった．しかしながら Riemann の流れを汲む Klein などはこのような解決法に満足せず，あくまでも Dirichlet の原理そのものを厳密に証明して Riemann の初めの思想を生かそうと試みた．そしてこの希望は遂に Riemann, Klein と同じ Göttingen 大学の Hilbert の手によって達せられた(1901)．Hilbert の方法はその後更に Courant, Weyl 等により簡易化され，また一般化されたがそれは有名な Weyl の著書 Die Idee der Riemannschen Fläche のなかに Riemann 面の位相幾何学的な基礎付けと共に美しく述べられている．この著書により Riemann の基本思想はほとんど全部完全な形で再現され，従って Riemann に始まる古典的代数函数論に一応の終止符が打れることとなった．

　さて我々はここで再び前世紀に戻り，Riemann, Weierstrass 以後代数函数論がいかなる新しい別の契機によって更に発展を遂げたかを眺めてみよう．

　Descartes その他が実係数の代数方程式を平面代数曲線として考察したことは既に述べたが，その後，射影幾何学の誕生と共に代数曲線の射影的性質がいろいろ研究されるようになった．Riemann は Riemann 面によると同時にこのような傾向を考慮に入れて，一般に代数函数を定める複素係数の方程式

$f(x, y)=0$ を複素射影平面の曲線として考察することにより代数函数研究に更に新しい観点を一つ加えた．代数函数体 $K=k(x, y)$ を捉えていた彼が二つの方程式 $f(x, y)=0, g(x, y)=0$ の間の双有理変換に着目し，この変換によって不変な代数曲線の性質，すなわち曲線の代数幾何学的性質に注意を向けたことは当然であろう．そして彼は代数函数の解析的理論，例えば Abel 積分の理論が代数曲線に関する幾何学的問題を解くのにいかに有効であるかということを認識し，一例として 4 次曲線に対する楕円函数の応用を述べている．

　Riemann のこの思想はその後 Clebsch によって継承され，多くの成果を挙げた．彼は Riemann の解析的理論を代数幾何学に応用すると同時に，逆にGordan と共に代数幾何学的見地から射影空間の斉次座標を巧みに用いて Riemann の理論，とくに Abel 函数論を整理することを試みた(Theorie der Abelschen Funktionen, 1866)．これは当時未だ一般に近づきにくかった Riemann の思想を多くの数学者の間に普及することに与って力あったといわれている．

　この傾向を更におし進めて解析的理論とは全く独立に代数曲線の理論を形成し，これによって初めて Riemann-Roch の定理あるいは Abel の定理等を代数幾何学的方法によって証明することに成功したのは Brill および M. Noether である(1873)．かくして代数幾何学は数学の一部門として独自な地位を確保すると共に，その直観的に美しい数多くの幾何学的成果は代数函数論に豊富な内容を与えるようになった．その後この方面は Halphen, Picard, Poincaré あるいは Cremona, Segre, Enriques, Casternuovo, Severi 等の手により平面曲線から空間曲線へ，更に一般の代数的多様体へと研究の対象が拡められると共に，その方法も次第に精密化され遂に今日の代数幾何学にまで発展するに至った．しかしながらすべての解析性(連続性)を排除し，純代数的な代数幾何学方法が確立されたのは漸く最近になってのことであって，van der Waerden, Zariski, Weil, Chevalley 等の研究に負うものである．これについてはまた後にふれよう．

　代数函数論には上に述べてきた解析的(古典的)ないし代数幾何学的方法の他

にもう一つの方法がある．それがすなわち代数的あるいは算術的方法と呼ばれ
ているものである．

　我々は既に Weierstrass の理論が極めて代数的であったことを注意したが，
Kummer, Kronecker, Dedekind による代数体の整数論的研究は体に関する認
識を深め，これが代数函数論に大きな影響を与えることとなった．すなわち
Dedekind および H. Weber は Norm, Spur, Diskriminante 等に関する定理が
代数体に関してもまた代数函数体に関しても全く同様に成立することを発見
し，常に代数体を model にしつつ代数函数論を全く代数的（算術的）に組立てる
ことに成功した（Theorie der algebraischen Funktionen einer Veränderlichen,
Crelle's Jour. 92 (1882)）．その際 Dedekind の Ideal 論が基礎になったこと
はいうまでもない．そのような方法で彼等はまず Primdivisor の集合として代
数函数体の絶対 Riemann 面を定義し，その点の積として Polygon すなわち今
日の Divisor を導き，函数の Divisor, Divisorenklasse, Differential, Geschlecht
等を次々に定義して，最後に Normalbasis を用いて Riemann-Roch の定理の
（もちろん純代数的な）証明を与えた．すなわち今日我々が代数函数体の代数的
理論と呼んでいるものの大綱がここで与えられたといっても過言ではない．

　この Dedekind-Weber の理論は後に Hensel および Landsberg の大著，
Theorie der algebraischen Funktionen einer Variabeln und ihre Anwen-
dung auf algebraische Kurven und Abelsche Integrale (1902) において更に
簡易化されたが，ここで用いられた方法は Dedekind-Weber の純代数的であ
るのに対し（解析函数としての）代数函数の巾級数展開を使用している点でよ
ほど Weierstrass のそれに近づいている．しかし Hensel は後にこの点の改良
を試み，有名な p 進数の理論を創った後，代数函数の巾級数展開をも解析を
離れて代数的に基礎づけることに成功して，彼の理論の純代数性を保証した
(1919)．

　既に Dedekind-Weber は上述の論文の序言において彼等の代数的理論が複
素数体の代わりにすべての代数的数からなる数体を基礎にとっても全く同様
に成立することを注意しているが，解析函数としての代数函数を離れて，複

素数体以外の係数体を持つ代数函数体を初めて考察したのは Artin であろう
（1924）．Artin は有限体 k を係数体とする有理関数体 $k(z)$ の 2 次拡大体 K を
考え，これを有理数体上の 2 次体と比べて両者が整数論的に全く同様な性質
を有することを証明し，更に Dedekind の ζ 函数にならって K における ζ 函
数を定義して函数等式を証明すると共に，$\zeta(s)$ の零点が $\mathrm{Re}\,(s)=\dfrac{1}{2}$（Re は実
数部分）の線上にあることを幾つかの実例について確めた．これはもちろん
代数体の ζ 函数に関する有名な Riemann の予想の analogy を狙ったものであ
る．

　Artin の結果はその後いずれも F. K. Schmidt により有限体の上の一般の代
数函数体に拡張された．すなわち彼はまずこのような代数函数体に対しては代
数体におけると同様に類体論（Abel 拡大体の理論）の主要定理がほとんどその
まま成立することを証明し，また ζ 函数を一般の場合に Artin におけるより
も一層合理的に定義して，その函数等式の簡単な証明を与えた．この証明のた
めに Schmidt は古典的な Riemann-Roch の定理を初めて有限体の上の代数函
数体の場合に拡張して証明したのである．この証明が有限体のみならず一般に
完全体を係数体とする代数函数体の場合にそのまま適用されることは直ちに分
ったが，F. K. Schmidt は後に更にこれを拡張し，賦値論の結果を巧みに用い
て全く任意の係数体の上の代数函数体における Riemann-Roch の定理を証明
することに成功した（1936）．彼の方法は Normalbasis を用いるもので根本に
おいて Dedekind-Weber の流れを汲むものであるが，同じ頃 Weil は全く別の
思想に基づいて同じ結果を得た．

　有限体の上の代数函数体における ζ 函数，いわゆる Kongruenzzetafunktion
は Artin 以後多くの数学者の関心をひき，特にこの函数に対して Riemann の
予想の analogy を証明することが興味の中心となった．なかでも Hasse は特
に熱心にこの問題を追求し，古典的な楕円関数論を代数的（抽象的）に再構成
して，楕円函数体においてこの予想が実際に正しいことを証明した（1936）．
Hasse のこの証明は，一般の場合における Riemann の予想の証明の鍵が代数
函数体の代数的対応の理論にあることを示唆した点で特に重要な意義を有する

ものであるが，実際 Weil は新しい代数幾何学の一般論を援用して，標数 p の代数曲線における代数的対応の理論を建設し，それによって Kongruenzzeta-funktion に関する Riemann の予想を完全に解決した(1940-41)．

Weil の証明の詳細は彼の代数幾何学の教科書と共に極めて最近発表されたが，これにより代数幾何学に対して最も一般にしてかつ完全な基礎付けが与えられたと同時に代数函数論における代数幾何学的方法と代数的方法との関連も明らかとなり，解析的方向におけるばかりでなくこの方面でも代数函数論は一段落ついたような感じを与えている．一段落というのはもちろんこれで代数函数論にはもはや為すべき何ものも残っていないというようなことを意味するのではない．例えば Hecke の Abel 積分による Galois 群の表現の問題とか，虚数乗法の問題とか問題はなお数多くあろう．唯これらの問題を追求するのに一応の手段，方法が整えられて，また各種の方法の間の関連も明らかになったという意味である．

なお最近になって解析的にも，また代数幾何学的ないし代数的にも注目をひくようになってきた多変数の代数函数論については全く話が別であることを念のためにつけ加えておく．多変数の代数函数論の発展はなお今後に俟つところが多く，そのために恐らくこれまでの(一変数の)代数函数論はよき Vorbild となるであろう．

2. さて上に述べた代数函数論の三つの大きな流れのうちで，本書の前半の 2 章においては代数的方法の概略を，また後半の 3 章においては解析的方法の大要を紹介した．代数幾何学的方法について少しも触れなかったのは，それが本叢書の「代数幾何学」の項で別に詳細に述べられることを期待したからである．次に各章の内容をなるべく上述の歴史的発展のあとと対比させつつ簡単に説明しよう．

まず第 1 章では次章において必要とする賦値論の諸結果を略述した．元来賦値論は G. Cantor の無理数論，Hensel の $\mathfrak{p}$ 進数論等を基として Kürschák, Ostrowski, Krull 等により次第に一般化され，抽象化されてきた理論である

が，現今では賦値論的方法は代数学，整数論の各分野でほとんど不可欠なもの
となっている．従って本叢書「代数学 I 」の項でも Archimedes 的賦値，Krull
の賦値等を含めた十分な説明があることと思うから，ここでは特に代数函数論
に直接関係のある discrete な非 Archimedes 的賦値についてだけ解説した．定
理の証明その他も大体流布の方法に従ったから特にいうことはないが，ただ賦
値による距離を用いて位相幾何学的方法を多少強調した点を注意しておく．

　次に第 2 章では代数函数体の代数的理論を Riemann-Roch の定理を中心と
して述べた．従って本章の内容は形式的には Dedekind-Weber の論文とほと
んど一致する．ただ理論の構成がすべて賦値論的に整理されて簡単になり，
かつ任意の体の上の代数函数体を考えている点で Dedekind-Weber の極めて
一般な拡張になっている．先に述べたごとくこのような一般の場合における
Riemann-Roch の定理は F. K. Schmidt によっても与えられたのであるが，
ここでは Weil の着想に基づき，それに代数的整数論における Chevalley の
idèle の考を加味して多少証明を整理してみた．そして更に Weil の抽象的な
微分によって得られたこの一般の Riemann-Roch の定理の意義を明らかにす
るために，これより先 Hasse が完全体を係数体とする代数函数体において定
義した，より具体的な微分の概念を説明し，これを媒介として後章の古典的代
数函数論との連絡をとった．なお，Riemann-Roch の定理の二三の応用およ
び有理関数体，楕円函数体等に関する簡単な代数的結果を附加えたが，これら
はいずれも後章の古典理論に対する準備としての意味が多い．先の歴史的説明
に述べたごとく代数的理論としては，なおこの他に有限体の上の代数函数体に
おける整数論および Kongruenzzetafunktion の理論等があるが，それをすべ
てここで紹介するには多くの紙数を要する上に，本叢書「数論」および「代数
幾何学」の項でそれぞれこれ等の問題に触れられるであろうから，ここでは一
切省略することにした．

　さて次の第 3 章ではまず解析的代数函数論の基礎として Riemann 面論を解
説した．Riemann 面の厳密な位相幾何学的基礎づけが Weyl によって初めて
与えられたことは既に述べたが，その後 Rado は Weyl の定義の中に要求され

ている Riemann 面の三角形分割の可能性が実は他の条件から必然的に導かれることを示して Riemann 面のより簡単な定義を与えた(1925). よって我々はこの定義に従い, Riemann 面上の解析函数, 微分および積分等を説明した後, §4 において本章の眼目である与えられた特異点を有する微分および解析函数の存在を証明した. 先に述べたごとくこれは初め Riemann が Dirichlet の原理により証明し, 種々の曲折を経たのち Hilbert によって初めてその証明が保証されたという有名な定理であるが, 我々は Dirichlet の原理によらないで, Hilbert 空間を用いる Weyl の方法に従ってこの定理の証明を与えた. それはこの方法が近時小平邦彦氏により多変数の函数論においても極めて有効であることが立証されたことにもよるが, また Rado の定義に従って Riemann 面論を構成するためにはこの方法によるのが最も近道であると考えたからである. 第3章の残りの部分ではまず現今の被覆多様体の一般論に従って被覆 Riemann 面を定義し, 次に上の存在定理を用いて単連結 Riemann 面の型を決定して, これからいわゆる Riemann 面の標準型を導いた. この辺はほとんど Weyl の著書に従ったのであるが, 読者はこのような解析的な問題においても群論的方法がいかに有力であるかに特に注意されたい.

　第4章においては解析的代数函数論において最も基本的な関係, すなわち複素数体上の代数函数体と閉 Riemann 面との間の対応関係を詳細に追求した. まず §1 では与えられた代数函数体 K の素因子の集合である Dedekind-Weber の意味の絶対 Riemann 面に解析的な座標を導入してこれを閉 Riemann 面とし, この閉 Riemann 面上の解析函数体が初めの K と同型になることを示し, 次に §2 では逆に Riemann に従って閉 Riemann 面 $\mathfrak{R}$ から出発してこの $\mathfrak{R}$ の上の解析函数体が複素数体上の代数函数体となることを証明し, 更にこの代数函数体の素因子からなる閉 Riemann 面が $\mathfrak{R}$ と同型になることを確かめた. かくして同型を除けば代数函数体と閉 Riemann 面とは完全に 1 対 1 に対応し, また前者に関する代数的概念と後者に関する位相的, 解析的概念とが互いに対応することを明らかにした. 特に §3 では曲面論の諸定理の助けにより, 代数函数体の種数とこれに対応する閉 Riemann 面の種数との一致を証

明し，閉 Riemann 面の位相幾何学的構造を決定した.

　さて最後の第 5 章では今まで得られた代数的および解析的な諸定理を応用して代数函数体 K の代数的性質とそれに対応する閉 Riemann 面 $\mathfrak{R}$ の位相的，解析的性質との対応に注意しつつ，古典的代数函数論の幾つかの主要な結果を与えた. すなわちまず §1 では Abel 積分を考察し，その助けにより K の第一種微分のなす加法群と $\mathfrak{R}$ の実係数の 1 次元位相合同群とが Pontrjagin の意味で双対的な位相 Abel 群をなすことを証明し，K の代数的種数と $\mathfrak{R}$ の位相幾何学的種数とが一致するという前章の結果を精密化した. この節の証明の基礎をなすのは $\mathfrak{R}$ を切開いて得られる単連結 Riemann 面の周囲に沿うて与えられた Abel 積分を計算する方法で，これは Riemann に由来する.

　次の §2 においては $\mathfrak{R}$ の単連結被覆 Riemann 面 $\mathfrak{R}^*$ をとり，$\mathfrak{R}$ 上の解析函数，すなわち K の元を $\mathfrak{R}^*$ の函数と考え，また逆に $\mathfrak{R}^*$ の解析函数を $\mathfrak{R}$ 上の多価函数と見て，このうちで特に最も簡単なものとして加法函数および乗法函数を考察した. 加法函数は本質的には第一種および第二種の Abel 積分に他ならない. また（狭義の）乗法函数は，任意の有理函数が 1 次式の積に分解されるという周知の結果を一般の代数函数の場合に拡張するために Riemann が導入したものであるが，我々はこれから積分指標を導いてこの節の主要定理である K の次数 0 の因子類群と $\mathfrak{R}$ の 1 次元の位相合同群との双対性を証明した. 読者は前節および本節の重要な結果がいずれも Abel 積分から得られる指標を用いて位相 Abel 群論における Pontrjagin の双対定理の形で表わされていることに注目されたい. なお本節のごとく $\mathfrak{R}^*$ を用いれば §1 の証明が多少整理されることを注意しておく.

　これら §2 の結果を用いることにより我々は §3 において比較的容易に古典的な Abel の定理および Jacobi の定理を導くことができた. Abel あるいは Jacobi の定理といっても彼等自身の与えた結果はここで述べた形とは全く同じではない. しかし彼等の研究を源としてここにあるような美しい結果が生れ，それが代数函数論の発展に大きな貢献をなしたことは先の歴史的解説において述べた通りである. 殊に Jacobi の定理，すなわち Jacobi の Umkehrpro-

blem の解答を得るために Riemann, Weierstrass によってなされた研究は古
典数学の最高峰であるといわれている．我々は現代数学の近道によって同じ結
果に到達したのであるが，Riemann, Weierstrass の方法の一端をしのぶため
本節の終りに Riemann の Abel 函数と ϑ 函数に関する簡単な解説を附加えて
おいた．

　次の §4 で我々は代数函数体の拡大体，とくに不分岐拡大体の理論を被覆
Riemann 面を用いて考察した．ここで基礎になったのは第3章 §5 および本章
§2 の結果である．これにより特に K の不分岐 Abel 拡大体が K の因子類群に
よって統制されることが分り，有限体の上の代数函数体におけるばかりでな
く，ここでも代数的整数論における類体論の analogy が成立していることが
証明される．否，歴史的にいえばむしろ逆に，Hilbert が有名な Zahlbericht
を書き，今日の類体論の雄大な構想を摑んだ頃(1897)，彼が Vorbild として
頭に画いていたのが恐らく上述の代数函数体の不分岐 Abel 拡大体に関する結
果であったであろう．なお分岐のある拡大体に対しても同様な理論が成立する
がそれは省略した．

　最後の §5 は楕円函数論に当てられた．本文においても断わっておいたが，
ここで我々は楕円函数論をこれまで述べてきた代数函数論の一環として扱う立
場をとった．従って主として Weierstrass の流儀により $\wp$ 函数から出発してま
ず第2章 §7，第3章 §6 の結果を用いて楕円函数体の不変量から母数函数を導
き，次に加法函数，乗法函数として $\zeta(u), \sigma(u)$ 等を定義し，最後に不分岐拡
大体および虚数乗法に簡単に触れて本節を終った．

　3.　以上が本書の内容の概略であるが，この説明からも分るように我々は
代数函数体の代数的理論に対してよりもむしろ解析的理論の方に重きをおき，
前者は大体後者への応用上必要と思われる程度の一般論に止めた．そこで「現
代数学」叢書の一巻である本書が専ら古典理論に重点をおいたことに対しては
著者の弁明が必要であろう．その理由はいろいろある．例えば積極的な理由の
一つとしては先にもちょっと述べたが恐らくこれから大いに発展するであろ

う多変数の(代数)函数論に対してここで述べたような一変数の理論が重要な示唆を与えるであろうということ，また消極的な理由としては代数的理論に関する文献は比較的新しくて読みやすいから本書に述べられている程度の基礎知識があれば読者は自分自身でこれらの文献によって更に深く研究することができるであろうこと，等々．しかし何よりも著者としては古典的代数函数論を通して，今日の数学が古典理論からいかに抽象化され，一般化されて形成されてきたか，そして逆に現代数学の成果が古典理論に対していかなる意義を有するか，すなわち現代数学的立場から古典理論がいかに明快に処理されるかという点を明らかにしたかったのである．

　そのような考えのもとに著者は初め代数函数論を大体歴史的順序に従って解説し，各段階においてそれぞれの理論あるいは方法がいかなる契機によって生れかつ発展してきたかを明らかにすると共に，その成果を現今の立場からできるだけ明確に捉え，歴史的および論理的観点の交錯によって代数函数論の立体的な像を読者に伝えたいと考えたのであるが，しかしこのような計画を遂行するには恐らく多大の紙数と労力とを要し，特に古典的および現代的数学全般にわたる深い素養を必要とするため，著者の菲才の到底よくするところでないことを思い，やむをえず初めの考えを捨ててここにあるごとき叙述の方法に従った．すなわち重点は古典理論におくが，歴史的順序を無視し，論理的要求に従って現代数学の方法をできるだけ有効に用い，なるべく近道をして理論を組立てることにしたのである．そのため賦値論に始まって楕円函数論に終る本書の叙述の順序は歴史的発展に正に逆行する結果となった．これは著者としてまことに止むを得ぬところではあるが，一方先に述べたごとき趣旨をもできるだけ読者に理解してもらいたく思い，この緒言の初めに簡単な歴史的解説を付した次第である．

　このようなわけであるから，我々は現代数学の根幹をなす代数学および位相幾何学の基礎的結果を本書の各所において自由に用いた．これらの予備知識に関して読者はそれぞれ本叢書の各項(とくに現代数学概説Ⅰ，Ⅱ，代数学Ⅰ，位相幾何学Ⅰ)を参照されればもちろん十分であるが，なお各章の註の1)

に手近な参考書(主として邦文のもの)を挙げておいたからそれらを見られた
い. 註にはこの他になお簡単な文献と本文を補う意味の幾つかの注意を附加
えた. 文献はこれ比較的新しい手近なものばかりを挙げたので決して完全な
ものではないが, 熱心な読者が更に深く研究される際に幾分か役立つことと信
ずる. なお古い文献については W. Wirtinger, Algebraische Funktionen und
ihre Integrale, Encyklopädie der Math. Wiss. II B₂ を見られるとよい.

　記号は前後を通じてなるべく統一を図り, 特に代数的理論と解析的理論とに
おいて互いに対応する概念(例えば代数函数体の素因子と閉 Riemann 面の点
等)に対しては同じ文字を用いるように努めたが, 一方あまりに記号が累積す
ることを慮って必ずしもこれを固執しなかったところもある. 特に第3章の
記号(例えば $\mathfrak{G}$, $\mathfrak{H}$, $\mathfrak{M}$ 等)は他章のそれと意義が異なるから注意されたい. ま
た術語(訳語)は大体慣例に従ったが一, 二新語を用いたところもある. これら
の術語の外国語(主として英語)は巻末の索引に付しておいた.

　ともあれ本書が単に著者の一つの essai たるに止まらず, これによって読者
が十九世紀古典数学の一端に触れられ, そこから明日の研究の糧を見出される
ならば著者の最も喜びとするところである.*

---

* 「附記」本書の草稿の大部分は 1947-48 年に成ったもので, 当時は代数函数論の mod-
ern な著書がほとんど見当らなかったのであるが, 我邦の稲葉氏の著書に次いで, 最近
Amer. Math. Soc. から C. Chevalley の好著, Introduction to the theory of alge-
braic functions of one variable が出版された. この本は終りの四分の一程に解析的理
論の説明があるが, 大部分は任意の係数体の上の代数函数体の代数的理論を解説したもの
で, それが Chevalley の簡潔な筆で明快に述べられている. 一方著者はまたこの間幸い
にも Princeton 大学で, E. Artin 教授から親しく代数函数体の代数的理論を含む代数的
整数論の興味ある講義を聞くことができた. これらの著書に接し, また講義を聞いて, そ
して今再びこの旧稿の校正刷を読返して見ると, 種々と意に満たぬ箇所が眼に付く. 特に
第1章, 第2章については, 今ならば異なる叙述をとったであろう. しかし今急にそれを
書き改めることも許されないので, 旧稿のままとしておく. 今後改版の機会もあらば, こ
れらの箇所を書き改めたいものと思っている.

　　　　　　　　　　　　　　　　　　　　　　　　1951 年 9 月, Princeton にて

第1章　賦値論よりの準備[1]

§1　賦値と素因子

実数体や複素数体には他の抽象的な体にない特別な性質がいろいろあるが，なかでも著しいことはこれらの体の任意の元 a (すなわち任意の数 a) に対し絶対値 $|a|$ が定義されていて

$$|a| \geqq 0, \quad |a| + |b| \geqq |a+b|, \quad |a|\,|b| = |ab|$$

なる条件を満足することである．数体におけるこの絶対値の概念を一般の抽象的な体に拡張して得られたものがいわゆる体における賦値の概念である．しかし我々がここで単に賦値と呼んでこれから考察しようとするのはそのような一般の賦値ではなくて，普通には discrete な指数賦値と言われている特別なものである[2]．まずその定義を述べよう．

---

1)　本章および次章の代数的理論を理解するために読者は抽象代数学の基礎的素養を必要とする．そのためには本叢書中の「現代数学概説 I」および「代数学 I」を通読されれば十分であるが，なお参考のために二，三の成書を挙げておく．正田建次郎，抽象代数学(岩波書店)，B. L. van der Waerden, Moderne Algebra I, 第二版(Springer, Berlin)，A. Albert, Modern Higher Algebra (University of Chicago Press). 特に賦値論については，前記著書の中にも解説があるがなお現代数学叢書(岩波)中に守屋美賀雄，賦値論が予定されている．

2)　一般の賦値の理論は本書では不要だから省略したが参考のために定義だけここに述べておこう．

任意の体 K の元 a に対して定義された実数値函数 $\varphi(a)$ が次の条件を満足する時 $\varphi(a)$ を K の賦値と呼ぶ:

i)　$\varphi(0) = 0$, また $a \neq 0$ ならば $\varphi(a) > 0$,

ii)　$\varphi(ab) = \varphi(a)\varphi(b)$,

iii)　$\varphi(a+b) \leqq \varphi(a) + \varphi(b)$.

どんな体でも上の i), ii), iii)を満足する函数，すなわち賦値は少くも一つは存在する．すなわち $\varphi(0) = 0$ とし，また任意の $a \neq 0$ に対し，$\varphi(a) = 1$ と定義すればよい．しかしこのような賦値は自明なものであるから通例これを除外して考える．すなわち i), ii), iii)の他にもう一つ次の条件を附加える:

iv)　$\varphi(a) \neq 0, 1$ なる元 a が存在する．

さて K の賦値 $\varphi(a)$ が上の iii)よりも更に強い条件

iii′)　$\varphi(a+b) \leqq \mathrm{Max}.(\varphi(a), \varphi(b))$

を満足する時 $\varphi(a)$ を特に非 Archimedes 的賦値と呼ぶ．この時

定義 1.1　体 K のすべての元 a に対して定義された函数 $\nu(a)$ が次の条件を満足する時, ν を K における**賦値**と呼ぶ:

i)　$\nu(0)=+\infty$, また $a\neq0$ ならば $\nu(a)$ は有理整数,

ii)　$\nu(a)+\nu(b)=\nu(ab)$,

iii)　$\nu(a)\geqq0$ ならば $\nu(1+a)\geqq0$,

iv)　$\nu(a)\neq0,\infty$ なる元 a が存在する.

上の定義における条件 ii) は ν が K の乗法群 K^* (K の 0 以外の元が乗法に関してつくる群) から有理整数の加法群 I の中への準同型写像であることを示している. よって

$$G = \{\nu(a);\ a \in K^*\}$$

とおけば, G は I の部分群をなす. これは賦値 ν の**値群**と呼ぶ. iv) により G は 0 以外の有理整数を含むから G は I に対し有限の指数 e を有つ. そこで

$$(1.1) \qquad\qquad \nu^*(a) = \frac{1}{e}\nu(a)$$

とおけば ν^* もまた i)-iv) の条件を満足し, 従って K の賦値であることは明らかである. しかも ν^* の値群はちょうど有理整数全体 I と一致する. このように一般に値群が I と一致する賦値のことを**正規賦値**という. 任意の賦値 ν が与えられると, これから (1.1) により正規賦値 ν^* を得ることができる. この ν^* を ν に属する正規賦値と呼ぶ.

定義 1.2　K の賦値 ν_1, ν_2 に属する正規賦値 ν_1^*, ν_2^* が一致する時, ν_1, ν_2 は

$$\nu(a) = -\log\varphi(a)$$

とおけば $\nu(a)$ は必ずしも有理整数値をとるものではないが, $\nu(0)=+\infty$ でかつ本文定義 1.1 の条件 ii), iii), iv) を満足することは直ちに確かめられる. 逆にこれらの条件を満足する実数値函数 $\nu(a)$ が与えられた時

$$\varphi(a) = e^{-\nu(a)}$$

とおけば $\varphi(a)$ は K の非 Archimedes 的賦値となる. よってこのような $\nu(a)$ を一般に K の指数賦値と呼ぶ. 本文中の $\nu(a)$ は特にそのとる値が有理整数であるから, すなわち $\nu(a)$ $(a\in K)$ の集合が実数軸上で discrete であるから, discrete な指数賦値というのである.

本章において $\nu(a)$ に関して述べる事柄のうちのあるものは一般に賦値についても成立することを注意しておく.

互いに**同値**であるという：記号で

$$\nu_1 \sim \nu_2.$$

この同値関係により K のすべての賦値が類別される．その各々の類のことを K の**素因子**と呼び，$P, Q, \cdots$ 等の文字で表す．

上の定義により K の各素因子はそれぞれ正規賦値を一つずつ含む．素因子 P に属するこの正規賦値を今後 ν_P で表すことにする．

次に賦値および素因子に関する簡単な性質を補題として掲げる．

補題 1.1 ν を K の任意の賦値，a, b を K の元とする時

$$\nu(1) = \nu(-1) = 0, \quad \nu(-a) = \nu(a), \quad \nu\left(\frac{1}{a}\right) = -\nu(a) \quad (\text{ただし } a \neq 0)$$

$$(1.2) \qquad \nu(a+b) \geqq \mathrm{Min.}\,(\nu(a), \nu(b)),$$

しかも $\nu(a) \neq \nu(b)$ ならば等号が成立する．

証明 定義 1.1, ii)において $a = b = 1$ あるいは $a = b = -1$ とおけば $\nu(1) = \nu(-1) = 0$ を得る．よってまた ii)において $b = -1$ とすれば $\nu(-a) = \nu(a), 0 = \nu(1) = \nu\left(a \cdot \frac{1}{a}\right) = \nu(a) + \nu\left(\frac{1}{a}\right)$ なる故 $\nu\left(\frac{1}{a}\right) = -\nu(a)$. 次に $a = 0$ あるいは $b = 0$ の時は (1.2) は明らかに成立するから $a \neq 0, b \neq 0$ とし $\nu(b) \geqq \nu(a)$, $\nu\left(\dfrac{b}{a}\right) \geqq 0$ と仮定すれば，iii)より

$$\nu(a+b) \geqq \nu\left(a\left(1 + \frac{b}{a}\right)\right) = \nu(a) + \nu\left(1 + \frac{b}{a}\right) \geqq \nu(a).$$

$\nu(a) \geqq \nu(b)$ の場合も同様である．よって (1.2) が証明された．故に一般に

$$\nu(a) = \nu(a + b - b) \geqq \mathrm{Min.}\,(\nu(a+b), \nu(-b)) = \mathrm{Min.}\,(\nu(a+b), \nu(b)).$$

ここで $\nu(b) > \nu(a)$ と仮定すれば上式の右辺の $\mathrm{Min.}$ は $\nu(a+b)$ でなければならぬから

$$\nu(a) \geqq \nu(a+b).$$

従って (1.2) において等号が成立する．$\nu(a) > \nu(b)$ でも全く同様である．

補題 1.2 ν を K の任意の賦値とし，

$$(1.3) \qquad \mathfrak{o} = \{a; \ a \in K, \ \nu(a) \geqq 0\},$$

$$\mathfrak{p} = \{a'; \ a' \in K, \nu(a') > 0\}$$

とおけば

　　i)　$\mathfrak{o}$ は K の部分環で K の任意の元 c は $\mathfrak{o}$ の元の商として表わされる：$c = \dfrac{a_1}{a_2}$, a_1, $a_2 \in \mathfrak{o}$, $a_2 \neq 0$.

　　ii)　$\mathfrak{p}$ は $\mathfrak{o}$ の素 ideal でかつ K の 0 でない任意の $\mathfrak{o}$-ideal $\mathfrak{a}$ は必ず $\mathfrak{p}$ の巾として一意的に表わされる.

　　iii)　K の元 c から生ずる単項 ideal を ii)により $(c) = \mathfrak{p}^n$ とする時

$$\nu^*(c) = n$$

とおけば ν^* は ν と同値な K の正規賦値を与える.

証明　i)　$a, b \in \mathfrak{o}$, $\nu(a) \geqq 0$, $\nu(b) \geqq 0$ とすれば

$$\nu(a \pm b) \geqq \mathrm{Min}.\,(\nu(a), \nu(b)) \geqq 0, \quad \nu(ab) = \nu(a) + \nu(b) \geqq 0.$$

よって $a \pm b$, ab は $\mathfrak{o}$ に属し $\mathfrak{o}$ は環をなす. また c が $\mathfrak{o}$ に含まれなければ $c = \dfrac{1}{d}$ とする時 $\nu(d) = -\nu(c) > 0$, $d \in \mathfrak{o}$ であるからこれでよい ($a_1 = 1$, $a_2 = d$).

　　ii)　まず $1 \in \mathfrak{o}$. 次に $a', b' \in \mathfrak{p}$, $\nu(a') > 0$, $\nu(b') > 0$ ならば

$$\nu(a' + b') \geqq \mathrm{Min}.\,(\nu(a'), \nu(b')) > 0, \quad a' + b' \in \mathfrak{p}.$$

任意の $a \in \mathfrak{o}$ をとる時, $\nu(a) \geqq 0$ であるから

$$\nu(aa') = \nu(a) + \nu(a') > 0, \qquad aa' \in \mathfrak{p}.$$

また $a, b \in \mathfrak{o}$, $ab \in \mathfrak{p}$ ならば

$$\nu(a) \geqq 0, \quad \nu(b) \geqq 0, \quad \nu(ab) = \nu(a) + \nu(b) > 0$$

なる故 $\nu(a) > 0$ または $\nu(b) > 0$. すなわち $a \in \mathfrak{p}$ または $b \in \mathfrak{p}$. よって $\mathfrak{p}$ は確かに $\mathfrak{o}$ の素 ideal である. 次に

$$e = \mathrm{Min}.\,(\nu(a');\ a' \in \mathfrak{p}), \quad \nu(t) = e, \quad t \in \mathfrak{p}$$

とおけば, e は明らかに a が K の元を動くとき $\nu(a)$ のとる最小正数値であるから, ν の値群を G とすれば

$$e = [I : G].$$

$\mathfrak{a}$ を K の任意の 0 でない $\mathfrak{o}$-ideal とすれば $c\mathfrak{a} \subseteqq \mathfrak{o}$ なる K の元 $c \neq 0$ が存在するから

$$m = \mathrm{Min}.\,(\nu(a');\ a' \in \mathfrak{a})$$

は有限である.

$$m = \nu(a_0), \quad a_0 \in \mathfrak{a}, \quad m = ne$$

とおけば

$$\nu(t^n a_0^{-1}) = n\nu(t) - \nu(a_0) = 0, \quad b = t^n a_0^{-1} \in \mathfrak{o}$$

であるから $t^n = ba_0 \in \mathfrak{a}$, $(t^n) \subseteqq \mathfrak{a}$. ところが $\mathfrak{a}$ の任意の元 a' に対し

$$\nu(a' t^{-n}) = \nu(a') - n\nu(t) = \nu(a') - m \geqq 0, \quad b' = a' t^{-n} \in \mathfrak{o}$$

なる故 $a' = b' t^n \in (t^n)$, $\mathfrak{a} \subseteqq (t^n)$. よって $\mathfrak{a} = (t^n) = (t)^n$. 特に $\mathfrak{a} = \mathfrak{p}$, $a_0 = t$ の場合には $\mathfrak{p} = (t)$ を得るから

$$\mathfrak{a} = \mathfrak{p}^n.$$

すなわち $\mathfrak{a}$ が $\mathfrak{p}$ の巾となることはわかった. 一方別に $\mathfrak{a} = \mathfrak{p}^{n'}$ とすれば $\mathfrak{a} = (t^{n'})$ より

$$m = n'e, \quad n = n'.$$

　　iii)　　上の証明により $(c) = \mathfrak{p}^n$ とすれば

$$\nu(c) = ne$$

となるから

$$\nu^*(c) = \frac{1}{e}\nu(c) = n$$

は ν に属する K の正規賦値を与える(証終).

　上の(1.3)において ν の代わりにこれと同値な ν' をとっても $\mathfrak{o}, \mathfrak{p}$ は変わらない. よって次の定義を得る.

　定義 1.3　P を K の素因子, ν を P に属する任意の賦値とする時, (1.3) により与えられる $\mathfrak{o}, \mathfrak{p}$ をそれぞれ P の**賦値環**および**素 ideal** と呼び, また剰余体 $\mathfrak{o}/\mathfrak{p}$ を P の**剰余体**と呼ぶ.

　補題 1.3　ν_1, ν_2 を K の賦値とし, $\nu_1(a) \geqq 0$ なるとき常に $\nu_2(a) \geqq 0$ となるならば $\nu_1 \sim \nu_2$.

　証明　ν_1, ν_2 の賦値環および素 ideal をそれぞれ $\mathfrak{o}_1, \mathfrak{p}_1, \mathfrak{o}_2, \mathfrak{p}_2$ とすれば仮定により

$$\mathfrak{o}_1 \subseteqq \mathfrak{o}_2$$

よって $\mathfrak{o}_1 \cap \mathfrak{p}_2$ は $\mathfrak{o}_1$ の素 ideal であるが, $\mathfrak{o}_1$ には $\mathfrak{p}_1$ 以外に素 ideal がないか

ら

$$\mathfrak{p}_1 = \mathfrak{o}_1 \cap \mathfrak{p}_2.$$

さて $\nu_1(b) < 0$ なる b をとれば $\nu_1(b^{-1}) > 0,\, b^{-1} \in \mathfrak{p}_1$. 従って $b^{-1} \in \mathfrak{p}_2,\, \nu_2(b^{-1}) > 0,\, \nu_2(b) < 0$. 換言すれば $\nu_2(b) \geqq 0$ ならば $\nu_1(b) \geqq 0,\, \mathfrak{o}_2 \subseteqq \mathfrak{o}_1$. 従って $\mathfrak{o}_1 = \mathfrak{o}_2,\, \mathfrak{p}_1 = \mathfrak{p}_2$. よって補題 1.2 により ν_1, ν_2 から得られる正規賦値は一致する, すなわち $\nu_1 \sim \nu_2$.

補題 1.4（Ostrowski）　$\nu_1, \nu_2, \cdots, \nu_n\, (n \geqq 2)$ を互いに同値でない K の賦値とすれば,

$$(1.4) \qquad \nu_1(1-x) > 0, \quad \nu_2(x) > 0, \quad \cdots, \quad \nu_n(x) > 0$$

を満足する K の元 x が存在する.

証明　まず $n = 2$ の場合を証明する. 補題 1.3 により

$$\nu_1(a) \geqq 0, \qquad \nu_2(a) < 0$$

なる a をとり

$$\nu_1(a) = 0 \quad \text{ならば} \quad x_1 = \frac{1}{a},$$
$$\nu_1(a) > 0 \quad \text{ならば} \quad x_1 = \frac{1}{1+a}$$

とおけば, 補題 1.1 により $\nu_1(x_1) = 0,\, \nu_2(x_1) > 0$. 同様にして $\nu_1(x_2) > 0,\, \nu_2(x_2) = 0$ なる x_2 が存在する. そこで $x = \dfrac{x_1}{x_1 + x_2}$ とおけば $\nu_1(x_1 + x_2) = \nu_2(x_1 + x_2) = 0$ であるから

$$\nu_1(1-x) = \nu_1\left(\frac{x_2}{x_1 + x_2}\right) = \nu_1(x_2) - \nu_1(x_1 + x_2) > 0,$$
$$\nu_2(x) = \nu_2\left(\frac{x_1}{x_1 + x_2}\right) = \nu_2(x_1) - \nu_2(x_1 + x_2) > 0.$$

よって $n = 2$ の場合には証明できたから $n \geqq 3$ として n に関する数学的帰納法を用いる. 仮定により

$$\nu_1(1-x_1) > 0, \quad \nu_3(x_1) > 0, \quad \nu_4(x_1) > 0, \quad \cdots, \quad \nu_n(x_1) > 0,$$
$$\nu_1(1-x_2) > 0, \quad \nu_2(x_2) > 0, \quad \nu_4(x_2) > 0, \quad \cdots, \quad \nu_n(x_2) > 0$$

を満足する x_1, x_2 が K 内に存在する. そこで

1)　$\nu_2(x_1) \geqq 0,\ \nu_3(x_2) \geqq 0$　ならば　$x = x_1 x_2$,

2)　$\nu_2(x_1) < 0$　ならば　$x = \dfrac{x_1}{1 + x_1(1 - x_1)}$,

3)　$\nu_2(x_1) \geqq 0,\ \nu_3(x_2) < 0$　ならば　$x = \dfrac{x_2}{1 + x_2(1 - x_2)}$

とおけばよい. このような x が実際 (1.4) を満足することは補題 1.1 を用いて各々の場合について計算してみればよいのだが, その計算は読者に委せることとしよう.

補題 1.5　$\nu_1, \nu_2, \cdots, \nu_n$ を互いに同値でない K の正規賦値とすれば

$$\nu_i(x_j) = \delta_{ij}$$

を満足する K の元 $x_1, x_2, \cdots, x_n$ が存在する. ただし δ_{ij} は Kronecker の記号である.

証明　ν_1 は正規賦値であるから, $\nu_1(a) = 1$ なる元 a が存在する. そこで (1.4) を満足する x を用いて

$$x_1 = ax^m + (x-1)^m$$

とおく. ただし m は以下の計算から定められる十分大なる自然数である.

$$x_1 = a + (x-1)\left(a\frac{x^m - 1}{x - 1} + (x-1)^{m-1}\right),$$
$$\nu_1\left(a\frac{x^m - 1}{x - 1} + (x-1)^{m-1}\right) \geqq 1$$

であるから (1.2) より

$$\nu_1(x_1) = \nu_1(a) = 1.$$

また $i \geqq 2$ で m が十分大であれば

$$\nu_i(ax^m) = \nu_i(a) + m\nu_i(x) > 0, \qquad \nu_i((x-1)^m) = 0$$

から再び (1.2) により

$$\nu_i(x_1) = 0.$$

$x_2, \cdots, x_n$ もこれと同様に定めればよい (証終).

これらの補題を用いて後に必要な次の定理が証明される.

定理 1.1 (近似定理)　$\nu_1, \nu_2, \cdots, \nu_n$ を互いに同値でない K の賦値, $y_1, y_2,$

$\cdots, y_n$ を K の任意の元，m を任意の自然数とする時

$$\nu_i(y - y_i) > m, \qquad i = 1, 2, \cdots, n$$

を満足する K の元 y が存在する.

　証明　補題 1.4 により

$$\nu_i(1 - a_i) > 0, \qquad \nu_j(a_i) > 0 \qquad (j \neq i)$$

となるような $a_1, \cdots, a_n$ をとり，また N を十分大なる自然数として

$$y = \sum_{i=1}^{n} y_i (1 - (1 - a_i^N)^N)$$

とおけばよい.

$$\nu_i(y - y_i) \geqq \mathrm{Min.}\, (\nu_i(y_i(1 - a_i^N)^N),\ \nu_i(y_j(1 - (1 - a_j^N)^N))\ (j \neq i))$$

$$\geqq \mathrm{Min.}\, (\nu_i(y_i) + N\nu_i(1 - a_i),\ \nu_i(y_j) + N\nu_i(a_j)\ (j \neq i))$$

であるから N を十分大にとれば確かに $\nu_i(y - y_i) > m$ とすることができる.

　定理 1.2　$P_1, P_2, \cdots, P_n$ を相異なる K の素因子，$\nu_i = \nu_{P_i}$ を P_i に属する正規賦値とする時

$$\mathfrak{o} = \{a;\ a \in K,\ \nu_i(a) \geqq 0,\ i = 1, 2, \cdots, n\},$$

$$\mathfrak{p}_i = \{a';\ a' \in \mathfrak{o},\ \nu_i(a') > 0\} \qquad (i = 1, 2, \cdots, n)$$

とおけば

　　i)　$\mathfrak{o}$ は K の部分環で K の任意の元 c は $\mathfrak{o}$ に属する二つの元の商として表される.

　　ii)　$\mathfrak{p}_i\, (i = 1, 2, \cdots, n)$ は $\mathfrak{o}$ の素 ideal でかつ 0 でない K の任意の $\mathfrak{o}$-ideal $\mathfrak{a}$ は

$$\mathfrak{a} = \mathfrak{p}_1^{e_1} \mathfrak{p}_2^{e_2} \cdots \mathfrak{p}_n^{e_n}$$

　　　　なる形に一意的に分解される.

　　iii)　とくに K の元 c に対し $(c) = \mathfrak{p}_1^{e_1} \mathfrak{p}_2^{e_2} \cdots \mathfrak{p}_n^{e_n}$ とすれば

$$(1.5) \qquad \nu_i(c) = e_i \qquad (i = 1, 2, \cdots, n).$$

　証明　i)　$\mathfrak{o}$ は $P_1, P_2, \cdots, P_n$ の賦値環の共通部分であるからそれが K の部分環であることは明らかである. K の元が $\mathfrak{o}$ の元の商として表されることは

iii) に証明する.

ii) $\mathfrak{p}_i$ が $\mathfrak{o}$ の素 ideal となることは補題 1.2 の ii) の証明と同様にしてできる. 次に任意の $\mathfrak{o}$-ideal $\mathfrak{a}$ に対し

$$e_i = \mathrm{Min.}\,(\nu_i(a);\ a \in \mathfrak{a}),\ \nu_i(a_i) = e_i,\ a_i \in \mathfrak{a}$$

とせよ. e_i が有限となることも前と同様である. 補題 1.5 の $x_1, x_2, \cdots, x_n$ と十分大なる自然数 m に対し

$$a_0 = \sum_{i=1}^{n} a_i (x_1 \cdots x_{i-1} x_{i+1} \cdots x_n)^m$$

とおけば a_0 はもちろん $\mathfrak{a}$ に含まれるが, 簡単な計算により

$$\nu_i(a_0) = e_i, \qquad i = 1, 2, \cdots, n$$

となる. よって $\mathfrak{a}$ の任意の元 a に対し

$$\nu_i(a a_0^{-1}) = \nu_i(a) - \nu_i(a_0) \geqq 0, \qquad b = a a_0^{-1} \in \mathfrak{o}.$$

故に $a = b a_0 \in (a_0)$, $\mathfrak{a} \subseteqq (a_0)$. 一方もちろん $(a_0) \subseteqq \mathfrak{a}$ であるから $\mathfrak{a} = (a_0)$ を得る.

$$a' = x_1^{e_1} x_2^{e_2} \cdots x_n^{e_n}, \qquad \nu_i(a') = e_i$$

とおけば $a_0 a'^{-1}$, $a' a_0^{-1}$ は共に $\mathfrak{o}$ に属するから

$$\mathfrak{a} = (a_0) = (a') = (x_1)^{e_1} (x_2)^{e_2} \cdots (x_n)^{e_n}.$$

特に $\mathfrak{a} = \mathfrak{p}_i$ とすれば, x_i が $\mathfrak{p}_i$ に含まれることより $\mathfrak{p}_i = (x_i)$ であることは直ちにわかる. よって一般に

$$\mathfrak{a} = \mathfrak{p}_1^{e_1} \mathfrak{p}_2^{e_2} \cdots \mathfrak{p}_n^{e_n}.$$

$\mathfrak{a}$ がまた別に

$$\mathfrak{a} = \mathfrak{p}_1^{e_1'} \mathfrak{p}_2^{e_2'} \cdots \mathfrak{p}_n^{e_n'}$$

と分解されたとすれば, $\mathfrak{a} = (x_1^{e_1'} x_2^{e_2'} \cdots x_n^{e_n'})$ であるから $b = x_1^{e_1 - e_1'} x_2^{e_2 - e_2'} \cdots x_n^{e_n - e_n'}$ および b^{-1} が共に $\mathfrak{o}$ に含まれなければならぬ. 故に

$$e_1 = e_1', \quad e_2 = e_2', \quad \cdots, \quad e_n = e_n'.$$

iii) $\mathfrak{a} = (c)$ に対しては明らかに

$$e_i = \mathrm{Min.}\,(\nu_i(a);\ a \in \mathfrak{a}) = \nu_i(c), \quad i = 1, 2, \cdots, n$$

となるから (1.5) が成立することは ii) の証明より明白である. また

$$(c) = \prod_{i=1}^{n} \mathfrak{p}_i^{e_i}, \quad c = c' x_1^{e_1} \cdots x_n^{e_n}$$

とおけば $c' \in \mathfrak{o}$. よって c' と $e_i \geqq 0$ に対する $x_i^{e_i}$ の積を a_1 とし, $e_i < 0$ に対する $x_i^{e_i}$ の積を a_2^{-1} とすれば

$$c = \frac{a_1}{a_2}, \qquad a_1, a_2 \in \mathfrak{o}.$$

これで i) の後半も証明された(証終).

　次の定理はある意味で上の定理 1.2 の逆を与えるものである.

　定理 1.3　$\mathfrak{o}$ が K の部分環で

　　i)　　K の任意の元 c は $\mathfrak{o}$ の元の商として表され,

　　ii)　　K の任意の $\mathfrak{o}$-ideal は素 ideal の積に一意的に分解されかつ $\mathfrak{a} \leqq \mathfrak{b}$
　　　　　ならば $\mathfrak{a} = \mathfrak{b}\mathfrak{c}$, $\mathfrak{c} \subseteqq \mathfrak{o}$ なる ideal $\mathfrak{c}$ が存在する[3]

とせよ. しからば $\mathfrak{p}$ を $\mathfrak{o}$ の任意の素 ideal とし, K の元 a がきっかり $\mathfrak{p}^n$ で割れるとき

$$(1.6) \qquad\qquad \nu_{\mathfrak{p}}(a) = n$$

とおけば, $\nu_{\mathfrak{p}}$ は K の一つの正規賦値——$\mathfrak{p}$ **進賦値**——を与え, その剰余体($\nu_{\mathfrak{p}}$ の属する素因子の剰余体)は $\mathfrak{o}/\mathfrak{p}$ と同型である. この場合 $\mathfrak{o}$ の元 a に対しては明らかに $\nu_{\mathfrak{p}}(a) \geqq 0$ であるが, 逆に $\mathfrak{o}$ のすべての元 a に対し $\nu(a) \geqq 0$ となるような K の賦値 ν は必ず適当な素 ideal $\mathfrak{p}$ に関する上の $\mathfrak{p}$ 進賦値 $\nu_{\mathfrak{p}}$ と同値である.

　証明　(1.6) によって与えられる $\nu_{\mathfrak{p}}$ が定義 1.1 の i)-iv) を満足することはいずれも ideal の性質から容易にわかる. $\nu_{\mathfrak{p}}$ の賦値環を $\mathfrak{o}_1$, その素 ideal を $\mathfrak{p}_1$ とすれば明らかに

　3)　このような $K, \mathfrak{o}$ の最も簡単な実例は有理数体と有理整数環とである. 環 $\mathfrak{o}$ の抽象的な一般論については B. L. van der Waerden, Moderne Algebra, II, 第 14 章を参照されたい. そこに示されているように $\mathfrak{o}$ においては代数体の整数論的な諸性質がほとんどそのまま保たれている. 我々は次の証明においてこれらの性質のいくつかを用いなければならぬが, $\mathfrak{o}$ の一般論ないし代数体の整数論に不案内な読者は次の例 2 におけるごとく $K = k(x)$(有理函数体)$\mathfrak{o} = k[x]$(多項式環)として証明を読まれれば十分である. 実際我々が後に代数函数体の理論において必要とするのはこの場合だからである.

$$\mathfrak{o}_1 \supseteqq \mathfrak{o}, \qquad \mathfrak{p}_1 \cap \mathfrak{o} = \mathfrak{p}.$$

また c を $\mathfrak{o}_1$ の任意の元とすれば $c = \dfrac{a_1}{a_2}$, $a_1, a_2 \in \mathfrak{o}$, $a_2 \notin \mathfrak{p}$ なる a_1, a_2 が存在する. そこで

$$a_2 b \equiv 1 \qquad \mathrm{mod.}\, \mathfrak{p}$$

なる $\mathfrak{o}$ の元 b をとれば $c' = c - a_1 b$ は $\mathfrak{p}_1$ に含まれるから $\mathfrak{o}_1 = \mathfrak{o} + \mathfrak{p}_1$. よって環の同型定理により

$$\mathfrak{o}_1 / \mathfrak{p}_1 \cong \mathfrak{o} / \mathfrak{p}.$$

逆に ν を $\mathfrak{o}$ の元 a に対しては常に $\nu(a) \geqq 0$ であるような K の任意の賦値とし,

$$\mathfrak{p} = \{a'; \ a' \in \mathfrak{o}, \ \nu(a') > 0\}$$

とおけば $\mathfrak{p}$ は $\mathfrak{o}$ の素 ideal となる（補題 1.2, ii の証明参照）. きっかり $\mathfrak{p}$ で割れる $\mathfrak{o}$ の元を a_0 とし, c をきっかり $\mathfrak{p}^n$ で割れる K の元とすれば

$$c a_0^{-n} = \frac{a_1}{a_2}, \quad a_1, a_2 \in \mathfrak{o}, \quad a_1, a_2 \notin \mathfrak{p}$$

なるごとき a_1, a_2 が存在するから

$$\nu(c) - n\nu(a_0) = \nu(c a_0^{-n}) = \nu(a_1 a_2^{-1}) = \nu(a_1) - \nu(a_2) = 0,$$

$$\nu(c) = n\nu(a_0) = \nu(a_0)\nu_{\mathfrak{p}}(c).$$

a_0 は定まった元で c は K の任意の元でよいから $\nu \sim \nu_{\mathfrak{p}}$（証終）.

例1 K を有限次代数体, $\mathfrak{o}$ を K における代数的整数の全体とすれば, 整数論の基本定理により定理 1.3 の条件 i), ii) が満足される. よって $\mathfrak{o}$ の素 ideal はそれぞれ K の賦値, 従って K の素因子を与えるが, 逆に（定義 1.1, 定義 1.2 の意味における）K の素因子はこれですべて尽されることが証明される. しかしこれは後の理論に直接関係がないから省略しよう[4].

例2 k を任意の体とし, k の元を係数とする変数 x の有理函数体を $K = k(x)$ とせよ. K の正規賦値 ν で k のすべての元 α $(\alpha \neq 0)$ に対し

$$(1.7) \qquad\qquad \nu(\alpha) = 0$$

なる条件を満足するものを求めてみよう. まず $\nu(x) \geqq 0$ と仮定すれば

---

4) 本叢書「数論」参照.

$$\nu(\alpha_0 + \alpha_1 x + \cdots + \alpha_n x^n) \geqq \mathrm{Min.}\,(\nu(\alpha_i x^i);\ i = 0, 1, \cdots, n)$$

$$= \mathrm{Min.}\,(\nu(x^i)) \geqq 0 \quad (\alpha_i \in k)$$

すなわち多項式環 $\mathfrak{o} = k[x]$ のすべての元 a に対し

$$\nu(a) \geqq 0.$$

しかるに $\mathfrak{o}$ は明らかに K に対し定理 1.3 の条件 i), ii) を満足するから ν は $k[x]$ の一つの素 ideal $(f(x))$ から得られる. ここに $f(x)$ はもちろん $k[x]$ の既約多項式である. 次に $\nu(x) < 0$ ならば $\nu\left(\dfrac{1}{x}\right) > 0$ であるから上と同様にして ν は $k\left[\dfrac{1}{x}\right]$ の素 ideal から得られるはずであるが, この素 ideal は $\dfrac{1}{x}$ を含むから $\left(\dfrac{1}{x}\right)$ でなければならぬ. 逆に $k[x]$ の素 ideal $(f(x))$ あるいは $k\left[\dfrac{1}{x}\right]$ の $\left(\dfrac{1}{x}\right)$ から得られる正規賦値が (1.7) を満足することは明らかである.

特に k が代数的閉体であれば $k[x]$ の既約多項式は 1 次式 $x - \alpha\ (\alpha \in k)$ となる. よってこれから得られる正規賦値を ν_α, その素因子を P_α と書き, また $k\left[\dfrac{1}{x}\right]$ の $\left(\dfrac{1}{x}\right)$ から得られるものを ν_∞, P_∞ と書くことにする. かくして (1.7) を満足する k のすべての素因子と k のすべての元および ∞ との間に 1 対 1 の対応がつく (P_α, P_∞ 等はもちろん変数 x を定めた時に確定の意味を有するものであって体 $K = k(x)$ だけで定まる記号ではない).

§2　賦値による距離と完備化[5]

ν を体 K の一つの賦値とする時, K の任意の元 a, b に対し

$$(2.1) \qquad\qquad \rho(a, b) = \exp(-\nu(a - b))^{[6]}$$

とおけば定義 1.1, i) および補題 1.1 により

   1)　$\rho(a, a) = 0, \qquad \rho(a, b) > 0 \quad (a \neq b)$,

   2)　$\rho(a, b) = \rho(b, a)$,

   3)　$\rho(a, b) + \rho(b, c) \geqq \rho(a, c)$

---

5)　本節で用いる位相空間, ことに距離空間に関する簡単な事柄については本叢書「現代数学概説 II」参照. なお小松醇郎　位相空間論 (岩波, 現代数学叢書) もある.

6)　$\exp(\cdots)$ はもちろん $e^{(\cdots)}$ をわかりやすく書いたもの.

が得られるから，ρ は K における一つの距離を与える．この $\rho = \rho_\nu$ を賦値 ν に属する K の距離と呼ぶ．定義 1.1, ii) および(1.2)を用いれば簡単な計算により K における和 $a+b$, および積 ab がいずれも上の距離 ρ に関し a, b について連続であることがわかる：

$$(2.2) \qquad \rho(a+b, \ a'+b') \leqq \mathrm{Max}.(\rho(a,a'), \ \rho(b,b')),$$

$$\rho(ab, \ a'b') \leqq \mathrm{Max}.(\rho(0,a)\rho(b,b'), \ \rho(0,b')\rho(a,a')).$$

また a^{-1} が $a \neq 0$ の連続函数であることも容易にわかるから K は ρ に関する位相体であって，$\nu(a)$ はもちろんこの位相に関して K における連続函数である．

定理 1.4 K の賦値 ν_1, ν_2 が同値であるためには，ν_1 に属する距離 ρ_{ν_1} と ν_2 に属する距離 ρ_{ν_2} とが K に同値な位相を与えることが必要かつ十分である．

証明 まず $\nu_1 \sim \nu_2$ とすれば同値の定義により

$$\nu_2(a) = r\nu_1(a), \qquad a \in K$$

を満足する正の有理数 r が存在する．従って

$$\rho_{\nu_2}(a,b) = (\rho_{\nu_1}(a,b))^r$$

となるから ρ_{ν_1} と ρ_{ν_2} とが K に同値な位相を与えることは明白である．

逆に ρ_{ν_1} と ρ_{ν_2} とが K に同値な位相を与えるものとせよ．$\nu_1(a) < 0$ なる K の任意の元 a をとれば

$$\rho_{\nu_1}(a^{-n}, \ 0) = \exp(n\nu_1(a)) \to 0 \qquad (n \to \infty),$$

すなわち a^{-1}, a^{-2}, a^{-3}, $\cdots$ なる点列は ρ_{ν_1} に関し 0 に収斂する．よって仮定によりそれは ρ_{ν_2} に関しても 0 に収斂しなければならぬ．すなわち

$$\rho_{\nu_2}(a^{-n}, \ 0) = \exp(n\nu_2(a)) \to 0 \qquad (n \to \infty).$$

従ってもちろん $\nu_2(a) < 0$．故に対偶をとれば，$\nu_2(b) \geqq 0$ ならば $\nu_1(b) \geqq 0$．よって補題 1.3 により $\nu_1 \sim \nu_2$ （証終）．

この定理は K の二つの賦値が互いに同値であるということの実質的な意味を示すものである．また K の各素因子にはそれぞれ相異なる K の位相が対応していることもわかる．

さて一般に距離 ρ を有する空間 S において，点列 $\{a_n\}$ が

$$\rho(a_m, a_n) \to 0 \quad (m, n \to \infty)$$

なる条件(Cauchy の条件)を満足する時 $\{a_n\}$ を S の基本列と呼ぶ．例えば $\{a_n\}$ が S の一点 a に収斂していればもちろん $\{a_n\}$ は基本列であるが，ある種の距離空間——例えば Euclid 空間——においてはこの逆が成立する．すなわち任意の基本列 $\{a_n\}$ は必ずその空間内の一点 a に収斂する．このような性質を有する空間のことを完備な距離空間という．一般の距離空間 S は必ずしも完備ではないが，S を稠密な部分集合として含みかつ S' の距離が S の距離の拡張であるような完備な距離空間 S' が必ず，しかも本質的にはただ一つ存在する．この S' のことを S の完備化と呼ぶ．とくに S が初めから完備ならばもちろん $S' = S$ である．

以上の一般論を K とその賦値 ν から得られる距離 $\rho = \rho_\nu$ とにあてはめてみよう．ρ に関する K の完備化を K' とせよ．K は K' 中に稠密に存在するから K' の任意の点 a, b をとる時

$$(2.3) \qquad a = \lim_{n \to \infty} a_n, \qquad b = \lim_{n \to \infty} b_n$$

なる点列 $\{a_n\}$, $\{b_n\}$ が K 内に存在する．そこで $\{a_n + b_n\}$, $\{a_n b_n\}$ なる点列を考えると，これらはいずれも ρ に関する K の元の和および積の連続性(2.2)により K の基本列をなす．よって K' の完備性により

$$(2.4) \qquad c = \lim_{n \to \infty} (a_n + b_n), \qquad d = \lim_{n \to \infty} a_n b_n$$

なる点 c, d が K' 内に存在する．(2.3)の代わりに $a = \lim_{n \to \infty} a'_n$, $b = \lim_{n \to \infty} b'_n$ なる別の点列 $\{a'_n\}$, $\{b'_n\}$ をとってもやはり (2.2)から

$$c = \lim(a'_n + b'_n), \qquad d = \lim a'_n b'_n$$

を得る．すなわち K' の点 c, d は a, b によって一意的に定まるからこれをもって

$$(2.5) \qquad c = a + b, \qquad d = ab$$

と定義することができる．$a \neq 0$ ならば $\lim_{n \to \infty} a_n^{-1}$ が存在して a^{-1} を与えることに注意すれば，この和および積に関して K' が K の拡大体となることは (2.3), (2.4)の定義から明白である．また(2.3)の $\{a_n\}$ に対し

$$\nu(a) = \lim_{n \to \infty} \nu(a_n)$$

とおけば右辺は実際収斂して，しかも a だけに依存することも上と同様に確かめられる．かくして K' 上の函数 $\nu(a)$ $(a \in K')$ が定義されるが，これが K における賦値 ν の K' における拡張で，定義 1.1 の条件 i)–iv) を満足し，従って K' の賦値を与えることは K における $\nu(a)$ の連続性から明らかであろう．この ν による K' の距離がちょうど K における距離 ρ の K' における拡張になっている．K' を ν による K の完備化と呼ぶ．K から K' をつくるこの方法は有理数から出発して実数を定義する G. Cantor の方法を真似たものである．

補題 1.6 L は K を含む距離 ρ' に関する完備な位相体で，かつ ρ' が K の上に賦値 ν による距離 ρ_ν と同値な位相を与えるならば，K の L における閉包 $\bar{K}$ は K の ν による完備化 K' と K の上に同型な L の部分体である．

証明 K' の元 a に対し

(2.6) $$a = \lim_{n \to \infty} a_n \qquad (K' \text{ 内で})$$

なる K の点列 $\{a_n\}$ をとれば a_n は ρ_ν に関して基本列をなすから，仮定によりそれは ρ' についても基本列である．よって L の完備性により

(2.7) $$a' = \lim_{n \to \infty} a_n \qquad (L \text{ 内で})$$

なる $\bar{K}$ の元 a' が存在する．$\{a_n\}$ の代わりに $a = \lim a_n'$ なる別の $\{a_n'\}$ をとってもやはり $a' = \lim a_n'$ となることは明らかであるから

$$a' = \varphi(a)$$

は K' から $\bar{K}$ 内への一意写像を与える．特に a が K の元ならば $\varphi(a) = a$．逆に $\bar{K}$ の任意の元 a' をとれば (2.7) のごとき K の点列 $\{a_n\}$ が存在するが，これに対し (2.6) を満足する K' の元 a が唯一つ存在するから φ は K' から $\bar{K}$ の上への 1 対 1 の写像であることが知られる．K' 内で

$$a = \lim a_n, \qquad b = \lim b_n,$$
$$a + b = \lim(a_n + b_n), \qquad ab = \lim a_n b_n$$

とすれば $\bar{K}$ 内で

$$\varphi(a) = \lim a_n, \qquad \varphi(b) = \lim b_n,$$

$$\varphi(a+b) = \lim(a_n + b_n), \qquad \varphi(ab) = \lim a_n b_n$$

なる故

$$\varphi(a+b) = \lim(a_n + b_n) = \lim a_n + \lim b_n = \varphi(a) + \varphi(b),$$

$$\varphi(ab) = \lim a_n b_n = \lim a_n \cdot \lim b_n = \varphi(a)\varphi(b).$$

よって $\bar{K}$ は L の部分体で φ は K' から $\bar{K}$ への K 上の同型写像である(証終).

さて ν_1, ν_2 を互いに同値な K の賦値とすれば $\rho_{\nu_1}, \rho_{\nu_2}$ は K に同値な位相を与えるから,ν_1, ν_2 による K の完備化をそれぞれ K', K'' とすれば,上の補題により K' と K'' とは K の上に互いに同型となる.すなわち K の一つの素因子 P に属するすべての賦値は K の上に同一の完備な体 K_P を定めると考えられる.

定義1.4 上のごとくにして K の素因子 P によって定まる K の完備拡大体 K_P を K の P による**完備化**と呼ぶ.特に $K = K_P$ の時 K を P に関して**完備な体**という.

P に属するすべての賦値はそれぞれ一意的に K_P に拡張されて,K_P においてまた互いに同値な賦値となる.従ってそれらは K_P における一定の素因子を定める.これを P の K_P における拡張といい,特に誤解の恐れのない場合には同じ文字 P で表すことにする.

さて素因子 P の K における賦値環を $\mathfrak{o}$ とし,$\mathfrak{o}$ の K_P 内における閉包を $\bar{\mathfrak{o}}$ とせよ.a が $\bar{\mathfrak{o}}$ の元であれば

$$(2.8) \qquad a = \lim a_n, \qquad a_n \in \mathfrak{o}, \qquad \nu(a_n) \geqq 0$$

なる故 ν の連続性により $\nu(a) \geqq 0$.ただし ν はもちろん P に属する賦値である.逆に $a = \lim a_n$, $a_n \in K$ で $\nu(a) \geqq 0$ ならば十分大なる n に対しては $\nu(a_n) \geqq 0$ でなければならぬ($\nu(a) = \lim \nu(a_n)$ で $\nu(a_n)$ は有理整数値をとるから).よって $a \in \bar{\mathfrak{o}}$.故に $\bar{\mathfrak{o}}$ はちょうど P の K_P における賦値環と一致する.同様にして,$\mathfrak{o}$ における素 ideal $\mathfrak{p}$ の閉包 $\bar{\mathfrak{p}}$ が $\bar{\mathfrak{o}}$ の(唯一の)素 ideal となることが証明される.a を $\bar{\mathfrak{o}}$ の任意の元とすれば (2.8) より $\nu(a - a_n) > 0$,すなわち $a - a_n \in \bar{\mathfrak{p}}$ なるごとき $\mathfrak{o}$ の元 a_n が存在する.よって $\bar{\mathfrak{o}} = \mathfrak{o} + \bar{\mathfrak{p}}$.これと $\mathfrak{p} =$

$\mathfrak{o} \cap \mathfrak{p}$ とから環の同型定理により

$$\mathfrak{o}/\mathfrak{p} \cong \bar{\mathfrak{o}}/\bar{\mathfrak{p}}$$

を得る．すなわち次の定理が得られた．

定理 1.5 素因子 P に関する K の完備化を K_P，P の K における賦値環および素 ideal を $\mathfrak{o}$, $\mathfrak{p}$ とすれば，$\mathfrak{o}$, $\mathfrak{p}$ の K_P における閉包 $\bar{\mathfrak{o}}$, $\bar{\mathfrak{p}}$ はそれぞれ P の K_P における賦値環および素 ideal と一致する．また K における P の剰余体 $\mathfrak{o}/\mathfrak{p}$ と K_P における剰余体 $\bar{\mathfrak{o}}/\bar{\mathfrak{p}}$ とは互いに同型である．

完備体は種々の点で一般の体より簡単な性質を示す．次にこれらの性質を述べよう．

定理 1.6（展開定理） K を素因子 P に関する完備体 $(K_P = K)$，$\mathfrak{o}$, $\mathfrak{p}$ をそれぞれ P に関する賦値環および素 ideal とし，また $M = \{u\}$ を $\mathfrak{o}$ の mod. $\mathfrak{p}$ に関する一組の完全代表系[7]（ただし 0 を含む類の代表は 0 とする），t を $\nu_P(t) = 1$ なる K の任意の元とすれば，$\nu_P(a) = i_0$ なる K の任意の元 a は

$$(2.9) \qquad a = \sum_{i=i_0}^{\infty} u_i t^i, \qquad u_i \in M, \qquad u_{i_0} \neq 0$$

なる形に一意的に展開される．ただし右辺はもちろん $\lim_{n \to \infty} \sum_{i=i_0}^{n} u_i t^i$ の意味である．逆に u_i を M から任意にとる時 $\sum_{i=i_0}^{\infty} u_i t^i$ $(u_{i_0} \neq 0)$ は常に収斂して $\nu_P(a) = i_0$ なる K の元 a を与える．従って K の元は (2.9) の形の t の巾級数の全体（および 0）と一致する．

証明 $\nu_P(a) = i_0$ なる a に対し

$$a' = a t^{-i_0}, \qquad \nu_P(a') = 0$$

とおけば $a' \in \mathfrak{o}$, $a' \notin \mathfrak{p}$ であるから

$$a' \equiv u_0 \qquad \mathrm{mod.}\, \mathfrak{p}, \qquad u_0 \neq 0$$

なる u_0 が M 内に唯一つ存在する．そこで今 $u_0, u_1, \cdots, u_{n-1}$ を M から適当に選んで

$$a' \equiv u_0 + u_1 t + \cdots + u_{n-1} t^{n-1} \qquad \mathrm{mod.}\, \mathfrak{p}^n$$

---

7) $\mathfrak{o}$ を ideal $\mathfrak{p}$ で剰余類に分けた時各類から一つずつ選んだ代表元の集合．

ならしめることができたとすれば,

$$b = \frac{a' - (u_0 + u_1 t + \cdots + u_{n-1} t^{n-1})}{t^n}$$

は $\mathfrak{o}$ に属するから

(2.10)　　　　　　　　　　$b \equiv u_n \qquad \mathrm{mod.}\,\mathfrak{p}$

なる u_n が M 内に唯一つ存在する.（2.10）より明らかに

$$a' \equiv u_0 + u_1 t + \cdots + u_{n-1} t^{n-1} + u_n t^n \qquad \mathrm{mod.}\,\mathfrak{p}^{n+1}$$

を得るから,このようにして u_0 から始めて $u_0,\,u_1,\,u_2,\,\cdots$ を次々に定めれば

$$a' = \lim_{n \to \infty} \sum_{i=0}^{n} u_i t^i = \sum_{i=0}^{\infty} u_i t^i,$$

従って

$$a = \sum_{i=0}^{\infty} u_i t^{i+i_0}$$

となることは明白であろう[8].よって u_i を改めて u_{i+i_0} と書き直せば(2.9)を得る.次に一意性を証明する.（2.9）と同時に

$$a = \sum_{i=j_0}^{\infty} u_i' t^i, \qquad u_i' \in M, \qquad u_{j_0}' \neq 0$$

となったとすれば,まず容易にわかるように

$$j_0 = \nu_P(a) = i_0.$$

よって $a' = at^{-i_0}$ の二つの展開

$$a' = \sum_{i=0}^{\infty} u_{i+i_0} t^i = \sum_{i=0}^{\infty} u_{i+i_0}' t^i$$

を比較して

$$a' \equiv u_{i_0} \equiv u_{i_0}' \qquad \mathrm{mod.}\,\mathfrak{p}.$$

---

8)　$a' - (u_0 + u_1 t + \cdots + u_n t^n)$ は $\mathfrak{p}^{n+1}$ に属するから
$$\nu_P(a' - (u_0 + u_1 t + \cdots + u_n t^n)) \geqq n + 1.$$
　従って
$$\rho(a',\, u_0 + u_1 t + \cdots + u_n t^n) = \exp(-\nu_P(a' - (u_0 + u_1 t + \cdots + u_n t^n))) \leqq e^{-(n+1)}$$
　となるから
$$\lim_{n \to \infty} \rho(a',\, u_0 + u_1 t + \cdots + u_n t^n) = 0.$$

u_{i_0} も u'_{i_0} も M の元で，M は mod. $\mathfrak{p}$ の完全代表系であるから

$$u_{i_0} = u'_{i_0}.$$

故に

$$\frac{a' - u_{i_0}}{t} = \sum_{i=1}^{\infty} u_{i+i_0} t^{i-1} = \sum_{i=1}^{\infty} u'_{i+i_0} t^{i-1}$$

より

$$\frac{a' - u_{i_0}}{t} \equiv u_{i_0+1} \equiv u'_{i_0+1} \qquad \text{mod.}\,\mathfrak{p}.$$

これから上と同じ理由によって

$$u_{i_0+1} = u'_{i_0+1}.$$

以下同様にして次々に u_i と u'_i とが等しいことがわかる.

次に u_i を M から任意にとり

$$s_n = \sum_{i=i_0}^{n} u_i t^i$$

とおけば $\nu_P(s_n - s_m) \geqq \text{Min.}\,(n, m)$ となるから $\{s_n\}$ は K の基本列を与えるが，仮定により K は P に関して完備であるからそれは必ず一点 a に収斂する. $u_{i_0} \neq 0$ なる時 $\nu_P(a) = i_0$ となることは明らかであろう（証終）.

注意 t^i の代わりに $\nu_P(a_i) = i$ なる $\cdots, a_{-2}, a_{-1}, a_0, a_1, a_2, \cdots$ を定めておけば，上と同様にして K の任意の元 a は

$$a = \sum_{i=i_0}^{\infty} u_i a_i, \qquad u_i \in M$$

と展開される.

定義 1.5 ν_P を素因子 P に属する K の正規賦値とする時

$$\nu_P(t) = 1$$

なる K の任意の元 t を P に関する（あるいは P における）K の**素元**と呼ぶ.

例 $K = k(x)$ を k を係数体とする変数 x の有理函数体とし，$P = P_0$ を $k[x]$ の素 ideal (x) から生ずる K の素因子とせよ（§1, 例 2）. 定理 1.3 により P の剰余体は $k[x]$ の (x) に関する剰余体, すなわち k に同型で, 従って定理 1.5

により K の P に関する完備化 K_P における P の剰余体もまた k と同型である．よって上の定理 1.6 の完全代表系 M として今の場合 k の元の全体をとることができる．x はもちろん P に関する K_P の素元であるから，(2.9) により K_P の任意の元 a は

$$a = \sum_{i=i_0}^{\infty} \alpha_i x^i, \ \ \alpha_i \in k, \ \alpha_{i_0} \neq 0 \ \ \ (\nu_P(a) = i_0)$$

なる形に一意的に展開される．すなわち K_P は k の元を係数とする x の巾級数の全体と一致する．我々はこの巾級数体を $k((x))$ で表し，$K_P = k((x))$ における上の P, ν_P をそれぞれ x に関する**標準素因子**，**標準賦値**と名付けることにする．

　さて再び一般論に戻り，K を素因子 P に関する完備体，$\mathfrak{o}, \mathfrak{p}$ をその賦値環および素 ideal とせよ．

$$f(x) = \sum a_i x^i, \ \ \ \ \ a_i \in \mathfrak{o}$$

を $\mathfrak{o}$ の元 a_i を係数とする任意の多項式とする時，各 a_i を a_i の属する $\mathrm{mod.}\,\mathfrak{p}$ の剰余類 $\bar{a}_i$ でおきかえれば，$f(x)$ から P の剰余体 $\mathfrak{K} = \mathfrak{o}/\mathfrak{p}$ を係数とする多項式

$$\sum \bar{a}_i x^i, \ \ \ \ \ \bar{a}_i \in \mathfrak{K}$$

が得られる．我々はこの多項式を $\bar{f}(x)$ と書くことにしよう．また $f(x), g(x)$ が上と同じく $\mathfrak{o}[x]$ の多項式で，$f(x) - g(x)$ の各係数がすべて $\mathfrak{p}^n \ (n = 1, 2, \cdots)$ に含まれている場合には

$$f(x) \equiv g(x) \ \ \ \ \ \ \mathrm{mod.}\,\mathfrak{p}^n$$

と書くことにする．しからば次の重要な定理が成立する．

　定理 1.7（Hensel）　$K, P, \mathfrak{o}, \mathfrak{p}, \mathfrak{K}$ 等は上の通りとし，また $f(x)$ を $\mathfrak{o}[x]$ の多項式とする時，$\bar{f}(x)$ が $\mathfrak{K}[x]$ において互いに素な二つの多項式 $g'(x), h'(x)$ の積に分解されるならば（$\bar{f}(x) = g'(x)h'(x)$）

$$f(x) = g(x)h(x), \ \ \ \ \ \ \bar{g}(x) = g'(x), \ \ \ \ \ \ \bar{h}(x) = h'(x)$$

を満足する $\mathfrak{o}[x]$ の多項式 $g(x), h(x)$ が存在する．しかもこの時 $g(x)$ の次数は $g'(x)$ の次数と一致させることができる．

証明 f, g', h' の次数をそれぞれ n, n', n'' とせよ. $n'+n''$ は $\bar{f}$ の次数であるから $n'+n'' \leqq n$. さてまず $\bar{g}_1 = g'$, $\bar{h}_1 = h'$ となるような $\mathfrak{o}[x]$ の多項式 g_1, h_1 をとる. g_1, h_1 の次数はもちろん n', n'' と仮定して差支えない. 次に次数が高々 n' である $\mathfrak{o}[x]$ の多項式 $g_1, \cdots, g_m$ および次数が高々 $n-n'$ である $\mathfrak{o}[x]$ の多項式 $h_1, \cdots, h_m$ を

$$(2.11) \quad g_{i-1} \equiv g_i, \qquad h_{i-1} \equiv h_i \quad \mathrm{mod.}\, \mathfrak{p}^{i-1} \qquad (i = 2, \cdots, m),$$

$$(2.12) \quad f \equiv g_i h_i \qquad \mathrm{mod.}\, \mathfrak{p}^i \qquad\qquad\qquad (i = 1, \cdots, m)$$

が成立するようにとったとせよ. このとき同様な条件を満足する g_{m+1}, h_{m+1} が存在することを証明しよう. $\nu_P(c) = m$ なる c をとり $\mathfrak{o}[x]$ の多項式 $u(x)$, $v(x)$ に対し

$$g_{m+1}(x) = g_m(x) + cu(x), \qquad h_{m+1}(x) = h_m(x) + cv(x)$$

とおいてみる. この時 $g_{m+1} \equiv g_m$, $h_{m+1} \equiv h_m \ \mathrm{mod.}\, \mathfrak{p}^m$ は明らかであるが, 更に $f \equiv g_{m+1} h_{m+1} \ \mathrm{mod.}\, \mathfrak{p}^{m+1}$ となるためには

$$f - g_m h_m \equiv c(g_m v + h_m u) \qquad \mathrm{mod.}\, \mathfrak{p}^{m+1}$$

であればよい. 仮定により $c^{-1}(f - g_m h_m) = r(x)$ は $\mathfrak{o}[x]$ の多項式であるから

$$g_m v + h_m u \equiv r \qquad \mathrm{mod.}\, \mathfrak{p}$$

なる相合式を u, v について解けばよいわけだが, $\bar{g}_m = \bar{g}_1 = g'$ と $\bar{h}_m = \bar{h}_1 = h'$ とは $\mathfrak{K}[x]$ の多項式として互いに素であるから上のような u, v でしかも次数がそれぞれ g_m, h_m の次数を超えぬものが確かに存在する. よって求むる g_{m+1}, h_{m+1} の存在も証明された. かくして次数がそれぞれ n', $n-n'$ を超えぬ $\mathfrak{o}[x]$ の多項式の系列

$$g_1, \ g_2, \ g_3, \ \cdots; \quad h_1, \ h_2, \ h_3, \ \cdots$$

が定まる. よって

$$g_i(x) = \sum_{k=0}^{n'} a_{ik} x^k, \qquad h_i(x) = \sum_{k=0}^{n-n'} b_{ik} x^k$$

とおけば (2.11) より $\{a_{1k}, a_{2k}, \cdots\}$, $\{b_{1k}, b_{2k}, \cdots\}$ はいずれも K の基本列を成す. しかるに K は完備体であるから

$$a_k = \lim_{i \to \infty} a_{ik}, \qquad b_k = \lim_{i \to \infty} b_{ik}$$

なる a_k, b_k が K 内に存在する．しかも a_{ik}, b_{ik} は $\mathfrak{o}$ の元であるから a_k, b_k も また $\mathfrak{o}$ に属する．そこで

$$g(x) = \sum_{k=0}^{n'} a_k x^k, \qquad h(x) = \sum_{k=0}^{n-n'} b_k x^k$$

とおけば $\bar{g} = \bar{g}_i = g'$, $\bar{h} = \bar{h}_i = h'$．また (2.12) より $f \equiv gh \bmod. \mathfrak{p}^m$ がすべての 自然数 m に対して成立つ．よって $f = gh$. g, h の次数は高々 n', $n-n'$ であ ったが，その積の次数が n であるから g の次数はちょうど n' でなければなら ぬ．これで定理は完全に証明された．

定理 1.7 には非常に多くの応用があるが，次にその一つを証明しておく．

補題 1.7　K を素因子 P に関する完備体，$\mathfrak{o}$ を P の賦値環とする時，$K[x]$ の既約多項式

$$f(x) = x^n + a_1 x^{n-1} + \cdots + a_n, \qquad a_i \in K$$

の最後の係数 a_n が $\mathfrak{o}$ に含まれるならば，他のすべての a_i もまた $\mathfrak{o}$ に含まれ る．すなわち $\nu_P(a_n) \geqq 0$ ならば $\nu_P(a_i) \geqq 0$, $i = 1, \cdots, n$.

証明　$\mathrm{Min.}\,(\nu_P(\alpha_i); \ i = 1, \cdots, n) = l$ とせよ．$l < 0$ と仮定して矛盾を導けば よい．$\nu_P(b) = -l$ なる b をとり

$$f_1(x) = bf(x) = b_0 x^n + b_1 x^{n-1} + \cdots + b_n, \qquad b_i = ba_i$$

とおけば $f_1(x)$ は $\mathfrak{o}[x]$ の多項式でかつ仮定により $\nu_P(b_n) > 0$．また $\nu_P(b_i) = 0$ なる番号 i $(0 < i < n)$ が存在する．よって $\mathfrak{K}[x]$ において

$$\bar{f}_1(x) = x^k h'(x), \qquad (x, h'(x)) = 1, \qquad 0 < k < n$$

と分解されるから前定理により $K[x]$ において $f_1(x)$，従って $f(x)$ が次数 k, $n-k$ の因子に分解される．これは $f(x)$ が既約であるという仮定に矛盾する （証終）．

§3　素因子の拡張と射影

基礎体 K の拡大あるいは縮小により K における賦値や素因子がどのような 影響を受けるかを調べてみよう．L を K の拡大体，P, P' をそれぞれ K, L における素因子とせよ．P' に属する一つの賦値 ν' を特に K の上だけの函数

と考えた場合，これが P に属する K の賦値を与えるならば，P' に属する他の任意の賦値 ν'' もまた K の上の函数として P に属する．この時 L における P' の賦値環および素 ideal を $\mathfrak{o}', \mathfrak{p}'$ とし，K における P のそれを $\mathfrak{o}, \mathfrak{p}$ とすれば明らかに

$$\mathfrak{p} = \mathfrak{o} \cap \mathfrak{p}'.$$

よって環の同型定理により $(\mathfrak{o}+\mathfrak{p}')/\mathfrak{p}'$ は $\mathfrak{o}/\mathfrak{p}$ と同型になるから P' の剰余体 $\mathfrak{K}' = \mathfrak{o}'/\mathfrak{p}'$ は P の剰余体 $\mathfrak{K} = \mathfrak{o}/\mathfrak{p}$ を含むものと考えてよい．

$$(3.1) \qquad f = [\mathfrak{K}' : \mathfrak{K}]$$

とせよ．また P' に属する正規賦値 $\nu_{P'}$ と P に属する正規賦値 ν_P との間には K の任意の元 a に対し

$$(3.2) \qquad \nu_{P'}(a) = e\nu_P(a)$$

なる関係がある．ここに e はもちろん a に無関係な自然数である．

定義 1.6　L の素因子 P' と K の素因子 P とが上のごとき関係にある場合に P' を P の L における**拡張**，P を P' の K における**射影**と呼び，(3.1) の f を P' の P (あるいは K) に関する**相対次数**，(3.2) の e を P' の P (あるいは K) に関する**分岐指数**という．また P' に属する賦値 ν' を K の上だけの函数と考えた場合に得られる P の賦値 ν を ν' の K における射影といい，逆に ν' を ν の L における拡張という．

定理 1.8　L が K の有限次拡大体であれば L の任意の素因子 P' は常に K において唯一つの射影 P を有し，かつその相対次数 f は $[L:K]$ を超えない．

証明　ν' を P' に属する一つの賦値とせよ．この ν' を特に K の上だけの函数と考えた場合にそれが定義 1.1 の条件 i)–iv) を満足することを証明すればよい．まず i), ii), iii) については問題はない．次に $\nu'(u) \neq 0, \infty$ なる L の元 u をとり，u が K に関して満足する方程式を

$$a_0 u^n + a_1 u^{n-1} + \cdots + a_n = 0, \qquad a_i \in K$$

とせよ．ここで，$\nu'(a_i) = 0 \ (i=0,1,\cdots,n)$ と仮定すれば，$\nu'(a_i u^{n-i}) = (n-i)\nu'(u)$ は互いに相異なるから補題 1.1 により

$$+\infty = \nu'(0) = \nu'(a_0 u^n + \cdots + a_n) = \mathrm{Min}.\,(\nu'(a_i u^{n-i}))$$

となり矛盾を生ずる．よって $\nu'(a_i)$ のうちに 0 でないものが確かに存在する．すなわち ν' は K においても iv) を満足する．故に P' は K 上に唯一の射影 P を有する．次に $\mathfrak{o}'$, $\mathfrak{p}'$, $\mathfrak{o}$, $\mathfrak{p}$ をそれぞれ P', P の賦値環および素 ideal とし，$x_1, \cdots, x_m$ を，mod. $\mathfrak{p}'$ に関する剰余類 $\bar{x}_i$ が $\mathfrak{K} = \mathfrak{o}/\mathfrak{p}$ に関して一次独立であるような $\mathfrak{o}'$ の元とすれば，$x_1, \cdots, x_m$ は K に関して一次独立となる．実際ことごとくが 0 でない b_i に対し

$$b_1 x_1 + \cdots + b_m x_m = 0, \qquad b_i \in k$$

となったとすれば

$$l = \mathrm{Min.}\,(\nu_P(b_i);\ i = 1, \cdots, m)$$

とし，$\nu_P(b) = -l$ なる b をとって

$$c_i = b b_i, \qquad c_1 x_1 + \cdots + c_m x_m = 0$$

とおく時，c_i はすべて $\mathfrak{o}$ に属しかつそのうち少くとも一つは $\mathfrak{p}$ に含まれない．よって上式を mod. $\mathfrak{p}'$ で考えた式

$$\bar{c}_1 \bar{x}_1 + \cdots + \bar{c}_m \bar{x}_m = 0$$

は $\bar{x}_1, \cdots, \bar{x}_m$ が $\mathfrak{K}$ に関して一次独立であるという仮定に矛盾する．故に $x_1, \cdots, x_m$ は K に関し一次独立で，従って $f = [\mathfrak{K}' : \mathfrak{K}]$ は $[L : K]$ を超えることはない（証終）．

　さて上とは逆に基礎体 K における素因子 P を L に拡張することは常に可能であろうか．次にこれを考察しよう．まず K が完備な場合から始める．

　定理 1.9　K を素因子 P に関する完備体，L を K の任意の有限次拡大体とすれば，P の L における拡張 P' が唯一つ存在する．L はこの P' に関し完備であって，P' の K に関する分岐指数，相対次数をそれぞれ e, f とすれば

$$ef = [L : K].$$

　証明　L の元 a の K に関する norm[9] を $N(a)$ とし，$\nu = \nu_P$ に対して

---

9)　有限次拡大体 L/K における norm や trace の定義は周知のことと思うが参考のために次に簡単に説明しておこう．L の K に関する一組の底を $w_1, w_2, \cdots, w_n$ とし，L の任意の元 a に対し

$$a w_j = \sum_{i=1}^{n} \alpha_{ij} w_i, \ \ \alpha_{ij} \in K$$

$$\nu^*(a) = \nu(N(a))$$

とおいて得られる L 上の函数 ν^* を考察する．$a \neq 0$ であれば $N(a) \neq 0$ であるから $\nu^*(a)$ は有理整数，また明らかに $\nu^*(0) = +\infty$．次に $N(ab) = N(a)N(b)$ より

$$\nu^*(ab) = \nu(N(ab)) = \nu(N(a)N(b)) = \nu(N(a)) + \nu(N(b)) = \nu^*(a) + \nu^*(b).$$

よって更に $\nu^*(c) \geqq 0$ なる時 $\nu^*(1+c) \geqq 0$ であることが証明されれば定義1.1により ν^* は L の賦値を与えることがわかる．さて c が K に関して満足する既約多項式を

$$(3.3) \quad f(x) = x^m + a_1 x^{m-1} + \cdots + a_m, \qquad f(c) = 0, \qquad a_i \in K$$

とすれば c の K に関する特性多項式 $F(x)$ は $(f(x))^{\frac{n}{m}}$ に等しいから $F(x)$ と $(f(x))^{\frac{n}{m}}$ の常数項を比べて $N(c) = \pm (a_m)^{\frac{n}{m}}$（ただし $n = [L:K]$）．よって

$$\nu(a_m) = \frac{m}{n}\nu(N(c)) = \frac{m}{n}\nu^*(c) \geqq 0.$$

補題1.7を用いればこれから $\nu(a_i) \geqq 0, \ i = 1, \cdots, m$ を得る．しかるに $1+c$ の K に関する特性多項式は $F(x-1) = (f(x-1))^{\frac{n}{m}}$ であるから $F(x-1)$ の常数項である $N(1+c)$ は

$$N(1+c) = \pm (f(-1))^{\frac{n}{m}} = \pm((-1)^m + a_1(-1)^{m-1} + \cdots + a_m)^{\frac{n}{m}}.$$

とおく．α_{ij} を成分とする行列を $A = (\alpha_{ij})$ とすれば
$$a \to A$$
は L の同型表現，いわゆる底 $w_1, w_2, \cdots, w_n$ に関する正規表現を与える．この時
$$F(x;a) = |xE - A| \qquad (E \text{ は単位行列})$$
とおけば $F(x;a)$ は x^n から始まる多項式でそれは a のみに依存し底 $w_1, w_2, \cdots, w_n$ のとり方に関係しない．よってこれを a の特性多項式と呼ぶ．
$$T(a) = \sum_{i=1}^{n} \alpha_{ii}, \quad N(a) = |\alpha_{ij}|$$
とおけば $-T(a)$ は $F(x;a)$ の x^{n-1} の係数でまた $(-1)^n N(a)$ は $F(x;a)$ の常数項であるからこれらはいずれも（記号の示すごとく）a のみで定まる K の元である．$T(a)$ を a の（K に関する）trace と呼び，$N(a)$ を a の（K に関する）norm と呼ぶ．L の任意の元 a, b に対し
$$T(a+b) = T(a) + T(b), \qquad N(ab) = N(a)N(b)$$
となることは $a \to A$ が表現であることから直ちにわかる．また a が特に K の元であれば
$$T(a) = na, \qquad N(a) = a^n.$$

$\nu(a_i) \geqq 0$ を用いればこれから直ちに

$$\nu^*(1+c) = \nu(N(1+c)) \geqq 0$$

を得る.

　ν^* が L の賦値であることはこれでわかったから ν^* の属する L の素因子を P', P' に属する正規賦値を $\nu' = \nu_{P'}$,

$$\nu^* = f'\nu' \qquad (f' = \text{有理整数})$$

とせよ. a を K の任意の元とすれば $N(a) = a^n$ であるから

$$\nu^*(a) = n\nu(a).$$

よって

$$(3.4) \qquad \nu'(a) = \frac{n}{f'}\nu(a), \qquad a \in K.$$

$\nu = \nu_P$ は正規賦値であったから (3.4) は P' が P の L における拡張で $e = \dfrac{n}{f'}$ が P' の K に関する分岐指数であることを示している.

　次に P' の L における賦値環および素 ideal を $\mathfrak{o}'$, $\mathfrak{p}'$ とし, また K に関する P' の相対次数を f とせよ. $\mathfrak{o}'$ の元 $x_1, \cdots, x_f$ を, mod. $\mathfrak{p}'$ に関する剰余類 $\bar{x}_1, \cdots, \bar{x}_f$ が P の剰余体 $\mathfrak{K} = \mathfrak{o}/\mathfrak{p}$ に対して一次独立となるように選べば

$$u' = \sum_{i=1}^{f} u_i x_i$$

は各 u_i が $(0$ を含む$)$ $\mathfrak{o}$ の mod. $\mathfrak{p}$ に関する完全代表系 M を一度ずつ洩れなく動く時, $\mathfrak{o}'$ の mod. $\mathfrak{p}'$ に関する $(0$ を含む$)$ 一組の完全代表系

$$M' = \{u'\}$$

を与える. また K における P の素元 t $(\nu_P(t) = 1)$ および L における P' の素元 t' $(\nu_{P'} t') = 1)$ をとって

$$1, \ t', \ \cdots, \ t'^{e-1}, \ t, \ t't, \ \cdots, \ t'^{e-1}t, \ t^2, \ t't^2, \ \cdots$$

をこの順序に $a_0, a_1, \cdots, a_{e-1}, a_e, a_{e+1}, \cdots$ と書けば, (3.4) より $\nu'(a_i) = i$ となるから定理 1.6 の証明におけると同様な方法で $\mathfrak{o}'$ の任意の元 a を与えた時

$$(3.5) \quad a \equiv \sum_{i=0}^{me-1} u_i' a_i = \sum_{i=0}^{e-1} \sum_{j=0}^{m-1} \left(\sum_{k=1}^{f} u_{ijk} x_k \right) t'^i t^j \quad \mathrm{mod.}\, \mathfrak{p}'^{me}$$

$$(m = 0, 1, 2, \cdots)$$

を満足する u_{ijk} $(i=0,1,\cdots,e-1,\ j=0,1,2,\cdots,\ k=1,\cdots,f)$ を M からとることができる. そこで

$$b_{ikm} = \sum_{j=0}^{m-1} u_{ijk} t^j$$

とおけば, K は P に関して完備であるから, $m \to \infty$ の時 b_{ikm} は $\mathfrak{o}$ の一定の元

$$b_{ik} = \sum_{j=0}^{\infty} u_{ijk} t^j$$

に収斂する. よって

$$a' = \sum_{i=0}^{e-1} \sum_{k=1}^{f} b_{ik} x_k t'^i$$

とすれば(3.5)より任意の m に対し

$$a \equiv a' \quad \mathrm{mod.}\, \mathfrak{p}'^{me}.$$

従って $a=a'$ でなければならぬ. すなわち $\mathfrak{o}'$ の任意の a は

$$(3.6) \quad a = \sum_{i=0}^{e-1} \sum_{k=1}^{f} b_{ik} x_k t'^i, \qquad b_{ik} \in \mathfrak{o}$$

なる形に表されることがわかった. 次に $\nu'(a) \geqq me$ と仮定しよう. この時 (3.5)から $u_0' \equiv u_1' \equiv \cdots \equiv u_{me-1}' \equiv 0 \quad \mathrm{mod.}\, \mathfrak{p}'$ となるが M' における 0 類の代表は 0 だからこれらの u_i' はすべて 0 でなければならぬ:

$$\sum_{k=1}^{f} u_{ijk} x_k = 0, \qquad i = 0, 1, \cdots, e-1, \qquad j = 0, 1, \cdots, m-1.$$

$\bar{x}_k$ は $\mathfrak{K} = \mathfrak{o}/\mathfrak{p}$ に関して一次独立, 従って x_k は K に関して一次独立であるから(定理 1.8 の証明参照)

$$u_{ijk} = 0, \qquad i = 0, \cdots, e-1, \qquad j = 0, \cdots, m-1, \qquad k = 1, \cdots, f.$$

このことは換言すれば a を (3.6) の形に書いた時 $\nu'(a) \geqq me$ ならば $\nu(b_{ik}) \geqq m$ でなければならぬことを示している．特に $a=0$, $\nu'(a)=+\infty$ ならば (3.6) において $\nu(b_{ik})=+\infty$, $b_{ik}=0$．これから直ちに $\mathfrak{o}'$ の元 a を (3.6) の形に書く表し方はただ一通りであること，すなわち

$$x_k t'^i \qquad (i = 0, 1, \cdots, e-1, \quad k = 1, \cdots, f)$$

は $\mathfrak{o}'$ の $\mathfrak{o}$ に関する極小底をなすことが知られる．一般に L の任意の元 b はこれに t の適当な巾を掛ければ必ず $\mathfrak{o}'$ に入るから上の $x_k t'^i$ はまた L の K に関する底でもある．よって特に

$$ef = [L : K].$$

また $\nu'(a) \geqq me$ ならば $\nu(b_{ik}) \geqq m$ となることより L の点列

$$a^{(s)} = \sum_{i=0}^{e-1} \sum_{k=1}^{f} b_{ik}^{(s)} x_k t'^i \qquad (s = 1, 2, \cdots)$$

が P' に関し基本列をなすためには各 $\{b_{ik}^{(s)}\}$ が K において P に関し基本列となることが必要かつ十分である．しかるに K は完備体であるから $\{b_{ik}^{(s)}\}$ が基本列ならば

$$b_{ik} = \lim_{s \to \infty} b_{ik}^{(s)}$$

なる K の元 b_{ik} が存在する．そこで

$$a = \sum_{i=0}^{e-1} \sum_{k=1}^{f} b_{ik} x_k t'^i$$

とおけば $a = \lim_{s \to \infty} a^{(s)}$ となることは明白であろう．これは L が P' に関し完備であることを示すものである．

　最後に P の拡張 P' の一意性を証明するのであるが，そのために後になって有用な次の補題をまず証明しておこう．

補題 1.8　L を K の拡大体，ν' を K の賦値 ν の L における任意の拡張とする時，L の元 c が

$$(3.7) \quad c^m + a_1 c^{m-1} + \cdots + a_m = 0, \qquad a_i \in K, \quad \nu(a_i) \geqq 0$$
$$(i = 1, \cdots, m)$$

なる方程式を満足するならば $\nu'(c) \geqq 0$．ここに K は完備体でなくともよく，

また L は K の任意の拡大体でよい.

証明 $\nu'(a_i) = \nu(a_i) \geqq 0$ であるから

$$m\nu'(c) = \nu'(c^m) = \nu'(a_1 c^{m-1} + \cdots + a_m) \geqq \mathrm{Min}.\,(\nu'(a_i c^{m-i});\ i = 1, \cdots, m)$$
$$\geqq \mathrm{Min}.\,((m-i)\nu'(c);\ i = 1, \cdots, m)$$

よって $\nu'(c) \geqq 0$ でなければならぬ(証終).

さて再び定理 1.9 の証明に戻って P'' を P の L における任意の拡張とし,ν'' を P'' に属する ν の拡張とせよ.$\nu^*(c) \geqq 0$ なる L の元 c が K に関して満足する既約方程式を (3.3) とすれば既に証明したように $\nu(a_i) \geqq 0$ $(i = 1, \cdots, m)$ であるから上の補題 1.8 により $\nu''(c) \geqq 0$. すなわち $\nu^*(c) \geqq 0$ ならば常に $\nu''(c) \geqq 0$ であるから補題 1.3 により $\nu^* \sim \nu''$,従って $P'' = P'$. すなわち P の L における拡張は P' 以外にはない.これで定理 1.9 が完全に証明された(定理 1.9 証終).

上の証明および補題 1.8 により同時に次の定理の成立することもわかる.

定理 1.10 K, L, P, P' を定理 1.9 におけると同じとし,P, P' の賦値環をそれぞれ $\mathfrak{o}, \mathfrak{o}'$ とすれば,$\mathfrak{o}'$ は $\mathfrak{o}$ に関する L の整元の全体と一致する.ここに L の元 c が $\mathfrak{o}$ に関する整元であるとは c が

$$f(x) = x^m + a_1 x^{m-1} + \cdots + a_m, \quad a_i \in \mathfrak{o}$$

なる形の多項式 $f(x)$ の根となることである.

さて次に K が必ずしも素因子 P に関して完備でない場合における P の拡張を考察しよう.そのためまず L が K の有限次単純拡大 $L = K(a)$ なる場合を考える.$[L:K] = n$ とし,a が満足する $k[x]$ の既約式を

$$(3.8) \quad f(x) = x^n + a_1 x^{n-1} + \cdots + a_n, \quad f(a) = 0, \quad a_i \in K$$

とせよ.P の L における拡張の一つを P' とし,P' に関する L の完備化を $L_{P'}$ とすれば,$L_{P'}$ は K を含む完備体であるから,補題 1.6 により K の $L_{P'}$ における閉包 $\bar{K}$ は K の P に関する完備化 K_P と一致するものと考えてよい.そこで $L' = K_P(a)$ なる $L_{P'}$ の部分体をとれば,L' は K_P の有限次拡大体であるから定理 1.9 により P は L' の素因子 P'' に一意的に拡張され,かつ L' は P'' に関して完備である.一方 L' は $L = K(a)$ を含み,P'' が L における P'

の拡張であることは明らかであるから，補題 1.6 により L' は $L_{P'}$ を含む．よって

$$L_{P'} = L' = K_P(a).$$

　これで P を L に拡張する方法がわかった．すなわち次のようにすればよい．まず (3.8) の $f(x)$ を K_P において既約式に分解し

$$f(x) = \prod_{i=1}^{g} f_i(x)^{e_i}, \qquad f_i(x) \in K_P[x]$$

とせよ．ここに $f_i(x)$ はもちろん相異なる $K_P[x]$ の既約多項式である．$f_i(x) = 0$ の根 a_i を K_P に添加して得られる体を

$$L_i' = K_P(a_i)$$

とすれば，定理 1.9 により K_P における P は L_i' に一意的に拡張される．これを P_i^* とせよ．a_i はもちろん $f(a_i) = 0$ を満足するから L_i' は $L = K(a)$ と K の上に同型な部分体 $K(a_i)$ を含む．よって a_i と a とを一致させることにより L_i' は $L = K(a)$ を含んでいると考えてよい．L_i' において P_i^* に属する賦値 ν_i^* をとれば，ν_i^* は K の上だけの函数としては P に属する賦値を与えるから，それを L の上の函数と考えたとき定義 1.1 の条件 i)–iv) が満足されることは明白である．すなわち P_i^* は L 上に射影 P_i' を有し，P_i' は P の L における拡張を与える．このような方法で $f_1(x), \cdots, f_g(x)$ からそれぞれ L における P の拡張 $P_i', \cdots, P_g'$ が得られるが，これ以外に P の拡張が存在しないことは前の考察から明らかである．

　次に $P_1', \cdots, P_g'$ が実際相異なる L の素因子であることを証明しよう．仮に $P_1' = P_2'$ とすれば，L_1', L_2' は P_1', P_2' に関する $L = K(a)\,(= K(a_1) = K(a_2))$ の完備化であるから補題 1.6 により

$$\varphi(a_1) = a_2, \quad \varphi(b) = b, \quad b \in K$$

なるごとき L_1' と L_2' との間の同型写像 φ が存在する．φ は K の元を変えずまたその距離を変えないから K_P の各元も変えない．よって a_1 と a_2 とが K_P に関して満足する既約式 $f_1(x), f_2(x)$ は一致しなければならぬがこれは明らかに矛盾である．よって $P_1' \neq P_2'$．以上により次の定理が得られた．

定理 1.11 $L = K(a)$ を K の有限次拡大体, $f(x)$ を $f(a) = 0$ なる $K[x]$ の既約多項式, P を K の任意の素因子とし, $f(x)$ の $K_P[x]$ における既約式分解を

$$f(x) = \prod_{i=1}^{g} f_i(x)e_i, \qquad f_i(x) \neq f_j(x) \quad (i \neq j)$$

とすれば, P は L においてちょうど g 個の拡張 $P_1', \cdots, P_g'$ を有する.

任意の有限次拡大は単純拡大を繰返して得られるから上の定理から直ちに次の結果を得る.

定理 1.12 L を K の任意の有限次拡大体とすれば, K の任意の素因子 P は L において少くとも一つ, 高々 $[L : K]$ 個の拡張を有す.

さて L を K の任意の有限次拡大体, $P_1', \cdots, P_g'$ を K の素因子 P の L における拡張の全体とし

$$\mathfrak{o}' = \{a; \ a \in L, \ \nu_i(a) \geqq 0, \ i = 1, \cdots, g\}$$

とせよ. ただし $\nu_i = \nu_{P_i'}$ は P_i' に属する L の正規賦値である. 定理 1.2 により $\mathfrak{o}'$ は P の賦値環 $\mathfrak{o}$ を含む L の部分環であるが, 次に $\mathfrak{o}'$ が $\mathfrak{o}$ に関する L の整元の全体と一致することを証明しよう(定理 1.10 参照).

まず c を $\mathfrak{o}$ に関する L の整元とすれば, 整元の定義と補題 1.8 とより $\nu_i(c) \geqq 0 \ (i = 1, \cdots, g)$, すなわち $c \in \mathfrak{o}'$ となる. 逆に c を $\mathfrak{o}'$ の任意の元とし, $f(c) = 0$ なる $K[x]$ の既約式を

$$f(x) = x^m + a_1 x^{m-1} + \cdots + a_m, \qquad a_k \in K,$$

また K_P における $f(x)$ の既約式分解を

$$(3.9) \quad f(x) = \prod_{i=1}^{h} f_i(x)^{e_i}, \qquad f_i(x) = \sum a_{ij} x^j \qquad a_{ij} \in K_P$$

とせよ. 定理 1.11 により $f_i(x)$ はそれぞれ $K(c)$ における P の拡張 P_i'' を定めるが, P_i'' はもちろん $P_1', \cdots, P_g'$ のいずれか一つの $K(c)$ における射影と一致するから, P_i'' に属する賦値を ν_i'' とする時

$$\nu_i''(c) \geqq 0.$$

P_i'' は完備体 K_P に $f_i(x) = 0$ の根 c を添加して得られる体 $K_P(c) = (K(c))_{P_i''}$

から定理 1.9 の証明における方法で得られるのであるから，$\nu_i''(c) \geqq 0$ ならば
すべての j に対し $\nu(a_{ij}) \geqq 0$．しかるに (3.9) により $f(x)$ の係数 a_k は a_{ij} の
多項式であるから $\nu(a_k) \geqq 0$ $(k = 1, \cdots, m)$，すなわち c は $\mathfrak{o}$ に関する整元で
ある．さて P の賦値環 $\mathfrak{o}$ における素 ideal を $\mathfrak{p}$ とし，また

$$\mathfrak{p}_i = \{a;\ a \in \mathfrak{o}',\quad \nu_i(a) > 0\},\quad i = 1, \cdots, g$$

とせよ．定理 1.2 により $\mathfrak{p}_1, \cdots, \mathfrak{p}_g$ は $\mathfrak{o}'$ における素 ideal でかつ $\mathfrak{o}'$ の任意の
ideal は $\mathfrak{p}_1, \cdots, \mathfrak{p}_g$ の積に一意的に分解される．P_i' の K に関する分岐指数を
e_i，相対次数を f_i とすれば，P_i' の剰余体は $\mathfrak{o}'/\mathfrak{p}_i$ に同型だから（定理 1.3 参照）
$\mathfrak{o}'$ の元 y_{ij} $(i = 1, \cdots, g,\ j = 1, \cdots, f_i)$ を，y_{ij} $(j = 1, \cdots, f_i)$ の属する mod. $\mathfrak{p}_i$
の剰余類 $\bar{y}_{ij}$ が $\mathfrak{o}'/\mathfrak{p}_i$ の $\mathfrak{o}/\mathfrak{p}$ に関する底となるように選ぶことができる．こ
のとき定理 1.1 を用いれば

$$(3.10)\qquad \nu_k(y_{ij}) \geqq e_k,\qquad i \neq k,\qquad j = 1, \cdots, f_i$$

と仮定しても差支えない．次に $x_1, \cdots, x_g$ を補題 1.5 により

$$\nu_i(x_j) = \delta_{ij},\qquad i, j = 1, \cdots, g$$

なるごとくとり

$$(3.11)\qquad a = \sum a_{ijk} y_{ij} x_i^k,\qquad a_{ijk} \in K,$$
$$(1 \leqq i \leqq g,\ 1 \leqq j \leqq f_i,\ 0 \leqq k < e_i)$$

なる形の L の元 a を考察する．$a_{ijk} \in \mathfrak{o}$ ならばもちろん a は $\mathfrak{o}'$ に含まれるが，
逆に $a \in \mathfrak{o}'$ なるとき $a_{ijk} \in \mathfrak{o}$，すなわち $\nu(a_{ijk}) \geqq 0$ なることを証明しよう．

$$l = \mathrm{Min.}\,(\nu(a_{ijk});\ 1 \leqq i \leqq g,\ 1 \leqq j \leqq f_i,\ 0 \leqq k < e_i)$$

とせよ．$l < 0$ と仮定して矛盾を出せばよい．最小値 l を与える a_{ijk} の一つを
b とし，その番号を例えば $i = 1,\ j = j_0,\ k = k_0$ とする．$a_{ijk} b^{-1} = b_{ijk}$ とおけ
ば $b_{ijk} \in \mathfrak{o}$．また $l < 0$ なる故

$$\nu_1(ab^{-1}) \geqq \nu_1(b^{-1}) = e_1 \nu(b^{-1}) \geqq (-l) e_1 \geqq e_1.$$

よって

$$ab^{-1} = \sum b_{ijk} y_{ij} x_i^k$$

を mod. $\mathfrak{p}_1^{e_1}$ で考えれば (3.10) より

$$(3.12) \qquad \sum_j \sum_{k=0}^{e_1-1} b_{1jk} y_{1j} x_1^k \equiv 0 \qquad \mathrm{mod.}\, \mathfrak{p}_1^{e_1}.$$

よってまず

$$\sum_j b_{1j0} y_{1j} \equiv 0 \qquad \mathrm{mod.}\, \mathfrak{p}_1.$$

$\bar{y}_{1j}$ は $\mathfrak{o}'/\mathfrak{p}_1$ の $\mathfrak{o}/\mathfrak{p}$ に関する底であったから上式より $b_{1j0} \in \mathfrak{p}$, $\nu(b_{1j0}) > 0$, すなわち $\nu_1(b_{1j0}) \geqq e_1$, $b_{1j0} \in \mathfrak{p}_1^{e_1}$. 故に (3.12) から

$$\sum_j \sum_{k=1}^{e_1-1} b_{1jk} y_{1j} x_1^k \equiv 0 \qquad \mathrm{mod.}\, \mathfrak{p}_1^{e_1},$$

あるいは

$$\sum_j \sum_{k=1}^{e_1-1} b_{1jk} y_{1j} x^{k-1} \equiv 0 \qquad \mathrm{mod.}\, \mathfrak{p}_1^{e_1-1}.$$

前と同様にして $\nu(b_{1j1}) > 0$, $b_{1j1} \in \mathfrak{p}_1^{e_1}$. 以下同様で結局すべての $1 \leqq j \leqq f_1$, $0 \leqq k \leqq e_1$ に対して $\nu(b_{1jk}) > 0$ を得る. しかるに一方 $j = j_0$, $k = k_0$ の時 $b_{1jk} = 1$ であるからこれは矛盾である.

とくに

$$\sum c_{ijk} y_{ij} x_i^k = 0, \qquad c_{ijk} \in K$$

となったとすれば K の任意の元 c に対し $\sum (cc_{ijk}) y_{ij} x_i^k = 0$, よって $\nu(cc_{ijk}) \geqq 0$. ここで c は任意だから $c_{ijk} = 0$ でなければならぬ. すなわち $\sum_{i=1}^{g} e_i f_i$ 個の元 $y_{ij} x_i^k$ は K に関して一次独立である. 故に

$$\sum_{i=1}^{g} e_i f_i \leqq [L:K].$$

ここでもしも等号が成立すれば L の任意の元が (3.11) の形に表されるから上に証明したところにより $y_{ij} x_i^k$ は $\mathfrak{o}'$ の $\mathfrak{o}$ に関する極小底を与え, 従って $\mathfrak{o}'$ は有限 $\mathfrak{o}$ 加群である[10].

10) $\mathfrak{o}'$ が有限 $\mathfrak{o}$ 加群であるとは $\mathfrak{o}'$ から適当に有限個の元 $u_1, u_2, \cdots, u_s$ を選ぶ時 $\mathfrak{o}'$ の任意の元 u が

次にこの逆もまた成立することを証明しよう．まず一般に $\mathfrak{o}'$ の任意の元 z をとる時 $a = \sum_{i,j,k} a_{ijk} y_{ij} x_i^k \ (a_{ijk} \in \mathfrak{o})$ なる形の元で

$$(3.13) \qquad \nu_i(z-a) \geqq e_i, \qquad i = 1, \cdots, g$$

を満足するものが存在することに注意する．(3.10)により(3.13)は

$$z \equiv \sum_{j,k} a_{ijk} y_{ij} x_i^k \qquad \mathrm{mod.}\, p_i^{e_i}, \qquad i = 1, \cdots, g$$

と同値であるが，このような相合式が実際解けることは定理 1.9 の証明におけると同様にして容易に言われるからである．さて $\sum_{i=1}^g e_i f_i < [L:K]$ とし，$y_{ij} x_i^k$ と K に関して一次独立な $\mathfrak{o}'$ の元を z とせよ．この z に対し(3.13)を満足する a をとって $a = a_1$ とおく．t を K における P の素元とすれば $\nu_i(t) = e_i$ で

$$u = d_1 u_1 + d_2 u_2 + \cdots + d_s u_s, \qquad d_i \in \mathfrak{o}$$

なる形に書き表されることをいう．本文の $y_{ij} x_i^k$ の場合のように特にこの係数 d_i が u によって一意的に定まる時には $u_1, u_2, \cdots, u_s$ を $\mathfrak{o}'$ の $\mathfrak{o}$ に関する極小底と呼ぶ．

さて $\mathfrak{o}'$ が有限 $\mathfrak{o}$ 加群であれば $z_1, z_2, \cdots, z_l$ を K に関して一次独立な L の任意の元とする時

$$z = c_1 z_1 + c_2 z_2 + \cdots + c_l z_l, \qquad c_i \in K$$

なる形の $\mathfrak{o}'$ の元 z の各係数 c_k は常に

$$\nu(c_k) \geqq m_0, \qquad k = 1, \cdots, l$$

を満足する．ここに m_0 は $z_1, z_2, \cdots, z_l$ だけで定まる整数である．この結果は後に本文中で用いるからここに証明を述べておく．まず $z_{l+1}, \cdots, z_n$ を適当にとれば $z_1, z_2, \cdots, z_n$ は L の K に関する底となるから初めから $l = n$ で $z_1, \cdots, z_l (= z_n)$ が L/K の底であるとしてよい．よって

$$u_i = \sum_{k=1}^n c_{ik} z_k, \qquad c_{ik} \in K$$

とおけば z は $\mathfrak{o}'$ に属する故

$$z = d_1 u_1 + d_2 u_2 + \cdots + d_s u_s$$
$$= \sum_{k=1}^n \left(\sum_{i=1}^s d_i c_{ik} \right) z_k, \qquad d_i \in \mathfrak{o}$$

従って

$$c_k = \sum_{i=1}^s d_i c_{ik}$$

$d_i \in \mathfrak{o},\ \nu(d_i) \geqq 0$ なる故 $m_0 = \mathrm{Min.}\,(\nu(c_{ik});\ i = 1, \cdots, s,\ k = 1, \cdots, n)$ とおけば

$$\nu(c_k) \geqq \mathrm{Min.}_i\,(\nu(d_i c_{ik})) \geqq \mathrm{Min.}_i\,(\nu(c_{ik})) \geqq m_0.$$

あるから $z_1 = (z-a_1)t^{-1}$ とおけば $\nu_i(z) \geqq 0$, すなわち z_1 は $\mathfrak{o}'$ に属す. よって再び (3.13) により

$$\nu_i(z_1 - a_2) \geqq e_i, \qquad i = 1, \cdots, g$$

なる (3.11) の形の元 a_2 が存在する. $z_2 = (z_1 - a_2)t^{-1}$ とおいて以下同様に進めば, (3.11) の形の元 $a_1, a_2, \cdots$ が定まって任意の自然数 m に対し

$$b_m = (a_1 + a_2 t + \cdots + a_m t^{m-1})t^{-m}$$

とおくとき

$$\nu_i(zt^{-m} - b_m) \geqq 0.$$

b_m は $y_{ij}x_i^k$ の K の元を係数とする一次結合で, しかも $\dfrac{z}{t^m} - b_m$ が $\mathfrak{o}'$ に属するのだから $\mathfrak{o}'$ は有限 $\mathfrak{o}$ 加群ではあり得ない[11].

以上まとめれば次の定理を得る.

定理 1.13 L を K の任意の有限次拡大体, $P_1', \cdots, P_g'$ を K の素因子 P の L における拡張の全体とし, $\nu_i = \nu'_{P_i}$ を P_i' に属する正規賦値とする時,

$$\mathfrak{o}' = \{a;\ a \in L,\ \nu_i(a) \geqq 0,\ i = 1, \cdots, g\}$$

とおけば $\mathfrak{o}'$ は P の賦値環 $\mathfrak{o}$ に関する L の整元の全体と一致する. また P_i' の K に関する分岐指数, 相対次数をそれぞれ e_i, f_i とすれば

$$(3.14) \qquad \sum_{i=1}^{g} e_i f_i \leqq [L:K].$$

ここで等号が成立するためには $\mathfrak{o}'$ が有限 $\mathfrak{o}$ 加群であることが必要かつ十分である.

E. Noether によれば L/K が第一種拡大である場合には $\mathfrak{o}'$ が常に有限 $\mathfrak{o}$ 加群となることが知られている[12]. また次章に証明するように K が代数函数体の場合にも常に (3.14) の等号が成立つ. しかし一般には不等号の場合も起こるのである.

---

11) 前註 10 参照.
12) 例えば B.L. van der Waerden, Moderne Algebra, II, 第 14 章参照.

第2章　代数函数体の代数的理論[1]

§1　代数函数体

本章では代数函数体の代数的理論の概要を説明する．まず定義から初めよう．

定義 2.1　体 k の拡大体 K が次の二つの条件を満足する時，これを k を**係数体（常数体）**とする（あるいは簡単に"k の上の"）**代数函数体**と呼ぶ：

　　i)　k に関して超越的な K の元 x を適当に選べば，$K/k(x)$ は有限次拡大となる，

　　ii)　k は K の中で代数的に閉じている．すなわち k に対して代数的な K の元はすべて k に含まれる．

注意 1.　ここで定義した K は詳しく言えば k を係数体とする"一変数の"代数函数体であるが，本書では多変数の代数函数体についてはほとんど触れることがないから，これを単に代数函数体と略称することにする．

注意 2.　条件 ii) はいわば便宜的な条件で本質的に重要なものではない．実際 K が条件 i) のみを満足する k の拡大体である場合には，k に対して代数的な K の元の全体を k' とすれば，k' は k の有限次拡大体でかつ K がこの k' に対し定義の二つの条件を満足することが容易に証明される．また k が代数的閉体であれば ii) は自ら満足されていることも注意しておく．

さて K をこのような k の上の代数函数体とし，x' を k に含まれぬ K の任意の元とせよ．条件 ii) により x' は k に対し超越的であるが，一方 x は $k(x')$ に対し代数的である．なんとなれば，x が $k(x')$ に対し超越的であるとすれば $k(x,x')$ は k を係数体とする二変数の有理函数体となり，従って x' は $k(x)$ に

1)　代数函数体の代数的理論を現代的な立場から述べた著書は今のところ（外国にも）ほとんど見当らないが，幸い最近，現代数学叢書（岩波書店）中に稲葉栄次，代数函数体の代数的理論が刊行された．なお F. K. Schmidt, Zur arithmetischen Theorie der algebraischen Funktionen, I, Math. Zeitschr. 41 (1936)参照．

関してやはり超越元でなければならぬが，これは条件 i) に矛盾するからである．よって x は $k(x')$ に対し代数的で $[k(x,x'):k(x')]$ は有限である．しかるに i) により $[K:k(x,x')]$ はもちろん有限であるから $K/k(x')$ もまた有限次拡大でなければならぬ．すなわち k に含まれぬ任意の K の元 x' が定義 2.1 の i) を満足することが知られる．

よって代数函数体 K の性質を調べる上には拡大 $K/k(x)$ がなるべく簡単な性質を持つように x を選ぶことが望ましい．例えば $K/k(x)$ が第一種拡大であるならばそれは単純拡大であるから，$K = k(x,y)$ のごとく K は k に二つの元 x,y を添加して得られる．このように $K/k(x)$ が有限次第一種拡大となるような K の元 x を一般に K の **分離元** と呼ぶ．これに関して次の定理がある．

定理 2.1 (F. K. Schmidt) 係数体 k が完全体ならば k の上の代数函数体 K には常に分離元が存在する．

証明 k，従って K の標数が 0 ならば拡大はすべて第一種だから問題はない．よって K の標数を $p \neq 0$ とし，k に含まれぬ任意の x をとる．x が分離元ならば既にそれでよいから $K/k(x)$ は第二種拡大であると仮定しよう．$k(x)$ に対し非分離的 (第二種) な K の元を y とし，y の満足する $k(x)[Z]$ の既約多項式を

$$f(x,Z) = \sum_{i=0}^{m} (\sum \alpha_{ij} x^j) Z^{ip}, \quad f(x,y) = 0, \quad \alpha_{ij} \in k$$

とせよ．K の上の代数的閉体を $\bar{K}$，$\bar{K}$ の部分体 $k(x^{\frac{1}{p}}) = K_1$ とおけば，$f(x,Z)$ は $K_1[Z]$ の多項式として

$$f(x,Z) = (\sum_i \sum_j \alpha_{ij}^{\frac{1}{p}} x^{\frac{j}{p}} Z^i)^p = (f_1(x,Z))^p$$

と分解される．k が完全体であるという仮定により $\alpha_{ij}^{\frac{1}{p}}$ は k に含まれるから $f_1(x,Z)$ は $K_1[Z]$ の多項式となるのである．$f_1(x,Z)$ は Z に関し m 次であるから

$$[K_1(y) : K_1] \leqq m.$$

一方 $[K_1:k(x)] = p$ であるから $[K_1(y):k(x)] \leqq mp$，すなわち

(1.1) $$[k(x^{\frac{1}{p}}, y) : k(x)] \leqq mp.$$

しかるに $f(x, Z)$ は Z について mp 次であるから

$$[k(x, y) : k(x)] = mp.$$

これと (1.1) とから $k(x^{\frac{1}{p}}, y) = k(x, y)$ を得る. 従って特に $x^{\frac{1}{p}}$ は k に含まれる. この $x^{\frac{1}{p}}$ が K の分離元ならばそれで定理は証明されたわけだが, もしもそうでなければ上と全く同様にして $(x^{\frac{1}{p}})^{\frac{1}{p}} = x^{\frac{1}{p^2}}$ が K に含まれる. 一般に $x^{\frac{1}{p^e}}$ が K に含まれているとすれば

$$p^e = [k(x^{\frac{1}{p^e}}) : k(x)] \leqq [K : k(x)]$$

でなければならぬから, このような操作を繰返せば遂には x の適当な p 巾乗根が K の分離元となることが知られる（証終）.

上の証明から直ちに次の系を得る.

定理 2.1, 系　係数体 k が標数 $p \neq 0$ の完全体で, x が K の分離元でなければ x の p 乗根 $x^{\frac{1}{p}}$ がまた K に含まれる.

さて k が完全体ならば分離元 x をとって初めに述べたように $K = k(x, y)$ とすることができるが, この場合 y の代りに K に含まれる分離元 $y^{\frac{1}{p^e}}$ をとってももちろん $K = k(x, y^{\frac{1}{p^e}})$ となる. よって完全体 k の上の代数函数体は k に二つの分離元を添加して得られることがわかる.

§2　代数函数体の素因子

K を係数体 k の上の代数函数体とし, K における素因子を考察する.

定義 2.2　係数体 k の任意の元 $\alpha \neq 0$ に対し常に

(2.1) $$\nu_P(\alpha) = 0$$

となるような K の素因子 P を K の**素点**あるいは単に**点**と呼ぶ[2].

我々が今後代数函数体の素因子という時には常にこのような素点, すなわち (2.1) を満足するようなものばかりを考えるものとする.

---

2)　P を素点あるいは点と呼ぶのは K が複素数体の上の代数函数体である場合に P と K の Riemann 面上の点とが 1 対 1 に対応することに基づくのである（第 4 章, 201 頁参照）.

定理 2.2 k に含まれぬ K の任意の元 x に対し $\nu_P(x) \neq 0$ となる K の素点 P が少くも二つ, かつ有限個存在する. 従って特に K の元 a $(a \neq 0)$ が k に属するためには, K のすべての素点 P に対し, $\nu_P(a) = 0$ となることが必要かつ十分である.

証明 $\nu_P(x) \neq 0$ なる K の素点 P の $k(x)$ への射影を Q とすればもちろん $\nu_Q(x) \neq 0$. よって上のごとき P を求めるには $k(x)$ において, $\nu_Q(x) \neq 0$ なる素因子 Q を求めてそれの K における拡張をとればよい. しかるに第 1 章, §1, 例 2 によれば k の元 α に対し $\nu_Q(\alpha) = 0$ となるような $k(x)$ の素因子で $\nu_Q(x)$ $\neq 0$ となるものがちょうど二つ存在する. すなわち $k[x]$ の素 ideal (x) から生ずる Q_0 と, $k\left[\dfrac{1}{x}\right]$ の素 ideal $\left(\dfrac{1}{x}\right)$ から生ずる Q_∞ とである. 定理 1.12 により Q_0, Q_∞ はそれぞれ K において少くも一つ, かつ高々有限個の拡張を有するからこれで定理は証明された.

定義 2.3 a を k の任意の元とする時, $\nu_P(a)$ を素点 P における a の**位数**という. 特に $\nu_P(a) > 0$ ならば a は P において $\nu_P(a)$ 位の**零点**を有するといい, また $\nu_P(a) < 0$ ならば $-\nu_P(a)$ 位の**極**を有するという.

定理 2.3 k の上の代数函数体 K における素点 P の剰余体 $\mathfrak{K}$ は k の有限次拡大体(に同型)である.

証明 $\nu_P(x) = 1$ なる K の元 x をとれば定理 2.2 の証明から見えるように P は $k[x]$ の素 ideal (x) から生ずる $k(x)$ の素因子 Q_0 の K における拡張である. 定理 1.3 により Q_0 の剰余体は k (と同型)であるから P の $k(x)$ に関する相対次数を f とすれば, $\mathfrak{K}$ は k の f 次の拡大体である.

定義 2.4 P を k の上の代数函数体 K の素点とする時, P の剰余体 $\mathfrak{K}$ の k に対する次数 $[\mathfrak{K} : k]$ を P の(絶対)**次数**と呼び $n(P)$ と記す.

さて次に代数函数体 K が与えられた場合, K における素点を実際に求める方法を考えよう. 次に述べる事柄は多少変更を加えればもっと一般の場合にも成立つのであるが, ここで話を簡単にするために係数体 k が代数的閉体であると仮定する. まず K の素点 P が与えられたものとし, P による K の完備化を K_P とする. 定理 1.5 により K, K_P における P の剰余体は一致する

から定理 2.3 によってそれらは共に k の有限次拡大体であるが，仮定により k は代数的閉体であるから結局 K_P における P の剰余体は k 自身でなければならぬ．よって P の剰余体の一組の完全代表系として k の元の全体をとることができる．故に P の素元 t をとれば，定理 1.6 により K_P の各元は k の元を係数とする t の巾級数に展開される，すなわち $K_P = k((t))$．また K_P における素因子 P は $k((t))$ における t に関する標準素因子 P_1 に他ならない（第 1 章，§2 の例参照）．すなわち素点 P が与えられるとこれにより K は巾級数体 $k((t))$ の中に稠密に埋蔵され，かつ P は t に関する $k((t))$ の標準素因子 P_1 の K における射影と一致する．

　逆に K が写像 σ により $k((t))$ の稠密部分集合 $K' = \sigma(K)$ に同型に写像されるならば，t に関する $k((t))$ の標準賦値を ν_1 とする時

$$\nu(a) = \nu_1(\sigma(a)), \qquad a \in K$$

により K の正規賦値 ν，従って一つの素点 P が得られることは明白であろう．

　さて上のような K から $k((t))$ 内への写像 σ_1, σ_2 が K に同一の素点 P を与えるのはいかなる場合であろうか．P による K の完備化を K_P とすれば，補題 1.6 により K から $\sigma_1(K)$ への同型写像 σ_1 は K_P から $k((t))$ への同型写像 σ_1' に一意的に拡張され，同様に σ_2 は同じく K_P から $k((t))$ への同型写像 σ_2' に拡張される．従って $\sigma_1(K)$ から $\sigma_2(K)$ への同型写像 $\sigma = \sigma_2\sigma_1^{-1}$ は t に関する標準賦値 ν_1 を変えない $k((t))$ の自己同型写像 $\sigma' = \sigma_2'\sigma_1'^{-1}$ に拡張される：$\nu_1(\sigma'(b)) = \nu_1(b), b \in k((t))$．逆に $\sigma_2\sigma_1^{-1}$ がこのような σ' に拡張されれば，σ_1, σ_2 から得られる K の賦値（従って素点）が一致することは明白である．よって次の定理が得られた．

　定理 2.4　K を代数的閉体 k の上の代数函数体，$k((t))$ を k の元を係数とする変数 t の巾級数体，P_1, ν_1 を $k((t))$ の t に関する標準素因子および標準賦値とせよ．この時 K を $k((t))$ の稠密部分集合 $\sigma(K)$ に写す任意の同型写像を σ とすれば（ただし $\sigma(\alpha) = \alpha, \alpha \in k$）

$$\nu(a) = \nu_1(\sigma(a)), \qquad a \in K$$

により K の一つの正規賦値 ν, 従って素点 P が与えられる. しかも K の素点はすべて適当な写像 σ からこのような方法により求められる. また上のごとき写像 σ_1, σ_2 が K の同じ素点を定めるためには, $\sigma_1(K)$ から $\sigma_2(K)$ への同型写像 $\sigma_2\sigma_1^{-1}$ が ν_1 の値を変えない $k((t))$ の自己同型写像に拡張されることが必要かつ十分である.

　k の標数が 0 である場合には更に具体的な結果を得ることができるがそれを説明する前に補題を一つ証明しておく.

　補題 2.1　k を標数 0 の代数的閉体, K, K' を k の上の代数函数体としかつ K' は K の部分体とする. K の素点 P の K' における射影を Q, その分岐指数を e とし, 完備体 K'_Q における Q の任意の素元を u とすれば, P の素元 t を K_P 内から適当にとって

$$u = t^e$$

とすることができる.

　証明　K_P における P の素元 t_1 を任意にとれば定理 2.4 の証明におけるように K_P は t_1 の巾級数体 $k((t_1))$ と一致する. また分岐指数の定義により

$$\nu_P(u) = e\nu_Q(u) = e$$

であるから u は $K_P = k((t))$ 内で

$$u = \alpha_e t_1^e + \alpha_{e+1} t_1^{e+1} + \cdots, \qquad \alpha_i \in k, \quad \alpha_e \neq 0$$

なる形に展開される. しかるに k の標数は 0 であるから適当に巾級数

$$(2.2) \qquad t = \beta_1 t_1 + \beta_2 t_1^2 + \cdots, \qquad \beta_i \in k, \quad \beta_1 \neq 0$$

を定めて

$$u = t^e$$

とすることができる. (2.2) より t もまた明らかに K_P における P の素元であるからこれでよい(証終).

　さて K を標数 0 の代数的閉体 k の上の代数函数体とすれば K は k に適当な二つの元 x, y を添加して得られる. y は $k(x)$ に対し代数的であるから k の元を係数とする適当な二変数 X, Y の既約多項式 $f(X, Y)$ をとれば

$$f(x, y) = 0$$

となる. K の構造は x, y とその間の既約関係式だけで一意的に定まるから, 今後上のような K を簡単に

$$K = k(x, y), \quad f(x, y) = 0$$

と書いて表すことにする(以上のことはもちろん k の標数が 0 でなくともよい).

P をそのような K の素点とし, P の $k(x)$ における射影を Q とせよ. しからば第1章, §1, 例2により $Q = P_\alpha (\alpha \in k)$ または $Q = P_\infty$. $Q = P_\alpha$ と仮定すれば $u = x - \alpha$ は $k(x)$ における Q の素元であるから補題 2.1 により

$$x - \alpha = t^e$$

なる P の素元 t が K_P 内に存在する. ただし e は P の $k(x)$ に関する分岐指数である. $K_P = k((t))$ であるからこの t を用いて y を巾級数に展開し

(2.3)

$$\begin{cases} x = S_1(t) = \alpha + t^e, \\ y = S_2(t) = \beta_1 t^{e_1} + \beta_2 t^{e_2} + \cdots, \quad e_1 < e_2 < \cdots, \quad \beta_i \in k, \quad \beta_i \neq 0 \end{cases}$$

とせよ. ここで $S_1(t), S_2(t)$ は次の二つの性質を有する.

1)　t に関し恒等的に

$$f(S_1(t), S_2(t)) = 0.$$

これは明白であろう.

2)　$e, e_1, e_2, \cdots$ の最大公約数は 1 である.

なんとなればその最大公約数を d とすれば K の任意の元 a は k の元を係数とする x, y の有理函数

$$a = R(x, y)$$

で表されるから, a の t 展開 $a = R(S_1(t), S_2(t))$ は常に t^d の巾級数である. しかるに K の中には $\nu_P(a) = 1$, すなわち

$$a = \gamma_1 t + \gamma_2 t^2 + \cdots, \qquad \gamma_i \in k, \qquad \gamma_1 \neq 0$$

なる P の素元 a が存在するから $d = 1$ でなければならぬ.

$Q = P_\infty$ の場合にも同様にして

(2.4)

$$\begin{cases} x = S_1(t) = t^{-e}, \\ y = S_2(t) = \beta_1 t^{e_1} + \beta_2 t^{e_2} + \cdots, \quad e_1 < e_2 < \cdots, \quad \beta_i \in k, \ \beta_i \neq 0 \end{cases}$$

と展開され,これがやはり上の 1),2)の性質を有する.ここに e はもちろん P の $k(x)$ に関する分岐指数である.

さて今度は逆に 1),2)の性質を有する (2.3)あるいは (2.4)のごとき形の二つの巾級数 $S_1(t)$, $S_2(t)$ が与えられたとせよ. $x = S_1(t)$, $y = S_2(t)$ とおけば 1)により $K = k(x, y)$ は t の巾級数体 $k((t))$ に同型に埋蔵される. $k((t))$ の t に関する標準素因子を $P_1, \nu_1 = \nu_{P_1}$ として

$$\nu(a) = \nu_1(a), \qquad a \in K$$

とおけば,この ν が定義 1.1 の i)-iv) および (2.1) を満足することは容易に確かめられる.すなわち ν は K における一つの賦値を与える. ν の属する K の素点を P とし, P の $k(x)$ に関する分岐指数を e' とせよ.補題 1.6 により K の $k((t))$ における閉包 $\bar{K}$ は K_P と一致すると考えてよいから補題 2.1 により

$$x - \alpha = t_1^{e'} \qquad \text{あるいは} \qquad x = t_1^{-e'}$$

なる P の素元 t_1 が $\bar{K} = K_P$ 内に存在する. P に属する正規賦値を ν_P とし $\nu = m\nu_P$ とすれば

$$e = \nu(t^e) = \nu(x - \alpha) = m\nu_P(x - \alpha) = m\nu_P(t_1^{e'}) = me', \quad t^e = t_1^{e'}$$

から

$$t_1 = \zeta t^m \qquad (\zeta^{e'} = 1)$$

を得る. x, y は共に $\bar{K} = K_P$ の元として t_1 の巾級数に展開できるから,従ってまた t^m の巾級数に展開されるが,ここで性質 2)を用いれば $m = 1$ でなければならぬ.よって $\bar{K} = K_P = k((t))$ で K は $k((t))$ 内に稠密に存在し,$\nu = \nu_P$ が K の正規賦値を与える.

さて上のごとき 1),2)の条件を満足する (2.3)あるいは (2.4)の形の二組の巾級数 $\{S_1(t), S_2(t)\}$, $\{S_1'(t), S_2'(t)\}$ が K に同一の素点 P を与えたとせよ.しからば定理 2.4 により

$$\sigma(S_1(t)) = S_1'(t), \qquad \sigma(S_2(t)) = S_2'(t)$$

によって定められる $k(S_1(t), S_2(t))$ と $k(S_1'(t), S_2'(t))$ との間の同型写像 σ は標準賦値 ν_1 を変えぬ $k((t))$ の自己同型写像 σ' に拡張されねばならぬ. $\nu_1(\sigma'(t)) = \nu_1(t) = 1$ であるから

$$\sigma'(t) = \gamma_1 t + \gamma_2 t^2 + \cdots, \qquad \gamma_i \in k, \qquad \gamma_1 \neq 0.$$

これを

$$S_1'(t) = \sigma'(S_1(t)) = S_1(\sigma'(t))$$

に代入してみれば直ちにわかるように, $S_1(t)$, $S_1'(t)$ における指数 e は互いに一致して, かつ

$$\sigma'(t) = \zeta t$$

でなければならぬ. ただしここに ζ は 1 の e 乗根である.

逆に $S_1(t)$, $S_2(t)$ が $1)$, $2)$ の条件を満足する (2.3) あるいは (2.4) の形の巾級数である時, 任意の 1 の e 乗根 ζ をとって

$$S_1'(t) = S_1(\zeta t), \qquad S_2'(t) = S_2(\zeta t)$$

とおけば, これがまた $S_1(t)$, $S_2(t)$ と同じ形の巾級数でかつ $S_1(t)$, $S_2(t)$ と同一の素点を K に与えることは明白である.

さて (2.3) において $x - \alpha = t^e = u$ とおけば

$$(2.5) \qquad y = \beta_1 u^{\frac{e_1}{e}} + \beta_2 u^{\frac{e_2}{e}} + \cdots$$

となる. 一般に一つの変数 u の (k の元を係数とする) 分数巾の巾級数

$$(2.6) \qquad \alpha_1 u^{r_1} + \alpha_2 u^{r_2} + \cdots, \qquad r_1 < r_2 < \cdots, \qquad \alpha_i \in k, \ \alpha_i \neq 0$$

において, 負の r_i が有限個でかつ $r_i = \dfrac{n_i}{m_i}$ (m_i, n_i は有理整数, $m_i > 0$, $(m_i, n_i) = 1$) の分母 m_i が有界ならばこのような級数を変数 u の **Puiseux 級数** と呼ぶ. 変数 u の Puiseux 級数の全体は級数の形式的な加法, 乗法に関して明らかに一つの体をなす. これを $k\{u\}$ と書くことにする. $F(Y) = f(u + \alpha, Y)$ を $k\{u\}$ を係数とする Y の多項式と見れば, $S_1(t), S_2(t)$ に関する性質 $1)$ により (2.5) は $k\{u\}$ における $F(Y) = 0$ の根である. 逆に $F(Y) = 0$ の $k\{u\}$ における根の一つを (2.6) とし, r_i の分母 m_i の最小公倍数を e とすれば

$$u = t^e, \qquad S_1(t) = \alpha + t^e, \qquad S_2(t) = \alpha_1 t^{er_1} + \alpha_2 t^{er_2} + \cdots$$

とおくことにより 1), 2)の性質を有する t の(整数巾の)巾級数 $S_1(t)$, $S_2(t)$ が得られる。以上の結果は(2.3)の代わりに(2.4)を用いても同様に成立する。よって結局 K における素点をすべて求めるには $f(u+\alpha, Y) = 0$ $(\alpha \in k)$ あるいは $f\left(\dfrac{1}{u}, Y\right) = 0$ の $k\{u\}$ における根をすべて求めればよいが、それに関して次の定理がある。

定理 2.5 標数 0 の代数的閉体 k を係数体とする変数 u の Puiseux 級数体 $k\{u\}$ はまた代数的閉体である。

証明 $k\{u\}$ の元を係数とする Y の既約多項式を
$$F(Y) = Y^n + A_1 Y^{n-1} + \cdots + A_n, \quad A_i \in k\{u\}$$
とせよ。$n \geqq 2$ と仮定して矛盾を導けばよい。$Y' = Y - \dfrac{1}{n} A_1$ とおけば $F(Y)$ は Y' に関する既約式でその Y'^{n-1} の係数は 0 となるから、初めから $A_1 = 0$ と仮定しても差支えない。また $F(Y)$ は既約で $n \geqq 2$ であるから $A_2, \cdots, A_n$ のうちに 0 でないものが確かに存在する。そのような 0 でない Puiseux 級数 A_i の最初の項を $\alpha_i u^{r_i}$ $(\alpha_i \in k, \alpha_i \neq 0)$ とし、$A_i \neq 0$ なるすべての A_i に関する $\dfrac{r_i}{i}$ の最小値を r とせよ。しからば

(2.7) $\qquad\qquad r_i - ir \geqq 0, \qquad (A_i \neq 0),$

かつ少くとも一つの i に対しては等号が成立する。r および $A_2, \cdots, A_n$ の展開に現れるすべての巾指数の分母の最小公倍数を m とし
$$t = u^{\frac{1}{m}}, \ Z = u^{-r}Y$$
とおけば
$$F(Y) = u^{nr}(Z^n + u^{-2r}A_2 Z^{n-2} + \cdots + u^{-nr}A_n)$$
$$= u^{nr}(Z^n + B_2(t)Z^{n-2} + \cdots + B_n(t)),$$
$$G(Z) = g(t, Z) = Z^n + B_2(t)Z^{n-2} + \cdots + B_n(t)$$
とする時、$B_i(t)$ はいずれも t の整数巾の巾級数でしかも条件(2.7)によりそれらは t の負巾項を含まない。また適当な i に対しては
$$B_i(t) = \alpha_i + \alpha_i' t + \alpha_i'' t^2 + \cdots, \qquad \alpha_i \neq 0$$
となっている。$k((t))$ の t に関する標準素因子を P_1, その賦値環を $\mathfrak{o}_1$, 素 ideal を $\mathfrak{p}_1$ とすれば、$G(Z)$ は $\mathfrak{o}_1[Z]$ の多項式であるから mod. $\mathfrak{p}_1$ に関する剰

余類をとれば $\mathfrak{o}_1/\mathfrak{p}_1 = k$ を係数とする多項式

$$\bar{G}(Z) = g(0, Z) = Z^n + \cdots + \alpha_i Z^{n-i} + \cdots, \qquad \alpha_i \neq 0 \quad (i \geqq 2)$$

を得る. k は代数的閉体であるから $\bar{G}(Z)$ は $k[Z]$ において一次式の積に分解されるが, Z^{n-1} の係数が 0 であることおよび $\alpha_i \neq 0$ $(i \geqq 2)$ よりこれらの一次式がすべて一致することはできない(k の標数が 0 なることに注意!). よって $\bar{G}(Z)$ は常数でない互いに素な二つの多項式 $g_1(Z)$, $g_2(Z)$ の積として書くことができる:

$$\bar{G}(Z) = g_1(Z)g_2(Z), \qquad (g_1, g_2) = 1.$$

従って定理 1.7 を用いれば $G(Z)$ が $k((t))[Z]$ において分解され, よってまた $F(Y)$ が $k\{u\}[Y]$ において分解されるが, これは初めに仮定した $F(Y)$ の既約性に矛盾する(証終).

　この定理を用いて素因子に関する今までの結果をまとめれば次の定理を得る.

定理 2.6　K を標数 0 の代数的閉体 k の上の代数函数体とし

$$K = k(x, y), \qquad f(x, y) = 0$$

とせよ. k の任意の元 α をとり, $F(Y) = f(u + \alpha, Y)$ を変数 u の Puiseux 級数体 $k\{u\}$ における Y の多項式と見てこれを(定理 2.5 により)一次式に分解して

$$(2.8) \quad F(Y) = \prod_{i=1}^{n} (Y - Q_i(u)), \qquad Q_i(u) = \sum \alpha_{is} u^{r_{is}}, \qquad \alpha_{is} \in k$$

とする. $Q_i(u)$ の展開に実際現れるすべての r_{is} の分母の最小公倍数を e_i とし,

$$\begin{cases} x = S_{1i}(t) = \alpha + t^{e_i}, \\ y = S_{2i}(t) = \sum \alpha_{is} t^{e_i r_{is}} \end{cases}$$

とおけば, これにより $K = k(x, y)$ は t の巾級数体 $k((t))$ の中に稠密に埋蔵され, 従って(定理 2.4 により) K の素点 P_i が定まる. この時 P_i の $k(x)$ における射影は $k[x]$ の素 ideal $(x - \alpha)$ から得られる P_α で, その分岐指数は e_i である. 逆に P_α の K における拡張は必ず P_i $(i = 1, \cdots, n)$ のいずれかと一致する.

また P_i と P_j とが一致するためには $e_i = e_j$ でかつ適当に 1 の e_i 乗根 ζ をとる時 $Q_i(u)$ において $u^{\frac{1}{e_i}}$ を $\zeta u^{\frac{1}{e_i}}$ でおきかえた級数 $Q_i(u, \zeta)$ が $Q_j(u)$ と一致することが必要かつ十分である. $Q_i(u)$ が与えられた場合, e_i の定め方により ζ が 1 の e_i 乗根を動く時, e_i 個の $Q_i(u, \zeta)$ はすべて $F(Y) = 0$ の根でかつ互いに相異なるから, $F(Y)$ の次数 n が $[K : k(x)]$ に等しいことに注意すれば, P_α の K における(相異なる)拡張の全体を改めて $P_1, \cdots, P_g$ とし, その分岐指数を $e_1, \cdots, e_g$ とする時, (2.8) より

$$(2.9) \qquad \sum_{i=1}^{g} e_i = [K : k(x)]$$

を得る. 全く同様にして $F(Y) = f(u + \alpha, Y)$ の代わりに $F(Y) = f\left(\dfrac{1}{u}, Y\right)$ を用いれば $k(x)$ の素点 P_∞ の K における拡張がすべて求められる. (2.9) ももちろん同様に成立する(定理終).

この定理における公式 (2.9) は一般の係数体の場合に拡張されるが, それは次節に述べることとする.

§3 代数函数体の因子

K を任意の係数体 k の上の代数函数体, P をその素点とせよ. 記号 P の形式的な巾

$$P^m, \qquad m = 0, \pm 1, \pm 2, \cdots$$

の全体は $P^m \cdot P^{m'} = P^{m+m'}$ なる乗法により有理整数の加法群と同型な巡回群 $\mathfrak{G}_P$ をつくる. P が K のすべての素点を動く時, このような $\mathfrak{G}_P$ 全体の直積 $\mathfrak{D}$ を K の**因子群**と呼び, $\mathfrak{D}$ の各元を K の**因子**という. $\mathfrak{D}$ は素点 P を生成元とするいわゆる自由 Abel 群で, K の任意の因子 D は

$$(3.1) \qquad D = \prod_P P^{e_P}$$

と素点 P の積として(順序を無視すれば)一意的に表される. ただしここに e_P は有限個を除いて 0 なる任意の有理整数である. D におけるこの P の巾指数 e_P を

$$e_P = \nu_P(D)$$

と書くことにする.

$$n(D) = \sum_P \nu_P(D)n(P)$$

を(3.1)の因子 D の**次数**という. 右辺の $n(P)$ は既に定義した素点 P の次数である(定義2.4). $n(D)$ は有理整数値をとる因子 D の函数で, また明らかに任意の D, D' に対し

(3.2) $$n(DD') = n(D) + n(D')$$

が成立する.

(3.1)において $e_P \neq 0$ なるものだけをとって D を有限個の P_i の積

(3.3) $$D = \prod_{i=1}^{l} P_i^{e_i} \qquad (e_i = \pm 1, \pm 2, \cdots)$$

と書くこともできる. ただし $\mathfrak{D}$ の単位元, すなわち K の単位因子 E については(3.3)の右辺の積は空となる.

すべての素点 P について $\nu_P(D) \geqq 0$ となる因子 D のことを K の**整因子**という. 一般の因子は

$$D = D_1 D_2^{-1} = \frac{D_1}{D_2}$$

と互いに素点を共有しない二つの整因子の商として一意的に表される. この時 D_1 を D の**分子**(因子), D_2 を D の**分母**(因子)と呼ぶ.

因子 D, D' の商 $DD'^{-1} = \dfrac{D}{D'}$ が整因子である時, すなわちすべての P に関し $\nu_P(D) \geqq \nu_P(D')$ が成立する時, D は D' で割れるといい, $D'|D$ と書く. D は D' の**倍因子**, D' は D の**約因子**である. 数の場合と同様に D, D' の最大公約因子 (D, D'), 最小公倍因子 $\{D, D'\}$ が定義される. それらが最大公約数, 最小公倍数と同じ性質を有することは明白であろう.

さて $x \neq 0$ を K の任意の元とすれば定理2.2により $\nu_P(x) \neq 0$ なる K の素点 P は有限個しかないから, すべての P に対し

$$\nu_P(D) = \nu_P(x)$$

を満足する K の因子 D が確かに(唯一つ)存在する。この D を K の元 x の因子といい (x) と記す。任意の x, y に対し常に $\nu_P(xy) = \nu_P(x) + \nu_P(y)$ が成立するから

$$(xy) = (x)(y)$$

となる。よって

$$\mathfrak{D}_H = \{(x); x \in K, \ x \neq 0\}$$

は因子群 $\mathfrak{D}$ の部分群をなす。$\mathfrak{D}_H$ を K の**主因子群**と呼び，$\mathfrak{D}_H$ に含まれる因子を K の**主因子**という。定理 2.2 により K の元 x が係数体 k に含まれるためには (x) が単位因子 E と一致することが必要かつ十分であるから，$x \neq 0, y \neq 0$ に対し $(x) = (y)$ すなわち $\left(\dfrac{x}{y}\right) = \dfrac{(x)}{(y)} = E$ とすれば

$$y = \alpha x, \quad \alpha \in k \quad (\alpha \neq 0)$$

なる α が存在し，またこの逆も成立する。すなわち K の主因子は常数倍(k の元による乗法)を除いて K の元を決定することがわかる。

主因子群 $\mathfrak{D}_H$ による $\mathfrak{D}$ の剰余群

$$\bar{\mathfrak{D}} = \mathfrak{D}/\mathfrak{D}_H$$

を K の**因子類群**と呼び，$\mathfrak{D}/\mathfrak{D}_H$ の各剰余類を K の**因子類**と呼ぶ。同じ因子類に属する因子 D, D' を $D \sim D'$ と書き，互いに同値な因子という。

さて L を K と同じく係数体 k の上の代数函数体である K の拡大体とせよ。K の素点 P の L における拡張を一般に $P_1, \cdots, P_g$ とし，その分岐指数を $e_1, \cdots, e_g$ とする時，K の任意の因子

$$D = \prod_P P^e, \quad e = \nu_P(D)$$

に対し

$$\prod_P (P_1^{e_1} \cdots P_g^{e_g})^e$$

なる L の因子を D の L における**延長**と呼び，$\{D\}_L$ と記すことにする。L の素点 P' の K における射影を P，P' の K に関する分岐指数を e とすれば，K の任意の元 x に対し

$$\nu_{P'}(x) = e\nu_P(x)$$

となるから, K における主因子 (x) の L への延長 $\{(x)\}_L$ はちょうど x を L の元と考えて定義した L における主因子 (x) と一致する. また K の因子 D_1, D_2 に関し

$$D_1 | D_2 \qquad \text{あるいは} \qquad D_1 \sim D_2$$

ならば L においてもそれぞれ

$$\{D_1\}_L | \{D_2\}_L \qquad \text{あるいは} \qquad \{D_1\}_L \sim \{D_2\}_L$$

となることは直ちに知られる. これらの理由から誤解の恐れのない場合には, $\{D\}_L$ を単に D と書いて K における因子とその延長とを区別しないことがある.

さて次の重要な定理が成立する.

定理 2.7 x が係数体 k に含まれぬ K の元であれば, 主因子 (x) の分子を D_0, 分母を D_∞ とする時,

$$(3.4) \qquad n(D_0) = n(D_\infty) = [K : k(x)].$$

従って特に

$$(3.5) \qquad n((x)) = 0.$$

証明 $k(x)$ における主因子 (x) の分子を P_0, 分母を P_∞ とすれば $D_0 = \{P_0\}_K, D_\infty = \{P_\infty\}_k$ であるから, $D_0 = \prod_{i=1}^{l} P_i^{e_i}$ $(e_i > 0)$ とおく時, $P_1, \cdots, P_l$ は P_0 の K における拡張の全体で e_i が P_i の分岐指数である. また P_0 の剰余体は k と一致するから P_i の $k(x)$ に関する相対次数 f_i は P_i の (絶対) 次数 $n(P_i)$ と一致する. よって定理 1.13 により

$$(3.6) \qquad n(D_0) = \sum_{i=1}^{l} e_i n(P_i) = \sum_{i=1}^{l} e_i f_i \leqq [K : k(x)].$$

ここで等号が成立つことをいうためには同じ定理により

$$\mathfrak{o}_0 = \{a; a \in k(x), \quad \nu_0(a) \geqq 0\}, \qquad (\nu_0 = \nu_{P_0})$$

$$\mathfrak{o}' = \{a'; a' \in K, \quad \nu_i(a') \geqq 0, \quad i = 1, \cdots, l\}, \qquad (\nu_i = \nu_{P_i})$$

とおく時, $\mathfrak{o}_0$ に関する K の整元の全体 $\mathfrak{o}'$ が有限 $\mathfrak{o}_0$ 加群であることを示せばよい. 同様にして

$$\mathfrak{o}_\infty = \{b; b \in k(x), \quad \nu_\infty(b) \geqq 0\} \qquad\qquad (\nu_\infty = \nu_{P_\infty})$$

に関する K の整元の全体を $\mathfrak{o}''$ とする時, $\mathfrak{o}''$ が有限 $\mathfrak{o}_\infty$ 加群であることが言えれば, $n(D_\infty) = [K:k(x)]$ となって定理が完全に証明される. $\mathfrak{o}'$ についても $\mathfrak{o}''$ についても同様であるから, $\mathfrak{o}'$ が有限 $\mathfrak{o}_0$ 加群であることを証明しよう.

そのためまず $P_1, \cdots, P_l$ 以外の K のすべての素点 P の賦値環 $\mathfrak{o}_P$ の共通部分を $\mathfrak{o}^*$ とする.

$$\mathfrak{o}^* = \cap \, \mathfrak{o}_P, \qquad P \neq P_i \quad (i = 1, \cdots, l).$$

$\mathfrak{o}^*$ はもちろん K の部分環であるが, K の任意の元 a が与えられた時 $k(x)$ の元 u を適当にとれば $a' = ua$ は $\mathfrak{o}^*$ に含まれる. なんとなれば a の満足する $k(x)[Y]$ の多項式を

$$f(Y) = Y^m + u_1 Y^{m-1} + \cdots + u_m, \quad f(a) = 0, \quad u_i \in k(x)$$

とすれば a' は明らかに

$$g(Y) = Y^m + uu_1 Y^{m-1} + u^2 u_2 Y^{m-2} + \cdots + u^m u_m, \qquad g(a') = 0$$

を満足するが, ここで $uu_1, u^2 u_2, \cdots, u^m u_m$ が多項式環 $k\left[\dfrac{1}{x}\right]$ に属するように適当に u を定めれば(それはもちろん可能である), P_0 に属せぬ $k(x)$ の任意の賦値 ν に対し

$$\nu(u^i u_i) \geqq 0, \qquad i = 1, \cdots, m$$

となり, 従って補題 1.8 により P_0 の拡張である $P_1, \cdots, P_l$ 以外の任意の素点 P に対し

$$\nu_P(a') \geqq 0.$$

これは $a' \in \mathfrak{o}_P \, (P \neq P_i)$, すなわち $a' \in \mathfrak{o}^*$ に他ならない.

次に K の任意の元 z に対し

$$\nu^*(z) = \mathrm{Min}\left(\left[\frac{\nu_i(z)}{e_i}\right]; i = 1, \cdots, l\right)$$

とせよ. ただし $[r]$ は有理数 r を超えぬ最大の整数を表す. ν_i, e_i の意味から K の任意の z_1, z_2 に対し

1)　$\nu^*(z_1+z_2) \geqq \mathrm{Min}(\nu^*(z_1), \nu^*(z_2))$,

2)　$\nu^*(z_1 z_2) \geqq \nu^*(z_1) + \nu^*(z_2)$,

3)　特に z_1 が $k(x)$ の元であれば $\nu^*(z_1) = \nu_0(z_1)$ で

$$\nu^*(z_1 z_2) = \nu^*(z_1) + \nu^*(z_2).$$

更に

4)　$y \in \mathfrak{o}^*$, $y \neq 0$ ならば　$\nu^*(y) \leqq 0$

が成立する。$y \in k$ ならば $\nu^*(y) = \nu_0(y) = 0$ なる故 $y \notin k$ と仮定すれば，$k\left[\dfrac{1}{y}\right]$ の素 ideal $\left(\dfrac{1}{y}\right)$ から生ずる $k(y)$ の素点を Q_∞ とし Q_∞ の K における拡張の一つを Q とする時

$$\nu_Q(y) < 0.$$

仮定により P_i 以外の P に対しては $\nu_P(y) \geqq 0$ であるから Q は $P_1, \cdots, P_l$ のうちのいずれかでなければならぬ。よって $\nu_i(y)$ $(i=1,\cdots,l)$ のうちには負のものが存在し，$\nu^*(y) < 0$ を得る。

さて $n = [K:k(x)]$ とする時，$\mathfrak{o}^*$ の元 $y_1, \cdots, y_n$ を次のごとく選ぶ。まず上の 4) により $\mathfrak{o}^*$ の元 y $(y \neq 0)$ のうちで $\nu^*(y)$ を最大ならしめるものを一つとり y_1 とする。次に $y_1, \cdots, y_{i-1}$ が既に定まった場合にはこれらの元と $k(x)$ に関し一次独立な $\mathfrak{o}^*$ の元のうちで $\nu^*(y)$ を最大にするものをとって y_i とおく。K の任意の元は $k(x)$ の適当な元を掛けることにより $\mathfrak{o}^*$ の元とすることができるから，上のような方法で確かに n 個の一次独立な元 $y_1, \cdots, y_n$ を定めることができる。

$$\nu^*(y_i) = r_i, \quad z_i = x^{-r_i} y_i \quad (i = 1, \cdots, n),$$
$$r_1 \geqq r_2 \geqq \cdots \geqq r_n$$

とおけばこれらの z_i もまた $k(x)$ に関し一次独立で 3) により

$$\nu^*(z_i) = \nu^*(x^{-r_i}) + \nu^*(y_i) = -r_i + r_i = 0.$$

よって $\nu_j(z_i) \geqq 0$ $(j=1,\cdots,l)$ であるから z_i はすべて $\mathfrak{o}'$ に属する。次にこの $z_1, \cdots, z_n$ が $\mathfrak{o}'$ の $\mathfrak{o}_0$ に関する底になっていること，すなわち

$$z = \sum_{i=1}^{n} a_i z_i, \qquad a_i \in k(x)$$

とする時, $z \in \mathfrak{o}'$ ならば $\nu_0(a_i) \geqq 0$ $(i=1,\cdots,n)$ となることを証明しよう. 今かりに $z \in \mathfrak{o}'$ でかつ

$$\mathrm{Min.}\,(\nu_0(a_i);\, i=1,\cdots,n) = -r < 0,$$

$$\nu_0(a_m) = -r,\ \nu_0(a_{m+1}) > -r,\ \cdots,\ \nu_0(a_n) > -r \quad (m \leqq n)$$

と仮定せよ. しからば $a_i x^r$ はすべて $\mathfrak{o}_0$ に属するから, $\mathfrak{o}_0$ の素 ideal $\mathfrak{p} = (x)$ に関し

$$a_i x^r \equiv \alpha_i \mod. \mathfrak{p}$$

なる k の元 α_i が唯一つ確定する. 仮定により $\alpha_m \neq 0$, $\alpha_{m+1} = \cdots = \alpha_n = 0$. $z x^r$ は $\mathfrak{o}'$ の ideal $x\mathfrak{o}'$ に含まれるから

$$z x^r = \sum_{i=1}^{n} a_i z_i x^r \equiv 0 \mod. x\mathfrak{o}',$$

従って

$$w = \sum_{i=1}^{m} \alpha_i z_i \equiv 0 \mod. x\mathfrak{o}', \qquad \alpha_m \neq 0.$$

$\nu_j(w) \geqq e_j$ $(j=1,\cdots,l)$ であるから $\nu^*(w) \geqq 1$. また, $r_m - r_i \leqq 0$ $(i=1,\cdots,m)$, $x^{r_m - r_i} \in \mathfrak{o}^*$ であるから

$$w x^{r_m} = \sum_{i=1}^{m} \alpha_i y_i x^{r_m - r_i}$$

は $\mathfrak{o}^*$ に属し, かつ $\alpha_m \neq 0$ なる故それは $y_1, \cdots, y_{m-1}$ に対し一次独立である. しかるに一方

$$\nu^*(w x^{r_m}) = \nu^*(w) + \nu^*(x^{r_m}) \geqq 1 + r_m > r_m = \nu^*(y_m)$$

であるからこれは y_m のとり方に矛盾する. よって $\mathrm{Min.}\,(\nu_0(a_i);\, i=1,\cdots,n) \geqq 0$, すなわち $\nu_0(a_i) \geqq 0$ ですべての a_i は $\mathfrak{o}_0$ に属する. これで Z_i が $\mathfrak{o}_0$ に関する極小底であることが証明され, 従って(3.6)において等号が成立つ. $n(D_\infty) = [K : k(x)]$ についても全く同様であるから定理は完全に証明された.

注意1. 上の $y_1, \cdots, y_n$ を $K/k(x)$ の P_0 に関する**標準底**と呼ぶ.

注意2. K, L を共に k を係数体とする代数函数体とし, かつ L を K の拡大体とせよ. P を K の任意の素点とし, P の L における拡張を $Q_1, \cdots, Q_g$, Q_i の K に関する分岐指数および相対次数を e_i, f_i とする. $\nu_P(x) > 0$ なる K の元 x をとり, $k(x)$ における (x) の分子を P_0, P_0 の K における拡張を $P_1, \cdots, P_l$, P_i の $k(x)$ に関する分岐指数, 相対次数を e_i', f_i', P_i の L における拡張を $Q_{i,1}, \cdots, Q_{i,g_i}$, $Q_{i,j}$ の $k(x)$ および K に関する分岐指数, 相対次数をそれぞれ $e_{i,j}', f_{i,j}'$ および $e_{i,j}, f_{i,j}$ とせよ. x のとり方により P は P_0 の K における拡張になっているから, 例えば $P = P_1$, $Q_j = Q_{1,j}$, 従って $e_j = e_{1,j}$, $f_j = f_{1,j}$ としてよい. 一方 e, f の意味から容易にわかるように

$$(3.7) \qquad e_{i,j}' = e_i' e_{i,j}, \qquad f_{i,j}' = f_i' f_{i,j}$$

となる. さて上の定理の証明における考察を $K/k(x)$, $L/k(x)$ に適用すれば

$$\sum_i e_i' f_i' = [K : k(x)], \qquad \sum_{i,j} e_{i,j}' f_{i,j}' = [L : k(x)].$$

よって (3.7) より

$$(3.8) \qquad [L : k(x)] = \sum_i (e_i' f_i' \sum_j e_{i,j} f_{i,j})$$

しかるに定理 1.13 より一般に

$$(3.9) \qquad \sum_j e_{i,j} f_{i,j} \leqq [L : K]$$

であるから (3.8) の右辺にこれを代入すれば

$$[L : k(x)] \leqq \sum_i e_i' f_i' [L : K] = [K : k(x)][L : K] = [L : k(x)].$$

故に (3.9) においては常に等号が成立しなければならぬ. 特に $i = 1$ として

$$\sum_{j=1}^{g} e_j f_j = [L : K]$$

を得る. すなわち代数函数体の場合には定理 1.13 の (3.14) において常に等号が成立つことが知られる.

定理 2.7 および (3.2) により互いに同値な K の因子は同じ次数を有する.

よって $n(D)$ をもって D を含む因子類の次数を一意的に定義することができる.

さて次に因子の次元を定義しよう. A を K の任意の因子とする時, $A|(x)$ なる K の元 x のことを A の**倍元**と呼ぶ. A^{-1} の倍元の全体を

$$L(A) = \{x : x \in K, A^{-1}|(x)\}$$

と書くことにする. $A^{-1}|(x)$ はすべての P に対し

(3.10) $$\nu_P(x) \geqq \nu_P(A^{-1}) = -\nu_P(A)$$

が成立することと同値であるから, $x, y \in L(A)$, $\alpha, \beta \in k$ とすれば

$$\nu_P(\alpha x + \beta y) \geqq \mathrm{Min.}(\nu_P(\alpha x), \nu_P(\beta y)) = \mathrm{Min.}(\nu_P(x), \nu_P(y)) \geqq -\nu_P(A)$$

より $\alpha x + \beta y \in L(A)$. すなわち $L(A)$ は k 加群である.

定義 2.5 k 加群 $L(A)$ の k に関する次元を因子 A の**次元**と呼び $l(A)$ あるいは $\dim.A$ と記す.

次にこの $l(A)$ が任意の因子 A に対し常に有限であることを証明するが, その前に二三の注意を述べておこう. まず $A = E$（単位因子）ならば条件 (3.10) は $\nu_P(x) \geqq 0$ となるから定理 2.7 によりこのような x は k の元に限る. 故に $L(E) = k$ で従って $l(E) = 1$. また $A \neq E$ でかつ A^{-1} が整因子ならば $L(A)$ の元 x に対しては常に $\nu_P(x) \geqq 0$ でかつ少くとも一つの P に対しては $\nu_P(x) > 0$ でなければならぬ. しかるに k の元 $\alpha \neq 0$ に対しては常に $\nu_P(\alpha) = 0$ であるから, $L(A)$ は 0 以外の元を含まない. すなわち $L(A) = 0$ で $l(A) = 0$. 次に $A \sim B$ で $A = (y)B$, $y \in K$ とすれば

$$A^{-1}|(x) \leftrightarrow B^{-1}(y)^{-1}|(x) \leftrightarrow B^{-1}|(xy)$$

であるから $L(B) = L(A)y$ （$L(A)$ の元の y 倍の全体）. 故に $L(A)$ と $L(B)$ とは k 加群として同型で, 従って $l(A) = l(B)$. よって次元もまた次数と同様に因子類のみに依存する函数であることがわかる.

定理 2.8 $L(A)$ は有限 k 加群である：すなわち

$$l(A) = \dim.A < \infty.$$

証明 P を K の素点とし, $\mathfrak{K}_P$ を P の剰余体とすれば, $\mathfrak{K}_P$ は k の有限次拡大体でその次数がすなわち P の次数 $n(P)$ であるから, K の元 $w_1^{(P)}$,

$\cdots, w_n^{(P)}$ $(n=n(P))$ を適当に選べば,

$$M_P = \{\alpha_1 w_1^{(P)} + \cdots + \alpha_n w_n^{(P)} \, ; \, \alpha_i \in k\}$$

なる k 加群 M_P が K における $\mathfrak{K}_P$ に対する一組の完全代表系となるようにすることができる. このような M_P と P に関する素元 $t = t_P$ を一つ定めれば, 完備体 K_P の内で任意の元 a が

$$a = \sum a_i t^i, \qquad a_i = \sum_{j=1}^{n} \alpha_{ij}^{(P)} w_j^{(P)}, \qquad \alpha_{ij}^{(P)} \in k$$

と一意的に展開される(定理 1.6). ここで $\alpha_{ij}^{(P)}$ は a によって一意的に定まるから

$$\alpha_{ij}^{(P)} = f_{ij}^{(P)}(a)$$

とおけば, $f_{ij}^{(P)}(a)$ は K_P において定義された, k の値をとる函数である. M_P は k 加群であって, $a = \sum a_i t^i$, $b = \sum b_i t^i$, $a_i, b_i \in M_P$ とすれば, 任意の $\alpha, \beta \in k$ に対し

$$\alpha a + \beta b = \sum (\alpha a_i + \beta b_i) t^i, \qquad (\alpha a_i + \beta b_i) \in M_P$$

となるから

$$f_{ij}^{(P)}(\alpha a + \beta b) = \alpha f_{ij}^{(P)}(a) + \beta f_{ij}^{(P)}(b),$$

すなわち $f_{ij}^{(P)}$ は k に関する線型函数である.

さて B を A の任意の約因子とすれば $\nu_P(A) \geqq \nu_P(B)$ であるから定義より直ちに

$$L(B) \subseteqq L(A).$$

次に r を $r \leqq l(A)$ なる任意の自然数, M を r 次元の $L(A)$ の部分 k 加群とし, M の元 u が $L(B)$ に属するための条件を求めてみよう. $u \in L(B)$ はすべての P に対し

$$(3.11) \qquad\qquad \nu_P(u) \geqq -\nu_P(B)$$

が成立つことと同値であるから, 上の函数 $f_{ij}^{(P)}$ を用いればこの条件は

$$(3.12) \quad f_{ij}^{(P)}(u) = 0, \qquad i = 1, \cdots, n(P), \qquad j < -\nu_P(B)$$

と書くことができる. しかるに u は既に $L(A)$ に属し, 従って $\nu_P(u) \geqq -\nu_P(A)$, $f_{ij}^{(P)}(u) = 0$, $(j < -\nu_P(A))$ は成立しているから(3.12)の代わりに

(3.13)

$$f_{ij}^{(P)}(u) = 0, \quad i = 1, \cdots, n(P), \quad -\nu_P(A) \leqq j < -\nu_P(B)$$

としてもよい. M の k に関する底を $m_1, \cdots, m_r$ とし

$$u = \xi_1 m_1 + \cdots + \xi_r m_r, \qquad \xi \in k$$

とすれば, $f_{ij}^{(P)}$ は線型函数であるから(3.13)は

(3.14)

$$\sum_{l=1}^{r} \xi_l f_{ij}^{(P)}(m_l) = 0, \quad i = 1, \cdots, n(P), \quad -\nu_P(A) \leqq j < -\nu_P(B)$$

となる. (3.14)は ξ_l に関する連立一次方程式で, その方程式の数は

$$\sum_P n(P)(\nu_P(A) - \nu_P(B)) = \sum_P n(P)\nu_P(A) - \sum_P n(P)\nu_P(B)$$
$$= n(A) - n(B)$$

であるから, (3.13)の解 u の全体 $M' = M \cap L(B)$ は M の部分 k 加群をなし, その次元は少くとも

$$r - (n(A) - n(B)).$$

となる. M' はもちろん $L(B)$ に含まれるからこれより

(3.15) $$l(B) \geqq r - (n(A) - n(B))$$

特に A の分母を A_1 とし, $B = A_1^{-1}$ とすれば B は A の約因子であるが, $A_1 = B^{-1}$ が整因子であるからこの定理の前に述べた注意により $l(B) = 0$ または 1. よって(3.15)から

$$n(A) - n(B) + 1 \geqq r.$$

r は $l(A)$ を超えぬ任意の自然数でよかったのだからこれから

$$n(A) - n(B) + 1 \geqq l(A)$$

を得る. すなわち $l(A)$ は確かに有限である(証終).

さて, $l(A)$ が有限であることがわかれば, 上の証明において$r = l(A)$, $M = L(A)$ とすることができる. この場合$(A$ の任意の約因子 B に対し$)$ (3.13)の解 u の全体 M' は $L(B)$ と一致するから(3.15)より

(3.16) $$n(A) - l(A) = n(B) - l(B) + r(A, B), \qquad r(A, B) \geqq 0$$

を得る．ここに $r(A, B)$ は上の証明からわかるように (3.14) の左辺の一次式 $f_{ij}^{(P)}(u)$ $(u \in L(A))$ の間に恒等的に成立する独立な関係の数である．

次に因子の函数 $n(A) - l(A)$ が K のすべての因子 A について上に有界であることを証明する．そのためにまず補題を一つ．

補題 2.2　x を k に含まれぬ K の元とし，(x) の分母を D_∞ とすれば K の任意の因子 A に対し

$$A|A', \qquad A' \sim D_\infty^m \quad (m = 0, \pm 1, \pm 2, \cdots)$$

となるような因子 A' が存在する．

証明　まず明らかに A は整因子としてよい．また A が素点 P と一致する場合に証明できれば一般の場合には A に含まれる各素点に対応する A' の積をとればよいから $A = P$ と仮定して差支えない．P の $k(x)$ における射影を Q とせよ．$k(x)$ における主因子 (x) の分母を P_∞ とすれば $D_\infty = \{P_\infty\}_K$ であるから，$Q = P_\infty$ の場合には $A' = D_\infty$ でよい．$Q \neq P_\infty$ の場合には Q は $k[x]$ の素 ideal $(f(x))$ から得られるから，$f(x)$ の次数を m とすれば $k(x)$ 内で

$$(f(x)) = \frac{Q}{P_\infty^m}, \qquad Q \sim P_\infty^m.$$

よって K 内でも $\{Q\}_K \sim \{P_\infty^m\}_K = D_\infty^m$ となる故 $A' = \{Q\}_K$ とすればよい．

定理 2.9　$n(A) - l(A)$ は K のすべての因子 A について上に有界である．

証明　任意の A に対し補題 2.2 により A', D_∞^m を定めれば，$A|A'$ から (3.16) を用いて $n(A') - l(A') \geqq n(A) - l(A)$．また $A' \sim D_\infty^m$ なる故 $n(A') = n(D_\infty^m)$，$l(A') = l(D_\infty^m)$．よって $m = 0, 1, 2 \cdots$ に対し $n(D_\infty^m) - l(D_\infty^m)$ が有界であることを証明すればよい．そのため K の $k(x)$ に関する一組の底を $y_1, \cdots,$ y_n $(n = [K : k(x)])$ とし，(y_i) の分母の最小公倍因子を B とせよ．補題 2.2 により $B|B'$，$B' = (f(x))D_\infty^u$ となるような $k(x)$ の有理函数 $f(x)$ が存在する．

$$z_i = f(x)y_i, \qquad i = 1, \cdots, n$$

とおけば z_i ももちろん $k(x)$ に関する K の底をなすが，v を任意の自然数とし，$f_i(x)$ を高々 v 次の $k[x]$ の任意の多項式として

$$a = \sum_{i=1}^{n} f_i(x) z_i$$

なる K の元 a の集合 M を考えると, z_i の分母は高々 D_∞^u, $f_i(x)$ の分母は高々 D_∞^v であるから

$$D_\infty^{-(u+v)} | (a),$$

すなわち, $a \in L(D_\infty^{u+v})$, $M \subseteqq L(D_\infty^{u+v})$. M の k に関する次元は明らかに $n(v+1)$ であるから

$$n(v+1) \leqq l(D_\infty^{u+v}).$$

一方定理 2.7 を用いれば

$$n(D_\infty^{u+v}) = (u+v)n(D_\infty) = (u+v)n.$$

故に

$$n(D_\infty^{u+v}) - l(D_\infty^{u+v}) \leqq (u-1)n.$$

ここで v は任意の自然数でかつ右辺は v に無関係であるから $n(D_\infty^m) - l(D_\infty^m)$ $(m=0,1,2,\cdots)$ は確かに上に有界である(証終).

この定理により K のすべての因子 A に関する $n(A) - l(A) + 1$ の最大値 g は有限であることがわかる.

定義 2.6 上の g を代数函数体 K の**種数**あるいは**示性数**と呼ぶ.

単位因子 E については $n(E) - l(E) + 1 = 0 - 1 + 1 = 0$ であるから $g \geqq 0$, すなわち種数は常に負でない有理整数である.

任意の A に対し

$$g - (n(A) - l(A) + 1) = r(A)$$

とおけば, g の定義により $r(A) \geqq 0$. この $r(A)$ を因子 A の**特異指数**といい, $r(A) = 0$ なる A を**正常因子**と呼ぶ. (3.16)により A が正常因子ならば A の倍因子はまたすべて正常である.

定理 2.10 自然数 m を適当にとれば $n(A) \geqq m$ なる A は必ず正常因子となる.

証明 一つの正常因子 D をとり, $m = n(D) + g$ とおけばよい. $n(A) \geqq m$ ならば

$$l(AD^{-1}) \geqq n(AD^{-1}) - g + 1 = n(A) - n(D) - g + 1 \geqq 1.$$

よって $L(AD^{-1})$ は 0 でない元 u を含む. $A^{-1}D|(u)$ であるから $(u) = DA^{-1}B$ とおけば B は整因子で $A \sim DB$. 故に

$$n(A) - l(A) + 1 = n(DB) - l(DB) + 1.$$

$D|DB$ であるから (3.16) より上式の右辺は $n(D) - l(D) + 1 = g$ より小ではない. 従って g の定義より

$$n(A) - l(A) + 1 = g.$$

すなわち A は正常因子である.

§4　Idèle と微分

　k を係数体とする代数函数体 K の素点 P に関する完備化を K_P とし, すべての K_P の直和を K^* とせよ:

$$K^* = \sum_P K_P.$$

すなわち K^* は K_P から任意にとった元 a_P の組 $\tilde{a} = (a_P)$ の全体で, それらは

$$\tilde{a} + \tilde{b} = (a_P) + (b_P) = (a_P + b_P)$$
$$\tilde{a}\tilde{b} = (a_P)(b_P) = (a_P b_P)$$

により環をなす. $\tilde{a} = (a_P)$ に対し

$$\nu_P^*(\tilde{a}) = \nu_P(a_P)$$

とおけばこれにより K^* の上で定義された函数 ν_P^* を得るが, 我々は誤解の恐れのない限りこの ν_p^* を再び ν_P と記すことにする. しからば直ちに知られるように

$$(4.1) \qquad \nu_P(\tilde{a} + \tilde{b}) \geqq \text{Min.}(\nu_P(\tilde{a}), \nu_P(\tilde{b})),$$
$$(4.2) \qquad \nu_P(\tilde{a}\tilde{b}) = \nu_P(\tilde{a}) + \nu_P(\tilde{b}).$$

また ν_P はもちろん有理整数値をとる函数であるが, 唯 $\tilde{a} \neq 0$ でも $\nu_P(\tilde{a}) = +\infty$ となることがある.

　さて K^* の元のうちで特に有限個の P を除いて常に $\nu_P(\tilde{a}) \geqq 0$ となるよう

な $\tilde{a}$ の全体 $\tilde{K}$ は上の (4.1), (4.2) により K^* の部分環をなすことが知られる.

定義 2.7 $\tilde{K}$ を代数函数体 K の **idèle 環** といい, $\tilde{K}$ の各元 $\tilde{a}$ を K の **idèle** と呼ぶ[3].

K の任意の元 x をとってすべての P に対し $a_P = x$ とおけば, $\nu_P(x)$ は有限個の P を除いて 0 であるから(定理 2.2)(a_P) は idèle である. すなわち K の任意の元に対し常に idèle が一つ定まるが, この対応は明らかに 1 対 1 であるから今後それ等を区別しないで同じものと考えることにする. かくすれば K は idèle 環 $\tilde{K}$ の部分体となる.

次に K の任意の因子 A に対し
$$\tilde{L}(A) = \{\tilde{a};\ \tilde{a} \in \tilde{K},\ \nu_P(\tilde{a}) \geqq -\nu_P(A)\}$$
とおく. 定義より直ちに
$$L(A) = \tilde{L}(A) \cap K.$$
また $L(A)$ と同じく $\tilde{L}(A)$ も k 加群となることは明白である. この $\tilde{L}(A)$ に関し次の性質がある:

   1)　A, B の最小公倍因子を C とすれば
$$\tilde{L}(A) + \tilde{L}(B) = \tilde{L}(C).$$
ただし左辺は $\tilde{a} + \tilde{b}$ $(\tilde{a} \in \tilde{L}(A),\ \tilde{b} \in \tilde{L}(B))$ の全体である.

   2)　A, B の最大公約因子を D とすれば
$$\tilde{L}(A) \cap \tilde{L}(B) = \tilde{L}(D)$$
   3)　　　　　　　$\tilde{L}(A) \cdot \tilde{L}(B) = \tilde{L}(AB),$
ただし左辺は $\tilde{a}\tilde{b}$ $(\tilde{a} \in \tilde{L}(A),\ \tilde{b} \in \tilde{L}(B))$ の全体である.

1)の証明　$\tilde{L}(A) \subseteq \tilde{L}(C)$, $\tilde{L}(B) \subseteq \tilde{L}(C)$ は明らかであるから $\tilde{L}(A) + \tilde{L}(B) \subseteq \tilde{L}(C)$. 逆に $\tilde{a} \in \tilde{L}(C)$, $\tilde{a} = (a_P)$ とすれば

---

3)　Idèle は C. Chevalley が類体論の算術的証明において代数体の ideal の代りに導入した概念である. ここではそれにならって代数函数体の idèle を定義した. ただ Chevalley の idèle は乗法群をなし, その乗法的性質に重要性があるのに対し, 我々の idèle は環をなし(以下の本文の説明からもわかるように)その加法的な性質が研究の焦点となる. 本書では省略したが有限体の上の代数函数体の算術的理論においては Chevalley の idèle と我々の idèle と両方が必要になる. よってこのような場合には前者を乗法的 idèle, 後者を加法的 idèle と呼んで区別するとよいと思う.

$$\nu_P(a_P) \geqq -\nu_P(C) = -\mathrm{Max.}\,(\nu_P(A), \nu_P(B)) = \mathrm{Min.}\,(-\nu_P(A), -\nu_P(B)).$$

よって $\nu_P(a_P) \geqq -\nu_P(A)$ となる素点 P を一般に P_1, 残りの P を P_2 と書けば

$$\tilde{a}_1 = (a_P^{(1)}), \qquad a_P^{(1)} = \begin{cases} a_P, & P = P_1 \text{ の時,} \\ 0, & P = P_2 \text{ の時,} \end{cases}$$

$$\tilde{a}_2 = (a_P^{(2)}), \qquad a_P^{(2)} = \begin{cases} 0, & P = P_1 \text{ の時,} \\ a_P, & P = P_2 \text{ の時,} \end{cases}$$

とおけば $\tilde{a}_1 \in \tilde{L}(A)$, $\tilde{a}_2 \in \tilde{L}(B)$, $\tilde{a} = \tilde{a}_1 + \tilde{a}_2$. よって $\tilde{L}(C) \subseteqq \tilde{L}(A) + \tilde{L}(B)$.

2)の証明　$\tilde{a} = (a_P)$ が $\tilde{L}(D)$ に含まれるための条件は

$$\nu_P(a_P) \geqq -\nu_P(D) = -\mathrm{Min.}\,(\nu_P(A), \nu_P(B)) = \mathrm{Max.}\,(-\nu_P(A), -\nu_P(B)).$$

これは $\nu_P(a_P) \geqq -\nu_P(A)$ かつ $\nu_P(a_P) \geqq -\nu_P(B)$, すなわち, $\tilde{a} \in \tilde{L}(A)$ かつ $\tilde{a} \in \tilde{L}(B)$ と同値である.

3)の証明　$\tilde{a} \in \tilde{L}(A)$, $\tilde{b} \in \tilde{L}(B)$ の時 (4.2) により $\tilde{a}\tilde{b} \in \tilde{L}(AB)$ となることは明白である. すなわち $\tilde{L}(A)\tilde{L}(B) \subseteqq \tilde{L}(AB)$. 逆に $\tilde{a} \in \tilde{L}(AB)$, $\tilde{a} = (a_P)$ とすれば $\nu_P(a_P) \geqq -\nu_P(A) - \nu_P(B)$. よって K_P から $\nu_P(a_P^{(1)}) = -\nu_P(A)$ なる $a_P^{(1)}(\neq 0)$ を任意にとり $a_P = a_P^{(1)} a_P^{(2)} \tilde{a}_1 = (a_P^{(1)})$, $\tilde{a}_2 = (a_P^{(2)})$ とおけば, $\tilde{a}_1 \in \tilde{L}(A)$, $\tilde{a}_2 \in \tilde{L}(B)$ となることは明らかだから $\tilde{L}(AB) \subseteqq \tilde{L}(A)\tilde{L}(B)$.

さて idèle 環 $\tilde{K}$ において一点 $\tilde{a}$ の近傍として $\tilde{a} + \tilde{L}(A)$ なる形の集合の全体 (ただし A は K の任意の因子)をとれば上の 1), 2) により $\tilde{K}$ は位相空間 (Hausdorff 空間)となることが知られる. しかも 1), 3) により $\tilde{K}$ における加法, 乗法はこの位相に関して連続である. よって

定理 2.11　idèle 環 $\tilde{K}$ は位相環をなす.

次に A. Weil に従って代数函数体 K における微分(differential)を次のごとく定義する.

定義 2.8　k を係数とする代数函数体 K の idèle 環 $\tilde{K}$ から k 内への写像 f

が次の三つの条件を満足する時, f を K の**微分**と呼ぶ[4].

i)　f は k に関して線型である, すなわち

$$f(\alpha\tilde{a} + \beta\tilde{b}) = \alpha f(\tilde{a}) + \beta f(\tilde{b}), \qquad \tilde{a}, \tilde{b} \in \tilde{K}, \qquad \alpha, \beta \in k,$$

ii)　$\tilde{K}$ を上に述べたごとくにして位相環と考え, また k を $\tilde{K}$ の部分空間と考えた場合, f はこの位相に関して連続である.

$n(A) < 0$ であれば $\tilde{L}(A) \cap k = 0$ であるから $\tilde{K}$ から k の上に誘導される位相は実は discrete である. よって i) を考慮すればこの条件は

ii′)　適当な A をとる時, 任意の $\tilde{a} \in \tilde{L}(A)$ に対し $f(\tilde{a}) = 0$

と言っても同じである.

iii)　K の任意の元 x に対しては $f(x) = 0$.

K の微分の全体を $\mathfrak{L}$, $\mathfrak{L}$ のうちで特に $\tilde{L}(B)$ の任意の idèle $\tilde{b}$ に対し $f(\tilde{b}) = 0$ となる f の全体を $\mathfrak{L}_B$ と記す.

微分の性質を調べるためにはこれよりやや一般に $\tilde{L}(A)$ から k 内への類似の性質を有する写像を考える必要がある. すなわち線型, 連続でかつ $L(A)$ の任意の x に対し $f(x) = 0$ となるような $\tilde{L}(A)$ から k 内への写像 f の全体を $\mathfrak{L}^A$ とし, 特に B を A の約因子とする時, $\tilde{L}(B)$ の任意の $\tilde{b}$ に対し $f(\tilde{b}) = 0$ となるような $\mathfrak{L}^A$ の写像 f の全体を $\mathfrak{L}_B^A$ と記す.

f, g が微分である時, 任意の $\alpha, \beta \in k$ に対し $\alpha f + \beta g$ もまた K の微分であることは定義から明らかである. よって微分の全体 $\mathfrak{L}$ は k 加群をなす. 同様に $\mathfrak{L}_B, \mathfrak{L}^A, \mathfrak{L}_B^A$ 等もすべて k 加群である. これら k 加群の k に関する次元を $\dim. \mathfrak{L}_B$ 等と書くことにする.

補題 2.3　$B|A$ ならば

$$\dim. \mathfrak{L}_B^A = r(A, B) = (n(A) - l(A)) - (n(B) - l(B)).$$

証明　定理 2.8 の証明における記号をそのまま用いることにすれば K_P の任意の元 a_P は

---

4)　このような写像を微分という言葉で呼ぶ理由は次節において明らかになる.

$$a_P = \sum_i \sum_{j=1}^{n(P)} f_{ij}^{(P)}(a_P) w_j^{(P)} t_P^i, \qquad f_{ij}^{(P)}(a_P) \in k$$

と一意的に展開される．特に $\tilde{L}(A)$ に含まれる idèle $\tilde{a} = (a_P)$ の P 成分 a_P に対しては上の i に関する和は $i \geqq -\nu_P(A)$ なる範囲でよいから，これを $-\nu_P(A) \leqq i < -\nu_P(B)$ なる i に関する部分和と，$-\nu_P(B) \leqq i$ なる i に関する部分和とに分けて

$$a_P = a_P^{(1)} + a_P^{(2)}$$

とする．$\tilde{a}_1 = (a_P^{(1)})$, $\tilde{a}_2 = (a_P^{(2)})$ とすればもちろん $\tilde{a} = \tilde{a}_1 + \tilde{a}_2$. $\tilde{a}_2$ は $\tilde{L}(B)$ に属する idèle であるから f が $\mathfrak{L}_B^A$ の写像であれば

$$f(a_P) = f(a_P^{(1)}) + f(a_P^{(2)}) = f(a_P^{(1)}).$$

一般に一つの素点 P に対する P 成分が a_P に等しく，他の Q 成分 $(Q \neq P)$ はすべて 0 である idèle を単にそのまま a_P で表すことにすれば，上の $\tilde{a}_1$ は

$$\tilde{a}_1 = \sum_P \sum_{i=-\nu_P(A)}^{-\nu_P(B)-1} \sum_{j=1}^{n(P)} f_{ij}^{(P)}(a_P) w_j^{(P)} t_P^i$$

と書くことができる．右辺の和は K のすべての素点 P にわたるはずであるが，実際には $\nu_P(A) - \nu_P(B)$ 個の項の有限和である．よって f は線型なる故

$$f(\tilde{a}) = f(\tilde{a}_1) = \sum_P \sum_i \sum_j \gamma_{ij}^{(P)} f_{ij}^{(P)}(a_P), \qquad \gamma_{ij}^{(P)} = f(w_j^{(P)} t_P^i).$$

$\gamma_{ij}^{(P)}$ は $\tilde{a}$ に無関係な常数であるから，結局 $\mathfrak{L}_B^A$ の任意の写像 $f(\tilde{a})$ は常に k に関して一次独立な $n(A) - n(B)$ 個の函数

$$f_{ij}^{(P)}(\tilde{a}) = f_{ij}^{(P)}(a_P), \qquad \tilde{a} = (a_P), \qquad -\nu_P(A) \leqq i < -\nu_P(B),$$
$$j = 1, \cdots, n(P)$$

の一次結合であることがわかった．

そこで今度は逆に $f_{ij}^{(P)}(a_P)$ の一次結合である $\tilde{L}(A)$ 上の函数

$$f(\tilde{a}) = \sum_P \sum_{i=-\nu_P(A)}^{-\nu_P(B)-1} \sum_{j=1}^{n(P)} \gamma_{ij}^{(P)} f_{ij}^{(P)}(a_P), \qquad \tilde{a} = (a_P), \quad \gamma_{ij}^{(P)} \in k$$

が $\mathfrak{L}_B^A$ に属するための条件を考えてみよう．このような $f(\tilde{a})$ が任意の $\gamma_{ij}^{(P)}$ に対し線型，連続でかつ $\tilde{L}(B)$ の任意の $\tilde{b}$ に対し $f(\tilde{b}) = 0$ となることは明白

である.　よって $f(\tilde{a})$ が $\mathfrak{L}_B^A$ に属するためには更に $L(A)$ の任意の元 u に対し

$$(4.3) \qquad f(u) = \sum_P \sum_i \sum_j \gamma_{ij}^{(P)} f_{ij}^{(P)}(u) = 0$$

となることが必要かつ十分である.　従って $\mathfrak{L}_B^A$ の次元は $L(A)$ のすべての元 u に対し(4.3)を満足せしめるような $\{\gamma_{ij}^{(P)}\}$ の次元,　すなわち $f_{ij}^{(P)}(u)\,(u \in L(A))$ の間に成立する独立な一次関係式の数に等しい.　従って定理 2.8 の証明の後の注意によりそれはちょうど $r(A, B)$ と一致する(証終).

さて $B|A$, $A|A'$ とすれば $\tilde{L}(A) \subseteqq \tilde{L}(A')$ であるから,　$\mathfrak{L}_B^{A'}$ の写像 $f'(\tilde{a})$ を特に $\tilde{L}(A)$ の上だけで考えればこれは明らかに $\mathfrak{L}_B^A$ に属する写像 f を与える. f を f' の $\mathfrak{L}_B^A$ への射影といい,　逆に f' を f の $\mathfrak{L}_B^{A'}$ における延長と呼ぶ. $\mathfrak{L}_B^A$ と $\mathfrak{L}_B$ とに関しても同様に射影と延長とが定義される.

補題 2.4　$B|A$, $A|A'$ でかつ A が正常因子ならば,　$\mathfrak{L}_B^A$ の任意の f は $\mathfrak{L}_B^{A'}$ の写像 f' に一意的に延長される.

証明　まず一意性を証明しよう.　かりに f', f'' を f の $\mathfrak{L}_B^{A'}$ における二つの延長とすれば,　$\tilde{a} \in \tilde{L}(A)$ に対しては

$$f'(\tilde{a}) = f''(\tilde{a}) = f(\tilde{a})$$

であるから $f^* = f' - f''$ は明らかに $\mathfrak{L}_A^{A'}$ に属する写像である.　しかるに A, A' は共に正常因子であるから前補題により

$$\begin{aligned}\dim. \mathfrak{L}_A^{A'} &= r(A', A) = (n(A') - l(A') + 1) - (n(A) - l(A) + 1) \\ &= g - g = 0 \qquad (g \text{ は } K \text{ の種数}).\end{aligned}$$

よって

$$\mathfrak{L}_A^{A'} = 0, \qquad f^* = 0, \qquad f' = f''.$$

さて同じ補題より

$$\dim. \mathfrak{L}_B^A = r(A, B) = g - 1 - (n(B) - l(B)).$$

$\mathfrak{L}_B^{A'}$ についても全く同じ式が成立つから

$$\dim. \mathfrak{L}_B^A = \dim. \mathfrak{L}_B^{A'}$$

となる.　この等しい次元を r とおき,　$\mathfrak{L}_B^{A'}$ の k に関する一組の底 $f_1', \cdots, f_r'$ の $\mathfrak{L}_B^A$ への射影を $f_1, \cdots, f_r$ とせよ.　しからば $f_1, \cdots, f_r$ は k に関して一次独立で

ある. なんとなれば

$$\alpha_1 f_1 + \cdots + \alpha_r f_r = 0, \qquad \alpha_i \in k$$

とすれば延長の一意性により $\alpha_1 f_1 + \cdots + \alpha_r f_r$ の $\mathfrak{L}_B^{A'}$ における延長 $\alpha_1 f_1' + \cdots + \alpha_r f_r'$ もまた 0 でなければならぬ. f_i' は $\mathfrak{L}_B^{A'}$ の底であるから $\alpha_1 = \cdots = \alpha_r = 0$. よって $f_1, \cdots, f_r$ は確かに一次独立で従ってそれらは $\mathfrak{L}_B^A$ の k に関する底でなければならぬ. 故に $\mathfrak{L}_B^A$ の任意の f は $f = \beta_1 f_1 + \cdots + \beta_r f_r$ $(\beta_i \in k)$ と書かれるからそれは $\mathfrak{L}_B^{A'}$ において延長 $f' = \beta_1 f_1' + \cdots + \beta_r f_r'$ を有する（証終）.

補題 2.5　$B|A$ でかつ A が正常因子ならば $\mathfrak{L}_B^A$ の任意の f は $\mathfrak{L}_B$ の微分 f^* に一意的に延長されて, しかも

$$\dim. \mathfrak{L}_B = \dim. \mathfrak{L}_B^A.$$

証明　与えられた任意の idèle $\tilde{a}$ に対し $\tilde{a} \in \tilde{L}(A')$, $A|A'$ なる A' が常に存在する. 前補題により $\mathfrak{L}_B^{A'}$ における f の延長を f' とし

(4.4)　　　　　　　　　$f^*(\tilde{a}) = f'(\tilde{a})$

と定義せよ. ここで $f^*(\tilde{a})$ の値は補助に用いた因子 A' のとり方に関係しない. なんとなれば $\tilde{a} \in \tilde{L}(A'')$, $A|A''$ なる別の A'' をとり, f の $\mathfrak{L}_B^{A''}$ における延長を f'' とせよ. $A'|A'''$, $A''|A'''$ なる A''' をとって A''' における f', f'' の延長をそれぞれ f_1, f_2 とすれば, f_1, f_2 は共に f の $\mathfrak{L}_B^{A'''}$ における延長であるから延長の一意性により $f_1 = f_2$. よって

$$f'(\tilde{a}) = f_1(\tilde{a}) = f_2(\tilde{a}) = f''(\tilde{a}).$$

すなわち $f^*(\tilde{a})$ は確かに一意的に定義される. このようにして $\tilde{K}$ で定義された写像 f^* が $\mathfrak{L}_B$ に属する K 微分であることは f^* の定義 (4.4) から明白であろう. 例えば $\tilde{a}, \tilde{b}$ を任意の idèle とする時, $\tilde{a}, \tilde{b} \in \tilde{L}(A')$, $A|A'$ なる A' をとって f の $\mathfrak{L}_B^{A'}$ における延長を f' とすれば, $f^*(\alpha \tilde{a} + \beta \tilde{b}) = f'(\alpha \tilde{a} + \beta \tilde{b}) = \alpha f'(\tilde{a}) + \beta f'(\tilde{b}) = \alpha f^*(\tilde{a}) + \beta f^*(\tilde{b})$, 等. よって f は確かに $\mathfrak{L}_B$ における延長 f^* を有す.

次に f_1^* を f の $\mathfrak{L}_B$ における任意の延長とし, 与えられた $\tilde{a}$ に対し A', f' を上のごとくとれば, f_1^* の $\mathfrak{L}_B^{A'}$ への射影 f_1' は f の $\mathfrak{L}_B^{A'}$ への延長であるから f' と一致する. 故に

$$f_1^*(\tilde{a}) = f_1'(\tilde{a}) = f'(\tilde{a}) = f^*(\tilde{a}).$$

よって $f_1^* = f^*$ となり延長は一意的である.

　$f_1, \cdots, f_r$ を k に関し一次独立な $\mathfrak{L}_B^A$ の写像とし，f_i の $\mathfrak{L}_B$ における延長を f_i^* とすれば $f_1^*, \cdots, f_r^*$ が $\mathfrak{L}_B$ において一次独立であることはもちろんである. よって $\mathrm{dim}.\,\mathfrak{L}_B^A \leqq \mathrm{dim}.\,\mathfrak{L}_B$. 逆に $f_1^*, \cdots, f_s^*$ を $\mathfrak{L}_B$ の一次独立な写像とし，その $\mathfrak{L}_B^A$ への射影を $f_1, \cdots, f_s$ とすれば補題 2.4 の証明におけると同様にして延長の一意性から $f_1, \cdots, f_s$ がまた $\mathfrak{L}_B^A$ で一次独立であることがわかる. よって $\mathrm{dim}.\,\mathfrak{L}_B \leqq \mathrm{dim}.\,\mathfrak{L}_B^A$. 故に $\mathrm{dim}.\,\mathfrak{L}_B = \mathrm{dim}.\,\mathfrak{L}_B^A$ (証終).

　与えられた任意の因子 B に対し $B|A$ なる正常因子 A が常に存在するから，補題 2.3, 2.5 により

$$\mathrm{dim}.\,\mathfrak{L}_B = \mathrm{dim}.\,\mathfrak{L}_B^A = r(A, B) = (n(A) - l(A)) - (n(B) - l(B))$$
$$= g - 1 - (n(A) - n(B)).$$

すなわち次の公式を得る:

　(4.5)　$l(B) = n(B) - g + 1 + \mathrm{dim}.\,\mathfrak{L}_B,$　　　(g は K の種数).

　さて f を恒等的に 0 でない K の任意の微分とする時

$$\mathfrak{M}_f = \{A; f \in \mathfrak{L}_A\}$$

とせよ. 微分に関する連続性の条件 ii) より $\mathfrak{M}_f$ は空集合ではない. また定理 2.10 の自然数 m をとり $n(D) \geqq m$ なる因子 D を考えると，このような D は正常であるから $n(D) - l(D) + 1 = g$. よって (4.5) より $\mathrm{dim}.\,\mathfrak{L}_D = 0$. $f \neq 0$ であるから f はこのような $\mathfrak{L}_D$ には含まれない. 従って $\mathfrak{M}_f$ に属する因子 A の次数 $n(A)$ は上に有界である. そこで今 $n(A)$ を最大ならしめる $\mathfrak{M}_f$ の因子を A_0 とせよ. $\mathfrak{M}_f$ に属する任意の A と A_0 との最小公倍因子を C とすれば，$f \in \mathfrak{L}_{A_0}$, $f \in \mathfrak{L}_A$ および $\tilde{L}(C) = \tilde{L}(A_0) + \tilde{L}(A)$ より $f \in \mathfrak{L}_C$. よって C も $\mathfrak{M}_f$ に属するが $A_0|C$, $n(A_0) \leqq n(C)$ であるから A_0 のとり方より $C = A_0$, $A|A_0$ を得る. 逆に $A|A_0$ ならば A はもちろん $\mathfrak{M}_f$ に属するから，$\mathfrak{M}_f$ は A_0 の約因子の全体と一致する.

　定義 2.9　上の因子 A_0 を微分 f の**因子**といい (f) と記す.

　A_0 の性質により $A|(f)$ なるためには $f \in \mathfrak{L}_A$ となることが必要かつ十分で

ある.

　K における微分の全体 $\mathfrak{L}$ が k 加群をなすことは既に述べたが $\mathfrak{L}$ はまた次の
ごとくにして K 加群と考えることができる. すなわち f を K の任意の微分,
x を K の任意の元とする時, idèle $\tilde{a}$ に対し

$$f'(\tilde{a}) = f(x\tilde{a})$$

とおけば, $\tilde{K}$ が位相環であることより $f'(\tilde{a})$ がまた K の微分となることは容
易にわかる. この f' を

$$f' = x \cdot f$$

と書くことにすれば, この定義により $\mathfrak{L}$ が K の元を作用素とする K 加群と
なることはほとんど明白であろう.

　補題 2.6　$x \neq 0$, $f \neq 0$ ならば $(x \cdot f) = (x)(f)$.

　証明　A を任意の因子とする時 $\tilde{L}(x^{-1}A) = x\tilde{L}(A)$ であるから $f \in \mathfrak{L}_{(x)^{-1}A}$
と $x \cdot f \in \mathfrak{L}_A$ とは同値である. すなわち $(x)^{-1}A \in \mathfrak{M}_f$ と $A \in \mathfrak{M}_{xf}$ とは同値.
よって $\mathfrak{M}_{xf} = (x)\mathfrak{M}_f$. $\mathfrak{M}_f$ に属する因子の最小公倍因子が (f) で, $\mathfrak{M}_{xf}$ に
属する因子の最小公倍因子が (xf) であるから $(xf) = (x)(f)$ を得る.

　定理 2.12　$\mathfrak{L}$ の K 加群としての次元は 1 である. すなわち $f_0 \neq 0$ なる微
分 f_0 を一つ定めれば任意の微分 f は

$$f = x \cdot f_0, \qquad x \in K$$

なる形に一意的に表される.

　証明　かりに f_1, f_2 を K に関して一次独立な二つの微分とせよ. P を K の
任意の素点, m を任意の自然数として $l(P^m(f_1)) = r$, $l(P^m(f_2)) = s$ とすれば
(4.5) より

　(4.6)　$r \geqq n(P^m(f_1)) - g + 1 = m \cdot n(P) + n((f_1)) - g + 1,$

　(4.7)　$s \geqq n(P^m(f_2)) - g + 1 = m \cdot n(P) + n((f_2)) - g + 1.$

$L(P^m(f_1))$ から k に関して一次独立な K の元 $x_1, \cdots, x_r$ をとり, また
$L(P^m(f_2))$ から同様な $y_1, \cdots, y_s$ をとれば, f_1, f_2 は K に関して一次独立であ
るから $r + s$ 個の微分 $x_i f_1$, $y_j f_2$ $(i = 1, \cdots, r; j = 1, \cdots, s)$ は k に関して一次独
立である. また $x_i \in L(P^m(f_1))$, すなわち $P^{-m}(f_1)^{-1}|(x_i)$ より $P^{-m}|(x_i f_1)$

を得るから $x_i f_1 \in \mathfrak{L}_{P^{-m}}$. 同様に $y_i f_2 \in \mathfrak{L}_{P^{-m}}$. よって dim. $\mathfrak{L}_{P^{-m}} \geqq r+s$. 一方(4.5)より

$$\text{dim.}\,\mathfrak{L}_{P^{-m}} = l(P^{-m}) - n(P^{-m}) + g - 1 = m \cdot n(P) + g - 1.$$

故に(4.6), (4.7)を用いて

$$m \cdot n(P) + g - 1 \geqq 2m \cdot n(P) + n((f_1)) + n((f_2)) - 2g + 2,$$

すなわち

$$g - 1 \geqq m \cdot n(P) + n((f_1)) + n((f_2)).$$

ここで m は任意の自然数でよいからこれは矛盾である. よって $\mathfrak{L}$ は K に関し1次元でなければならぬ(証終).

補題2.6および定理2.12により $f \neq 0$ なる K のすべての微分の因子 (f), いわゆる K の**微分因子**の全体はちょうど K の因子類群 $\bar{\mathfrak{D}} = \mathfrak{D}/\mathfrak{D}_H$ の一つの類を満たす.

定義 2.10 K の微分因子の全体からなる因子類を代数函数体 K の**微分類**あるいは**標準類**と呼ぶ.

定理 2.13 (Riemann-Roch の定理)[5] W を種数 g の代数函数体 K の任意の微分因子とする時, K の任意の因子 A に対し

$$(4.8) \qquad l(A) = n(A) - g + 1 + l(W A^{-1}).$$

証明 (4.5)により $l(W A^{-1}) = \text{dim.}\,\mathfrak{L}_A$ を言えばよい. f_0 を $W = (f_0)$ なる K の微分とすれば定理2.12により K の任意の微分 f は $f = x \cdot f_0$ $(x \in K)$ と一意的に表されるが, ここで $f = x \cdot f_0$ が $\mathfrak{L}_A$ に属するためには $A | (x f_0)$, すなわち $(f_0)^{-1} A | (x)$, すなわち $x \in L(W A^{-1})$ が必要かつ十分である. よって dim. $\mathfrak{L}_A = \text{dim.}\,L(W A^{-1}) = l(W A^{-1})$ (証終).

(4.8)において A のところに $W A^{-1}$ を代入すれば

---

5) Riemann-Roch の定理は代数函数論の基本定理の一つであるから古来多くの証明が知られているが, ここで述べているような任意の係数体の上の代数函数体における Riemann-Roch の定理の証明を初めて与えたのは F. K. Schmidt である(52 頁註1の論文参照). しかし本書で前節以来とった方法は Schmidt のそれではなくて A. Weil の着想によるものである. A. Weil, Zur algebraischen Theorie der algebraischen Funktionen, Crelle's Jour. 179 (1938)参照. なお緒言参照.

$$l(WA^{-1}) = n(WA^{-1}) - g + 1 + l(A) = n(W) - n(A) - g + 1 + l(A).$$

これと (4.8) とを辺々相加えれば

$$n(W) = 2g - 2.$$

次に (4.8) において $A = W$ とすれば

$$l(W) = n(W) - g + 1 + l(E) = 2g - 2 - g + 1 + 1 = g.$$

逆に, X を $n(X) = 2g - 2$, $l(X) = g$ なる K の因子とすれば, まず, (4.8) より $l(WX^{-1}) = 1$. よって, $XW^{-1} | (x)$ なる K の元 x が存在するが, $n(XW^{-1}) = n(x) = 0$ であるから $XW^{-1} = (x)$ でなければならぬ. $X = (x)W$ なる故 X は微分類に属す. よって

定理 2.14 W を種数 g の代数函数体 K の任意の微分因子とすれば

$$n(W) = 2g - 2, \qquad l(W) = g.$$

逆に $n(X) = 2g - 2$, $l(X) = g$ なる K の因子 X は必ず微分因子である.

定義 2.11 $f = 0$ および $f \neq 0$ でかつ (f) が整因子であるような微分 f を K の**第一種の微分**と呼ぶ.

定理 2.15 種数 g の代数函数体 K の第一種の微分の全体は g 次元の k 加群をなす.

証明 $f_0 \neq 0$ なる f_0 を一つ定めて微分 $f = xf_0$ が第一種であるための条件を考えてみる. $x \neq 0$ であればそれは $E | (xf_0)$, すなわち $(f_0)^{-1} | (x)$, すなわち $x \in L((f_0))$ であるが, $L((f_0)) = L(W)$ は定理 2.14 により g 次元の k 加群であるからこれでよい(証終).

さて因子類群 $\mathfrak{D}$ において一般に因子 A を含む類を $\bar{A}$ で表し, 特に $\bar{W}$ を微分類とする時 $\bar{A}' = \bar{W}\bar{A}^{-1}$ なる類を $\bar{A}$ の**補類**と呼ぶ. $\bar{A}'$ の補類はちょうど初めの $\bar{A}$ になる. $n(A), l(A)$ 等は類 $\bar{A}$ にのみ依存する函数で, また

$$n(\bar{A}') = n(\bar{W}\bar{A}^{-1}) = n(\bar{W}) - n(\bar{A}) = 2g - 2 - n(\bar{A})$$

であるから (4.8) は

$$(4.9) \qquad l(\bar{A}) - \frac{n(\bar{A})}{2} = l(\bar{A}') - \frac{n(\bar{A}')}{2}$$

なる対称の形に書き直すことができる. Riemann-Roch の定理はこの形でし

ばしば用いられることがある.

§5 Hasse の微分

　前節に述べた代数函数体の微分および微分因子の定義は A. Weil に依るもので[6], Riemann-Roch の定理を一般の係数体について証明する場合には極めて適切なものであるが，これと古典的な「微分」の概念との関係はあの定義だけからでは明白でない. しかるに一方 H. Hasse は古典的な概念をそのまま拡張して完全体 k の上の任意の代数函数体 K における微分の理論を確立した[7]. 本節ではこの Hasse の微分(以下 H 微分と略称する)を説明し，特にそれが本質的には前節の微分(以下 W 微分と呼ぶ)と一致することを示して古典理論との関連を明らかにしたいと思う.

　上に述べたように H 微分は一般に係数体 k が完全体である場合に有効に定義できるのであるが，ここでは簡単のために k が特に代数的閉体であると仮定して説明する.

　P を k の上の代数函数体 K の任意の素点とし，P による K の完備化を K_P, K_P における P の素元を $t=t_P$ とせよ. しからば §2 に述べたように K_P の任意の元 a は

$$a = \sum \alpha_i t^i, \quad i \geqq i_0 = \nu_P(a), \quad \alpha_{i_0} \neq 0, \quad \alpha_i \in k$$

なる形に一意的に展開できる. この時 a の t による微分 $\dfrac{da}{dt}$ を解析学における巾級数の微分法にならって

$$\frac{da}{dt} = \sum i\alpha_i t^{i-1}$$

によって定義する. この微分法(differentiation)に関し

6) 85 頁註 5 参照.

7) H. Hasse, Theorie der Differentiale in algebraischen Funktionenkörper mit vollkommenem Konstantenkörper, Crelle's Jour. 172 (1935)参照.

$$\frac{d}{dt}(\alpha a + \beta b) = \alpha \frac{da}{dt} + \beta \frac{db}{dt}, \qquad a, b \in K_P, \quad \alpha, \beta \in k,$$

$$\frac{d}{dt}(ab) = a\frac{db}{dt} + b\frac{da}{dt}$$

が成立することは明らかである. また

$$\nu_P\left(\frac{da}{dt}\right) \geqq \nu_P(a) - 1$$

であるから $\dfrac{da}{dt}$ は a に関して連続な K_P 内の作用素である. よって例えば収斂級数を微分する場合には項別微分をしてよい.

同様にして K_P における P の他の素元 t' に関しても $\dfrac{da}{dt'}$ が定義される. すなわち $a = \sum \alpha_i' t'^i \ (\alpha_i' \in k)$ の時

$$\frac{da}{dt'} = \sum i\alpha_i' t'^{i-1}$$

一方 $a = \sum \alpha_i' t'^i$ を t について項別微分すれば

$$\frac{da}{dt} = \sum \frac{d}{dt}(\alpha_i' t'^i) = \sum i\alpha_i' t'^{i-1}\frac{dt'}{dt} = \frac{da}{dt'}\frac{dt'}{dt}.$$

すなわち一般に t による微分と t' による微分との間には普通の変換法則

$$(5.1) \qquad \frac{da}{dt} = \frac{da}{dt'}\frac{dt'}{dt}$$

が成立する.

さて K_P に属する任意の二つの元の組 (b, a) の全体を $\mathfrak{S}_P$ とし, $\mathfrak{S}_P$ の元 (b, a) と (b', a') とが K_P の P に関する任意の素元 t に対し常に

$$(5.2) \qquad b\frac{da}{dt} = b'\frac{da'}{dt}$$

を満足する時 $(b, a) \sim (b', a')$ と記すことにする. この $\sim$ は明らかに同値関係であるからこれにより $\mathfrak{S}_P$ の元が類別される.

定義 2.12 上の各々の類を K_P の**局所 H 微分**と呼び, (b, a) の属する類を bda と記す.

$(b,a)\sim(b',a')$ であれば K_P の任意の元 c に対し $(cb,a)\sim(cb',a')$ となるから (cb,a) の属する類をもって c と bda の積 $c\cdot bda$ を一意的に定義することができる. この定義によれば任意の bda は b と $da=1da$ の積と考えられる. また t,t' を任意の P の素元とすれば $\nu_P\left(\dfrac{dt'}{dt}\right)=0$ であるから (5.1) より

$$\nu_P\left(b\frac{da}{dt}\right)=\nu_P\left(b\frac{da}{dt'}\frac{dt'}{dt}\right)=\nu_P\left(b\frac{da}{dt'}\right)+\nu_P\left(\frac{dt'}{dt}\right)=\nu_P\left(b\frac{da}{dt'}\right).$$

よって

$$\nu_P(bda)=\nu_P\left(b\frac{da}{dt}\right)$$

とおいて bda の ν_P に関する値 $\nu_P(bda)$ を一意的に定義することができる. $\nu_P(bda)$ を bda の(P における)**位数**という. **零点**, **極**等の言葉も函数の場合と同様に定義される.

$b\dfrac{da}{dt}=0$ なる微分 bda を零微分と呼び 0 で表す. この定義もまた (5.1) により素元のとり方に関係しない.

さて次の重要な定理が成立つ.

定理 2.16　t,t' を P に関する K_P の任意の素元とする時, 局所 H 微分 bda の展開

$$b\frac{da}{dt}=\sum\beta_i t^i,\qquad b\frac{da}{dt'}=\sum\beta_i' t'^i$$

における $\dfrac{1}{t},\dfrac{1}{t'}$ の係数 β_{-1},β_{-1}' は常に一致する :

$$\beta_{-1}=\beta_{-1}'.$$

　証明　　　　　　　$t'=\sum_{i=1}^{\infty}\gamma_i t^i,\qquad \gamma_1\neq 0,\qquad \gamma_i\in k$

とすれば

$$b\frac{da}{dt}=b\frac{da}{dt'}\frac{dt'}{dt}=\sum_n\beta_n'(\sum_i\gamma_i t^i)^n(\sum_i i\gamma_i t^{i-1}).$$

この右辺を t の巾級数に展開すれば $\sum\beta_i t^i$ を得るはずである. $n=-1$ とすれ

ば

$$\beta'_{-1} \left(\sum_{i=1}^{\infty} \gamma_i t^i \right)^{-1} \left(\sum_{i=1}^{\infty} i\gamma_i t^{i-1} \right) = \frac{\beta'_{-1}}{t} + \cdots$$

となるから，$n \neq -1$ の時

(5.3) $$\left(\sum_{i=1}^{\infty} \gamma_i t^i \right)^n \left(\sum_{i=1}^{\infty} i\gamma_i t^{i-1} \right)$$

の展開が $\frac{1}{t}$ の項を含まぬことが言えれば $\beta_{-1} = \beta'_{-1}$ を得る．

これを証明するためにまず k の標数を 0 と仮定しよう．しからば(5.3)は

$$t'^n \frac{dt'}{dt} = \frac{1}{n+1} \frac{d}{dt} (t'^{n+1}) = \frac{1}{n+1} \frac{d}{dt} \left(\sum \varepsilon_i t^i \right) = \frac{1}{n+1} \sum i\varepsilon_i t^{i-1}$$

となるから，これは確かに $\frac{1}{t}$ の項を含まない．

次に k の標数が $p \neq 0$ の場合は次のようにして標数 0 の場合に帰着させられる．すなわち $\gamma_1, \gamma_2, \cdots$ に対応して $z_1, z_2, \cdots$ なる変数をとり，これらを有理数体 R_0 に添加して得られる体を $L = R_0(z_1, z_2, \cdots)$ とせよ．L の元を係数とする t の巾級数

(5.4) $$\left(\sum_{i=1}^{\infty} z_i t^i \right)^n \left(\sum_{i=1}^{\infty} iz_i t^{i-1} \right) \qquad (n \neq -1)$$

が $\frac{1}{t}$ の項を含まぬことは L の標数が 0 であるから前の通りに証明できる．(5.4)を t の巾級数に展開した結果を

(5.5) $$\sum w_i t^i, \qquad w_i \in L$$

とすれば w_i は z_j の有理函数であるが

$$\left(\sum_{i=1}^{\infty} z_i t^i \right)^{-1} = \frac{1}{z_1 t} + \cdots$$

からわかるようにその有理函数の分母は高々 z_1 の巾で分子は z_j の有理整係数の多項式である．この分子の多項式の整係数をそれが属する $\mathrm{mod.}\, p$ の剰余類でおきかえれば，かくして w_i から有限体 $GF(p)$ を係数とする z_j の有理函数 $\bar{w}_i$ が得られる．(5.4)から(5.5)を得る形式的な計算の途中では除法は z_1 で割

る時以外には現れないから (5.4) を改めて $\bar{L} = GF(p)(z_1, z_2, \cdots)$ の元を係数とする t の巾級数と考えれば

$$(5.6) \qquad \left(\sum_{i=1}^{\infty} z_i t^i\right)^n \left(\sum_{i=1}^{\infty} i z_i t^{i-1}\right) = \sum \bar{w}_i t^i.$$

k は標数 p の体であるから $GF(p)$ の拡大体と考えられる. よって $\gamma_1 \neq 0$ に注意すれば (5.6) において $z_1, z_2, \cdots$ に, $\gamma_1, \gamma_2, \cdots (\gamma_1 \neq 0)$ を代入しても等式は保たれる. すなわち $\bar{w}_i(\gamma_1, \gamma_2, \cdots) = \xi_i$ とすれば

$$\left(\sum_{i=1}^{\infty} \gamma_i t^i\right)^n \left(\sum_{i=1}^{\infty} i \gamma_i t^{i-1}\right) = \sum \xi_i t^i.$$

しかるに $w_{-1} = 0, \bar{w}_{-1} = 0$ なる故 $\xi_{-1} = 0$. これですべてが証明された(証終).

定義 2.13　K_P における局所 H 微分 bda の素元 t による展開

$$b\frac{da}{dt} = \sum \beta_i t^i$$

の $\dfrac{1}{t}$ の係数 β_{-1} を bda の**留数**といい

$$\beta_{-1} = \mathrm{Res}_P(bda)$$

と記す. 前定理によりこれは素元 t の選び方に無関係に bda だけで一意的に定まる k の元である.

　さて局所 H 微分を用いて代数函数体 K における H 微分を次のごとく定義することができる. 前と同様に K の中から任意にとった二つの元の組 (y, x) の全体を $\mathfrak{S}$ とせよ. P を K の任意の素点とする時, y, x はもちろん K_P の元であるから (y, x) により K_P の局所 H 微分 $(ydx)_P$ が定まる. そこで $\mathfrak{S}$ の二つの元 $(y, x), (y', x')$ がすべての素点 P に対し

$$(ydx)_P = (y'dx')_P$$

なる関係にある時, $(y, x) \sim (y', x')$ と書けばこれにより $\mathfrak{S}$ の元が類別される.

定義 2.14　上の各類を K の **H 微分**と呼び, (y, x) の属する類を ydx と記す.

　局所 H 微分の場合と同様に H **微分**と K の元との積が定義され, 特に ydx

は y と dx との積となる．またすべての P に対し $(ydx)_P = 0$ となる時，ydx を零微分と呼び 0 で表す．

定理 2.17　$dx \neq 0$ となるためには x が K の分離元となることが必要かつ十分である．またこの時はすべての P に対し $(dx)_P \neq 0$ となる．

証明　P を K の任意の素点としその素元を $t = t_P$ とせよ．k の標数が 0 ならば $\dfrac{dx}{dt} = 0$ となるのは明らかに x が k に含まれる場合に限るからこの場合には定理はもちろん成立する．よって k の標数を $p \neq 0$ としよう．まず x が分離元でなければ $z = x^{\frac{1}{p}}$ が K に含まれるから

$$\frac{dx}{dt} = \frac{d}{dt}(z^p) = pz^{p-1}\frac{dz}{dt} = 0.$$

P は任意だから $dx = 0$．次に x を K の分離元とし

$$K = k(x, y), \qquad f(x, y) = 0$$

とせよ．$f(x, y) = 0$ はもちろん x と y との間に成立つ k の元を係数とする既約関係式である．これを t について K_P 内で微分すれば

$$f_x(x, y)\frac{dx}{dt} + f_y(x, y)\frac{dy}{dt} = 0.$$

y は $k(x)$ に関し第一種の元であるから $f_y(x, y) \neq 0$．よってもしも $\dfrac{dx}{dt} = 0$ と仮定するならば $\dfrac{dy}{dt} = 0$ でなければならぬ．これは

$$x = \sum \alpha_i t^i, \qquad y = \sum \beta_i t^i, \qquad \alpha_i, \beta_i \in k$$

とするとき p で割れぬ i に対しては常に $\alpha_i = \beta_i = 0$ であること，すなわち x, y が共に t^p の巾級数に展開されることを意味する．しかるに K の元はすべて x, y の有理函数であるからそれらもまたすべて t^p の巾級数とならねばならぬが，K 内には $\nu_p(a) = 1$ なる a が確かに存在するからこれは不合理である．よって $\dfrac{dx}{dt} \neq 0$, すなわち $(dx)_P \neq 0$.

定理 2.18　$dx \neq 0$ なる H 微分を一つ定めれば K のすべての H 微分は

ydx $(y \in K)$ なる形に一意的に表される[8].

　証明　任意の dx' が ydx の形に書けることを言えばよい.　一意性は明白である.　さて x' は $k(x)$ に対し代数的であるから x と x' との間に成立する既約関係式を

$$g(x, x') = 0$$

とせよ.　これを任意の素点 P に対する素元 $t = t_P$ で微分すれば

$$(5.7) \qquad g_x(x, x')\frac{dx}{dt} + g_{x'}(x, x')\frac{dx'}{dt} = 0.$$

前定理により x は K の分離元であるから x' は $k(x)$ に関し第一種の元で, 従って $g_{x'}(x, x') \neq 0$.　よって

$$y = -\frac{g_x(x, x')}{g_{x'}(x, x')}, \qquad y \in K$$

とおけば (5.4) からすべての P に対し

$$\frac{dx'}{dt} = y\frac{dx}{dt},$$

すなわち定義により $dx' = ydx$ (証終).

　上の定理により $dx \neq 0$ を一つ定めて K のすべての H 微分を ydx なる形に書いた時

$$y_1 dx + y_2 dx = (y_1 + y_2)dx$$

により H 微分の加法を定義すれば, この定義は補助に用いた dx のとり方に無関係で, またこれにより H 微分の全体が 1 次元の K 加群となることは直ちに知られる.

　定義 2.15　ydx を K の任意の H 微分とする時, K の素点 P による完備化 K_P 内における局所 H 微分 $(ydx)_P$ の留数を ydx の P における**留数**と呼び,

$$\mathrm{Res}_P(ydx) \qquad \text{あるいは} \qquad \int_P ydx$$

---

8)　$dx \neq 0$ なる x が存在すること, すなわち前定理により K 内に分離元 x が実際に存在することは定理 2.1 により保証されている.

と記す[9].

この留数について次の重要な定理が成立する.

定理 2.19（留数定理）　H 微分 ydx の素点 P における留数 $\mathrm{Res}_P(ydx)$ は有限個の P を除いて 0 であって, かつすべての P に関する $\mathrm{Res}_P(ydx)$ の和は 0 に等しい.

$$(5.8) \qquad\qquad \sum_P \mathrm{Res}_P(ydx) = 0.$$

証明　$\nu_P(x) \geqq 0,\ \nu_P(y) \geqq 0$ なる P については P における展開 $y\dfrac{dx}{dt} = \sum \alpha_i t^i (t = t_P)$ において t の負巾項は現れないからもちろん $\mathrm{Res}_P(ydx) = 0$. よって定理 2.2 により定理の前半は明らかである.

次に (5.8) を証明しよう. $dx = 0$ ならば問題はないから $dx \neq 0$, すなわち x は K の分離元と仮定してよい. まず $K = k(x)$ の場合に証明する. K の元 y は x の有理函数であるから

$$y = \sum \alpha_i x^i + \sum_j \sum_l \frac{\gamma_{jl}}{(x - \beta_j)^l}, \qquad \alpha_i, \beta_j, \gamma_{jl} \in k$$

と分解される. 一般に任意の $ydx, y'dx'$ に対し

(5.9)

$$\mathrm{Res}_P(\alpha(ydx) + \beta(y'dx')) = \alpha\,\mathrm{Res}_P(ydx) + \beta\,\mathrm{Res}_P(y'dx'), \quad \alpha, \beta \in k$$

が成立つことは H 微分の加法および留数の定義より明らかだから上の分解により

$$y = \begin{cases} x^i, \\[2mm] \dfrac{1}{(x - \beta)^i}, \quad i = 1, 2, \cdots \end{cases}$$

について (5.8) を証明すれば十分である. $K = k(x)$ の素点は第 1 章, §1, 例 2 により $P_\alpha\ (\alpha \in k)$ および P_∞ であるから, P_α, P_∞ の素元として $t = x - \alpha$ および $t = \dfrac{1}{x}$ をとって $y\dfrac{dx}{dt}$ を t に展開してみれば簡単な計算により

---

9)　積分記号 $\displaystyle\int_P ydx$ の意味は後に明らかになる（第 3 章, 140 頁及び第 4 章, 220 頁参照）.

$$\operatorname{Res}_P(x^i dx) = 0, \qquad P = P_\alpha \text{ および } P = P_\infty,$$

$$\operatorname{Res}_P\left(\frac{dx}{(x-\beta)^i}\right) = \begin{cases} 1, & P = P_\beta, \ i = 1 \\ -1, & P = P_\infty, i = 1 \\ 0, & \text{その他の場合} \end{cases}$$

となって (5.8) が確かに成立する.

$K \neq k(x)$ なる一般の場合には次の公式を証明する：

$$(5.10) \qquad \sum_{i=1}^{g} \operatorname{Res}_{P_i}(ydx) = \operatorname{Res}_Q(T(y)dx).$$

ここに Q は $k(x)$ の任意の素点，$P_1, \cdots, P_g$ は Q の K における拡張の全体，$T(y)$ は K から $k(x)$ への y の trace (Spur) である[10]．(5.10) が言えればこれを $k(x)$ のすべての素点 Q について辺々加え合せれば

$$\sum_{P} \operatorname{Res}_P(ydx) = \sum_{Q} \operatorname{Res}_Q(T(y)dx)$$

となるが $T(y)$ は $k(x)$ の元であるから既に証明したところによりこの右辺は 0 となり，従って (5.8) が一般に証明される.

さて x は K の分離元であるから

$$K = k(x,z), \qquad f(x,z) = 0$$

なる z が存在する．$k(x)$ の元を係数とする Z の多項式 $F(Z) = f(x,Z)$ を $k(x)$ の Q に関する完備化 $(k(x))_Q$ の中で既約式に分解して

$$F(Z) = \prod_{i=1}^{g} f_i(Z)$$

とせよ．z は $k(x)$ に関して第一種の元であるから $F(Z) = 0$ は重複根を有せず，従って上の分解において重複因子は現れない．よって K を $k(x)$ 上の多元環と考えてその基礎体を $k(x)$ から $(k(x))_Q$ に拡大すれば

---

10)　trace に関しては第 1 章，註 9 参照.

(5.11) $$K \times (k(x))_Q = K_1 + \cdots + K_g$$

と直和分解される[11]．ここに K_i は $(k(x))_Q$ に $f_i(Z)=0$ の根を添加して得られる体であって，定理 1.11 により K における Q の拡張 $P_1, \cdots, P_g$ はちょうどこれらの拡大体 $K_1, \cdots, K_g$ に対応している．すなわち K_i は P_i による K の完備化に他ならない：$K_i = K_{P_i}$．K_i から $(k(x))_Q$ への trace を T_i と書けば (5.11) より

$$T(y) = \sum_{i=1}^{g} T_i(y), \qquad \mathrm{Res}_Q(T(y)dx) = \sum_{i=1}^{g} \mathrm{Res}_Q(T_i(y)dx)$$

となるから (5.10) をいうためには，一般に L を完備体 $(k(x))_Q$ の任意の有限次拡大体，y を L の任意の元とする時，L における局所 H 微分 ydx に関し

(5.12) $$\mathrm{Res}_P(ydx) = \mathrm{Res}_Q(T(y)dx)$$

が成立つことを証明すればよい．ただしここに P は Q の L における（唯一の）拡張で，また T は今度は L から $(k(x))_Q$ への trace である．$(k(x))_Q$ における Q の素元を $u = u_Q$ とすれば $\dfrac{dx}{du}$ は $(k(x))_Q$ の元であるから

$$T(y)dx = T(y)\frac{dx}{du}du = T\left(y\frac{dx}{du}\right)du.$$

よって $y\dfrac{dx}{du}$ を改めて y と書けば (5.12) の代わりに

(5.13) $$\mathrm{Res}_P(ydu) = \mathrm{Res}_Q(T(y)du)$$

を L の任意の元 y について証明してもよい．しかるに $T(y)$ は y に関し（k の元を係数とする）線型でかつ連続な函数だから，(5.13) の両辺は共に y につい

---

11)　$K_0 = k(x)$ とおけば K は多項式環 $K_0[Z]$ の素 ideal $(F(Z))$ による剰余環と見なされる：
$$K = K_0[Z]/(F(Z)).$$
よって
$$K \times (K_0)_Q = (K_0)_Q[Z]/(F(Z)) = (K_0)_Q[Z]/(\textstyle\prod f_i(Z))$$
$$= \sum_{i=1}^{g} (K_0)_Q[Z]/(f_i(Z))$$
$$= \sum_{i=1}^{g} K_i.$$

て線型かつ連続である. L の任意の元 y は P の素元 $t=t_P$ により

$$y = \sum \alpha_i t^i, \qquad \alpha_i \in k$$

と展開されるから上の注意により (5.13) を証明するにはまた

(5.14) $\operatorname{Res}_P(t^n du) = \operatorname{Res}_Q(T(t^n)du), \qquad n = 0, \pm 1, \pm 2, \cdots$

を言えば十分である. 結局 (5.8) の証明は (5.14) にまで還元された.

さて k は代数的閉体であるから, P, Q の剰余体は共に k と一致し P の Q に関する相対次数は 1 である. よって定理 1.9 により $e = [L : (k(x))_Q]$ は P の分岐指数と一致する. そこでまず k の標数を 0 と仮定すれば, 補題 2.1 により t と u とは

$$t^e = u$$

なる関係にあると考えてよい. よって L は $(k(x))_Q$ に t を添加して得られる体であって

$$1, \ t, \ t^2, \ \cdots, \ t^{e-1}$$

が L の $(k(x))_Q$ に関する一組の底をなす. この底を用いて $T(t^n)$ を計算すれば

$$T(t^n) = \begin{cases} 0, & n \text{ が } e \text{ で割れぬ場合,} \\ eu^m, & n = me \text{ の場合} \end{cases}$$

となる. よって

$$\operatorname{Res}_Q(T(t^n)du) = \begin{cases} 0, & n \neq -e, \\ e, & n = -e. \end{cases}$$

一方 $t^n \dfrac{du}{dt} = et^{n+e-1}$ であるから

$$\operatorname{Res}_P(t^n du) = \begin{cases} 0, & n \neq -e, \\ e, & n = -e. \end{cases}$$

よって (5.14) は確かに成立する.

次に k の標数を $p \neq 0$ とせよ．$[L:(k(x))_Q]=e$ が P の分岐指数と一致し，$L=(k(x))_Q(t)$ となることはこの場合も同様であるから

$$\frac{t^e}{u} = a_0 + a_1 t + \cdots + a_{e-1} t^{e-1}, \qquad a_i \in (k(x))_Q$$

とおけば，$\nu_P\left(\dfrac{t^e}{u}\right)=0$ より $\nu_Q(a_i) \geqq 0$，特に $\nu_Q(a_0)=0$ なることは容易に知られる．従って $a_0 u$ は u と同じく $(k(x))_Q$ における Q の素元であるから，これを改めて u と書くことにすれば $(k(x))_Q = k((u))$ なる故

$$t^e = u(1 + A_1(u)t + \cdots + A_{e-1}(u)t^{e-1})$$

となる．ここに

$$A_i(u) = \sum_{j=0}^{\infty} \alpha_{ij} u^j, \qquad \alpha_{ij} \in k$$

は $k((u))$ の巾級数である．

　さて α_{ij} に対応する変数 x_{ij} $(i=1,\cdots,e-1,\ j=0,1,\cdots)$ を有理数体 R_0 に添加して得られる体を $R_0(x_{ij})$ とし，$R_0(x_{ij})$ を含む代数的閉体を k^* とせよ．k^* の元を係数とする変数 u の巾級数体 $k^*((u))$ において

$$A_i^*(u) = \sum_{j=0}^{\infty} x_{ij} u^j$$

とおき，

(5.15) $$t^e = u(1 + A_1^*(u)t + \cdots + A_{e-1}^*(u)t^{e-1})$$

なる関係を満足する t を $k^*((u))$ に添加して得られる体を L^* とする．$k^*((u))$ における u に関する標準素因子 Q^* は L^* の素因子 P^* に一意的に拡張されるが（定理1.9），(5.15)の形から P^* の $k^*((u))$ に関する分岐指数は e で，従って $[L^*:k^*((u))]=e$，かつ(5.15)は t に関する既約関係式であることがわかる．k^* の標数は 0 であるから既に証明したところにより拡大 $L^*/k^*((u))$ に関しては(5.14)が成立する．すなわち

(5.16) $$\mathrm{Res}_{P^*}(t^n du) = \mathrm{Res}_{Q^*}(T(t^n)du).$$

前に(5.14)を証明した時には t と u とは $t^e = u$ なる関係にあると仮定したの

だが，そのような特別な一組の t, u について(5.14)が言えれば(5.12)が成立し，従って逆に P の任意の素元 t および Q の任意の素元 u について一般に(5.14)が成立つ．よって(5.16)としてよいのである．

一方(5.15)から

$$(5.17) \qquad u = t^e - u(A_1^*(u)t + \cdots + A_{e-1}^*(u)t^{e-1})$$

となるが，この式の右辺の u に同じ(5.17)の右辺を代入し，更にそうして得られた式の内の u に再び(5.17)の右辺を代入する．このような操作を繰返せば結局 u の t 展開

$$u = \sum_{l=e}^{\infty} B_l t^l, \qquad B_l \in k^*, \qquad B_e = 1$$

が得られるが，上の計算法からわかるようにここに

$$B_l = B_l(x_{ij})$$

はすべて x_{ij} に関する有理整係数の多項式である．従って

$$t^n \frac{du}{dt} = \sum_{l=e}^{\infty} lB_l t^{l-1+n}$$

の $\dfrac{1}{t}$ の係数である $\mathrm{Res}_{P^*}(t^n du)$ もまた x_{ij} の有理整係数の多項式となる．

一方(5.15)を用いて

$$\frac{1}{t} = -A_1^*(u) - A_2^*(u)t - \cdots - A_{e-1}^*(u)t^{e-2} + \frac{t^{e-1}}{u}$$

に注意すれば

$$T(t^n) = \sum C_{nl}(x_{ij})u^l, \qquad C_{nl}(x_{ij}) \in k^*$$

とおくとき，$C_{nl}(x_{ij})$，特に

$$\mathrm{Res}_{Q^*}(T(t^n)du) = C_{n,-1}(x_{ij})$$

はすべて x_{ij} の有理整係数の多項式であることがわかる．故に(5.16)は x_{ij} に関する二つの有理整係数の多項式の間に成立つ恒等式に他ならぬ．このことから定理 2.16 の証明に用いたと同じ技巧により，まず整係数を $\mathrm{mod}.\, p$ で考えて $GF(p)$ の元とし，次に x_{ij} に k の元 α_{ij} を代入すれば，(5.16)から

$L/(k(x))_Q$ に関する求むる等式 (5.14) を得ることができる．これで定理は完全に証明された．

　さて次にいよいよ H 微分と W 微分との関係を考えてみよう．ydx を K の任意の H 微分とする時，K の idèle $\tilde{a} = (a_P)$ に対し

$$(5.18) \qquad\qquad f(\tilde{a}) = \sum_P \operatorname{Res}_P(a_P ydx)$$

なる函数 $f(\tilde{a})$ を考えてみる．ただし $\operatorname{Res}_P(a_P ydx)$ は $a_P ydx$ を K_P における局所 H 微分と考えた時の留数で，$\sum_P$ は K のすべての素点 P の上を動くものとする．idèle の定義により $\nu_P(a_P) < 0$ となる素点 P は有限個しかないから $\operatorname{Res}_P(a_P ydx)$ は有限個の P を除いて 0 となり，従って (5.18) の右辺の和は有限和で，$f(\tilde{a})$ は常に k において確定の値をとるのである．次にこの $f(\tilde{a})$ が W 微分であることを証明する．まず $f(\tilde{a})$ が k に関して線型であることは明白であろう．またすべての P に対し

$$(5.19) \qquad\qquad \nu_P(a_P) \geqq -\nu_P(ydx)$$

が成立するならば，留数の定義より $\operatorname{Res}_P(a_P ydx) = 0$ となるから $f(\tilde{a}) = 0$．しかるに $\nu_P(x) \geqq 0$, $\nu_P(y) \geqq 0$ ならば $\nu_P(ydx) \geqq 0$ となるから $\nu_P(ydx) < 0$ なる P は有限個しかない．よってこれら有限個の P の積

$$D = \prod P^e, \qquad e = \nu_P(ydx), \qquad \nu_P(ydx) < 0$$

を考えれば，D は K の因子で $\tilde{a} \in \tilde{L}(D)$ の時 $f(\tilde{a}) = 0$．故に $f(\tilde{a})$ は連続である．最後に z を K の任意の元とすれば定理 2.19 より

$$f(z) = \sum_P \operatorname{Res}_P(zydx) = 0.$$

よって，$f(\tilde{a})$ は確かに K の W 微分を与える．$ydx = 0$ ならば，もちろんそれから生ずる W 微分 f も 0 であるが，$ydx \neq 0$，従って $(ydx)_P \neq 0$ とすれば $\operatorname{Res}_P(a_P ydx) \neq 0$ なる K_P の元 a_P が存在するから，P 成分だけ a_P に等しく他の成分はすべて 0 であるような idèle a_P をとれば

$$f(a_P) = \operatorname{Res}_P(a_P ydx) \neq 0,$$

従って $f \neq 0$. また明らかに $y_1 dx \to f_1$, $y_2 dx \to f_2$ ならば

$$y_1 dx + y_2 dx \to f_1 + f_2, \qquad z(y_1 dx) \to z \cdot f_1 \quad (z \in K).$$

しかるに H 微分も W 微分も共に 1 次元の K 加群をなすから，上の説明により H 微分 ydx に (5.18) の W 微分 $f(\tilde{a})$ を対応させればこれによって H 微分の全体と W 微分の全体とが完全に 1 対 1 に対応することがわかる．よって次の定理が得られた．

定理 2.20 K を代数的閉体 k の上の代数函数体，ydx を K の任意の H 微分とする時，K の idèle $\tilde{a} = (a_P)$ に対し

$$f(\tilde{a}) = \sum_P \operatorname{Res}_P(a_P ydx)$$

とおけば $f(\tilde{a})$ は K の W 微分を与える．そうしてこの $ydx \leftrightarrow f$ なる対応により K の H 微分の全体と W 微分の全体とは K 加群として同型になる．

さて $ydx \neq 0$ に対応する W 微分を f とし，A をすべての P に対し

(5.20) $$\nu_P(A) \leqq \nu_P(ydx)$$

を満足する K の因子とすれば $\tilde{L}(A)$ に属する任意の $\tilde{a} = (a_P)$ に対しては

$$\nu_P(a_P) \geqq -\nu_P(A) \geqq -\nu_P(ydx)$$

となるから $f(\tilde{a}) = 0$. よって $f \in \mathfrak{L}_A$, $A \in \mathfrak{M}_f$, $A|(f)$. また B がある一つの P に関し

$$\nu_P(B) > \nu_P(ydx)$$

を満足するならば，P 成分以外は全部 0 でかつ

$$\nu_P(a_P) \geqq -\nu_P(B), \qquad f(a_P) = \operatorname{Res}_P(a_P ydx) \neq 0$$

となる idèle a_P が存在するから $f \bar{\in} \mathfrak{L}_B$, $B \bar{\in} \mathfrak{M}_f$. よって $\mathfrak{M}_f$ は (5.20) を満足する因子 A の集合と一致する．しかるに (f) は $\mathfrak{M}_f$ に属するすべての因子の最小公倍因子であったから次の定理を得る．

定理 2.21 ydx を 0 でない K の H 微分とすれば，ydx に対応する W 微分 f の因子 (f) は

$$\nu_P((f)) = \nu_P(ydx)$$

により与えられる．従って特に $\nu_P(ydx)$ は有限個の P を除いて 0 である．

定理 2.20, 2.21 により H 微分と W 微分との関係は明らかになった. よって今後は, 互いに対応する ydx と f とを同じものの異なる表現と考え, $f = ydx$, $(f) = (ydx)$ 等として区別しないことにする[12]. f でも ydx でもそれぞれの場合に応じて便利な方を用いればよい.

さて定理 2.21 により特に $dx \neq 0$ なる場合に因子 (dx) を計算してみよう. 簡単のために k の標数は 0 と仮定する. P を K の任意の素点, P の $k(x)$ における射影を Q とせよ. 第1章, §1, 例2 により $Q = P_\alpha$ あるいは $Q = P_\infty$ であるから Q の素元 $u = u_Q$ として

$$u = \begin{cases} x - \alpha, & Q = P_\alpha \text{ の場合,} \\ \dfrac{1}{x}, & Q = P_\infty \text{ の場合} \end{cases}$$

をとることができる. また補題 2.1 により P の $k(x)$ に関する分岐指数を e とすれば

$$t^e = u$$

なる P の素元 $t = t_P$ が存在する. よって

$$\frac{dx}{dt} = \frac{dx}{du}\frac{du}{dt} = et^{e-1}\frac{dx}{du} = \begin{cases} et^{e-1}, & Q = P_\alpha, \\ -\dfrac{et^{e-1}}{x^2}, & Q = P_\infty, \end{cases}$$

より

$$(5.21) \qquad \nu_P(dx) = \begin{cases} e-1, & Q = P_\alpha, \\ e-1-2e, & Q = P_\infty. \end{cases}$$

ここに $Q = P_\infty$ となるのは P が因子 (x) の分母 $\{P_\infty\}_K = D_\infty$ に含まれている場合で, しかもこの時 D_∞ に含まれる P の巾はちょうど P^e であるから, (5.21) より次の定理を得る.

定理 2.22　標数 0 の代数的閉体 k の上の代数函数体 K において x を k に

---

12)　厳密にいえば互いに対応する f と ydx との組 (f, ydx) を新たに一つの数学的対象とし, f をその W 成分, ydx をその H 成分とでも名付ければよい.

含まれぬ任意の元とすれば

$$(5.22) \qquad (dx) = \frac{\prod P^{e-1}}{D_\infty^2}.$$

ここに分子は K のすべての素点にわたる積で $e = e_P$ は P の $k(x)$ に関する分岐指数，また D_∞ は (x) の分母因子である.

(5.22)の分子における因子 $\prod P^{e-1}$ を K の $k(x)$ に関する**共軛差積**と呼び，普通 $\mathfrak{D}(K/k(x))$ と書かれる. 定理 2.22 は標数 0 の場合にだけ証明されたのであるが，共軛差積の概念を別の方法で一般に（標数が 0 でない場合をも含めて）定義すれば

$$(dx) = \frac{\mathfrak{D}(K/k(x))}{D_\infty^2}$$

という公式が標数 $p \neq 0$ の場合にも証明される. しかしここではそれに立入らないことにする[13].

さて $[K : k(x)] = n$ とすれば定理 2.7 より $n(D_\infty) = n$ であるから(5.22)と定理 2.14 とから標数 0 の代数函数体 K の種数 g について次の **Riemann の公式**を得る：

$$(5.23) \qquad 2g - 2 = \sum_P (e_P - 1) - 2n,$$

$$\frac{w}{2} = n + g - 1, \qquad w = \sum_P (e_P - 1).$$

§6　Riemann-Roch の定理の応用

§4 において証明した Riemann-Roch の定理は現今における代数函数体の代数的理論の一頂点をなすものであって，極めて応用の広い重要な定理である. 本節ではその応用を二三述べてみよう. 以下においても前節におけると同様に簡単のために係数体 k は常に代数的閉体と仮定する.

---

13) 註 7)の論文参照.

i) 因子群　k の上の代数函数体 K の因子群を $\mathfrak{D}$ とし，$\mathfrak{D}$ において特に次数 0 なる因子の全体を

$$\mathfrak{D}_0 = \{A_0;\, n(A_0) = 0\}$$

とおけば，(3.2)および定理 2.7 により $\mathfrak{D}_0$ は主因子群 $\mathfrak{D}_H$ を含む $\mathfrak{D}$ の部分群をなす：

$$\mathfrak{D}_H \subseteq \mathfrak{D}_0 \subseteq \mathfrak{D}.$$

k は代数的閉体であるから K の任意の素点 P の次数は 1 である．よって $n(D) = n$ なる K の任意の因子 D に対し

$$(6.1) \qquad\qquad D_0 = DP^{-n}$$

とおけば

$$n(D_0) = 0, \qquad D_0 \in \mathfrak{D}_0.$$

よって P から生成される $\mathfrak{D}$ の巡回部分群を

$$\mathfrak{P} = \{P^m;\, m = 0, \pm 1, \pm 2, \cdots\}$$

とおけば，明らかに $\mathfrak{P} \cap \mathfrak{D}_0 = E$ となり (6.1) より $\mathfrak{D}$ は $\mathfrak{P}$ と $\mathfrak{D}_0$ との直積に分解される：

$$\mathfrak{D} = \mathfrak{P} \times \mathfrak{D}_0.$$

故に $\mathfrak{D}$ の群論的構造を見るためには $\mathfrak{D}_0$ を調べれば十分である．主因子群 $\mathfrak{D}_H$ は K の乗法群 K^*（K の 0 でない元の全体のなす乗法群）を，k の乗法群 k^* で割った剰余群に同型であるから，かりにこれを知られたものとすれば，結局問題になるのは $\mathfrak{D}_0/\mathfrak{D}_H$ の構造である．k が複素数体の場合にはこの $\mathfrak{D}_0/\mathfrak{D}_H$ をはっきり定めることができるのであるがそれは後章に譲り，ここでは一般に $\mathfrak{D}_0/\mathfrak{D}_H$ の各類が特定の形の因子を含むことを証明する．

そのため K の種数を g とし，$n(A) = g$ なる因子 A を一つ定める．例えば $A = P^g$ でよい．D_0 を $\mathfrak{D}_0$ の任意の因子とすれば Riemann-Roch の定理により

$$l(AD_0^{-1}) = n(AD_0^{-1}) - g + 1 + l(WA^{-1}D_0)$$
$$\geqq n(A) - n(D_0) - g + 1 = g - 0 - g + 1 = 1$$

なる故 $L(AD_0^{-1})$ は 0 でない元 u を含む．$(u) = \dfrac{B}{AD_0^{-1}}$ とおけば $L(AD_0^{-1})$ の

定義により B は $n(B)=g$ なる整因子である. よって $(u)^{-1}=H$ とおけば次の定理を得る.

定理 2.23 K の種数を g, A を次数 g の因子とすれば, K の次数 0 の任意の因子 D_0 は常に

$$D_0 = \frac{B}{A} H$$

なる形に表される. ここに H は主因子, B は $n(B)=g$ なる整因子である. 換言すれば $\mathfrak{D}_0/\mathfrak{D}_H$ の各類は $\dfrac{B}{A}$ なる形の因子により代表される.

ii) 与えられた素点において極を有する K の元 定理 2.2 によれば k に属せぬ K の元は必ずいずれかの素点において極を有する. よって逆に一つの素点 P を与えてここで極となるような K の元を求めてみよう.

定理 2.24 (Weierstrass) P を k の上の代数函数体 K の任意の素点とする時, P においてだけ極を有するような K の元が必ず存在する. しかも K の種数を g とすれば, g 個の自然数 $n_1, \cdots, n_g$ を除けば他の任意の自然数 n に対しては, P においてちょうど n 位の極を有する K の元が存在する.

証明 Riemann-Roch の定理により任意の自然数 n に対し

$$l(P^n) = n(P^n) - g + 1 + l(WP^{-n}) = n - g + 1 + l(WP^{-n}).$$

よって

$$(l(P^n) - l(P^{n-1})) = 1 - (l(WP^{-n+1}) - l(WP^{-n})).$$

ここで左右両辺の括弧の内は共に負でない整数であるから(例えば $L(P^{n-1}) \subseteqq L(P^n)$ による), $l(P^n) - l(P^{n-1})$ は 0 あるいは 1 である. これが 1 であれば $L(P^n)$ に属し $L(P^{n-1})$ に含まれぬ元が存在するからその一つを u とすれば, u は確かに P においてだけちょうど n 位の極を有する K の元である. さて上述により

$$(6.2) \qquad 1 = l(P^0) \leqq l(P^1) \leqq \cdots \leqq l(P^{n-1}) \leqq l(P^n) \leqq \cdots$$

なる系列の相隣る項の差は 0 または 1 であるが, $n > 2g-2$ とすれば $n(WP^{-n}) < 0$, 従って $P^n W^{-1} | (x)$ なる元 x は 0 以外には存在しないから

$l(WP^{-n})=0$，よって
$$l(P^n) = n - g + 1.$$
故に $n>2g-2$ の時には差は常に 1 となる．一方 $l(P^{2g-1})=g$ であるから $l(P^0)=1$ から始まって $l(P^{2g-1})=g$ に達するまでの間に $l(P^{n-1})=l(P^n)$ となる n がちょうど g 回なければならぬ．これを $n_1,n_2,\cdots,n_g$ とすればよい（証終）．

　上の $n_1,n_2,\cdots,n_g$ は素点 P に特有な数であるが，k の標数が 0 である場合には有限個の素点を除きこれが $1,2,\cdots,g$ と一致することが証明される．n_1，$n_2,\cdots,n_g$ が $1,2,\cdots,g$ と一致しないような特別な（有限個の）点のことを代数函数体 K の **Weierstrass 点**と呼ぶ．（k の標数が 0 で）$g \geqq 2$ ならば少くとも $2g+2$ 個の Weierstrass 点が存在することも証明される[14]．Weierstrass 点の存在は代数函数体の自己同型群の研究に重要な役割を演ずるものである[15]．

iii）　微分の分類　$(f)=(ydx)$ が整因子であるとき，すなわち ydx が代数函数体 K のいかなる素点においても極を有せぬ場合に ydx を K の第一種の微分と呼ぶことは既に述べた（定義 2.11）．これに対し

定義 2.16　K の唯一点においてのみ極を有する微分を K の**第二種の微分**といい，また相異なる二点においてのみそれぞれ 1 位の極を有する微分を K の**第三種の微分**という．

　さて定理 2.24 に対し次の定理が成立つ．

定理 2.25　K の素点 P および自然数 $m>1$ を任意に与える時，P においてちょうど m 位の極を有する K の第二種の微分 $y_m dx$ が存在する．高々 P において m 位の極を有する K の任意の微分は $y_2 dx,\cdots,y_m dx$ および g 個の一次独立な第一種の微分の一次結合となる．

---

14)　Weierstrass 点に関するこれらの結果については F. K. Schmidt, Zur arithmetischen Theorie der algebraischen Funktionen, II, Math. Zeitschr. 45 (1939)参照.

15)　H. L. Schmid, Über die Automorphismen eines algebraischen Funktionenkörpers von Primzahlcharakteristik, Crelle's Jour. 179 (1938)参照.

証明 $dx \neq 0$ なる微分 dx をとり $W = (dx)$ とせよ. 微分 ydx が高々 P において m 位の極を有するということは $P^{-m}|(ydx)$, すなわち $W^{-1}P^{-m}|(y)$, $y \in L(WP^m)$ と同値である.

$$(6.3) \qquad l(WP^m) = n(WP^m) - g + 1 + l(P^{-m})$$
$$= 2g - 2 + m - g + 1 + 0 = m + g - 1$$

であるから $m \geqq 2$ であれば,

$$l(WP^m) = l(WP^{m-1}) + 1.$$

よって $L(WP^m)$ に含まれて $L(WP^{m-1})$ に属せぬ y_m をとれば $y_m dx$ が求むるものであることは明白である. またこのようにして定めた $y_2 dx, \cdots, y_m dx$ と g 個の第一種の微分とは明らかに一次独立であるが, (6.3)により高々 P において m 位の極を有する微分の全体は $m + g - 1$ 次元の集合をなすから, それらはすべて $y_2 dx, \cdots, y_m dx$ および第一種の微分の一次結合で表される.

注意 (6.3)において $m = 1$ とおけば $l(WP) = g$ を得る. すなわち高々 P において 1 位の極を有する微分の次元は g でそれは第一種の微分の次元と一致する. よって P においてのみちょうど 1 位の極を有する微分は存在しない. このことはまた定理 2.19 からも明らかなところである.

定理 2.26 P_1, P_2 $(P_1 \neq P_2)$ を K の任意の素点とする時, P_1, P_2 においてそれぞれ留数 $1, -1$ を有する K の第三種の微分 $y_{12} dx$ が存在する. 高々 P_1 あるいは P_2 において 1 位の極を有するような K の微分はすべて $y_{12} dx$ および一次独立な g 個の第一種の微分の一次結合となる.

証明 $(dx) = W$ を前の証明のごとくとれば上と同様にして ydx が高々 P_1, P_2 において 1 位の極を有するためには $y \in L(WP_1P_2)$ が必要かつ十分である. また(6.3)と同様に

$$l(WP_1P_2) = g + 1, \qquad l(W) = g$$

であるから $L(WP_1P_2)$ に属して $L(W)$ に含まれぬ y_{12} が存在する. $y_{12} dx$ は第一種の微分ではないから $(y_{12} dx)$ の分母 D は P_1, P_2 あるいは $P_1 P_2$ であるが前の注意により $D = P_1$ あるいは $D = P_2$ ということはあり得ない. よって $y_{12} dx$ は確かに P_1, P_2 においてそれぞれ 1 位の極を有する. その留数を α_1, α_2

とすれば定理 2.19 により

$$\alpha_1 + \alpha_2 = 0.$$

故に $\dfrac{1}{\alpha_1} y_{12} dx$ を改めて $y_{12} dx$ と書けばこれが求むる微分である．定理の後半も前定理と全く同様に証明される（証終）．

さて K の任意の微分 $y dx$ をとり，P を $(y dx)$ の分母に含まれる K の素点とせよ．P における素元を $t = t_P$ とし

$$y \frac{dx}{dt} = \alpha_{-m} t^{-m} + \alpha_{-m+1} t^{-m+1} + \cdots, \quad \alpha_i \in k, \quad \alpha_{-m} \neq 0$$

を $y dx$ の P における t 展開とする．定理 2.25 の微分 $y_2 dx, \cdots, y_m dx$ は P において

$$y_2 \frac{dx}{dt} = \beta^{(2)}_{-2} t^{-2} + \beta^{(2)}_{-1} t^{-1} + \cdots, \quad \beta^{(2)}_i \in k, \quad \beta^{(2)}_{-2} \neq 0, 1$$
$$\vdots$$
$$y_m \frac{dx}{dt} = \beta^{(m)}_{-m} t^{-m} + \beta^{(m)}_{-m+1} t^{-m+1} + \cdots, \quad \beta^{(m)}_i \in k, \quad \beta^{(m)}_{-m} \neq 0$$

なる展開を有するから，k の元 $\gamma_2, \cdots, \gamma_m$ を適当に選べば

$$y' dx = y dx - \sum_{i=2}^{m} \gamma_i y_i dx$$

は P においては高々 1 位の極を有し，P 以外の素点における極の位数は $y dx$ のそれと一致する．よって上のごとき操作を $y dx$ のすべての極について行えば，結局第二種の微分 $z_1 dx, \cdots, z_n dx$ を適当に選んで

$$y^* dx = y dx - \sum_{i=1}^{n} z_i dx$$

の極 $P_1, \cdots, P_g$ をすべて 1 位の極とすることができる．P_i における $y^* dx$ の留数を ρ_i とすれば定理 2.19 により

$$\rho_1 + \cdots + \rho_g = 0.$$

よって定理 2.26 により $P_i, P_j\ (i \neq j)$ においてそれぞれ留数 $1, -1$ を有する第三種の微分を $y_{ij} dx$ とし

$$w dx = y^* dx - (\rho_1 y_{1g} + \rho_2 y_{2g} + \cdots + \rho_{g-1} y_{g-1,g}) dx$$

とおけば，$y^* dx$ の $P_i\,(i<g)$ における極は $\rho_i y_{ig} dx$ によってちょうど消されるから wdx は高々 P_g において 1 位の極を有する K の微分である．故に定理 2.25 の注意によりそれは第一種の微分でなければならない．

$$ydx = \sum_{i=1}^{n} z_i dx + \sum_{i=1}^{g-1} \rho_i y_{ig} dx + wdx$$

であるから次の定理が証明された．

定理 2.27 代数的閉体 k の上の代数函数体 K の任意の微分は常にいくつかの第一種，第二種，第三種の微分の和として表される．

§7 特殊函数体

本節では二,三の特殊な代数函数体について今まで述べてきた一般論を応用してみることにする．ここでも簡単のために係数体 k は常に代数的閉体と仮定しよう．

i) 有理函数体 $K = k(x)$

まず微分 dx の因子を求めてみる．公式(5.22)を得たと全く同様な方法で

$$(7.1) \qquad (dx) = \frac{1}{D_\infty^2}$$

が得られる．ここに D_∞ は (x) の分母である．この場合には前と違って k の標数が 0 でなくともよい．さて今の場合 D_∞ の次数は 1 であるから(7.1)より

$$(7.2) \qquad n((dx)) = -2n(D_\infty) = -2.$$

しかるに K の種数を g とすれば $n((dx))$ は $2g-2$ であるはずだから(定理 2.14)(7.2)より

$$g = 0,$$

すなわち有理函数体の種数は 0 であることがわかる．よって定理 2.15 により $K = k(x)$ には第一種の微分は(0 以外には)存在しない．K の元，すなわち x の有理函数 w を

$$w = \frac{\prod_{i=1}^{m}(x-\alpha_i)}{\prod_{j=1}^{n}(x-\beta_j)}, \qquad \alpha_i, \beta_j \in k$$

と一次式の積に分解すれば w の因子 (w) は

$$(7.3) \qquad (w) = \frac{\prod_{i=1} P_{\alpha_i}}{\prod_{j=1}^{n} P_{\beta_j}} \cdot P_{\infty}^{n-m}$$

となる. ただし $P_{\alpha_i}, P_{\beta_j}, P_{\infty}$ 等は第一章, §1, 例2の通りとする. これから直ちに $n(D_0)=0$ なる任意の因子 D_0 が主因子であることが知られる. すなわち $\mathfrak{D}_0 = \mathfrak{D}_H$ である. 定理2.24, 2.25, 2.26 の元あるいは微分も (7.1), (7.3) を用いて容易に具体的に与えることができるであろう.

さて上とは逆に K を k 上の種数 0 の任意の代数函数体とせよ. P を K の任意の素点とする時, Riemann-Roch の定理より

$$l(P) = n(P) - g + 1 + l(WP^{-1}) \geqq 1 - 0 + 1 = 2.$$

$L(P)$ はもちろん k のすべての元を含むが, その次元が 2 より大であるから k 以外の元 x をも含む. $L(P)$ の定義により x の分母は高々 P であるが, x は k に含まれないのだからそれはちょうど P でなければならぬ. よって定理2.7 により

$$[K : k(x)] = n(P) = 1, \qquad K = k(x),$$

すなわち K は k 上の有理函数体である.

定理2.28　代数的閉体 k の上の代数函数体 K の種数が 0 であるためには K が k 上の有理函数体であることが必要かつ十分である[16].

ii) 楕円函数体

定理2.28 により k 上の種数 0 の代数函数体は常に有理函数体 $K = k(x)$ と

---

16)　k が代数的閉体でないとこの定理は成立しない.

一致し，従って(同型なものを除けば)唯一つしか存在しないことがわかった．よって次には種数1の代数函数体を考察しよう．

定義 2.17 代数的閉体 k の上の種数1の代数函数体 K を k の上の**楕円函数体**と呼ぶ．

さて楕円函数体 K の構造を調べるのであるが，便宜上 k の標数 $\neq 2, 3$ と仮定する．P を K の任意の素点，W を K の微分因子，$m \geqq 2$ とすれば

$$n(WP^{-m}) = 2g - 2 - m = 2 - 2 - m < 0, \qquad l(WP^{-m}) = 0$$

であるから Riemann-Roch の定理により

$$l(P^m) = n(P^m) - g + 1 + l(WP^{-m}) = m - 1 + 1 + 0 = m.$$

よって特に $L(P^2)$, $L(P^3)$ の次元はそれぞれ 2, 3 となるから，k に含まれぬ $L(P^2)$ の元 x_1，および $L(P^2)$ に含まれぬ $L(P^3)$ の元 y_1 が存在する．(x_1) の分母は P あるいは P^2 であるが，これが P ならば i)におけると同様に $K = k(x_1)$，従って K の種数は 0 となって矛盾を生ずる故，それは P^2 でなければならぬ．また (y_1) の分母は確かに P^3 である．よって

(7.4) $$1, \ x_1, \ x_1^2, \ x_1^3, \ y_1, \ x_1 y_1$$

の分母はそれぞれ P^0, P^2, P^4, P^6, P^3, P^5 で，これらは k に関し一次独立であることがわかる（P における展開を考えればよい）．一方 $l(P^6) = 6$ であるから(7.4)はちょうど $L(P^6)$ の k に関する底をなす．しかるに y_1^2 もまた明らかに $L(P^6)$ に属するから

$$y_1^2 = \alpha_0 + \alpha_1 x_1 + \alpha_2 x_1^2 + \alpha_3 x_1^3 + \alpha_4 y_1 + \alpha_5 x_1 y_1$$

となる $\alpha_i \in k$ が存在する．そこで

(7.5) $$y' = y_1 - \frac{\alpha_5}{2} x_1 - \frac{\alpha_4}{2}$$

とおけば

(7.6) $$y'^2 = \beta_0 + \beta_1 x_1 + \beta_2 x_1^2 + \beta_3 x_1^3$$

となるが，(7.5)より (y') の分母は P^3 であるから $\beta_3 \neq 0$ でなければならぬ．よって

(7.7)
$$x = \frac{1}{\beta_3}x_1 + \frac{\beta_2}{3\beta_3^2}, \qquad y = \frac{2}{\beta_3^2}y'$$

とすれば (7.6) から

(7.8)
$$y^2 = 4x^3 - \gamma_2 x - \gamma_3, \qquad \gamma_2, \gamma_3 \in k$$

となる. さて一方定理 2.7 より

$$[K : k(x_1)] = n(P^2) = 2, \qquad [K : k(y_1)] = n(P^3) = 3,$$

かつ $[K : k(x_1, y_1)]$ はもちろん $[K : k(x_1)]$, $[K : k(y_1)]$ の公約数であるから

$$[K : k(x_1, y_1)] = 1, \qquad K = k(x_1, y_1) = k(x, y).$$

このことから (7.8) の右辺 $4x^3 - \gamma_2 x - \gamma_3$ は重複根を有せぬことがわかる. なんとなれば, かりに

$$y^2 = 4(x - \alpha)^2(x - \beta)$$

とすれば, $z = \dfrac{y}{x - \alpha}$ とおいて $x = \dfrac{z^2}{4} + \beta$, $y = z\left(\dfrac{z^2}{4} + \beta - \alpha\right)$ となる故 $K = k(z)$, 従って定理 2.28 により K の種数は 0 となり仮定に矛盾する. 故に $4x^3 - \gamma_2 x - \gamma_3$ は重複根を有せず, その判別式

(7.9)
$$\gamma_2^3 - 27\gamma_3^2 \neq 0$$

でなければならぬ.

今度は逆に $K = k(x, y)$ でかつ (7.8), (7.9) が成立する時には K が k の上の楕円函数体であることを証明しよう. まず (7.8) から明らかに

$$[K : k(x)] = 2.$$

次に $4x^3 - \gamma_2 x - \gamma_3 = 0$ の根を $\varepsilon_1, \varepsilon_2, \varepsilon_3,$ とし

(7.10)
$$f(x, y) = y^2 - 4(x - \varepsilon_1)(x - \varepsilon_2)(x - \varepsilon_3)$$

とせよ. (7.9) より ε_i は互いに相異なる. $\alpha \neq \varepsilon_i$ なる k の元 α をとり $k[x]$ の素 ideal $(x - \alpha)$ を mod. として $f(x, y)$ を考えれば

$$\bar{f}(x, y) = f(\alpha, y) = y^2 - 4(\alpha - \varepsilon_1)(\alpha - \varepsilon_2)(\alpha - \varepsilon_3)$$

となりそれは $k[y]$ において相異なる一次因子の積に分解される. よって定理 1.7 により $f(x, y)$ もまた素点 P_α に関する $k(x)$ の完備体の内では二つの相異なる一次因子の積になる. 故に定理 1.11 を用いれば $k(x)$ の素点 P_α は K に

おいて二つの拡張 $P_{\alpha,1}$, $P_{\alpha,2}$ を有する．$P_{\alpha,1}$, $P_{\alpha,2}$ の $k(x)$ に関する分岐指数を e_1, e_2 とすれば定理 2.7 の注意 2 より

$$(7.11) \qquad \sum_{i=1}^{2} e_i = \sum_{i=1}^{2} e_i f_i = [K : k(x)] = 2$$

となるから $e_1 = e_2 = 1$．従って $P = P_{\alpha,1}$ あるいは $P = P_{\alpha,2}$ に対し

$$\nu_P(x - \alpha) = \nu_{P_\alpha}(x - \alpha) = 1$$

となり，$t = x - \alpha$ は K における P の素元である．よって

$$\frac{dx}{dt} = 1, \qquad \nu_P((dx)) = 0.$$

次に $\alpha = \varepsilon_1$ とし，$k(x)$ の素点 $P_\alpha = P_{\varepsilon_1}$ の K における拡張の一つを P，その分岐指数を e とすれば $\varepsilon_1 \neq \varepsilon_2, \varepsilon_3$ に注意して

$$(7.12) \quad 2\nu_P(y) = \nu_P(y^2) = \nu_P(4(x - \varepsilon_1)(x - \varepsilon_2)(x - \varepsilon_3))$$

$$= e\nu_{P_{\varepsilon_1}}(4(x - \varepsilon_1)(x - \varepsilon_2)(x - \varepsilon_3)) = e.$$

よって $e \geqq 2$ でなければならぬが，(7.11) と同様な式を用いればちょうど $e = 2$ でしかも P_{ε_1} の K における拡張は P 以外にはないことが知られる．$\nu_P(x - \varepsilon_1) = 2$ であるから K における P の素元を $t = t_P$ とすれば

$$x - \varepsilon_1 = \xi_2 t^2 + \xi_3 t^3 + \cdots, \qquad \xi_i \in k, \qquad \xi_2 \neq 0,$$

$$\frac{dx}{dt} = 2\xi_2 t + 3\xi_3 t^2 + \cdots, \qquad 2\xi_2 \neq 0,$$

$$\nu_P((dx)) = 1$$

を得る．ε_1 の代わりに，$\varepsilon_2, \varepsilon_3$ をとってももちろん同様である．

最後に $k(x)$ の素点 P_∞ を考えよう．P_∞ の K における拡張の一つを P とし，その分岐指数を e とすれば (7.12) と同様に

$$2\nu_P(y) = -3e.$$

よって e は 2 の倍数で，従って $e = 2$，かつ P が P_∞ の唯一の拡張であることが知られる．$\nu_P(x) = 2\nu_{P_\infty}(x) = -2$ であるから前と同様に $t = t_P$ に対し

$$x = \xi_{-2}t^{-2} + \xi_{-1}t^{-1} + \cdots, \qquad \xi_{-i} \in k, \qquad \xi_{-2} \neq 0.$$
$$\frac{dx}{dt} = 2\xi_{-2}t^{-3} + \cdots, \qquad\qquad -2\xi_{-2} \neq 0,$$
$$\nu_P((dx)) = -3.$$

これで K のすべての素点に関する $\nu_P((dx))$ の値がわかった．特に

$$n((dx)) = \sum_P \nu_P((dx)) = 1 + 1 + 1 - 3 = 0.$$

K の種数を g とすれば $n((dx)) = 2g - 2$ であるから（定理 2.14）$g = 1$ を得る．よって

定理 2.29　k を標数 $\neq 2, 3$ なる代数的閉体，K を k の上の楕円函数体とすれば K は

(7.13)　$K = k(x, y), \quad y^2 = 4x^3 - \gamma_2 x - \gamma_3, \quad \gamma_2^3 - 27\gamma_3^2 \neq 0$

なる形，いわゆる **Weierstrass の標準形**で与えられる．逆に上の (7.13) で与えられる代数函数体 K は常に k 上の楕円函数体である．

さて次には (7.13) で与えられる上の K と

(7.14)　$K_1 = k(x_1, y_1), \quad y_1^2 = 4x_1^3 - \gamma_2' x_1 - \gamma_3', \quad \gamma_2'^3 - 27\gamma_3'^2 \neq 0$

で与えられる K_1 とが k の上に同型となるための条件を求めてみよう．$K_1 \cong K$ とし，K_1 から K への同型写像を φ とすれば，$K = k(\varphi(x_1), \varphi(y_1))$ であって，$\varphi(x_1)$ と $\varphi(y_1)$ とは x_1, y_1 と同じ関係式を満足する．よって初めから $K = K_1$ として同一の楕円函数体 K の二つの標準形 (7.13)，(7.14) の間にどのような関係があるかを調べてみる．定理 2.29 の証明から明らかなように (7.13) の (x) の分母は一つの素点 P の 2 乗，P^2 に等しい（$k(x)$ における P_∞ の K における拡張を P とする時 $\nu_p((x)) = -2$）．従って $y^2 = 4x^3 - \gamma_2 x - \gamma_3$ から (y) の分母は P^3 となる．同様に (x_1) の分母は P_1^2，(y_1) の分母は P_1^3 である．

まず $P = P_1$ なる場合を考察しよう．この時 x, x_1 は共に $L(P^2)$ に属するが $l(P^2) = 2$ であるから

$$x_1 = \alpha x + \beta, \qquad \alpha, \beta \in k, \qquad \alpha \neq 0.$$

また y, y_1 は共に $L(P^3)$ に含まれ，$l(P^3) = 3$ なる故

$$y_1 = \gamma y + \delta x + \varepsilon, \qquad \gamma, \delta, \varepsilon \in k, \qquad \gamma \neq 0.$$

これを $y_1^2 = 4x_1^3 - \gamma_2' x_1 - \gamma_3'$ に代入すれば, y が $k(x)$ に関して満足する既約方程式は最高巾係数を 1 にすれば唯一つしかないから, k の標数 $\neq 2, 3$ に注意して

$$\beta = \delta = \varepsilon = 0, \qquad \alpha^3 = \gamma^2,$$

$$(7.15) \qquad \gamma_2' = \alpha^2 \gamma_2, \qquad \gamma_3' = \alpha^3 \gamma_3$$

を得る. 従って

$$(7.16) \qquad \frac{\gamma_2'^3}{\gamma_2'^3 - 27\gamma_3'^2} = \frac{\gamma_2^3}{\gamma_2^3 - 27\gamma_3^2}.$$

次に $P \neq P_1$ とせよ. この時は Riemann-Roch の定理により

$$l(PP_1) = n(PP_1) - g + 1 + l(WP^{-1}P_1^{-1}) = 2 - 1 + 1 + 0 = 2$$

であるから k に属せぬ $L(PP_1)$ の元 z が存在する. (z) の分母は $L(PP_1)$ の定義により高々 PP_1 であるが, それがちょうど PP_1 と一致することは前と同様に証明される(例えば (z) の分母が P ならば $K = k(z)$ となり矛盾を生ずる). よって

$$[K : k(z)] = 2$$

となり, k の標数は 2 でないから $K/k(z)$ は Galois 拡大である. 故に恒等写像の他に $k(z)$ の各元を動かさないような K の自己同型 σ が存在する. もちろん $\sigma^2 = 1$.

$$x_2 = \sigma(x_1), \qquad y_2 = \sigma(y_1)$$

とおけば

$$(7.17) \qquad K = k(x_2, y_2), \qquad y_2^2 = 4x_2^3 - \gamma_2' x_2 - \gamma_3'.$$

さて一般に K の任意の素点 Q に対し

$$\nu'(a) = \nu_Q(\sigma^{-1}(a)), \qquad a \in K$$

とおけば $\nu'(a)$ は明らかに K の正規賦値を与え, 従って K の素点 Q' を定める. この Q' を $\sigma(Q)$ と書くことにする. すなわち

$$\nu_{\sigma(Q)}(\sigma(a)) = \nu_Q(a), \qquad a \in K.$$

特に $a = z$, $Q = P_1$ とすれば $\sigma(z) = z$ であるから

$$\nu_{\sigma(P_1)}(z) = \nu_{P_1}(z) = -1.$$

すなわち $\sigma(P_1)$ もまた (z) の分母に含まれるから

$$\sigma(P_1) = P_1 \qquad \text{または} \qquad \sigma(P_1) = P.$$

しかるに今の場合 $\sigma(P_1) = P_1$ は不可能である. なんとなれば $\sigma(P_1) = P_1$ とすれば $x_2,\ y_2$ の分母はそれぞれ $P_1^2,\ P_1^3$ となるから上に証明したところにより

$$\sigma(x_1) = x_2 = \alpha_1^2 x_1, \quad \sigma(y_1) = y_2 = \alpha_1^3 y_1, \quad \alpha_1 \in k,\ \alpha_1 \neq 0$$

となるが, $\sigma^2 = 1$ であるから

$$\sigma^2(x_1) = \alpha_1^4 x_1 = x_1, \qquad \sigma^2(y_1) = \alpha_1^6 y_1 = y_1$$

より $\alpha_1^2 = 1$, $\sigma(x_1) = x_1$. ところが P_1 の $k(x_1)$ に関する分岐指数は 2 で $\nu_{P_1}(z) = -1$ であるから z は $k(x_1)$ に含まれない. よって $\sigma(z) \neq z$ となり矛盾を生ずる.

結局 $\sigma(P_1) = P$ であって $(x_2),\ (y_2)$ の分母はそれぞれ $P^2,\ P^3$ であることがわかった. よって (7.17) および既に証明した結果によりこの場合にも (7.16) が成立する.

逆に (7.13) を K の一つの標準形とする時, (7.16) を満足し, $\gamma_2'^3 - 27\gamma_3'^2 \neq 0$ なるごとき k の任意の元を γ_2', γ_3' とせよ. まず $\gamma_2 = 0$ あるいは $\gamma_3 = 0$ とすれば (7.16) よりそれに対応する γ_2', γ_3' もそれぞれ 0 となるから, この場合には (7.15) を満足する α が k 内に存在することは明らかである. 次に $\gamma_2 \neq 0,\ \gamma_3 \neq 0$, 従って $\gamma_2' \neq 0,\ \gamma_3' \neq 0$ の場合には (7.16) から

$$\left(\frac{\gamma_2'}{\gamma_2} \right)^3 = \left(\frac{\gamma_3'}{\gamma_3} \right)^2.$$

よって

$$\alpha = \left(\frac{\gamma_2'}{\gamma_2} \right)^{-1} \left(\frac{\gamma_3'}{\gamma_3} \right)$$

とおけば, この時にも (7.15) が成立する. そこで $\alpha^3 = \gamma^2$ なる $\gamma \in k$ を求め

$$x_1 = \alpha x, \qquad y_1 = \gamma y$$

とおけば

$$K = k(x_1, y_1), \qquad y_1^2 = 4x_1^3 - \gamma_2' x_1 - \gamma_3'$$

となることは明白である. 故に次の定理が得られた.

定理 2.30 k を標数 $\neq 2,3$ なる代数的閉体, K を k の上の楕円函数体とし
$$K = k(x,y), \qquad y_2 = 4x^3 - \gamma_2 x - \gamma_3, \qquad \gamma_2^3 - 27\gamma_3^2 \neq 0$$
をその標準形とすれば

$$(7.18) \qquad \delta = \frac{\gamma_2^3}{\gamma_2^3 - 27\gamma_3^2}$$

は標準形の選び方に無関係に K だけによって定まる**不変量**である. そうして k 上の二つの楕円函数体 K_1, K_2 が k の上に同型となるためには K_1 の不変量 δ_1 と K_2 の不変量 δ_2 とが一致することが必要かつ十分である.

k の元 δ を任意に与えた時 (7.18) を満足する k の元 γ_2, γ_3 を求めることはもちろん常に可能であるから, k 上の楕円函数体で互いに同型でないものが k の元の数だけ(従って無限に多く)存在することがわかる. これは種数 0 の場合と異なる点である.

また上の定理 2.30 の証明により P, P_1 を K の任意の素点とする時 $\sigma(P_1) = P$ となるような k の上の K の自己同型 σ が存在することがわかった. 有理函数体 $k(x)$ の場合には

$$\sigma(x) = \frac{\alpha x + \beta}{\gamma x + \delta}, \qquad \alpha, \beta, \gamma, \delta \in k, \qquad \alpha\delta - \beta\gamma \neq 0$$

なる形の $k(x)$ の自己同型によりやはり同様なことが言われることは明らかである. よって

定理 2.31 K を代数的閉体 k の上の種類 0 あるいは 1 の代数函数体とすれば, K の任意の素点 P, P_1 を与えた時

$$\sigma(P_1) = P$$

となるような k の上の K の自己同型写像 σ が存在する. よって特に k の上の K の自己同型群は無限群である.

上の証明では実は種数 1 の場合には k の標数が 2 あるいは 3 でないという制限が必要であったのだが, 定理 2.31 はそのような制限なしに一般に成立す

るのである．しかしこの特別な場合の考察はここでは省略することにする[17]．

　定理 2.31 に興味があるのは次のことが言えるからである．すなわち代数的閉体 k の上の種数 $g \geqq 2$ の任意の代数函数体 K の自己同型群は常に有限群である．これも著しい結果であるが証明は省略する[18]．

　さて再び前のように k の標数 $\neq 2, 3$ とし，(7.13)で与えられる楕円函数体 K を考察する．定理 2.28 の証明におけると同じ記号を用い，$k(x)$ における $P_{\varepsilon_1}, P_{\varepsilon_2}, P_{\varepsilon_3}$ および P_∞ の K における拡張をそれぞれ Q_1, Q_2, Q_3, Q_∞ と書けば，同じところの証明より

$$(dx) = (y) = \frac{Q_1 Q_2 Q_3}{Q_\infty^3}.$$

よって

$$\frac{dx}{y}.$$

は K の第一種の微分であるが，K の種数は 1 だから定理 2.15 により K のすべての第一種の微分は

$$\alpha \frac{dx}{y}, \qquad \alpha \in k$$

なる形で与えられる．

　また定理 2.23 により一つの素点，例えば Q_∞ を定めれば $\bar{\mathfrak{D}}_0 = \mathfrak{D}_0 / \mathfrak{D}_H$ の各類は

(7.19)
$$\frac{P}{Q_\infty}$$

なる形の因子によって代表される．ここで

---

17)　k の標数が 2 あるいは 3 である場合の楕円函数体の理論は M. Deuring, Invariante und Normalformen elliptischer Funktionenkörper, Math, Zeitschr. 47 (1940)参照．

18)　註 15 の論文または岩澤健吉，玉河恒夫，代数函数体の自己同型置換，数学第 1 巻，第 4 号(1948)参照．

$$\frac{P}{Q_\infty} \sim \frac{P'}{Q_\infty}, \qquad \text{従って} \quad P \sim P'$$

とすれば, $(u)=\dfrac{P'}{P}$ なる元 u が存在するが, $P \neq P'$ と仮定すれば, $[K:k(u)]=n(P)=1,\ K=k(u)$ となって不合理を生ずるから $P=P'$ でなければならぬ. よって素点 P に (7.19) を含む $\bar{\mathfrak{D}}_0$ の類を対応させれば, かくして群 $\bar{\mathfrak{D}}_0$ と K の素点の全体の集合とが 1 対 1 に対応することがわかる.

これらの事実が楕円函数体の研究を一般の種数 $g \geqq 2$ の代数函数体の研究に較べてずっと容易ならしめるのである. 例えば古典的楕円函数論における楕円函数の加法定理等がそのまま一般の係数体の上の楕円函数体に拡張されるのであるが, これらの詳しい理論もここでは割愛することにする[19].

iii) 超楕円函数体

楕円函数体の標準形 (7.13) の拡張として

$$(7.20) \quad K = k(x,y), \quad y^2 = (x-\alpha_1)(x-\alpha_2)\cdots(x-\alpha_{2n+1}), \quad n \geqq 2$$

で与えられる k の上の代数函数体 K を考える. ここに $\alpha_1, \alpha_2, \cdots, \alpha_{2n+1}$ は $2n+1$ 個の相異なる k の元である. このような K を一般に k の上の**超楕円函数体**と呼ぶ. k の標数が 2 でなければ $k(x)$ における素点 P_{α_i}, P_∞ はそれぞれ K において分岐指数 2 の唯一の拡張 Q_i, Q_∞ を有し

$$(dx) = \frac{Q_1 \cdots Q_{2n+1}}{Q_\infty^3}, \qquad (y) = \frac{Q_1 \cdots Q_{2n+1}}{Q_\infty^{2n+1}}$$

となることが ii) におけると全く同様にして証明される. よって特に K の種数 g は $2g-2 = n((dx)) = 2n+1-3 = 2n-2$ より

$$g = n$$

となり, また

---

19) 一般の係数体の上の楕円函数体の理論は H. Hasse, Zur Theorie der abstrakten elliptischen Funktionenkörper, I, II, III, Crelle's Jour. 175 (1936) に詳しい.

$$\frac{\beta_0 + \beta_1 x + \cdots + \beta_{n-1} x^{n-1}}{y} dx, \qquad \beta_i \in k$$

が K における第一種の微分の全体を与える.

これにより特に k の標数が2でなければ k の上に任意の種数 $g \geqq 0$ を有する代数函数体が存在することがわかる.

k の標数が2の場合には次のようにすればよい. すなわち $\alpha_1, \alpha_2, \cdots, \alpha_{n+1}$ を k の相異なる元とし

$$K = k(x, y), \qquad y^3 = (x - \alpha_1)(x - \alpha_2) \cdots (x - \alpha_{n+1})$$

とおけば, $k(x)$ の P_{α_i}, P_∞ がそれぞれ K において分岐指数3の Q_i, Q_∞ に拡張され, しかも

$$(dx) = \frac{(Q_1 Q_2 \cdots Q_{n+1})^2}{Q_\infty^4}$$

となるから, $2g-2 = n((dx)) = 2(n+1) - 4 = 2n - 2$ より K の種数 g は

$$g = n$$

となる. よって

定理 2.32　k を任意の代数的閉体, g を負ならざる任意の有理整数とする時, k の上に種数 g の代数函数体が常に存在する.

以上これまでは一般の係数体 k の上の代数函数体の代数的理論の概略を述べてきたが, この一般論以上に精密な結果を得るためにはどうしても係数体 k がもっと具体的に与えられねばならぬ. 例えば k が有限体であれば k 上の代数函数体は普通の代数体と非常に多くの点で類似の性質を有し, 特に代数体における類体論の基本定理がほとんどそのままの形でこの函数体においても成立つことが知られている[20]. しかしこれらはむしろ整数論の範囲に属する事柄であろうからここではそれには触れないこととし, 次章より専ら古典的代数函

---

20)　M. Moriya, Rein arithmetisch-algebraischen Aufbau der Klassenkörpertheorie über algebraischen Funktionenkörper einer Unbestimmten mit endlichem Konstantenkörper, Jap. Jour. of Math. 14 (1938)参照. そこに F. K. Schmidt, H. Hasse 等の文献も記されてある. なお緒言参照.

数論,すなわち係数体 k が複素数体である場合の代数函数体の理論を,代数的方法に依ってばかりでなく,解析を自由に用いて考察することにする.

第3章　Riemann 面[1]

§1　Riemann 面とその解析的写像

本章では後章に述べる古典的代数函数論の準備として Riemann 面の一般理論を解説する.

定義3.1　連結位相空間[2] S の各点 P に対し, 次の条件を満足する函数 φ_P が与えられた時, $\{\varphi_P; P \in S\}$ を S における **R 函数系**と呼ぶ:

  i)　φ_P は P 点の近傍 U_P で定義され, かつ U_P を複素平面上の単位円の内部 $|z| < 1$ に位相的に写像する函数であって, 特に $\varphi_P(P) = 0$,

  ii)　P, Q を S の任意の二点とする時 $V = U_P \cap U_Q$ が空集合でなければ $\varphi_Q \varphi_P^{-1}$ は $\varphi_P(V)$ を $\varphi_Q(V)$ の上に 1 対 1 等角に写像する正則な複素函数である.

上のごとき R 函数系を簡単に $\mathfrak{F} = \{\varphi_P, U_P\}$ と記す.

定義3.2　$\mathfrak{F} = \{\varphi_P, U_P\}$, $\mathfrak{F}' = \{\varphi_P', U_P'\}$ を S における二組の R 函数系, P を S の任意の点とする時, $\varphi_P(U_P \cap U_P')$ で定義された函数 $\varphi_P' \varphi_P^{-1}$ が常に原点において正則ならば, $\mathfrak{F}$ と $\mathfrak{F}'$ とは**同値な** R 函数系であるという:$\mathfrak{F} \sim \mathfrak{F}'$.

この定義から $\mathfrak{F} \sim \mathfrak{F}'$ が実際同値律の三つの条件を満足することは直ちにわかる. よって S におけるすべての R 函数系を互いに同値なものの類に分けることができる. この類を用いて我々は Riemann 面を次のごとく定義する.

定義3.3　連結位相空間 S とその R 函数系の一つの同値類 $\{\mathfrak{F}\}$ との組合せ

$$(1.1) \qquad\qquad \mathfrak{R} = \{S, \{\mathfrak{F}\}\}$$

を **Riemann 面**と呼び, S を $\mathfrak{R}$ の**基底空間**, $\{\mathfrak{F}\}$ に属する任意の R 函数系

---

1)　本章以降の各章においては読者に函数論の初歩の予備知識を仮定しているが, それについては例えば, 能代清, 函数論概説 I, II, (岩波, 解析数学叢書), あるいは吉田洋一, 函数論(岩波全書)を読まれれば十分である. 殊に函数論概説 II は本章を読む上に有益であろう.

2)　第 1 章, 註 5 参照.

$\mathfrak{F}$ を, $\mathfrak{R}$ を定義する R 函数系あるいは $\mathfrak{R}$ 上の R 函数系と呼ぶ. 以下簡単のために Riemann 面を R 面と略称することがある.

さて基底空間 S の点, S の開集合, 閉集合等を R 面 $\mathfrak{R}$ の点, 開集合, 閉集合等と呼ぶ. その他の S に関する位相的術語についても同様である.

R 函数系の類 $\{\mathfrak{F}\}$ はもちろんそれに属する $\mathfrak{F}$ を一つ与えればそれだけで確定するから, R 面を表すのに (1.1) の代わりに

$$\mathfrak{R} = \{S, \mathfrak{F}\}$$

と書いてもよい. しかし $\mathfrak{R}$ の概念はどこまでも個々の $\mathfrak{F}$ ではなくて $\mathfrak{F}$ の類 $\{\mathfrak{F}\}$ によって与えられるものであることに注意されたい.

定義 3.1 によれば連結位相空間 S において R 函数系が存在するためには条件が必要である. すなわち S がある R 面の基底空間となるためにはまず定義 3.1, i) によりそれが 2 次元多様体でなければならぬ. また同じところの条件 ii) を用いれば S の各点の近傍には連続的に変わる一定の「向き」が定義されるから S は可符号多様体である (多様体における「向き」あるいは可符号等の位相的概念の詳しい説明はここでは省略する[3]). また後に証明するように S は第二可附番公理を満足しなければならぬ. しかるに一方これらの条件が十分条件であることも証明されている. すなわち可符号で第二可附番公理を満足する任意の連結 2 次元多様体は必ず適当な R 面の基底空間となり得ることがいわれる. この定理の一般の証明は多くの準備を要するのでここでは省略するが[4], 特に S が compact 空間である場合は次章に詳しく説明するであろう.

さて

$$\mathfrak{R} = \{S, \{\mathfrak{F}\}\}, \qquad \mathfrak{F} = \{\varphi_P, U_P\}$$

---

3) H. Weyl, die Idee der Riemannschen Fläche (Teubner, Berlin) 参照. 同様な説明が中村幸四郎, 位相幾何学概論 (共立社, 輓近高等数学講座) にもある.

4) Stoilow, Leçons sur les principes topologiques de la théorie des fonctions analytiques (Gauthier-Villars, Paris) 参照. Weyl の R 面の定義 (註 3 参照) では基底空間 S が三角形に分割されること, すなわち本質的には S において第二可附番公理が成立つことを仮定している. それが実は不要であって他の条件から自然に導かれることを初めて注意したのは T. Rado, Über den Begriff der Riemannschen Fläche, Acta Szeged, 2 (1925) である. 緒言参照.

を一つの R 面とする時, 単位円 $\varphi_P(U_P)$ 内に任意に小さな同心円 C_P をとり, C_P を単位円に相似に拡大する一次変換を ψ_P とすれば

$$\mathfrak{F}' = \{\varphi_{P'} = \psi_P\varphi_P, \quad U_P' = \varphi_P^{-1}(C_P)\}$$

は明らかに $\mathfrak{F}$ と同値な S の R 函数系である. よって予め S の各点 P の近傍 W_P を任意に与えた時, $\mathfrak{R}$ を定める R 函数系 $\mathfrak{F}' = \{\varphi_P', U_P'\}$ のなかに

$$U_P' \subset W_P$$

を満足するものが必ず存在する. 特に W_P の閉包 $\bar{W}_P$ が compact であるように W_P をとっておけば $\bar{U}_P'$ もまたすべて compact にすることができる.

S_1 を $\mathfrak{R}$ の任意の領域, すなわち $\mathfrak{R}$ の基底空間 S の任意の連結開部分集合 とすれば, 上述により $\mathfrak{R}$ 上の R 函数系 $\mathfrak{F}' = \{\varphi_P', U_P'\}$ のなかに特に

(1.2) $$P \in S_1 \quad \text{ならば} \quad U_P' \subset S_1$$

となる $\mathfrak{F}'$ が存在する. そこで

(1.3) $$\mathfrak{F}_1' = \{\varphi_P', \ U_P'; \quad P \in S_1\}$$

とおけば $\mathfrak{F}_1'$ が S_1 の R 函数系であることは明白である. また $\mathfrak{F}'$ と同値な $\mathfrak{F}''$ が (1.2) と同様な条件を満足するならば, この $\mathfrak{F}''$ から上のごとくにして得ら れる $\mathfrak{F}_1''$ が S_1 上で $\mathfrak{F}_1'$ と同値な R 函数系となることも明らかであろう. この ようにして (1.2) を満足する $\{\mathfrak{F}\}$ の任意の R 函数系から同一の類 $\{\mathfrak{F}_1'\}$ に属す る S_1 上の R 函数系が得られる.

定義 3.4 上のごとくにして $\mathfrak{R}$ の領域 S_1 により一意的に定まる R 面

$$\mathfrak{R}_1 = \{S_1, \{\mathfrak{F}_1'\}\}$$

を $\mathfrak{R}$ の**部分 Riemann 面**と呼ぶ.

R 面の最も簡単な, しかし重要な一例として**複素球面**がある. よく知られ ているように無限遠点 ∞ を含めた複素平面上の点の全体は立体写像により単 位球面 S_0^* の点と1対1に対応し, S_0^* の各点を複素数によって表すことがで きる. いま S_0^* を基底空間とし

$P = z_0 \neq \infty$ の時

$$\varphi_P(z) = z - z_0, \qquad z \in U_P = \{z; \ |z - z_0| < 1\},$$

$P = \infty$ の時

$$\varphi_P(z) = \frac{1}{z}, \qquad z \in U_P = \{z; |z| > 1\}$$

とおけば，$\mathfrak{F} = \{\varphi_P, U_P\}$ は S_0^* の R 函数系を与え，従って

$$\mathfrak{R}_0^* = \{S_0^*, \{\mathfrak{F}\}\}$$

により R 面 $\mathfrak{R}_0^*$ が定まる．この R 面 $\mathfrak{R}_0^*$ を複素球面と呼ぶ．$\mathfrak{R}_0^*$ の任意の領域から定義 3.4 によりそれぞれ R 面が得られるから，このようにして多くの R 面の実例が知られるであろう．例えば単位円の内部

$$\mathfrak{R}_1^* = \{z; |z| < 1\}$$

もまた一つの R 面である．

定義 3.5　$\mathfrak{R} = \{S, \{\mathfrak{F}\}\}$, $\mathfrak{R}' = \{S, \{\mathfrak{F}'\}\}$ の任意の R 面，$\mathfrak{F} = \{\varphi_P, U_P\}$, $\mathfrak{F}' = \{\varphi_P', U_P'\}$ をその R 函数系とし，$\mathfrak{R}$ の領域 U から $\mathfrak{R}'$ の中への写像を f とせよ．その時 P を U の点，$P' = f(P)$ とし，$\varphi_P(U_P)$ 内で定義された複素函数

$$\varphi_{P'}' f \varphi_P^{-1}$$

が原点において正則であるならば，写像 f は P 点において**解析的**であるという．f が U のすべての点で解析的ならば，f を U から $\mathfrak{R}'$ 内への**解析的写像**と呼ぶ．

　f が P 点において解析的であるという上の定義は，$\mathfrak{R}, \mathfrak{R}'$ を与える R 函数系の類 $\{\mathfrak{F}\}, \{\mathfrak{F}'\}$ からの代表 $\mathfrak{F}, \mathfrak{F}'$ のとり方に無関係であることに注意されたい．

定義 3.6　R 面 $\mathfrak{R}$ の領域 U を複素球面 $\mathfrak{R}_0^*$ の ∞ を含まぬ領域 U' の上に 1 対 1 かつ解析的に写像する f が存在する時，このような U を $\mathfrak{R}$ の**解析的領域**と呼び，

$$f(P) = t = x + iy, \qquad P \in U$$

によって与えられる $t = f(P)$ を U における**解析的変数**，$(x(P), y(P))$ を**解析的座標**と呼ぶ．特に U が一点 P_0 の近傍であって，かつ

$$f(P_0) = 0$$

ならば，$t = f(P)$ を P_0 における**局所変数**という．

　上の定義において f は 1 対 1 であるから，U の点は $t=t(P)$，あるいは $(x(P),y(P))$ により一意的に定まる．この意味で今後 U の点 t，U の点 (x,y) 等の言葉を用いることにする．

　さて P_0 を $\mathfrak{R}$ の任意の点とする時，P_0 における局所変数は確かに存在する．例えば $\mathfrak{F}=\{\varphi_P,U_P\}$ が $\mathfrak{R}$ を定める R 函数系であるならば

$$t = \varphi_{P_0}(P)$$

とおけばよい．一つ局所変数があればこれから新たにいくらでも局所変数をつくることができるが，一般に二つの局所変数の間には次の関係がある．

　定理 3.1　$t=\varphi(P)$, $t'=\varphi'(P)$ を R 面 $\mathfrak{R}$ の一点 P_0 における二つの局所変数とすれば，P_0 の十分近くでは t' は

$$(1.4) \qquad t' = a_1 t + a_2 t^2 + \cdots, \qquad a_1 \neq 0$$

なる形の t の巾級数に展開される．逆に P_0 の局所変数 t に対し P_0 の近傍で (1.4) の形に展開される任意の函数 $t'=\varphi'(P)$ または P_0 の局所変数である．

　証明　$t=\varphi(P)$, $t'=\varphi'(P)$ の定義領域を U,U' とし，$V=U\cap U'$ とすれば $t'=F(t)=\varphi'\varphi^{-1}(t)$ は $\varphi(V)$ を $\varphi'(V)$ の上に 1 対 1，等角に写像し，かつ $F(0)=0$ であるから $t=0$（すなわち P_0 点）の近傍でそれは (1.4) のごとく展開される．逆は明白であろう（証終）．

　上の局所変数を用いれば定義 3.5 の解析的写像の意味は明白になる．すなわち f を $\mathfrak{R}$ から $\mathfrak{R}'$ 内への写像，$P_0'=f(P_0)$ とし，P_0,P_0' における局所変数をそれぞれ t,t' とすれば $t=0$（すなわち $P=P_0$）の近傍で写像 f は

$$t' = f(t),$$

すなわち t 平面から t' 平面への写像と考えられるが，定義 3.5 の意味で f が P_0 において解析的であるということはこの複素函数 $f(t)$ が $t=0$ において正則であるということに他ならない．よってこの場合 $f(0)=0$ に注意すれば P_0 の近傍で

$$(1.5) \qquad t' = f(t) = a_1 t + a_2 t^2 + \cdots$$

となる．ここで $f(t)$ が恒等的に 0 でないとし，$a_1=a_2=\cdots=a_{n-1}=0, \ a_n \neq 0$ とすれば，

$$t_1 = b_1 t + b_2 t^2 + \cdots, \qquad b_1 \neq 0$$

なる P_0 における別の局所変数 t_1 を適当に選んで

$$t' = t_1^n$$

とすることができる. よって

定理 3.2 R面 $\mathfrak{R}$ から $\mathfrak{R}'$ への写像 f が一点 P_0 において解析的ならば, P_0 および $P_0' = f(P_0)$ における局所変数 t, t' を適当にとって, P_0 の近傍において

$$t' = f(t) \equiv 0 \qquad \text{または} \qquad t' = f(t) = t^n \qquad (n \geqq 1)$$

とすることができる.

上の定理において $t' = t^n$ となる場合には P_0 の近傍は f により P_0' の近傍の上に n 重に写像される. 従って上の指数 n は局所変数のとり方に無関係な意義を有する. この n を写像 f の P_0 における**分岐指数**と呼び, 特に $n>1$ ならば P_0 を f に関する**分岐点**($n=1$ ならば不分岐点)と呼ぶ. $t' = t^n$ よりわかるように P_0 の十分小さな近傍をとれば, その中にある分岐点は高々 P_0 だけとなる. よって f に関する分岐点の集合は $\mathfrak{R}$ 上に集積点を持たない. これらの性質は $\mathfrak{R}, \mathfrak{R}'$ が特に compact な R 面である場合には代数函数体の代数的性質と同値になるのであるが, それは後章に説明する.

定理 3.2 からまた次の定理が得られる.

定理 3.3 R面 $\mathfrak{R}$ の領域 U から R面 $\mathfrak{R}'$ 内への解析的写像を f とすれば, $f(U)$ は一点かしからざれば $\mathfrak{R}'$ の領域となる.

証明 U の点 P_0 の近傍で f が常に同一の値をとる時, すなわち上の定理 3.2 において $t' = f(t) \equiv 0$ となる場合に P_0 をかりに第一種の点と名付け, しからざる場合に P_0 を第二種の点と呼ぶことにしよう. 第一種の点の全体を U_1, 第二種の点の全体を U_2 とすれば定義により U_1 も U_2 も開集合である. また明らかに

$$U_1 \cup U_2 = U, \quad U_1 \cap U_2 = \varnothing.$$

よって U は連結集合であるから $U_1 = U$ または $U_2 = U$ でなければならぬ. $U_1 = U$ とすれば $f(U)$ の任意の点 P_0' に対し $f^{-1}(P_0')$ は同時に開集合でかつ閉

集合となるから，U の連結性により $U = f^{-1}(P_0')$, $P_0' = f(U)$. $U_2 = U$ ならば f はいわゆる開写像であるから $f(U)$ は明らかに開集合であって，しかも f の連続性により U と同様に連結集合である．すなわちそれは $\mathfrak{R}'$ の領域でなければならぬ．

この証明から直ちに次の系を得る．

定理 3.3，系　$\mathfrak{R}$ の領域 U から $\mathfrak{R}'$ 内への解析的写像 f が U の一点 P_0 の近傍で常に同一の値 P_0' をとるならば，f は U のすべての点において $f(P) = P_0'$ となる．

　注意　この系の仮定はもっと緩められる．すなわち P_0 に収斂する点列 $\{P_i\}$ に対し $f(P_i) = P_0'$ $(i = 1, 2, \cdots)$ であれば十分である．

　定義 3.7　R 面 $\mathfrak{R}$ から R 面 $\mathfrak{R}'$ の上への 1 対 1 かつ解析的な写像 f を $\mathfrak{R}$ から $\mathfrak{R}'$ への**同型写像**といい，このような f が存在する場合 $\mathfrak{R}$ と $\mathfrak{R}'$ とを**同型な** R 面と呼ぶ[5]：　$\mathfrak{R} \cong \mathfrak{R}'$.

　任意の R 面 $\mathfrak{R}$ が自分自身に同型であることは明白である．すなわち f として恒等写像をとればよい．次に $\mathfrak{R} \cong \mathfrak{R}'$ とし，その同型写像を f とすれば，f は 1 対 1 の写像であるから P を $\mathfrak{R}$ の任意の点，$P' = f(P)$ とする時，P, P' の適当な局所変数 t, t' を選べば定理 3.2 により

$$t' = f(t) = t.$$

よって f の逆写像 f^{-1} もまた解析的であることが知られる．故に $\mathfrak{R}' \cong \mathfrak{R}$. 又 $\mathfrak{R} \cong \mathfrak{R}'$, $\mathfrak{R}' \cong \mathfrak{R}''$ としその同型写像をそれぞれ f, f' とすれば $f'f$ が $\mathfrak{R}$ から $\mathfrak{R}''$ への同型写像を与えることは明白である．よって $\mathfrak{R} \cong \mathfrak{R}''$. すなわち $\cong$ は同値律の三つの条件を満足するからこれによりすべての R 面が互いに同型なものの類に分類される．

　また上の考察において $\mathfrak{R} = \mathfrak{R}' = \mathfrak{R}''$ として見ればわかるように，一つの R 面 $\mathfrak{R}$ の自分自身の上への同型写像，すなわち自己同型写像の全体は群をなす．これを $\mathfrak{R}$ の**自己同型群**と呼び $A(\mathfrak{R})$ と記すことにする．

---

5)　詳しくは conformally equivalent，すなわち等角的に同値というのであるが同型で十分であろう．

さて $\mathfrak{R} \cong \mathfrak{R}'$ とし $\mathfrak{R}$ を定義する一組の R 函数系を $\mathfrak{F} = \{\varphi_P, U_P\}$ とすれば，$\mathfrak{R}$ から $\mathfrak{R}'$ への同型写像を f とする時

$$f(\mathfrak{F}) = \{\varphi_P f^{-1}, f(U_P)\}$$

は明らかに $\mathfrak{R}'$ を定義する R 函数系を与える．全く同様にして $\mathfrak{R}'$ を定義する任意の $\mathfrak{F}'$ から $\mathfrak{R}$ を定義する $f^{-1}(\mathfrak{F}')$ が得られる．f はもちろん $\mathfrak{R}, \mathfrak{R}'$ の基底空間 S, S' の間の位相的写像でもあるから，$\mathfrak{R} \cong \mathfrak{R}'$ であれば $\mathfrak{R}$ と $\mathfrak{R}'$ とはその抽象的構造においては全く一致することが知られる．これが同型の意味である．群論や位相空間論においては互いに同型な群，あるいは互いに同位相な空間を同一の抽象群あるいは抽象空間の相異なる表現と見なしてそれらに共通の性質を抽出して研究するが，同様な意味で同型な R 面の類は一つの**抽象 Riemann 面**を決定すると考えられる．この抽象 R 面の性質，あるいは個々の R 面がどういう場合に互いに同型となるか等の問題を研究するのが R 面の理論である．

§2　Riemann 面における函数

まず R 面 $\mathfrak{R}$ あるいはその領域 U の上で定義された複素函数 $f(P)$ を考察する．複素函数といってももちろん ∞ の値をとることも許すのだが，ただ開集合の上で恒等的に ∞ に等しくなるような函数は除外する．

定義 3.8　R 面 $\mathfrak{R}$ で定義された函数 $f = f(P)$ が，これを $\mathfrak{R}$ から複素球面 $\mathfrak{R}_0^*$ の中への写像と考えた時に $\mathfrak{R}$ の点 P_0 において解析的ならば，函数 $f(P)$ は P_0 において**解析的**であるといい，特に $f(P_0) \neq \infty$ ならば**正則**であるという．$\mathfrak{R}$ の各点で解析的な函数を $\mathfrak{R}$ における**解析函数**と呼ぶ．$\mathfrak{R}$ の代わりにその領域 U で定義された複素函数についても同様である．

さて $z = f(P)$ を P_0 において解析的な函数とし，$f(P_0) = a_0 \neq \infty$ とすれば $z - a_0$ が $\mathfrak{R}_0^*$ における a_0 点の一つの局所変数であるから，P_0 における任意の局所変数を t とする時 (1.5) より P_0 の近傍では

$$z - a_0 = a_1 t + a_2 t^2 + \cdots,$$

すなわち

$$(2.1) \qquad z = f(P) = a_0 + a_1 t + a_2 t^2 + \cdots.$$

この右辺の級数において 0 ならざる係数を有する t の最小巾指数を

$$\nu_{P_0}(f)$$

と書いて，函数 f の P_0 における**位数**と呼ぶ[6]．(2.1) の右辺が恒等的に 0 に等しければ $\nu_{P_0}(f) = +\infty$ である．また特に $a_0 = 0$, $\nu_{P_0}(f) > 0$ の場合には f は P_0 において $\nu_{P_0}(f)$ 位の**零点**を有するという．t の代わりに P_0 における他の局所変数 t' をとっても，t と t' とは定理 3.1 の関係 (1.4) により結ばれているから t' による展開を用いても $\nu_{P_0}(f)$ の値に変わりはない．すなわち f の P における位数は局所変数のとり方には無関係である．

次に $f(P_0) = \infty$ とすれば $\dfrac{1}{z}$ が $\mathfrak{R}_0^*$ の ∞ における局所変数であるから前と同様に

$$\frac{1}{z} = a_1 t + a_2 t^2 + \cdots$$

となるが，f に関する約束により上式の右辺が P_0 の近傍で恒等的に 0 になることはない．よって例えば $a_1 = \cdots = a_{n-1} = 0$, $a_n \neq 0$ とすれば，P_0 の近傍で

$$(2.2) \qquad z = f(P) = a'_{-n} t^{-n} + a'_{-n+1} t^{-n+1} + \cdots, \qquad a'_{-n} \neq 0.$$

この場合

$$-n = \nu_{P_0}(f)$$

を f の P_0 における位数と呼び，f は P_0 において n 位の**極**を有するという．この $\nu_{P_0}(f)$ が t のとり方に関係しないことも前と同様である．

逆に複素函数 $f(P)$ が P_0 の近傍で (2.1) あるいは (2.2) の形に展開されれば，f が P_0 において解析的（特に (2.1) ならば正則）であることは明白である．

さて $f(P), g(P)$ を $\mathfrak{R}$ における解析函数とすれば

$$f(P) + g(P), \qquad f(P) g(P)$$

もまた $\mathfrak{R}$ の解析函数となる．これは $f(P)$, $g(P)$ を上に述べたごとく $\mathfrak{R}$ の各

---

6) $\nu_{P_0}(f)$ と書いて第 1 章の賦値と同じ記号を用いたのはこの函数 ν_{P_0} が実際 $\mathfrak{R}$ の上の解析函数体 $K(\mathfrak{R})$（後述）の正規賦値を与えるからである．$\mathfrak{R}$ が特に compact な R 面で，$K(\mathfrak{R})$ が代数函数体となる場合にはこの関係は決定的な意味を持つが，それは次章に詳説する．

点で展開してみれば明らかである. 特に $f(P)$ が $\mathfrak{R}$ 上で恒等的に 0 に等しくないならば, 定理3.3系により一点 P_0 の近傍で $f(P)$ が恒等的に 0 に等しくなることもない. よって $\dfrac{1}{f(P)}$ もまた任意の点の近傍で (2.1) あるいは (2.2) の形に展開され, 従って $\mathfrak{R}$ の解析函数を与える. 故に $\mathfrak{R}$ における解析函数の全体 $K(\mathfrak{R})$ は体をなすことが知られる. $K(\mathfrak{R})$ は特に常数 $f(P) \equiv a$ を含むからそれは複素数体 k の拡大体である. よって

定理3.4 与えられた R 面 $\mathfrak{R}$ における解析函数の全体 $K(\mathfrak{R})$ は複素数体 k の拡大体をなす. これを $\mathfrak{R}$ の, あるいは $\mathfrak{R}$ に属する**解析函数体**と呼ぶ.

この $K(\mathfrak{R})$ が $\mathfrak{R}$ の構造に深い関係を有することは次第に明らかになるであろうが, ここではまず次の定理を証明しておく.

定理3.5 R 面 $\mathfrak{R}$ と $\mathfrak{R}'$ とが同型ならば $K(\mathfrak{R})$ と $K(\mathfrak{R}')$ とは k の上に同型である.

証明 f を $\mathfrak{R}$ から $\mathfrak{R}'$ への同型写像とし, $g' = g'(P')$ を $K(\mathfrak{R}')$ の任意の函数とすれば,

$$g(P) = g'(f(P)), \qquad P \in \mathfrak{R}$$

は明らかに $\mathfrak{R}$ における解析函数である. $g'(P')$ は逆に $g(P)$ から

$$g'(P') = g(f^{-1}(P')), \qquad P' \in \mathfrak{R}'$$

により与えられるから

$$g \leftrightarrow g'$$

は $K(\mathfrak{R})$ の元 g と $K(\mathfrak{R}')$ の元 g' との間の 1 対 1 の対応を与える. これが k の上の同型写像であることは対応の定義から明白である.

さて $\mathfrak{R}$ における解析函数については後にまた論ずることとし, 次には $\mathfrak{R}$ 上の実函数について考察しよう. f を $\mathfrak{R}$ の領域 U において定義された実函数とせよ. ただし f は $\pm\infty$ の値をとっても差支えない. U 内の点 P_0 における局所変数を $t = x + iy$ とすれば, $f(P)$ は P_0 の近傍で

$$f(P) = f(t) = f(x+iy) = F(x, y)$$

により (x, y) の実函数 $F(x, y)$ を定める.

定義3.9 上の $F(x, y)$ が原点 $P_0 = (0, 0)$ において n 回連続的微分可能な

函数である時, $f(P)$ を P_0 において n 回連続的可微分な函数と呼ぶ. U の各
点で n 回連続的可微分な函数の全体を $C_u(U)$ と書くことにする.

t の代わりに他の局所変数 t' をとっても,

$$t' = x' + iy'$$

とおけば定理 3.1 により

$$x' = x'(x, y), \qquad y' = y'(x, y)$$

は共に (x, y) に関し何回でも微分可能な函数であり, また逆に $x = x(x', y')$,
$y = y(x', y')$ に対しても同じことがいえるから, $f(P)$ が P_0 において n 回連
続的可微分であるという性質は P_0 における局所変数のとり方に無関係に定義
される.

また特に U が解析的領域であって (x, y) を U における解析的座標とすれば
$f(P)$ が $C_n(U)$ に属するということは

$$f(P) = F(x, y)$$

が (x, y) の函数として U において n 回連続的に微分可能であるということに
他ならない.

さて $\mathfrak{R}$ の任意の領域 U に対し

$$C_1(U) \supseteqq C_2(U) \supseteqq \cdots$$

となること明白であるが, $C_1(U)$ の条件を更に緩めれば U における連続函数
の全体 $C_0(U)$ が得られる. しかしこれについては説明の要はなかろう. それ
よりも我々は後になって一層広汎な函数族, すなわち U の上の可測函数の集
合を必要とする.

定義 3.10　$f(P)$ を R 面 $\mathfrak{R}$ の領域 U において定義された函数(実函数でも
複素函数でもよい)とし, U_1 を U に含まれる任意の解析的領域, (x, y) を U_1
における解析的座標とする時

$$f(P) = F(x, y)$$

が (x, y) の函数として常に U_1 上で(Lebesgue の意味で)可測ならば f を U に
おいて**可測な函数**と呼ぶ[7]. また U の部分集合 M の特性函数

---

7)　測度論については本叢書「現代数学概説 II」, あるいは高木先生, 解析概論, 第 9 章参

$$\chi_M(P) = \begin{cases} 1, & P \in M, \\ 0, & P \bar{\in} M \end{cases}$$

が可測なとき，M を U の可測部分集合といい，特に χ_M が上のごとき任意
の $U_1, (x, y)$ に対し，(x, y) の函数として U_1 上で常に測度 0 を除いて 0 とな
る時，M を測度 0 の集合と呼ぶ．

　この定義に従い可測関数の和や積がまた可測であること，連続函数は可測
であること，また可測集合の和や積が可測であること，開集合や閉集合が可測
集合であること等は直ちに知られる．我々は今後測度 0 の集合における値を
除いて一致するような二つの可測函数はこれを区別しないことにする．従っ
て U の可測函数 $f(P)$ を考える時に，測度 0 の集合 M における $f(P)$ の値は
定義されていなくても差支えない．これらはいずれも測度論において慣用の方
法である．f_1, f_2 が上の意味で U において一致し，かつ f_1 も f_2 も連続函数
ならば，f_1, f_2 は真に（例外の点なく）一致することを注意しておく．

§3　Riemann 面における微分とその積分

　前章 §5 に述べた H 微分と同様にして R 面 $\mathfrak{R}$ における微分を定義すること
ができる．すなわち $z = f(P)$, $w = g(P)$ を $\mathfrak{R}$ における解析函数，P を $\mathfrak{R}$ の
任意の点，t をその局所変数とすれば f, g は共に P の近傍で t の巾級数に展
開されるから $w \dfrac{dz}{dt}$ も同様である．この t 展開が別の函数の組 (w_1, z_1) に対す
る $w_1 \dfrac{dz_1}{dt}$ の同様な t 展開と，任意の点 P の任意の局所変数 t に対し常に一致
する時，(w, z) と (w_1, z_1) とは同値であるといい，かくして得られる同値な解
析函数の組の類を $\mathfrak{R}$ における **微分** と定義する．(w, z) によって定まる微分を

$$wdz$$

と記す．これが函数 w と微分 $dz = 1 \cdot dz$ の積と考えられることも前と同様で
ある．

照.

上においては $z = f(P)$, $w = g(P)$ は $\mathfrak{R}$ における解析函数であったが，一般に $\mathfrak{R}$ の任意の領域 U における解析函数から出発すれば全く同様な方法によって U における微分が定義される．

さて z を $\mathfrak{R}$ において常数でない解析函数とすれば(その存在は次節に証明する)，定理 3.3，系により $\dfrac{dz}{dt}$ は常に 0 でない t の巾級数を与える．よって $w'dz'$ を任意の微分とする時，

$$(3.1) \qquad w'\,\frac{dz'}{dt} \bigg/ \frac{dz}{dt}$$

もまた t の巾級数に展開される．しかも t' を P における別の局所変数とすれば

$$\frac{dz'}{dt'} = \frac{dz'}{dt}\frac{dt}{dt'}, \qquad \frac{dz}{dt'} = \frac{dz}{dt}\frac{dt}{dt'}$$

となる故，(3.1)の値は局所変数のとり方には無関係でただ点 P のみに依存することが知られる．すなわち(3.1)は $\mathfrak{R}$ における一つの解析函数 $w = g(P)$ を与える．しからば

$$w'\,\frac{dz'}{dt} = w\,\frac{dz}{dt}$$

より $w'dz' = wdz$. すなわち $\mathfrak{R}$ における任意の微分は wdz の形に書かれる．dz を定めた場合このような表し方はもちろん一意的である．よって

$$(3.2) \qquad w_1dz + w_2dz = (w_1 + w_2)dz$$

により $\mathfrak{R}$ の微分の和を定義すれば，$\mathfrak{R}$ における微分の全体は 1 次元の $K(\mathfrak{R})$ 加群をなすことが知られる．$0 \cdot dz = 0$ を零微分と呼ぶ．dz の代わりに零微分でない任意の dz' をとれば上と同様にすべての微分が $w'dz'$ ($w' \in K(\mathfrak{R})$) の形に一意的に表される．この表し方によっても(3.2)と同様に微分の和を定義することができるが，その結果は上の和の定義と変わらない．すなわち上に定義した微分の加法は補助に用いた dz に無関係に定まる(93 頁参照).

さて wdz の一点 P における t 展開を

$$(3.3) \qquad w\frac{dz}{dt} = \sum b_n t^n$$

とせよ. 右辺はもちろん高々有限個の負巾項を有する t の巾級数である. ここで最初に 0 でない係数を有する t の巾指数 n を

$$\nu_P(wdz)$$

と書いて wdz の P における**位数**と呼ぶ. **零点**, **極**などの言葉も函数の場合と同様に定義される. 定理 3.1 により P における他の局所変数 t' をとれば,

$$t' = a_1 t + a_2 t^2 + \cdots, \qquad \frac{dt'}{dt} = a_1 + 2a_2 t + \cdots, \qquad a_1 \neq 0$$

であるから

$$w\frac{dz}{dt} = w\frac{dz}{dt'}\frac{dt'}{dt}$$

より, $w\dfrac{dz}{dt'}$ の t' 展開における 0 でない最初の項の巾指数も上の n と一致するから $\nu_P(wdz)$ は P の局所変数のとり方には無関係に定義される. 一方 (3.3) における t^{-1} の係数 b_{-1} も定理 2.16 に示したごとく t のとり方に依存しない. よってこれを微分 wdz の P における**留数**と呼び

$$\mathrm{Res}_P(wdz)$$

と記す(定義 2.12 参照).

次に微分 wdz の積分を考察するのであるがその前に R 面 $\mathfrak{R}$ における道, すなわち連続曲線について少しく注意しておく[8]. まず(よく知られているように) $\mathfrak{R}$ の**道** γ とは閉区間 $a \leqq s \leqq b$ を $\mathfrak{R}$ の内に連続的に写像した像をいう:

$$(3.4) \qquad \gamma = \{P(s);\ a \leqq s \leqq b\}.$$

$P(a), P(b)$ を γ の起点, 終点といい, 特に $P(a) = P(b)$ ならば γ を閉曲線あるいは閉じた道と呼ぶ. 更に特別な場合として $P(s)$ が常に一点 P_0 に等しい時, γ を恒等曲線と呼ぶ. 区間 $a \leqq s \leqq b$ が同じく閉区間 $a' \leqq s' \leqq b'$ の上に写像 $s' = \psi(s)$ によりこの向きに位相的に写像される時, 我々は (3.4) と曲線

---

8) 以下述べる道の理論はいずれ本叢書の「位相群論」あるいは「位相幾何学」の項で詳説されることと思うが, なお三村征雄, 連続群論(共立社, 輓近高等数学講座)参照.

$$\{Q(s'); a' \leqq s' \leqq b'\}, \qquad Q(\psi(s)) = P(s)$$

とを同じものと考える. すなわちそれらはただ同一の道を異なる径数によって表したものに他ならない. γ を表す径数はこの意味で無限に多くあるが, 特にその区間を例えば $0 \leqq s \leqq 1$ とすることが常に可能である.

さて(3.4)の道 γ に対し

$$\{P'(s) = P(-s); -b \leqq s \leqq -a\}$$

により与えられる道を γ^{-1} と書いて γ の逆の道と呼ぶ. また

$$\gamma_1 = \{P_1(s); a_1 \leqq s \leqq b_1\},$$
$$\gamma_2 = \{P_2(s); a_2 \leqq s \leqq b_2\},$$
$$P_1(b_1) = P_2(a_2)$$

とする時,

$$P_3(s) = P_1(s), \qquad\qquad a_1 \leqq s \leqq b_1,$$
$$= P_2(s - b_1 + a_2), \qquad b_1 \leqq s \leqq b_1 + b_2 - a_2$$

によって定義される $\gamma_3 = \{P_3(s); a_1 \leqq s \leqq b_1 + b_2 - a_2\}$ を γ_1 と γ_2 との積と呼び

$$\gamma_3 = \gamma_2 \gamma_1$$

と記す. γ^{-1} や $\gamma_2 \gamma_1$ がそれを定義するのに用いた径数のとり方に無関係であることは容易に確かめられる. また $\gamma_2 \gamma_1$, $\gamma_3 \gamma_2$ が定義される場合には

$$\gamma_3(\gamma_2 \gamma_1) = (\gamma_3 \gamma_2)\gamma_1$$

が成立することも明らかであろう. よって今後多くの道の積を(それらが定義される場合には)

$$\gamma_r \cdots \gamma_2 \gamma_1$$

等と書いて差支えない.

さて $\mathfrak{R}$ における二つの道 γ, γ' が起点および終点を動かさないで一方から他方へ連続的に変形される場合, すなわち厳密に言えば x-y 平面の正方形 $\{(x, y); 0 \leqq x \leqq 1, 0 \leqq y \leqq 1\}$ から $\mathfrak{R}$ の中への連続写像 ψ が存在して

$$(3.5) \quad \begin{cases} \psi(x,0) = P(0) = P'(0), \quad \psi(x,1) = P(1) = P'(1), \\ \gamma = \{\psi(0,y); 0 \leqq y \leqq 1\}, \quad \gamma' = \{\psi(1,y); 0 \leqq y \leqq 1\} \end{cases}$$

を満足する場合，γ と γ' とは**準同位**な道であるといい

$$\gamma \approx \gamma'$$

と記す．この関係は同値関係であって，これにより $\mathfrak{R}$ のすべての道が互いに準同位なものの類に分類される．しかも $\gamma \approx \gamma'$ ならば $\gamma^{-1} \approx \gamma'^{-1}$，$\gamma\gamma^{-1} \approx \gamma_0$（恒等曲線），また $\gamma_2\gamma_1$ が定義され，$\gamma_1 \approx \gamma_1'$，$\gamma_2 \approx \gamma_2'$ ならば $\gamma_2\gamma_1 \approx \gamma_2'\gamma_1'$ 等のことが容易に証明される．故に

$$\{\gamma_2\} \cdot \{\gamma_1\} = \{\gamma_2\gamma_1\}$$

により，類 $\{\gamma_1\}$ と類 $\{\gamma_2\}$ との積を一意的に定義することができる．特に一点 P_0 を起点とする閉じた道の全体はこの乗法に関して群をなす．これを $G(P_0)$ と記し P_0 を起点とする $\mathfrak{R}$ の**道類群**と呼ぶ．

　以上述べた事柄は R 面 $\mathfrak{R}$ に限らず一般の位相空間(特に多様体)に関していえることであるが，特に R 面の場合には次のような特別な性質を有する道が存在する．すなわちまず(3.4)の γ が $\mathfrak{R}$ のある解析的領域 U に含まれているとし，その解析的変数を $t = x + iy$ とせよ．しからば

$$P(s) = t(s) = x(s) + iy(s), \qquad a \leqq s \leqq b$$

により二つの連続函数 $x(s), y(s)$ が定まるが，これ等の函数が(適当な径数 s に対し)微係数が同時に 0 にならない s の実正則函数である時(すなわち $a \leqq s \leqq b$ において収斂する s の整級数に展開される時)，γ を**狭義の解析曲線**と呼ぶ．γ が同時に別の解析的領域 U' に含まれている場合には，U' の解析的変数 t' と上の t とは 1 対 1，等角な変換により結ばれているから，γ は U', t' についても上と同じ意味で解析曲線になる．すなわち上の定義は γ を含む U のとり方には関係しない．

　さて一般にこのような狭義の解析曲線の有限個の積として表されるような

$$\gamma = \gamma_r \cdots \gamma_2\gamma_1, \qquad \gamma_i = \text{狭義の解析曲線}$$

を $\mathfrak{R}$ の**解析曲線**と呼ぶ．今後解析曲線の径数は常に上の $x(s), y(s)$ が(それぞ

れの区間で）正則になるようなものばかりを考えることとする.

ν' を $\mathfrak{R}$ における任意の道とする時，γ' 上に有限個の点 $P_1, \cdots, P_m$ および P_i における局所変数 t_i を適当にとれば，P_i の近傍 $U_i = \{P; |t_i(P)| < 1\}$, $(i=1,\cdots,m)$ により γ' の全体を蔽うことができる. そこで γ' を分割して

$$\gamma' = \gamma'_m \cdots \gamma'_2 \gamma'_1, \qquad \gamma'_i \subset U_i, \qquad i = 1, \cdots, m$$

とし，γ'_i の起点，終点をそれぞれ t_i^0, t_i^1 とする時

$$P_i(s) = t_i(s) = t_i^0 + s(t_i^1 - t_i^0), \qquad 0 \leqq s \leqq 1$$

によって与えられる狭義の解析曲線を γ_i とすれば，明らかに γ'_i は U_i の内で連続的に γ_i に変形されるから

$$\gamma'_i \approx \gamma_i, \qquad i = 1, \cdots, m.$$

従って

$$\gamma = \gamma_m \cdots \gamma_2 \gamma_1 \approx \gamma' = \gamma'_m \cdots \gamma'_2 \gamma'_1.$$

すなわち次の補題が証明された.

補題 3.1 γ' を R 面 $\mathfrak{R}$ における任意の道とする時，γ' と準同位な解析曲線 γ が必ず存在する.

上の証明では各 γ'_i を t_i に関する直線によって近似したが，t_i に関する折線を用いればこれにより γ'_i をいくらでも精密に近似することができる. すなわち与えられた γ' は適当な解析曲線により，いかほどでも近似し得ることが知られる.

さて γ を $\mathfrak{R}$ における任意の解析曲線とし，wdz を γ 上の各点において正則な微分として，γ に沿うての wdz の積分

$$\int_\gamma wdz$$

を次のごとく定義する. まず γ が特に (3.4) で与えられる狭義の解析曲線であれば

$$\int_\gamma wdz = \int_a^b w \frac{dz}{ds} ds \qquad (z = z(P(s)), \quad w = w(P(s)))$$

とおく. これは γ を t 平面の曲線と見てその上の線積分

$$\int_\gamma w \frac{dz}{dt} dt$$

をとることに他ならない. よってこれから $\int_\gamma wdz$ は γ の径数のとり方に無関係であること, また γ を $\gamma = \gamma_2 \gamma_1$ と分割すれば

$$(3.6) \qquad \int_\gamma wdz = \int_{\gamma_1} wdz + \int_{\gamma_2} wdz$$

となること等がわかる. 次に一般に γ が狭義の解析曲線 $\gamma_1, \cdots, \gamma_m$ の積である場合には

$$(3.7) \qquad \int_\gamma wdz = \int_{\gamma_1} wdz + \cdots + \int_{\gamma_m} wdz$$

と定義する. γ の別の分割を $\gamma = \gamma_n' \cdots \gamma_1'$ とし, γ_i と γ_j' の分割点を合せて得られる γ の分割を $\gamma = \gamma_r'' \cdots \gamma_1''$ とすれば, γ_i は何個かの γ_k'' の積であるから (3.6) により

$$\sum_{i=1}^m \int_{\gamma_i} wdz = \sum_{k=1}^r \int_{\gamma_k{}''} wdz.$$

全く同様にして

$$\sum_{j=1}^m \int_{\gamma_j{}'} wdz = \sum_{k=1}^r \int_{\gamma_k{}''} wdz.$$

よって

$$\sum_{i=1}^m \int_{\gamma i} wdz = \sum_{i=1}^n \int_{\gamma_j{}'} wdz.$$

これは (3.6) の定義が γ の分割の仕方に関係しないことを示すものである.

さてこのようにして定義された wdz の積分はもちろん複素平面における普通の線積分と同様な性質を有する. 例えば

$$(3.8) \qquad \int_{\gamma_2 \gamma_1} wdz = \int_{\gamma_1} wdz + \int_{\gamma_2} wdz,$$

$$(3.9) \qquad \int_{\gamma^{-1}} wdz = - \int_\gamma wdz$$

等は定義から明らかである．また P_0 を $\mathfrak{R}$ の任意の点とする時，P_0 における wdz の留数が

$$\mathrm{Res}_{P_0}(wdz) = \frac{1}{2\pi i}\int_\gamma wdz$$

によって与えられることも同様である．ただし γ は P_0 を囲む十分小さな正の向きの単純閉曲線である．この公式から留数が局所変数のとり方に依存しないこともわかる．

定理 3.6　$\mathfrak{R}$ の領域 U の各点における微分 wdz の留数が常に 0 であれば，U において準同位な二つの解析曲線 γ, γ' に対し

$$(3.10) \qquad\qquad \int_\gamma wdz = \int_{\gamma'} wdz.$$

ただし wdz はもちろん γ, γ' の上では正則であるとする．

証明　定義により (3.5) を満足する正方形 $T = \{(x,y); 0 \leqq x \leqq 1, 0 \leqq y \leqq 1\}$ から U 内への連続写像 $\psi(x,y)$ が存在する．まず任意の自然数 N をとり T を N^2 個の小正方形

$$T_{mn} = \left\{(x,y); \frac{m-1}{N} \leqq x \leqq \frac{m}{N}, \quad \frac{n-1}{N} \leqq y \leqq \frac{n}{N}\right\}, \quad m,n = 1,\cdots,N$$

に分割せよ．N を十分大にすれば $\psi(T_{mn})$ は常に適当な点 P の近傍 $U_P = \{Q; |t(Q)| < \varepsilon\}$ に含まれるようにすることができる．ただし $t(Q)$ は P における一つの局所変数で，また U_P は U に含まれるものとする．T_{mn} の周辺の ψ による像を γ'_{mn} とせよ．すなわち

$$\gamma'_{mn} = \gamma'_4\gamma'_3\gamma'_2\gamma'_1,$$

$$\gamma'_1 = \left\{\psi\left(\left(x, \frac{n-1}{N}\right)\right); \quad \frac{m-1}{N} \leqq x \leqq \frac{m}{N}\right\},$$

$$\gamma'_2 = \left\{\psi\left(\left(\frac{m}{N}, y\right)\right); \quad \frac{n-1}{N} \leqq y \leqq \frac{n}{N}\right\},$$

$$\gamma'_3 = \left\{\psi\left(\left(-x, \frac{n}{N}\right)\right) \quad -\frac{m}{N} \leqq x \leqq -\frac{m-1}{N}\right\},$$

$$\gamma'_4 = \left\{\psi\left(\left(\frac{m-1}{N}, -y\right)\right); \quad -\frac{n}{N} \leqq y \leqq -\frac{n-1}{N}\right\}.$$

wdz の γ'_{mn} に関する積分は

$$(3.11) \qquad \int_{\gamma'_{mn}} wdz = \int_{\gamma'_{mn}} w\frac{dz}{dt}dt$$

により t 平面の線積分として計算されるが,仮定により wdz の留数は常に 0 であるから函数論の留数定理によりこの値は 0 である.故にすべての T_{mn} に関する (3.11) の和をつくれば,T の内部にある線分の像に関する積分は二つずつ消合うから

$$\int_{\psi(0,0)}^{\psi(1,0)} + \int_{\psi(1,0)}^{\psi(1,1)} + \int_{\psi(1,1)}^{\psi(0,1)} + \int_{\psi(0,1)}^{\psi(0,0)} wdz = 0.$$

上式の意味は明白であろう.そこで (3.5) を用いれば左辺の第一項と第三項は 0,また第二項は $\int_{\gamma'} wdz$ に等しく,第四項は $-\int_{\gamma} wdz$ に等しい.これで (3.10) が一応証明されたことになるが,この証明は次の点で不十分である.それは第一に γ'_{mn} が $\mathfrak{R}$ の解析曲線であるかどうかわからないし,また γ'_{mn} の上に wdz の極がある場合には $\int_{\gamma'_{mn}} wdz$ の意味が確定しないからである.しかしながら wdz はもちろん compact な集合 $\psi(T)$ の上で高々有限個の極を有するにすぎず,また任意の道は解析曲線によっていくらでも精密に近似し得るから,適当な解析曲線によって $\psi(T)$ を γ'_{mn} と同様に N^2 個の網目 γ''_{mn} $(m, n = 1, \cdots, N)$ に分けて,しかも wdz の極が γ''_{mn} の上にないようにすることができる.そこでこの γ''_{mn} に対して上の考察を繰返せば今度は (3.10) が確かに証明される(証終).

さて上の定理において特に U を $\mathfrak{R}$ の単連結な領域とせよ.単連結とは端点の一致する U 内の二つの道が U の内部において常に準同位であるという意味である[9].U から wdz の極を除いた残りを U' とし,U' 内に一点 P_0 を定め,P_0 と U' の任意の点 P と結ぶ U' 内の道を γ として

$$f(P) = \int_{\gamma} wdz$$

---

9) 単連結のより基本的な定義は本章 §5 に述べる.

とおけば，前定理により $f(P)$ は γ の選び方に関係なく P だけで定まる．よって $f(P)$ は U' における一価函数を与えるが，P における局所変数を t とし P の近傍で

$$w\frac{dz}{dt} = a_0 + a_1 t + a_2 t^2 + \cdots$$

とすれば，f は明らかに P の近傍では

$$f = f(Q) = c + a_0 t + \frac{a_1}{2} t^2 + \frac{a_2}{3} t^3 + \cdots$$

となるから，f は U' において正則な解析函数であることが知られる．次に P_1 を U における wdz の一つの極とし，その局所変数 t_1 に関する wdz の展開を

$$w\frac{dz}{dt_1} = b_{-n} t_1^{-n} + \cdots + b_{-2} t_1^{-2} + b_0 + b_1 t_1 + b_2 t_1^2 + \cdots$$

とすれば，上と同じく P_1 の近傍では

$$f = f(Q_1) = -\frac{b_{-n}}{n-1} t_1^{-n+1} - \cdots - b_{-2} t_1^{-1} + c + b_0 t + \frac{b_1}{2} t_1^2 + \frac{b_2}{3} t_1^3 + \cdots$$

となる．故に $f(P_1) = \infty$ と定義すれば，かくして U における解析函数 $f(P)$ が得られる．$w' = f(P)$ は U の各点 P の局所変数 t に対し

$$\frac{dw'}{dt} = w\frac{dz}{dt}$$

を満足する．よって次の定理が得られた．

定理 3.7　R 面 $\mathfrak{R}$ の単連結な領域 U において常に留数が 0 であるような微分を wdz とすれば，U の任意の点 P における局所変数 t に対し

$$(3.12) \qquad \frac{dw'}{dt} = w\frac{dz}{dt}$$

を満足する U 内の解析函数 w' が存在する．

さて上のごとき U に限らず，一般に $\mathfrak{R}$ の任意の領域 U において微分 wdz に対し (3.12) を満足する解析函数 w' のことを U における wdz の **積分函数** と

呼ぶ. w' を wdz の一つの積分函数とすれば wdz のすべての積分函数はもちろん w' に常数 c を加えることによって得られる. 定理 3.7 は単連結な領域において常に留数 0 の微分は必ず積分函数を有することを述べたものであって, これらの結果は後に必要になる.

§4 解析函数の存在定理

これまで我々は R 面における解析函数や微分の性質をいろいろ述べてきたが, 常数以外の解析函数あるいは 0 でない微分が実際に存在するかどうかという点には少しも触れなかった. よって本節では与えられた R 面において実際にこれらの自明でない解析函数や微分が存在することを証明しよう[10].

今 wdz を R 面 $\Re$ における一つの微分とし, $\Re$ の点 P を含む任意の領域で定義された解析的変数 t に対し, $w\dfrac{dz}{dt}$ を実数部分と虚数部分に分けて

$$(4.1) \qquad w\frac{dz}{dt} = v_1(P,t) - iv_2(P,t)$$

とおけば, これにより P と t とに関する二つの実函数

$$(4.2) \qquad v_1(P,t), \qquad v_2(P,t)$$

が定まる. $t_1 = x_1 + iy_1$, $t_2 = x_2 + iy_2$ を同一の点 P における二つの解析的変数とすれば,

$$v_1(P,t_1) - iv_2(P,t_1) = w\frac{dz}{dt_1} = w\frac{dz}{dt_2}\frac{dt_2}{dt_1} = (v_1(P,t_2) - iv_2(P,t_2))\frac{dt_2}{dt_1},$$
$$\frac{dt_2}{dt_1} = \frac{\partial x_2}{\partial x_1} + i\frac{\partial y_2}{\partial x_1} = \frac{1}{i}\frac{\partial x_2}{\partial y_1} + \frac{\partial y_2}{\partial y_1}$$

であるから,

---

10) 緒言にも述べたごとく本書では古典的な Dirichlet の原理によらないで Weyl の方法を用いて証明を行う. H. Weyl, Method of orthogonal projections in potential theory, Duke Math. Jour. Vol. 7 (1940) および K. Kodaira, Über die harmonischen Tensorfelder in Riemannschen Mannigfaltigkeiten, II, Proc. Imp. Acad. Tokyo, Vol. 20 (1944) 参照.

$$(4.3) \quad \begin{cases} v_1(P, t_1) = v_1(P, t_2)\dfrac{\partial x_2}{\partial x_1} + v_2(P, t_2)\dfrac{\partial y_2}{\partial x_1}, \\[2mm] v_2(P, t_1) = v_1(P, t_2)\dfrac{\partial x_2}{\partial y_1} + v_2(P, t_2)\dfrac{\partial y_2}{\partial y_1}. \end{cases}$$

これが $(v_1(P, t_1),\ v_2(P, t_1))$ と $(v_1(P, t_2),\ v_2(P, t_2))$ との間に成立する変換の公式である．そこで我々は逆に一般に(4.3)を満足する P と t との一組の実函数(4.2)を考察し，これから $\mathfrak{R}$ における微分や解析函数を求めることにする．

定義3.11　R 面 $\mathfrak{R}$ の領域 U の各点 P，および P における任意の解析的座標 $t = x + iy$ に対して定まる二つの実函数の組

$$(4.4) \qquad\qquad v = (v_1(P, t),\ v_2(P, t))$$

が，同一の点 P における二つの解析的座標 $t_1 = x_1 + iy_1$, $t_2 = x_2 + iy_2$ に対し常に変換法則(4.3)を満足するならば，v を U における **vector 場** と呼び，$v_1(P, t)$, $v_2(P, t)$ をそれぞれ v の P 点における x 座標ないし y 座標と呼ぶ．

この定義から直ちにわかるように $v = (v_1(P, t),\ v_2(P, t))$ が U の vector 場ならば

$$v^* = (v_2(P, t),\ -v_1(P, t))$$

もまた U の vector 場となる．また U の一点 P における v の x 座標，y 座標が共に 0 であれば(4.3)より同じ P における他の解析的座標 $t' = x' + iy'$ に関する v の x' 座標，y' 座標も常に 0 となる．この場合我々は vector 場 v は P において 0 となるという．特に U のすべての点で 0 となる vector 場を U の零 vector 場と呼び 0 で表す．

さて v を U における vector 場，U' を U に含まれる解析的領域，$t = x + iy$ をその解析的座標とすれば，t は U' に属するすべての点 P における解析的座標を与えるから，

$$(4.5) \qquad\qquad v_1(t) = v_1(P, t),\quad v_2(t) = v_2(P, t)$$

とおけば，U' における t，従って (x, y) の実函数 $v_1(t) = v_1(x, y)$, $v_2(t) = v_2(x, y)$ が得られる．U に含まれる任意の解析的領域 U' に対して定まるこのような函数 $v_1(x, y)$, $v_2(x, y)$ が常に (x, y) に関して可測である時，v を可測な vector 場と呼ぶ．二つの可測な vector 場 $v = (v_1, v_2)$, $v' = (v_1', v_2')$ が上の

ごとき任意の U' に対し (x, y) の函数として常に測度 0 を除いて

$$v_1(x, y) = v_1'(x, y), \qquad v_2(x, y) = v_2'(x, y)$$

を満足する時, v と v' とは測度 0 を除いて一致するという. 函数の場合と同様に今後我々は測度 0 を除いて一致する二つの vector 場は同一のものとみなすことにする. 連続あるいは n 回連続的可微分な vector 場も上と同様に定義される. すなわち (4.5) の $v_1(t)$, $v_2(t)$ が (x, y) の函数として n 回連続的微分可能である時に v を n 回連続的可微分というのである. 例えば $f(P)$ が U において n 回連続的可微分な実函数であれば, $t = x + iy$, $f(P) = f(t)$ に対し

$$v_1(P, t) = \frac{\partial f}{\partial x}, \quad v_2(P, t) = \frac{\partial f}{\partial y}$$

とおく時これが (4.3) を満足することは明らかだから, これにより $n-1$ 回連続的可微分な vector 場が得られる. これを函数 f の **gradient** と呼び

$$\operatorname{grad} f = \left(\frac{\partial f}{\partial x}, \ \frac{\partial f}{\partial y} \right)$$

と記す. 同様にして f から

$$\operatorname{grad}^* f = (\operatorname{grad} f)^* = \left(\frac{\partial f}{\partial y}, \ -\frac{\partial f}{\partial x} \right)$$

なる vector 場を得ることができる.

次に v を U における連続的可微分な vector 場とし, U の点 P における解析的座標を $t = x + iy$ とする時,

$$\operatorname{div}_t v = \frac{\partial v_1(P, t)}{\partial x} + \frac{\partial v_2(P, t)}{\partial y}$$

とおく. $\operatorname{div}_t v$ は P と t とに関係するが, t_1, t_2 を P における二つの解析的座標とすれば簡単な計算により

$$(4.6) \qquad \operatorname{div}_{t_1} v = \operatorname{div}_{t_2} v \left| \frac{dt_2}{dt_1} \right|^2.$$

よって $\operatorname{div}_t v = 0$ なる条件は解析的変数 t のとり方には無関係な vector 場の性質であって, これを

$$(\operatorname{div} v)_P = 0$$

と書いても差支えない.　U のすべての点で $\operatorname{div} v = 0$ となる時,　v を U において湧点のない vector 場と呼ぶ.　div と同様なことが

$$\operatorname{div}_t^* v = \operatorname{div}_t v^* = \frac{\partial v_2(P,t)}{\partial x} - \frac{\partial v_1(P,t)}{\partial y}$$

に対しても成立する.

　さて U を特に $\mathfrak{R}$ の解析的領域,　$t = x + iy$ をその解析的変数とし,　div_t,　div_t^* 等を簡単に $\operatorname{div}, \operatorname{div}^*$ 等と書くことにすれば,　U において 2 回連続的微分可能な任意の函数 f,　あるいは vector 場 v に対し

$$(4.7) \qquad \operatorname{div} \operatorname{grad}^* f = \operatorname{div}^* \operatorname{grad} f = 0,$$

$$(4.8) \quad \operatorname{div} \operatorname{grad} f = -\operatorname{div}^* \operatorname{grad}^* f = \Delta f = \frac{\partial^2 f}{\partial x^2} + \frac{\partial^2 f}{\partial y^2},$$

$$(4.9) \quad \operatorname{grad} \operatorname{div} v - \operatorname{grad}^* \operatorname{div}^* v = \Delta v$$
$$= \left(\frac{\partial^2 v_1}{\partial x^2} + \frac{\partial^2 v_1}{\partial y^2},\ \frac{\partial^2 v_2}{\partial x^2} + \frac{\partial^2 v_2}{\partial y^2} \right)$$

等の公式が成立することは計算により直ちに確かめられるが,　更に次の補題が成立することも周知であろう[11].

補題 3.2　（Gauss および Green の定理）L を U 内の単一な閉じた解析曲線とし,　L が囲む U 内の領域を G とすれば[12],　U において 2 回連続的微分可能な函数 f, g および vector 場 v に関し,

$$(4.10) \qquad \iint_G \operatorname{div} v\, dxdy = \int_L (v_1 dy - v_2 dx),$$

---

11)　高木先生,　解析概論参照.

12)　一般の単一閉曲線 L については,　L が囲む領域とかあるいは L の正の向きとかに関して位相幾何学的に難しい議論が必要であるが,　我々が後に実際この補題を応用するのは L が円周あるいは凸多角形である場合であって,　その場合にはこれらの言葉はいずれも明白な意味をもっているから特に位相幾何学的な考慮を払う必要はない.

$$\iint_G \mathrm{div}^* v \, dxdy = \int_L (v_1 dx + v_2 dy),$$

(4.11) $$\iint_G (f \cdot \Delta g - g \cdot \Delta f) dxdy = \int_L \left(f \frac{\partial g}{\partial r} - g \frac{\partial f}{\partial r} \right) ds.$$

ここに $\int_L$ は道 L の正の向きに沿う線積分で, ds は L の微小な長さ, $\frac{\partial}{\partial r}$ は L の上の点における外向きの法線方向への微分である.

これらの公式から直ちにまた次の補題が得られる.

補題 3.3 $v = (v_1, v_2)$ を U において湧点のない vector 場とし, f を連続的可微分な任意の函数とすれば, 上のごとき G, L に対し

(4.12) $$\iint_G \left(v_1 \frac{\partial f}{\partial x} + v_2 \frac{\partial f}{\partial y} \right) dxdy = \int_L f(v_1 dy - v_2 dx).$$

同様に $\mathrm{div}^* v = 0$ ならば

(4.13) $$\iint_G \left(v_2 \frac{\partial f}{\partial x} - v_1 \frac{\partial f}{\partial y} \right) dxdy = \int_L f(v_1 dx + v_2 dy).$$

さて $v = (v_1, v_2)$ を $\mathfrak{R}$ における可測 vector 場とし, E を一つの解析的領域 U に含まれる可測集合とせよ. $t = x + iy$ を U の解析的変数とする時

(4.14) $$\|v\|_E^2 = \iint_E (v_1(P, t)^2 + v_2(P, t)^2) dxdy$$

とおく. E を含む別の解析的領域を U' とし, $t' = x' + iy'$ をその解析的変数とすれば変換法則(4.3)により

$$(v_1(P, t)^2 + v_2(P, t)^2) dxdy = (v_1(P, t')^2 + v_2(P, t')^2) \left| \frac{dt'}{dt} \right|^2 dxdy$$

$$= (v_1(P, t')^2 + v_2(P, t')^2) dx'dy',$$

$$\|v\|_E^2 = \iint_E (v_1(P, t')^2 + v_2(P, t')^2) dx'dy'.$$

よって $\|v\|_E$ の定義(4.14)は E を含む U のとり方に無関係である. またこのような E が共通点のない二つの可測部分集合 E_1, E_2 の和に分かれれば

(4.15) $$\|v\|_E^2 = \|v\|_{E_1}^2 + \|v\|_{E_2}^2$$

となることも明らかである.

　上の E のように一つの解析的領域 U に含まれる $\mathfrak{R}$ の可測部分集合のことを仮に $\mathfrak{R}$ の基本集合と呼ぶことにしよう. そうして有限個の基本集合の和として表されるような $\mathfrak{R}$ の部分集合の全体を

$$\mathfrak{S} = \{M\}$$

と記す. $\mathfrak{S}$ に属する二つの集合の和, 差および共通部分はまた $\mathfrak{S}$ に属する. また $\mathfrak{S}$ に属する任意の M は

$$M = E_1 + \cdots + E_n$$

と互いに共通点のない有限個の基本集合の和に分解することができる. このような分解の方法はもちろん一通りではないから

$$M = E_1' + \cdots + E_m'$$

を同様な別の分解とし

$$E_{ij} = E_i \cap E_j', \qquad M = \sum_{i=1}^{n} \sum_{j=1}^{m} E_{ij}$$

とおけば, $\mathfrak{R}$ における任意の可測 vector 場に対し (4.15) により

$$\|v\|_{E_i}^2 = \sum_{j=1}^{m} \|v\|_{E_{ij}}^2, \qquad \|v\|_{E_j'}^2 = \sum_{i=1}^{n} \|v\|_{E_{ij}}^2.$$

よって

$$\sum_{U=1}^{n} \|v\|_{E_i}^2 = \sum_{j=1}^{m} \|v\|_{E_j'}^2.$$

故にこの共通の値をもって $\|v\|_M^2$ と定義すれば $\|v\|_M^2$ は M の分割の方法に無関係に確かに M だけで確定する数である.

　定義 3.12　M が $\mathfrak{S}$ に属するすべての集合を動く時

$$\|v\| = \sup_{M} \|v\|_M$$

によって与えられる $\|v\|$ を可測 vector 場 v の **norm** と呼ぶ.

　$\|v\|$ は定義により負でない実数($+\infty$ のこともある)であるが, それが 0 になるのは v が $\mathfrak{R}$ において測度 0 を除いて 0 に等しくなる場合, すなわち v が $\mathfrak{R}$ の零 vector 場である場合に限る.

一般に $v=(v_1, v_2)$, $v'=(v_1', v_2')$ を $\mathfrak{R}$ における任意の vector 場とし, a, b を任意の実数とする時

$$(av_1(P,t)+bv_1'(P,t), \quad av_2(P,t)+bv_2'(P,t))$$

はやはり $\mathfrak{R}$ における一つの vector 場を定める. この vector 場を我々は

$$av+bv'$$

と書くことにする. しからば一般に任意の数 α, β に対し

$$|\alpha+\beta|^2 \leqq 2(|\alpha|^2+|\beta|^2)$$

が成立するから, E を任意の基本集合とする時 (4.14) の定義より

$$\|av+bv'\|_E^2 \leqq 2|a|^2\|v\|_E^2 + 2|b|^2\|v'\|_E^2.$$

よって任意の $M\in\mathfrak{S}$ に対しても

$$\|av+bv'\|_M^2 \leqq 2|a|^2\|v\|_M^2 + 2|b|^2\|v'\|_M^2,$$

従って

$$(4.16) \qquad \|av+bv'\|^2 \leqq 2|a|^2\|v\|^2 + 2|b|^2\|v'\|^2.$$

補題 3.4 $\|v\|<\infty$ であれば, 適当に可附番個の基本集合 $E_1, E_2, \cdots$ をとって

$$(4.17) \qquad \|v\| = \lim_{n\to\infty} \|v\|_{M_n}, \qquad M_n = \sum_{i=1}^{n} E_i,$$

かつ v は $M_\infty = \sum_{i=1}^{\infty} E_i$ の外では (測度 0 を除いて) 0 となるようにすることができる.

証明 $\|v\|<\infty$ であるから

$$\|v\| = \lim_{n\to\infty} \|v\|_{M_n'}$$

を満足する $\mathfrak{S}$ の集合 M_n' が存在する. M_n' は有限個の基本集合の和であるからこれらの基本集合を全部とって $E_1, E_2, \cdots$ とすれば (4.17) が成立することは明白である. また $M_\infty = \sum_{i=1}^{\infty} E_i$ の外にある基本集合を E とすれば $E+M_n'$ も $\mathfrak{S}$ に属するから

$$\|v\|^2 \geqq \lim_{n\to\infty} \|v\|_{E+M_n'}^2 = \lim_{n\to\infty} \left(\|v\|_E^2 + \|v\|_{M_n'}^2\right) = \|v\|_E^2 + \|v\|^2,$$
$$\|v\|_E = 0.$$

よって v は M_∞ の外では測度 0 を除いて 0 に等しい.

補題 3.5 $\|v\| < \infty$, $\|v'\| < \infty$ の時

$$(4.18) \qquad (v, v') = \frac{1}{4}(\|v + v'\|^2 - \|v - v'\|^2)$$

とおけば, (v, v') は有限であって

$$(4.19) \qquad (v, v) = \|v\|^2,$$

$$(4.20) \qquad (v, v') = (v', v),$$

$$(4.21) \qquad (av + bv', v'') = a(v, v'') + b(v', v''), \quad (\|v''\| < \infty).$$

ただし a, b は任意の実数である.

証明   まず (4.16) より $\|v + v'\| < \infty$, $\|v - v'\| < \infty$ となるから (v, v') は確定の実数である. (4.19), (4.20) は $\|2v\|^2 = 4\|v\|^2$ および $\|-v\|^2 = \|v\|^2$ に注意すれば明らかである. 次に (4.21) を証明するためにまず (4.16) より $\|av + bv'\| < \infty$ に注意する. そうして補題 3.4 により基本集合 $E_1, E_2, \cdots$ を次のごとく選ぶ. すなわち $M_\infty = \sum_{i=1}^{\infty} E_i$ の外では v, v', v'' はいずれも 0 に等しく, また $M_n = \sum_{i=1}^{n} E_i$ とする時,

$$(4.22) \quad \begin{cases} \|av + bv' \pm v''\| = \lim_{n \to \infty} \|av + bv' \pm v''\|_{M_n}, \\ \|v \pm v''\| = \lim_{n \to \infty} \|v \pm v''\|_{M_n}, \\ \|v' \pm v''\| = \lim_{n \to \infty} \|v' \pm v''\|_{M_n}. \end{cases}$$

基本集合 E あるいは $\mathfrak{S}$ に属する M に対して

$$(v, v')_E = \frac{1}{4}(\|v + v'\|_E^2 - \|v - v'\|_E^2) = \iint_E (v_1 v_1' + v_2 v_2') dx dy,$$

$$(v, v')_M = \frac{1}{4}(\|v + v'\|_M^2 - \|v - v'\|_M^2)$$

とおけば, E の上では明らかに

$$(av + bv', v'')_E = a(v, v'')_E + b(v', v'')_E$$

が成立するから, 従って M においても

$$(av + bv', v'')_M = a(v, v'')_M + b(v', v'')_M.$$

よって $M=M_n$ として(4.22)から直ちに(4.21)を得る.

補題 3.6 $v_1, v_2, \cdots$ を $\|v_i\| < \infty$ なる $\mathfrak{R}$ の vector 場とする時

$$\|v_m - v_n\| \to 0 \quad (m, n \to \infty)$$

ならば

$$\lim_{n \to \infty} \|v - v_n\| = 0, \quad \|v\| < \infty$$

を満足する vector 場 v が存在する.

証明 補題3.4により適当な基本集合 $E_1, E_2, \cdots$ をとって,$M_\infty = \sum_{i=1}^{\infty} E_i$ の外では各 v_n が 0 であるようにすることができる.ここで E_i はもちろん互いに共通点を有せぬものと仮定して差支えない.求むる vector 場を v とし,まず M_∞ の外では $v=0$ とおく.次に E_l を含む解析的領域を U_l,U_l の解析的変数を $t_l = x_l + iy_l$ とすれば仮定により

$$\|v_m - v_n\|_{E_l}^2 = \iint_{E_l} \{(v_1^{(m)}(P, t_l) - v_1^{(n)}(P, t_l))^2 + (v_2^{(m)}(P, t_l)$$
$$- v_2^{(n)}(P, t_l))^2\} dx_l dy_l$$

は m, n を ∞ にする時 0 に収斂するから,$\{v_1^{(n)}(P, t_l)\}$,$\{v_2^{(n)}(P, t_l)\}$ の適当な部分列をとれば,それらはそれぞれ E_l 上のある可測函数 $v_1(P, t_l)$,$v_2(P, t_l)$ に測度 0 の点を除いて収斂し,従って

(4.23)

$$\lim_{n \to \infty} \iint_{E_l} \{(v_1^{(n)}(P, t_l) - v_1(P, t_l))^2 + (v_2^{(n)}(P, t_l) - v_2(P, t_l))^2\} dx_l dy_l = 0$$

となる[13].そこで求むる v の P 点における x_l 座標,y_l 座標を $v_1(P, t_l)$,$v_2(P, t_l)$ と定義し,同じ P 点における別の解析的座標 $t' = x' + iy'$ に対する v の座標 $v_1(P, t')$,$v_2(P, t')$ は変換法則(4.3)が成立つように定めれば,かくして $\mathfrak{R}$ において可測な vector 場 v が得られる.(4.23)より直ちに

$$\lim_{m \to \infty} \|v^{(m)} - v^{(n)}\|_{E_l}^2 = \|v - v^{(n)}\|_{E_l}^2.$$

任意の $\varepsilon > 0$ に対し n_0 を十分大にとり $m, n \geqq n_0$ の時

---

13) これは E_l 上の函数空間 L^2 が完備であるという結果に他ならない.本叢書「位相解析学 I」あるいは 吉田耕作,線型作用素(岩波,現代数学叢書)参照.

$$\|v^{(m)} - v^{(n)}\| < \varepsilon$$

とすれば，このような n および任意の自然数 s に対し

$$\sum_{l=1}^{s} \|v - v^{(n)}\|_{E_l}^2 = \lim_{m \to \infty} \sum_{l=1}^{s} \|v^{(m)} - v^{(n)}\|_{E_l}^2 \leqq \lim_{m \to \infty} \|v^{(m)} - v^{(n)}\|^2 \leqq \varepsilon^2.$$

よって $s \to \infty$ とする時

$$\|v - v^{(n)}\|^2 = \sum_{l=1}^{\infty} \|v - v^{(n)}\|_{E_l}^2 \leqq \varepsilon^2.$$

従って (4.16) より $\|v\| < \infty$ かつ

$$\lim_{n \to \infty} \|v - v^{(n)}\| = 0$$

を得る.

さて $\mathfrak{R}$ における vector 場で norm が有限なものの全体を $\mathfrak{H}$ とすれば，$\mathfrak{H}$ はまず (4.16) により実数を係数とする線型空間をなす．しかも補題 3.5 により $\mathfrak{H}$ には内積 (v, v') が定義されて (4.19)-(4.21) を満足し，かつ補題 3.6 により $\mathfrak{H}$ はこの norm による距離に関して完備である．よって次の定理が得られた.

定理 3.8　R 面 $\mathfrak{R}$ において $\|v\| < \infty$ なる可測 vector 場 v の全体 $\mathfrak{H}$ は実 Hilbert 空間をなす[14].

さて $\mathfrak{R}$ において 2 回連続的微分可能で，かつ適当な点 P_0 の近傍 $U = \{Q; |t(Q)| < \varepsilon\}$ ($t(Q)$ は P_0 における一つの局所変数) をとる時，$|t(Q)| < \varepsilon_1$ $(0 < \varepsilon_1 < \varepsilon)$ を満足する Q 以外の $\mathfrak{R}$ の点では 0 となるような函数 f の全体を Γ とせよ．f が Γ に属すれば $\mathrm{grad}\, f$ および $\mathrm{grad}^*\, f$ はもちろん $\mathfrak{H}$ に属する vector 場を与える．よってこのような $\mathrm{grad}\, f$ から張られる $\mathfrak{H}$ の閉部分線型空間を

$$\mathfrak{G} = [\mathrm{grad}\, f;\, f \in \Gamma]$$

とし，同様に

$$\mathfrak{G}^* = [\mathrm{grad}^*\, f;\, f \in \Gamma]$$

とおく．しからば

---

14)　Hilbert 空間については註 13) の著書または　吉田耕作，スペクトル解析 (共立社，近代数学全書) 参照.

補題 3.7　$\mathfrak{G}$ と $\mathfrak{G}^*$ とは直交する. すなわち $\mathfrak{G}$, $\mathfrak{G}^*$ に属する任意の vector 場 v, v' をとるとき常に

$$(v, v') = 0.$$

証明　f, g が Γ の函数である時

$$(\operatorname{grad} f, \operatorname{grad}^* g) = 0$$

を証明すれば十分である. 仮定により適当な点 Q_0 およびその局所変数 $t_1 = t_1(Q) = x + iy$ をとれば g, 従って $\operatorname{grad}^* g$ は $|t_1| < \varepsilon_1'$ $(< \varepsilon')$ 以外では 0 だから

$$(\operatorname{grad} f, \operatorname{grad}^* g) = \iint_{|t_1| < \varepsilon_1'} \left(\frac{\partial f}{\partial x} \frac{\partial g}{\partial y} - \frac{\partial f}{\partial y} \frac{\partial g}{\partial x} \right) dx dy.$$

$v = \operatorname{grad} f$ とすれば, (4.7)により $|t_1| < \varepsilon'$ 内では $\operatorname{div}^* v = \operatorname{div}^* \operatorname{grad} f = 0$ となるから補題 3.3 を用いて

$$(\operatorname{grad} f, \operatorname{grad}^* g) = \int_{|t_1| = \varepsilon_1'} g(v_1 dy + v_2 dx).$$

しかるに $|t_1| = \varepsilon_1'$ 上では $g = 0$ であるから上式の右辺は 0 である(証終).

さて Hilbert 空間 $\mathfrak{H}$ において $\mathfrak{G}$ と直交する vector 場の全体を

$$\mathfrak{M} = \mathfrak{H} \ominus \mathfrak{G}, \qquad \mathfrak{H} = \mathfrak{G} \oplus \mathfrak{M}$$

とし, 同様に $\mathfrak{G}^*$ と直交する vector 場の全体を

$$\mathfrak{M}^* = \mathfrak{H} \ominus \mathfrak{G}^*, \qquad \mathfrak{H} = \mathfrak{G}^* \oplus \mathfrak{M}^*$$

とせよ. ただし $\oplus$ は直和の記号である. 補題 3.7 により $\mathfrak{M} \supseteq \mathfrak{G}^*$, $\mathfrak{M}^* \supseteq \mathfrak{G}$ であるから

$$\mathfrak{N} = \mathfrak{M} \cap \mathfrak{M}^*$$

とおけば,

$$\mathfrak{N} = \mathfrak{M} \ominus \mathfrak{G}^* = \mathfrak{M}^* \ominus \mathfrak{G}$$

$$\mathfrak{H} = \mathfrak{G} \oplus \mathfrak{M} = \mathfrak{G}^* \oplus \mathfrak{M}^* = \mathfrak{G} \oplus \mathfrak{G}^* \oplus \mathfrak{N}.$$

この $\mathfrak{N}$ に関して次の重要な定理が成立つ.

定理 3.9　$\mathfrak{N}$ に属する vector 場は任意の回数微分可能である.

証明　U を R 面 $\mathfrak{R}$ の任意の解析的領域, t をその解析的変数, t_0 を U 内の

一点とせよ．まず $|t-t_0|<\varepsilon$ が U に含まれるように十分小なる $\varepsilon>0$ をとる時，$|t-t_0|<\varepsilon$ 内で

$$v = (v_1(P,t),\ \ v_2(P,t))$$

と測度 0 を除いて一致し，かつ任意の回数微分可能な

$$(4.24) \qquad\qquad (v_1'(P,t),\ \ v_2'(P,t))$$

が常に存在することを証明する．これができれば U 内において t_0 および $\varepsilon>0$ を変えるごとに上のごとき $(v_1'(P,t),\ v_2'(P,t))$ が得られるが，これらの函数はいずれも初めの $(v_1(P,t),\ v_2(P,t))$ と測度 0 を除いて一致しかつもちろん連続であるから，共通の定義領域の上では同一の函数となる．従って U において測度 0 を除いて $(v_1(P,t),\ v_2(P,t))$ と一致する $(v_1'(P,t),\ v_2'(P,t))$ が一意的に定まる．$U_1,\ t_1$ を別の解析的領域およびその解析的変数とすれば，これに対しても上と同様に何回でも微分可能な $(v_1'(P,t_1),\ v_2'(P,t_1))$ が定まるが，U と U_1 とが共通点を有すればその近傍では $(v_1(P,t),\ v_2(P,t))$ と $(v_1(P,t_1),\ v_2(P,t_1))$ との間に成立している変換法則 (4.3) が $(v_1'(P,t),\ \ v_2'(P,t))$ と $(v_1'(P,t_1),\ v_2'(P,t_2))$ との間でも測度 0 の点を除いて成立する．しかるにこれらの函数はいずれも連続であるから測度 0 の点を除いて成立する関係式はまた例外の点なく成立つ．よって

$$v' = (v_1(P,t),\ v_2(P,t))$$

は確かに $\mathfrak{R}$ における vector 場であって，しかもこれと v とは測度 0 の点を除いて一致するのだから約束により $v=v'$．従って v は何回でも微分可能な vector 場である．故に定理 3.9 を証明するためには $|t-t_0|<\varepsilon$ における (4.24) の存在をいえば十分である．

　さて $w=(w_1,w_2)$ を $|t-t_0|<\varepsilon_1\ (0<\varepsilon_1<\varepsilon)$ の外では 0 であるような 3 回連続的可微分な任意の vector 場とせよ．しからば $\mathrm{div}_t\,w,\ \mathrm{div}_t^*\,w$ は共に Γ に属するから

$$\mathrm{grad}\,\mathrm{div}_t\,w \in \mathfrak{G}, \qquad \mathrm{grad}^*\,\mathrm{div}_t^*\,w \in \mathfrak{G}^*.$$

仮定により v は $\mathfrak{G}$ とも $\mathfrak{G}^*$ とも直交するから (4.9) により

$$(v,\Delta w) = 0,$$

すなわち

$$\iint_{|t-t_0|<\varepsilon} (v_1 \Delta w_1 + v_2 \Delta w_2)dxdy = 0, \qquad \Delta w_i = \frac{\partial^2 w_i}{\partial x^2} + \frac{\partial^2 w_i}{\partial y^2}.$$

ここでもちろん $w_1 = 0$ あるいは $w_2 = 0$ とすることができるから，結局定理 3.9 の証明は(記号を多少変更すれば)次の補題に帰着する.

補題 3.8 t 平面 $(t = x + iy)$ の単位円 $C\,(|t| = 1)$ の内部を U とする時，U において可測でかつ

$$\iint_U |v^2|dxdy < \infty$$

なる実函数 $v = v(x, y)$ が，U 内で 3 回連続的微分可能でかつ C の近傍で 0 となる任意の函数 $w = w(x, y)$ に対し，常に

$$(4.25) \qquad \iint_U v\Delta w\, dxdy = 0$$

を満足するならば，v は U 内の適当な調和函数 $v' = v'(x, y)$ と測度 0 を除いて一致する.

証明[15] 証明は数段に分けて，まず次の準備から始めよう.

i) 原点を中心とする半径 r の円を C_r，C_r の内部を U_r とせよ．一般に $U = U_1$ 内で可測でかつ積分可能な函数 $p(x, y)$ が与えられた時，$p(x, y)$ を半径 $r\,(0 < r < 1)$ の円板上で平均して得られる U_{1-r} 上の函数

$$q(x, y) = \frac{1}{\pi r^2} \iint_{U_r} p(x + x_1, y + y_1)dx_1 dy_1$$

を

$$M_r p(x, y)$$

と書くことにする．よく知られているように $M_r p(x, y)$ は一般に U_{1-r} で連続であるが，特に $p(x, y)$ が連続ないし連続的可微分な函数である場合には

---

15) この巧妙な証明は河田敬義氏(Kōdai Math. Sem. Report, Vol. 1, No. 3)による. 註 10 の Weyl の原論文における証明よりは大分簡単である．なおここで用いる調和函数の性質については例えば 吉田洋一，函数論，(岩波全書)第 11 章参照.

$M_r p(x, y)$ はそれぞれ連続的可微分ないし 2 回連続的可微分となる.

また r, s を十分小なる正数とし，(x, y) を U_{1-r-s} の点とすれば

$$M_r M_s p(x, y) = \frac{1}{\pi r^2} \frac{1}{\pi s^2} \int_{U_r} \left\{ \int_{U_s} p(x+x_1+x_2, \, y+y_1+y_2) dx_2 dy_2 \right\} dx_1 dy_1$$

であるが，積分論における Fubini の定理によりこの式の右辺の積分は順序を変更することができるから

(4. 26)　$M_r M_s p(x, y) = M_s M_r p(x, y), \qquad (x, y) \in U_{1-r-s}.$

さて次に $M_r p(x, y)$ がすべての $0 < r < 1$ に対し U_{1-r} 内で調和函数であるならば，$p(x, y)$ 自身もまた U 内で測度 0 の点を除き調和函数と一致することを示そう．$M_r p(x, y)$ は仮定により調和函数であるから，Gauss の定理によりその円板上の平均値は中心における値に等しい．すなわち十分小なる s に対しては

$$M_s M_r p(x, y) = M_r p(x, y).$$

よって (4. 26) より

$$M_r M_s p(x, y) = M_r p(x, y),$$

(4. 27)　　　　　　$M_r(M_s p(x, y) - p(x, y)) = 0.$

よって s を定めておいて U_{1-s} 内で r を 0 に収斂させれば，不定積分の微分に関する定理[16]により (4. 27) の左辺は測度 0 の点を除いて $M_s p(x, y) - p(x, y)$ に収斂するから

$$M_s p(x, y) - p(x, y) = 0.$$

すなわち $p(x, y)$ は U_{1-s} 内で測度 0 の点を除いて調和函数 $M_s p(x, y)$ と一致する．よって $0 < t < s$ とすれば $M_s p(x, y)$，$M_t p(x, y)$ は U_{1-s} 内では共に $p(x, y)$ と測度 0 の点を除いて一致し，従ってそれらは互いにまた測度 0 の点を除いて一致する．しかるにこれらの函数はいずれも連続函数であるから $M_s p(x, y), M_t p(x, y)$ は U_{1-s} においては完全に一致しなければならぬ．これから直ちに任意の $0 < s < 1$ に対し U_{1-s} 内で $M_s p(x, y)$ と一致するような U

---

16)　註 7 参照

内の調和函数 $p'(x,y)$ の存在がわかる. この $p'(x,y)$ と $p(x,y)$ とが U で測度 0 の点を除き一致することは明白であろう.

ii) 次に $v(x,y)$ を補題に述べたごとき条件 (4.25) を満足する任意の可測函数とし, r を 1 より小なる任意の正数とする時, U において 3 回連続的微分可能でかつ適当な $r'<1-r$ をとれば $U_{r'}$ の外部で恒等的に 0 となるような函数を $w(x,y)$ とすれば, Fubini の定理により

$$
\begin{aligned}
&\int_{U_{1-r}} M_r v(x,y)\Delta w(x,y)dxdy\\
&= \frac{1}{\pi r^2}\int_{U_{1-r}}\left\{\int_{U_r} v(x+x_1,y+y_1)\Delta w(x,y)dx_1dy_1\right\}dxdy\\
&= \frac{1}{\pi r^2}\int_{U_r}\left\{\int_{U_{1-r}} v(x+x_1,y+y_1)\Delta w(x,y)dxdy\right\}dx_1dy_1.\\
&= \frac{1}{\pi r^2}\int_{U_r}\left\{\int_{U'_{1-r}} v(x,y)\Delta w(x-x_1,y-y_1)dxdy\right\}dx_1dy_1.
\end{aligned}
$$

ここに U'_{1-r} は (x_1,y_1) を中心とする半径 $1-r$ の円の内部であるが, $w(x-x_1, y-y_1)$ は (x_1,y_1) を中心とする半径 r' の円の外部ですでに恒等的に 0 であるから

$$
\int_{U'_{1-r}} v(x,y)\Delta w(x-x_1,y-y_1)dxdy = \int_U v(x,y)\Delta w(x-x_1,y-y_1)dxdy.
$$

しかるにこの右辺の積分は (4.25) により 0 である. よって

$$
\int_{U_{1-r}} M_r v(x,y)\Delta w(x,y)dxdy = 0,
$$

すなわち $v(x,y)$ が (4.25) を満足すれば $M_r v(x,y)$ もまた U_{1-r} 上で同様な条件を満足することがわかった.

iii) さていよいよ補題の証明に入って, まず $v(x,y)$ が U で 2 回連続的微分可能な場合を考えよう. $w(x,y)$ を補題に述べたような任意の函数とすれば, $r'\ (r'<1)$ を十分 1 に近くとれば $w(x,y)$ は $U_{r'}$ の外部では恒等的に 0 となる. よって更に $r'<r<1$ なる r を定め, v,w および U_r,C_r に対して (4.11) の公式を適用すれば, C_r 上の線積分は 0 となるから

$$\iint_{U_r} (v\Delta w - w\Delta v)dxdy = 0.$$

しかるに U_r の外部では w も Δw も恒等的に 0 であるから

$$\iint_U (v\Delta w - w\Delta v)dxdy = 0.$$

よって(4.25)により

$$\iint_U w\Delta vdxdy = 0.$$

ここで w は C の近傍で 0 となる 3 回連続的可微分な任意の函数でよかったのだから上式より直ちに(U 内で)

$$\Delta v = 0$$

を得る．すなわち v は調和函数である．

　iv)　最後に $v(x,y)$ を補題の条件を満足する任意の函数とせよ．r, s, t を十分小なる正数として

$$v_3(x,y) = M_t M_s M_r v(x,y)$$

とおけば i)の初めの注意により $v_3(x,y)$ は $U_{1-r-s-t}$ で 2 回連続的可微分な函数でかつ ii)により同じ領域において(4.25)に相当する条件を満たす．よって iii)により（ただしこの場合には $U=U_1$ の代わりに $U_{1-r-s-t}$ をとって考えて）$v_3(x,y)$ は $U_{1-r-s-t}$ で調和函数であることがわかる．よって $U=U_1$ の代わりに U_{1-r-s} をとり，$p(x,y)=M_s M_r v(x,y)$ に対して i)の結果を用いれば $M_s M_r v(x,y)$ は U_{1-r-s} 内で測度 0 の点を除いて調和函数と一致するが，$M_s M_r v(x,y)$ は連続だから実はこの函数自身が調和函数でなければならぬ．しからば今度は U_{1-r} 内で $p(x,y)$ として $M_r v(x,y)$ をとることにより上と全く同じ論法で $M_r v(x,y)$ が調和函数であることが知られる．よって更に U 内で $v(x,y)$ に対し i)を用いれば最後に $v(x,y)$ が U で測度 0 の点を除いて調和函数 $v'(x,y)$ と一致することが証明される．これで補題 3.8，従って定理 3.9 の証明が完了した．

　さて $v=(v_1,v_2)$ を $\mathfrak{N}$ に属する任意の vector 場とせよ．定理 3.9 により v

は何回でも微分可能と考えてよい. P_0 を $\mathfrak{R}$ の任意の点, t を P_0 における局所変数とし, また $f = f(P)$ を $|t| < \varepsilon_1$ $(0 < \varepsilon_1 < \varepsilon)$ の外では 0 となる任意の 2 回連続的可微分な函数とせよ.

$$fv = (fv_1, \, fv_2)$$

とおけば

$$\operatorname{div}_t(fv) = f \operatorname{div}_t v + \left(v_1 \frac{\partial f}{\partial x} + v_2 \frac{\partial f}{\partial y} \right)$$

であるから

$$\iint_{|t|<\varepsilon} \operatorname{div}_t(fv)dxdy = \iint_{|t|<\varepsilon} f \operatorname{div}_t v dxdy + \iint_{|t|<\varepsilon} \left(v_1 \frac{\partial f}{\partial x} + v_2 \frac{\partial f}{\partial y} \right) dxdy.$$

この左辺は (4.10) により $|t| = \varepsilon$ の上の線積分になるが, $|t| = \varepsilon$ の上では $f = 0$ であるからその積分の値も 0 である. また右辺の第二項は $(v, \operatorname{grad} f)$ に等しいが, $f \in \Gamma$, $v \in \mathfrak{N}$ なる仮定によりこれも 0 になる. よって

$$\iint_{|t|<\varepsilon} f \operatorname{div}_t v \, dxdy = 0.$$

ここで f は $|t| < \varepsilon_1$ の外で 0 となる任意の 2 回連続的可微分な函数でよいのだから

$$\operatorname{div}_t v = 0$$

でなければならぬ. P_0 は $\mathfrak{R}$ の任意の点であったから v は $\mathfrak{R}$ において湧点のない vector 場, すなわち常に

$$\operatorname{div} v = 0$$

となることが証明された. 全く同様にして

$$\operatorname{div}^* v = 0$$

がいわれる.

逆に v が連続的微分可能で $\operatorname{div} v = \operatorname{div}^* v = 0$ を満足すれば上の考察からわかるように任意の $f \in \Gamma$ に対し $(v, \operatorname{grad} f) = (v, \operatorname{grad}^* f) = 0$. よって $v \in \mathfrak{N}$. 故に

定理 3.9, 系　$v \in \mathfrak{N}$ であれば

(4.28)　　　　　　　　　$\operatorname{div} v = 0, \quad \operatorname{div}^* v = 0, \quad \Delta v = 0.$

逆に (4.28) が成立すれば $v \in \mathfrak{N}$.

定義 3.13　R 面 $\mathfrak{R}$ の領域 U で定義された vector 場 v が何回でも微分可能でかつ $\operatorname{div} v = \operatorname{div}^* v = 0$（従って $\Delta v = 0$）を満足する時，v を U における**調和 vector 場**と呼ぶ.

注意　定理 3.9 およびその系の証明からわかるように一般に $\mathfrak{R}$ の vector 場 v が $\mathfrak{R}$ の領域 U の外で 0 となるような，Γ に属する任意の函数 f に対し常に

$$(v, \operatorname{grad} f) = (v, \operatorname{grad}^* f) = 0$$

を満足するならば，このような v は U においては何回でも微分可能でかつ (4.28) を満足する. すなわち v は U の上では調和 vector 場である.

さて P_0 を $\mathfrak{R}$ の任意の点，$t = x + iy$ を P_0 における任意の局所変数とし，また $0 < a < b$ を十分小さくとる. $|t| < b$ なる領域を U_1 とし，$\mathfrak{R}$ から $|t| < a$ を除いた残りを U_2 とせよ. U_1 と U_2 とは環状領域 $a < |t| < b$ を共有する. 次に U_1 の外では 0 で U_1 の中では

$$\operatorname{grad}^* \frac{x}{x^2 + y^2} = \operatorname{grad} \frac{y}{x^2 + y^2} \qquad (|t| < b)$$

と一致する vector 場を $v^{(0)}$ とする. $a < |t| < b$ において $\dfrac{x}{x^2 + y^2}, \dfrac{y}{x^2 + y^2}$ とそれぞれ一致するような Γ に属する任意の函数 f_1, f_2 をとり，（このような f_1, f_2 はもちろん存在する）

$$(4.29) \qquad v = \begin{cases} \operatorname{grad}^* f_1, & P \in U_1 \\ \operatorname{grad} f_2, & P \in U_2 \end{cases}$$

とおく. U_1 と U_2 との共通部分では $\operatorname{grad}^* f_1 = \operatorname{grad} f_2 = v^{(0)}$ となるから (4.29) により確かに $\mathfrak{R}$ において連続的可微分な vector 場 v が定まる. v はもちろん $\mathfrak{H}$ に属するから $\mathfrak{H} = \mathfrak{G} \oplus \mathfrak{M}$ より

$$v = v^{(1)} + v^{(2)}, \qquad v^{(1)} \in \mathfrak{G}, \quad v^{(2)} \in \mathfrak{M}.$$

この分解は一意的である. そこで

$$w^{(1)} = \begin{cases} v^{(1)}, & P \in U_1, \\ 0, & P \bar{\in} U_1, \end{cases}$$

$$w^{(2)} = \begin{cases} v^{(2)}, & P \in U_2, \\ 0, & P \bar{\in} U_2 \end{cases}$$

とせよ. もちろん $w^{(1)}$ も $w^{(2)}$ も $\mathfrak{H}$ に属する vector 場である. U_1 の外では 0 となるような Γ に属する任意の函数 f をとれば

$$(w^{(1)}, \operatorname{grad} f) = (v^{(1)}, \operatorname{grad} f) = (v - v^{(2)}, \operatorname{grad} f)$$
$$= (v, \operatorname{grad} f) - (v^{(2)}, \operatorname{grad} f).$$

$\operatorname{grad} f$ は U_1 の外では 0 だから上式の最右辺の第一項は補題 3.7 により $(v, \operatorname{grad} f) = (\operatorname{grad}^* f_1, \operatorname{grad} f) = 0$. また $v^{(2)} \in \mathfrak{M}$ なる故 $\mathfrak{M}$ の定義により $(v^{(2)}, \operatorname{grad} f) = 0$. 従って

$$(w^{(1)}, \operatorname{grad} f) = 0.$$

一方 $v^{(1)} \in \mathfrak{G}$, $\mathfrak{G} \subseteq \mathfrak{M}^*$ より

$$(w^{(1)}, \operatorname{grad}^* f) = (v^{(1)}, \operatorname{grad}^* f) = 0.$$

故に 160 頁の注意により $w^{(1)}$ は U_1 において調和な vector 場であることが知られる.

次に U_2 の外では 0 となるような Γ に属する任意の函数を g とすれば, $v^{(2)} \in \mathfrak{M}$ より

$$(w^{(2)}, \operatorname{grad} g) = (v^{(2)}, \operatorname{grad} g) = 0.$$

一方

$$(w^{(2)}, \operatorname{grad}^* g) = (v^{(2)}, \operatorname{grad}^* g) = (v - v^{(1)}, \operatorname{grad}^* g)$$
$$= (v, \operatorname{grad}^* g) - (v^{(1)}, \operatorname{grad}^* g).$$

$\operatorname{grad}^* g$ は U_2 の外では 0 だから, 補題 3.7 により $(v, \operatorname{grad}^* g) = (\operatorname{grad} f_2, \operatorname{grad}^* g) = 0$. また $(v^{(1)}, \operatorname{grad}^* g)$ は $v^{(1)} \in \mathfrak{G}$, $\mathfrak{G} \subseteq \mathfrak{M}^*$ より 0 となる. 従って $(w^{(2)}, \operatorname{grad}^* g) = 0$ であって前と同様に $w^{(2)}$ は U_2 内で調和な vector 場である. さて

$$w = \begin{cases} v^{(0)} - w^{(1)}, & P \in U_1, \\ w^{(2)}, & P \in U_2 \end{cases}$$

とおけば，$U_1 \cap U_2$ では $v^{(0)} - w^{(1)} = v - v^{(1)} = v^{(2)} = w^{(2)}$ であるから上の定義は矛盾を含まない．$w^{(1)}, w^{(2)}$ はそれぞれ U_1, U_2 において調和な vector 場であったから次の定理が証明された．

定理 3.10　P_0 を R 面 $\mathfrak{R}$ の任意の点とし，$t = x + iy$ を P_0 における任意の局所変数とする時，P_0 以外では調和でかつ P_0 の近傍では

$$w - \mathrm{grad}^* \frac{x}{x^2 + y^2}$$

が調和となるような $\mathfrak{R}$ における vector 場 v が存在する．

さて $\mathfrak{R}$ において連続的可微分でかつ $\|\mathrm{grad}\, f_1\| < \infty$ となるような $f_1 = f_1(P)$ の全体を Γ_1 とし，このような $\mathrm{grad}\, f_1$ から張られる $\mathfrak{H}$ の閉部分空間を

$$\mathfrak{G}_1 = [\mathrm{grad}\, f_1; \quad f_1 \in \Gamma_1]$$

とせよ．$\Gamma \subseteqq \Gamma_1$ なる故 $\mathfrak{G} \subseteqq \mathfrak{G}_1$ であるが実は $\mathfrak{G}$ と $\mathfrak{G}_1$ とは一致することが証明される．しかし今の場合その証明は不要であってただ次のことを注意すればよい．すなわち今までの考察において $\mathfrak{G}^*$ はそのままとし，$\mathfrak{G}$ を $\mathfrak{G}_1$ でおきかえ，従って $\mathfrak{M}$ を $\mathfrak{M}_1 = \mathfrak{H} \ominus \mathfrak{G}_1$ でおきかえてもすべての結果がそのまま成立する．読者は補題 3.7 等の証明をもう一度振返ってみられたい．よって P_0 の近傍で 0 となるような Γ_1 の任意の函数を g とし，g を U_1 の外で 0 となる Γ_1 の函数 g_1 と，U_2 の外で 0 となる Γ_1 の函数 g_2 との和に分けて

$$g = g_1 + g_2, \quad g_1 \in \Gamma, \quad g_2 \in \Gamma_1$$

とせよ(これはもちろん可能である)．上の定理 3.10 の証明において

$$v = v^{(1)} + v^{(2)}, \quad v^{(1)} \in \mathfrak{G}_1, \quad v^{(2)} \in \mathfrak{M}_1$$

とし，$w^{(1)}, w^{(2)}, w$ 等を上と全く同様に定義すれば

$$\begin{aligned} (4.30) \quad (w, \mathrm{grad}\, g) &= (w, \mathrm{grad}\, g_1) + (w, \mathrm{grad}\, g_2) \\ &= (v^{(0)} - w^{(1)}, \mathrm{grad}\, g_1) + (w^{(2)}, \mathrm{grad}\, g_2) \\ &= (v^{(0)}, \mathrm{grad}\, g_1) - (w^{(1)}, \mathrm{grad}\, g_1) + (w^{(2)}, \mathrm{grad}\, g_2). \end{aligned}$$

実は w は $\mathfrak{H}$ に属していない vector 場であるから $(w, \operatorname{grad} g)$ は定義されていない. また $v^{(0)}$ は $\mathfrak{R}$ の vector 場ではないから $(v^{(0)}, \operatorname{grad} g_1)$ も同様である. 従ってこれらの記号は便宜的なものであるがその意味するところは明らかであろう. 例えば $v^{(0)} = (v_1^{(0)}, v_2^{(0)})$ とすれば

$$(v^{(0)}, \operatorname{grad} g_1) = \iint_{U_1} \left(v_1^{(0)} \frac{\partial g_1}{\partial x} + v_2^{(0)} \frac{\partial g_2}{\partial y} \right) dxdy.$$

$v^{(0)}$ は P_0 において不連続な vector 場 ($v^{(0)} = (\infty, \infty)$ となる) であるが P_0 の近傍において g_1 が常に 0 であるから上式の右辺の積分は確定値を有するのである. しかも $v^{(0)} = \operatorname{grad}^* \dfrac{x}{x^2 + y^2}$ なる故補題 3.7 の証明と同様にして

$$(v^{(0)}, \operatorname{grad} g_1) = 0$$

を得る. しかるに $(w^{(1)}, \operatorname{grad} g_1) = 0$, $(w^{(2)}, \operatorname{grad} g_2) = 0$ となることは定理 3.10 の証明におけると全く同様にいわれるから, (4.30) より

$$(w, \operatorname{grad} g) = 0.$$

すなわち後に有用な次の系が証明された.

定理 3.10, 系 上の定理 3.10 における vector 場 w は更に, P_0 の近傍で 0 となる Γ_1 の任意の函数 g に対し

$$(w, \operatorname{grad} g) = 0$$

を満足するようにとることができる.

さて我々は本節の初めに $\mathfrak{R}$ における微分から vector 場の概念を導いたが, 定理 3.10 により特別な性質を有する vector 場の存在がいえたから, これを用いて逆に $\mathfrak{R}$ における自明でない微分および解析函数の存在を示そう. そのため (4.1) とは逆に定理 3.10 の vector 場 w に対し

$$f(P, t) = w_1(P, t) - iw_2(P, t)$$

とおいて P および t の複素函数 $f(P, t)$ を考察する. しからば vector 場の変換法則 (4.3) を導いたのとちょうど逆の計算により, t_1, t_2 が同一の点 P における二つの解析的変数であれば

$$(4.31) \qquad f(P, t_1) = f(P, t_2) \frac{dt_2}{dt_1}$$

が成立する. また $P \neq P_0$ であれば P における解析的変数 $t = x + iy$ に対し Cauchy-Riemann の方程式

$$\frac{\partial w_1}{\partial x} + \frac{\partial w_2}{\partial y} = \operatorname{div}_t w = 0, \quad \frac{\partial w_2}{\partial x} - \frac{\partial w_1}{\partial y} = \operatorname{div}_t^* w = 0$$

が成立するから, $f(P, t)$ は t の正則函数である. 一方 P_0 の近傍では

$$\operatorname{grad}^* \frac{x}{x^2 + y^2} = \operatorname{grad}^* \operatorname{Re}\left(\frac{1}{t}\right) = \left(\frac{\partial}{\partial y} \operatorname{Re}\left(\frac{1}{t}\right), -\frac{\partial}{\partial x} \operatorname{Re}\left(\frac{1}{t}\right)\right)$$
$$= \left(-\frac{\partial}{\partial x} \operatorname{Im}\left(\frac{1}{t}\right), -\frac{\partial}{\partial x} \operatorname{Re}\left(\frac{1}{t}\right)\right),$$

$$-\frac{\partial}{\partial x} \operatorname{Im}\left(\frac{1}{t}\right) + i\frac{\partial}{\partial x} \operatorname{Re}\left(\frac{1}{t}\right) = i\frac{\partial}{\partial x}\left(\operatorname{Re}\left(\frac{1}{t}\right) + i\operatorname{Im}\left(\frac{1}{t}\right)\right)$$
$$= i\frac{\partial}{\partial x}\left(\frac{1}{t}\right) = \frac{-i}{t^2}, \quad (\operatorname{Im} = 虚数部分)$$

より $f(P, t) + \dfrac{i}{t^2}$ が t の正則函数となる. すなわち $f(P, t)$ は t の函数として $P_0 (t = 0)$ において 2 位の極を有する.

先に定理 3.10 を証明する際には

$$v^{(0)} = \operatorname{grad}^* \operatorname{Re}\left(\frac{1}{t}\right) = -\operatorname{grad} \operatorname{Im}\left(\frac{1}{t}\right)$$

から出発したが, これと全く同様な方法により一般に

$$\operatorname{grad}^* \operatorname{Re}\left(\frac{1}{t^n}\right) = -\operatorname{grad} \operatorname{Im}\left(\frac{1}{t^n}\right), \qquad n \geqq 2$$

を用いれば, w と同様に P_0 以外では調和で P_0 の近傍では

$$w' - \operatorname{grad}^* \operatorname{Re}\left(\frac{1}{t^n}\right)$$

が調和となるような vector 場 w' の存在がいわれる. 従ってまた $P \neq P_0$ では t に関して正則で, P_0 において $n + 1$ 位の極を有する

$$f'(P, t)$$

が存在する.

さて P_1, P_2 を R 面 $\mathfrak{R}$ 上の相異なる任意の二点とし，$P_0 = P_1$ あるいは $P_0 = P_2$ に対し上の所論を適用すれば，$P_i(i=1,2)$ 以外では正則で，P_i において j 位 $(j=2,3)$ の極を有する函数

$$f_{ij}(P,t), \qquad i = 1,2, \; j = 2,3$$

が得られる．そこで

$$f_1(P,t) = f_{12}(P,t) + f_{23}(P,t),$$
$$f_2(P,t) = f_{13}(P,t) + f_{22}(P,t)$$

とおけば f_1 は P_1 において 2 位，P_2 において 3 位の極を有し他の点では t に関し正則，また f_2 は P_1 において 3 位，P_2 において 2 位の極を有し他の点では t に関し正則な函数である．しかも $f_2(P,t)$ は $(f_1(P,t)$ も同様であるが)いかなる点 P の近傍でも恒等的に 0 になることはない．何となればかりにそのような点の全体を M_1，$\mathfrak{R} - M_1 = M_2$ とおけば，$f_2(P,t)$ の解析性により M_1 も M_2 も開集合であることは明らかだから，$\mathfrak{R}$ が連結であることより $M_1 = 0$ または $M_2 = 0$．しかるに P_1, P_2 は M_2 に属するから $M_1 = 0$ でなければならぬ(定理 3.3 の証明参照)．よって

$$z(P,t) = \frac{f_1(P,t)}{f_2(P,t)}$$

とおけば $z(P,t)$ もまた各点 P の近傍で t の巾級数に展開されるが，同一の点 P における相異なる解析的変数 t_1, t_2 に対し $f_{ij}(P,t)$，従って $f_1(P,t)$, $f_2(P,t)$ はいずれも (4.38) を満足するから

$$z(P,t_1) = z(P,t_2),$$

すなわち z は $\mathfrak{R}$ の点 P だけの函数でしかもその解析函数である．$f_1(P,t)$, $f_2(P,t)$ の性質により $z = z(P)$ は P_1 においては 1 位の零点を有し，P_2 においては 1 位の極を有する．よって本節の目標の一つであった次の定理が得られた．

定理 3.11 P_1, P_2 を任意の R 面 $\mathfrak{R}$ 上の相異なる任意の二点とする時，P_1 において 1 位の零点を有し，P_2 において 1 位の極を有する(常数でない) $\mathfrak{R}$ の解析函数 $z = z(P)$ が存在する．

さて上の $z(P)$ を用いて微分 dz をつくれば dz は零微分ではない．すなわち
いかなる点 P の近傍でも P における $\dfrac{dz}{dt}$ の t 展開が恒等的に 0 になることは
ない．そこで今 P_0 において 2 位の極を有し他の点では正則な $f(P, t)$ をとっ
て

$$g(P, t) = f(P, t) \left(\frac{dz}{dt} \right)^{-1}$$

とおけば，$f(P, t)$ も $\dfrac{dz}{dt}$ も P における解析的変数(特に局所変数) t を変えた
場合同様な変換式(4.31)を満足するから，定理 3.11 の証明におけるごとく
$g(P, t)$ は P のみに依存する $\mathfrak{R}$ の解析函数であることが知られる．これを
$w = g(P)$ とおけばもちろん

$$f(P, t) = w \frac{dz}{dt}.$$

よって P_0 においては 2 位の極を有し他の点では正則な微分 $w\,dz$ の存在が証
明された．$f(P, t)$ の代わりに P_0 において $n+1$ 位 $(n \geqq 2)$ の極を有する
$f'(P, t)$ をとっても全く同様である．故に

定理 3.12　P_0 を R 面 $\mathfrak{R}$ の任意の点とする時，P_0 において n 位 $(n \geqq 2)$ の
極を有し，他の点では正則な $\mathfrak{R}$ の微分が存在する．

定理 3.11 の一つの応用として次の定理が証明される．

定理 3.13　R 面 $\mathfrak{R}'$ の基底空間 S' から R 面 $\mathfrak{R}$ の基底空間 S への写像を
f' とする時，$\mathfrak{R}$ における任意の解析函数 $g(P)$ に対し $g(f'(P'))$ $(P' \in \mathfrak{R}')$
が常に $\mathfrak{R}'$ における解析函数となるならば，f' は $\mathfrak{R}'$ から $\mathfrak{R}$ への解析的写像
である．

証明　P_0' を $\mathfrak{R}'$ の任意の点，$P_0 = f'(P_0')$ とし，定理 3.11 により P_0 にお
いて 1 位の零点を有する $\mathfrak{R}$ の解析函数を $z(P)$ とせよ．仮定により $z(f'(P'))$
は $\mathfrak{R}'$ の解析函数であるから P_0' における局所変数を t' とすれば P_0' の近傍で

$$(4.32) \qquad z(f'(P')) = b_1 t' + b_2 t'^2 + \cdots$$

と展開される．しかるに $t = z(P)$ は P_0 における一つの局所変数を与えるから
(4.32)は f' が P_0' において解析的であるということに他ならない．P_0' は任意

であったから f' は解析的写像である.

　これから直ちに次の定理を得る.

　定理 3.14　R 面 $\mathfrak{R}'$ の基底空間 S' から R 面 $\mathfrak{R}$ の基底空間 S の上への 1 対 1 の写像を f' とする時

$$g'(P') = g(f'(P')), \qquad g' \in K(\mathfrak{R}'), \quad g \in K(\mathfrak{R})$$

により $\mathfrak{R}'$ の解析函数の全体と $\mathfrak{R}$ の解析函数の全体とが互いに対応するならば, f' は $\mathfrak{R}'$ から $\mathfrak{R}$ への同型写像である.

　この定理によれば R 面 $\mathfrak{R}$ は, その基礎になる点集合とその上の解析函数の全体によって完全に決定される. よって一つの集合を基礎としてその上に R 面を定義するためには, この R 面の解析函数体となるべき適当な複素函数の集合を指定すればよいことがわかる. 実際 H. Weyl はそのような方法によって R 面を定義している[17].

　また上の定理はある意味で定理 3.5 の逆になっているが, 定理 3.5 の完全な逆, すなわち $K(\mathfrak{R}) \cong K(\mathfrak{R}')$ の時 $\mathfrak{R} \cong \mathfrak{R}'$ となるということは compact な R 面については次章において証明する.

§5　被覆 Riemann 面

　被覆 Riemann 面のことを述べる前にまず一般の被覆多様体の理論を紹介しよう. しかしそれを詳細に説明するには多くの紙面を要し, かつまたあまりに本題から離れるから, ここではできるだけ簡単に証明なしで後に必要な結果だけを挙げるに止める[18].

　定義 3.14　連結 n 次元多様体 S' から連結 n 次元多様体 S の上への写像 f' が次の条件を満足する時, S' を基礎多様体 S の上の**被覆多様体**, f' をその**被覆写像**と呼ぶ: すなわち S の各点 P に対し P の近傍 U を適当にとるならば, $f'^{-1}(U)$ の各連結成分が f' により U の上に位相的に写像されるものとす

---

17)　註 3 の著書参照.
18)　被覆多様体の理論は本叢書「位相群論」あるいは「位相幾何学」の項で述べられることと思うが, なお C. Chevalley, Theory of Lie groups (Princeton University Press) 参照. 以下の叙述は大体において上記 Chavalley の著書に従った.

る.

被覆多様体の概念は被覆写像を与えて初めて確定するものである．すなわち同じ多様体 S' から S への二つの相異なる被覆写像 f_1', f_2' がある時，f_1' に関する被覆多様体としての S' と，f_2' に関する被覆多様体としての S' とは区別して考えねばならぬ．よって被覆多様体を表すのに単に S' と書かないで $\{S', f'\}$ あるいは $\{S', f'; S\}$ 等と書く方がよい.

さて $\{S_1', f_1'; S_1\}, \{S_2', f_2'; S_2\}$ を上のごとき二つの被覆多様体の組とする時，S_1 から S_2 の上への位相的写像 φ，S_1' から S_2' の上への位相的写像 φ' が存在して，

$$(5.1) \qquad\qquad f_2'\varphi' = \varphi f_1'$$

を満足する時，$\{S_1', f_1'; S_1\}$ と $\{S_2', f_2'; S_2\}$ は同型であるといい，(φ', φ) をその同型写像と呼ぶ：記号

$$\{S_1', f_1'; S_1\} \cong \{S_2', f_2'; S_2\}.$$

$S_1 = S_2 = S$ の場合には特に断らぬ限り上の φ は S の恒等写像であるものと約束する．よってこの場合には単に φ' を $\{S_1', f_1'; S\}$ から $\{S_2', f_2'; S\}$ への同型写像と呼ぶ．ここで更に $S_1' = S_2' = S'$，$f_1' = f_2' = f'$ であれば上の φ' はいわゆる $\{S', f'; S\}$ の自己同型写像である．それは

$$f'\varphi' = f'$$

を満足する S' の自分自身の上への位相変換に他ならない．よってこのような φ' の全体は S' の位相変換群をなす．これを $\{S', f'; S\}$ の自己同型群と呼び，$A(S', f'; S)$ と記す.

任意の連結 n 次元多様体 S はその上に少くとも一つの被覆多様体を有する．すなわち S の上の恒等写像を f_e とする時 $\{S, f_e; S\}$ がそれである．特にこの $\{S, f_e; S\}$ と同型なもの以外に S の被覆多様体が存在しない時，S を**単連結**な多様体と呼ぶ．一般の S は必ずしも単連結ではないが，S の被覆多様体 S' のうちには必ず単連結なものが存在する（後述）．しかも S の二つの単連結多様体 $\{S^*, f^*; S\}, \{S_1^*, f_1^*; S\}$ は常に同型である：

$$(5.2) \qquad\qquad \{S^*, f^*; S\} \cong \{S_1^*, f_1^*; S\}$$

すなわち S の単連結被覆多様体は本質的には唯一つしかない. $\{S^*, f^*; S\}$ の自己同型群 $A(S^*, f^*; S)$ を S の S^* に関する**基本群**あるいは **Poincaré 群**と呼ぶ. (5.2)により特に $A(S^*, f^*; S)$ と $A(S_1^*, f_1^*; S)$ とは同型となるから, S の基本群の抽象的構造は S の上の単連結被覆多様体のとり方に無関係である.

さて基本群 $G = A(S^*, f^*; S)$ はもちろん S^* の位相変換群であるが, 特に次の性質がある. すなわち P^* を S^* の任意の点とする時, P^* の近傍 U^* を適当にとれば G の相異なる任意の写像 φ_1, φ_2 に対し

$$(5.3) \qquad \varphi_1(U^*) \cap \varphi_2(U^*) = \varnothing.$$

よって特に $\varphi \in G$ が恒等写像でなければ φ は不動点を持たない.

一般に任意の位相空間 S^* の位相変換群 G が上の性質を有する時, すなわち S^* の各点 P^* が(5.3)のごとき近傍 U^* を有する時, G は不動点のない真に不連続な変換群と呼ばれるが, 本書では簡単のためにこれを単に S^* の**不連続位相変換群**と呼ぶことにしよう[19]. 上述の通り基本群 $A(S^*, f^*; S)$ は S^* の不連続変換群であるが, 逆に単連結多様体 S^* の任意の不連続変換群 G は必ず適当な S の S^* に関する基本群となる. その多様体は次のようにして作ればよい. すなわちまず P^*, Q^* を S^* の任意の二点とする時, $Q^* = \varphi(P^*)$ を満足する G の変換 φ が存在するならば P^* と Q^* とは G に関して同値であると定義する. この関係は明らかに同値律の三つの条件を満足するからこれにより S^* の点が類別される. このような類の全体を $S^*(G)$ とし, S^* の点 P^* に, それの属する類 $\bar{P}^*$ を対応させる写像を

$$\bar{P}^* = f_G^*(P^*)$$

とせよ. この時 P^* の近傍の f_G^* による像をもって $\bar{P}^*$ の近傍と定義すれば, これにより $S^*(G)$ が S^* と同次元の連結多様体となり, しかも $\{S^*, f_G^*; S^*(G)\}$ が G を基本群とする被覆多様体であることが容易に証明される. $S^*(G)$ を S^* の不連続群 G に属する多様体と呼ぶ.

上の $S^*(G)$ は言わば連結多様体の標準型を与えるものである. すなわち次

---

19) 不連続変換群の一般の定義およびその性質に関しては B. L. van der Waerden, Gruppen von linearen Transformation (Springer, Berlin)参照.

の補題が成立する.

補題 3.9　連結多様体 S の単連結被覆多様体を S^* とし, $\{S^*, f^*; S\}$ の基本群を G とすれば, S^* の点 P^*, Q^* が G に関して同値であるためには

$$f^*(P^*) = f^*(Q^*)$$

となることが必要かつ十分であって, かつこの時 $Q^* = \psi(P^*)$ を満足する $\psi \in G$ が唯一つ存在する. よって

$$f_G^* = \rho f^*$$

を満足する S から $S^*(G)$ の上への 1 対 1 の写像 ρ が存在して, $\{S^*, f^*; S\}$ と $\{S^*, f_G^*; S^*(G)\}$ とは写像 (f_e^*, ρ) に関して同型となる. ここに f_e^* は S^* の恒等写像である. 従って, 特に S と $S^*(G)$ とは同位相な多様体である. 更に S^* の二つの不連続変換群 G_1, G_2 に属する多様体 $S^*(G_1), S^*(G_2)$ が同位相であるためには G_1 と G_2 とが S の全位相変換群 $T(S^*)$ の中で共軛であることが必要かつ十分である. しかもこのとき $S^*(G_1)$ から $S^*(G_2)$ への位相的写像を φ とすれば, S^* の適当な位相変換 φ^* に対し $\{S^*, f_{G_1}^*; S^*(G_1)\}$ と $\{S^*, f_{G_2}^*; S^*(G_2)\}$ とは (φ^*, φ) により同型となり, かつ

$$\varphi^* G_1 \varphi^{*-1} = G_2.$$

この補題により特に, S^* を被覆多様体とするすべての S を互いに同位相なものの類に分ければ, これらの類と $T(S^*)$ の互いに共軛な不連続部分群の類とが 1 対 1 に対応することが知られる.

S の一般の被覆多様体 $\{S', f'; S\}$ も S^*, G と密接な関係がある. すなわち次の補題が成立つ.

補題 3.10　S, S^*, G 等は前補題と同じとし, $\{S', f'; S\}$ を S の任意の被覆多様体とすれば, G の適当な部分群 H をとる時

$$\{S', f'; S\} \cong \{S^*(H), f_{G,H}'; S^*(G)\}.$$

ここに $S^*(H)$ はもちろん H に属する多様体で, また $f_{G,H}'$ は

(5.4)					$$f_G^* = f_{G,H}' f_H^*$$

により一意的に定まる $S^*(H)$ から $S^*(G)$ の上への写像である. また S の任意の点 P に対する $f'^{-1}(P)$ の各点と G の mod. H に関する各剰余類とは 1 対

1 に対応する.

逆に H を G の任意の部分群とすれば,$\{S^*(H), f'_{G,H}; S^*(G)\}$ は常に $S^*(G)$ の被覆多様体を与え,しかも G の二つの部分群 H_1, H_2 に対するこのような被覆多様体が同型であるためには H_1, H_2 が G の共軛部分群であることが必要かつ十分である.よってこれと前半の結果とにより互いに同型な S の被覆多様体を一つの類にまとめれば,このような類と G の共軛部分群の類とは 1 対 1 に対応する.

補題 3.9,3.10 は単連結な多様体とその不連続位相変換群とから,一般の多様体およびその被覆多様体を群論的に求める方法を与えるものであって,それはちょうど Galois 群によって Galois 拡大体の中間体が群論的に統制されるのに類似している.

さて上の理論においては与えられた任意の n 次元連結多様体 S の上に単連結な被覆多様体 S^* が(少くとも一つ)存在するということが重要な論点であったが,そのような S^* は実際次のようにして与えられる.すなわち S の上に一点 P_0 を定め,P_0 を起点とする S の道の準同位類の全体を S_0^* とせよ.$\{\gamma\}$ を S_0^* の任意の点,すなわち P_0 を起点とする S の道の一つの準同位類とすれば,準同位の定義により $\{\gamma\}$ に属する道はすべて同一の終点 P を有する.これを $\{\gamma\}$ の終点と呼ぶことにしよう.次に n 次元開球と同位相な P の近傍 U をとり,P と U の任意の点 Q とを結ぶ U 内の任意の道を γ' とせよ.かくして得られる $\{\gamma'\}\{\gamma\} = \{\gamma\gamma'\}$ の全体を U^* とし,このような U^* の全体を $\{\gamma\}$ の近傍と定義して S_0^* に位相を導入すれば,かくして S_0^* は単連結 n 次元多様体となり,しかも $\{\gamma\}$ にその終点 P を対応させる写像を

$$P = f_0^*(\{\gamma\})$$

とする時,$\{S_0^*, f_0^*; S\}$ が S の単連結被覆多様体となることが証明される.S_0^* を P_0 を起点とする S の**道類空間**と呼ぶ.

さて任意の単連結被覆多様体 $\{S^*, f^*; S\}$ は上の $\{S_0^*, f_0^*; S\}$ と同型であるから,S_0^* の性質を用いて一般に次のことが証明される.

補題 3.11 $\{S^*, f^*; S\}$ を S の任意の単連結被覆多様体,G をその基本群,

P_0^* を S^* の任意の点, $P_0 = f^*(P_0^*)$ とすれば, P_0^* を起点とする S^* の任意の
道 γ^* の f^* による像 $\gamma = f^*(\gamma^*)$ はもちろん P_0 を起点とする S の道であるが,
逆に P_0 を起点とする S の任意の道を γ とする時, P_0^* を起点とし $\gamma = f^*(\gamma^*)$
を満足する S^* の道 γ^* が唯一つ存在する. しかも S において γ_1 と γ_2 とが準
同位であるためには, これに対応する S^* の道 γ_1^*, γ_2^* の終点が一致することが
必要かつ十分である. 特に閉じた道 γ に対応する γ^* の終点を Q^* とすれば,
$f^*(Q^*) = f^*(P_0^*)$ なる故補題 3.10 により $Q^* = \varphi(P_0^*)$ を満足する $\varphi \in G$ が唯
一つ存在し, γ の類 $\{\gamma\}$ にこの φ を対応させれば,

$$(5.5) \qquad\qquad \{\gamma\} \leftrightarrow \varphi$$

は P_0 を起点とする S の道類群 $G(P_0)$ と G との間の同型写像を与える.

　上の補題により S の道類群は起点を変えても互いに同型であることがわか
る(これは直接にも簡単に証明される). また補題 3.10 により S が単連結であ
るためには S の基本群 G が単位群であることが必要かつ十分であるから, 上
の補題を用いればこれはまた S のすべての閉曲線が恒等曲線に準同位である
という条件と同値であることが知られる. 実際我々は §3 においては単連結
という言葉をその意味に用いたのであった. この条件によれば例えば n 次元
Euclid 空間や n 次元開球が単連結多様体であることは明らかである.

　さて被覆多様体に関する以上の一般論を R 面の理論に応用してみよう. そ
れにはまず次の定理が基礎になる.

定理 3.15　被覆多様体 $\{S', f'; S\}$ において S がある R 面 $\mathfrak{R}$ の基底空間
であるならば, S' を基底空間とする R 面 $\mathfrak{R}'$ で, f' が $\mathfrak{R}'$ から $\mathfrak{R}$ への解析
的写像となるようなものが唯一つ存在する.

証明　かりに S, S' を基底空間とし, f' をその間の解析的写像とするよう
な R 面 $\mathfrak{R}, \mathfrak{R}'$ が存在したとすれば, P' を $\mathfrak{R}'$ の任意の点, $P = f'(P')$ とし
て, P, P' における局所変数 t, t' を定理 3.2 により

$$(5.6) \qquad\qquad t = f'(t') = t'^n \qquad (n \geqq 1)$$

となるようにとる時, 被覆写像の定義により f' は P' の近傍を P の近傍の上
に位相的に写像するはずであるから, (5.6)において $n = 1$ であって

$$t = f'(t') = t'.$$

よって定理を証明するためにはまず $\mathfrak{R}$ を定義する一組の R 函数系

$$\mathfrak{F} = \{\varphi_P, U_P\}$$

において，U_P を十分小さくとり，$f'^{-1}(U_P)$ の各連結成分が f' により U_P の上に位相的に写像されるようにし，次に P' を $f'^{-1}(P)$ の任意の点とする時，P' を含む $f'^{-1}(U_P)$ の連結成分を $U_{P'}'$ として，$U_{P'}'$ において

$$\varphi_{P'}' = \varphi_P f'$$

とおけば，かくして得られる

$$\mathfrak{F}' = \{\varphi_{P'}', U_{P'}'\}$$

は S' における R 函数系をなし，かつ R 面 $\mathfrak{R}' = \{S', \{\mathfrak{F}'\}\}$ が所要の条件を満足することは明白である．$\mathfrak{R}'$ の一意性も初めの考察から明らかであろう（証終）．

定義 3.15 上の定理 3.15 における $\mathfrak{R}'$ を $\mathfrak{R}$ の**被覆 Riemann 面**と呼び，その被覆写像 f' と併せて $\{\mathfrak{R}', f'; \mathfrak{R}\}$ あるいは $\{\mathfrak{R}', f'\}$ 等と記す．

定理 3.16 $\{\mathfrak{R}_1', f_1'; \mathfrak{R}_1\}, \{\mathfrak{R}_2', f_2'; \mathfrak{R}_2\}$ を二組の被覆 R 面，S_1, S_2, S_1', S_2' をそれぞれ $\mathfrak{R}_1, \mathfrak{R}_2, \mathfrak{R}_1', \mathfrak{R}_2'$ の基底空間とし，かつ

$$(5.7) \qquad \{S_1', f_1'; S_1\} \cong \{S_2', f_2'; S_2\}$$

とせよ．この同型写像を (φ', φ) とする時，φ あるいは φ' の一方が解析的写像ならば他方もまた同様である．この時 $\{\mathfrak{R}_1', f_1'; \mathfrak{R}_1\}$ と $\{\mathfrak{R}_2', f_2'; \mathfrak{R}_2\}$ とは同型であるといい

$$\{\mathfrak{R}_1', f_1'; \mathfrak{R}_1\} \cong \{\mathfrak{R}_2', f_2'; \mathfrak{R}_2\}$$

と記す．

証明 被覆 R 面の定義により f_i' はいずれも解析的写像であって，しかもそれによって $\mathfrak{R}_i'$ の点 P_i' の十分小さな近傍は $\mathfrak{R}_i$ の点 P_i の近傍の上に 1 対 1，等角に写像される．よって例えば φ' が解析的写像であって $\mathfrak{R}_1'$ の点 P_1' の近傍を $\mathfrak{R}_2'$ の点 $P_2' = \varphi'(P_1')$ の近傍に 1 対 1，等角に写像するとすれば，(5.1) により φ もまた $\mathfrak{R}_1$ の点 P_1 の近傍を $\mathfrak{R}_2$ の点 $P_2 = \varphi(P_1)$ の近傍に 1 対 1，等角に写像する（ただし $P_1 = f_1'(P_1'),\ P_2 = f_2'(P_2')$）．故に φ は解析的写像であ

る．逆も全く同様に証明される（証終）．

　上の定理において特に $\mathfrak{R}_1=\mathfrak{R}_2=\mathfrak{R}$, $S_1=S_2=S$ とすれば，約束により (5.7) の同型写像 (φ',φ) のうち φ は恒等写像であるからもちろん解析的写像，従って φ' も解析的となる．よって更に特別な場合として $\mathfrak{R}_1'=\mathfrak{R}_2'=\mathfrak{R}'$, $S_1'=S_2'=S'$ とすれば，$\{S',f';S\}$ の自己同型群 $A(S',f';S)$ に属する任意の φ はすべて解析的であって，それらは R 面 $\mathfrak{R}'$ の自己同型写像である．よって我々はこの $A(S',f';S)$ を $A(\mathfrak{R}',f';\mathfrak{R})$ と記し，被覆 R 面 $\{\mathfrak{R}',f';\mathfrak{R}\}$ の **自己同型群** と呼ぶ．上述によりそれは $\mathfrak{R}'$ の自己同型群 $A(\mathfrak{R}')$ の部分群である．

　さて $\mathfrak{R}^*$ を任意の単連結 R 面，S^* をその基底空間とし，G を $A(\mathfrak{R}^*)$ の任意の不連続部分群とせよ．次に G に属する多様体 $S^*(G)$ を基底空間とし，S^* から $S^*(G)$ への被覆写像 f_G^* を解析的写像とするような R 面が唯一つ存在することを証明しよう．一意性は定理 3.15 の証明から明らかであるから，存在をいえばよい．そのため G に関して同値な S^* の点の類から代表を一つずつとり，その一つを P^* とする時 P^* の十分小さな近傍 U_{P^*} を単位円の内部へ 1 対 1，等角に写像する函数を $\varphi_{P^*}^*$ とせよ．$Q^*=\varphi(P^*)$ $(\varphi\in G)$ に対しては

$$\varphi_{Q^*}^*=\varphi_{P^*}^*\cdot\varphi^{-1}, \quad U_{Q^*}=\varphi(U_{P^*})$$

とおくことにすれば，φ がすべて $\mathfrak{R}^*$ の自己同型写像であることより，かくして得られる

$$\mathfrak{F}^*=\{\varphi_{P^*}^*,U_{P^*}\}$$

が $\mathfrak{R}^*$ における R 函数系をなすことは容易に確かめられる．そこで $S^*(G)$ の点 $P=f_G^*(P^*)$ に対し

$$\varphi_P=\varphi_P^*f_G^{*-1}, \quad U_P=f_G^*(U_{P^*})$$

とおけば，φ_P,U_P は $P=f_G^*(P^*)$ を満足する P^* のとり方には無関係に定まりかつ $\{\varphi_P,U_P\}$ は $S^*(G)$ における R 函数系となる．この函数系の定める R 面が所要の条件を満足することは明白であろう．G によって定まるこの R 面を以下 G に属する R 面と呼び，$\mathfrak{R}^*(G)$ と記すことにする．

　一般に $\mathfrak{R}$ を任意の R 面，S をその基底空間とし，$\{S^*,f';S\}$ を S の単連

結被覆多様体とすれば, 定理 3.15 により S^* を基底空間とする $\mathfrak{R}$ の単連結被覆 R 面 $\{\mathfrak{R}^*, f^*; \mathfrak{R}\}$ が唯一つ定まる. $\{\mathfrak{R}^*, f^*; \mathfrak{R}\}$ の自己同型群 $G = A(\mathfrak{R}^*, f^*; \mathfrak{R})$ はすなわち S の S^* に関する基本群であって, 既に述べたようにそれは $\mathfrak{R}^*$ の自己同型群 $A(\mathfrak{R}^*)$ の不連続部分群である. よって G に属する R 面を $\mathfrak{R}^*(G)$ とせよ. しからば補題 3.10 により

$$\{S^*, f^*; S\} \cong \{S^*, f_G^*; S^*(G)\}$$

であってしかも S^* から S^* への写像は恒等写像であるから, 定理 3.16 により

$$(5.8) \qquad \{\mathfrak{R}^*, f^*; \mathfrak{R}\} \cong \{\mathfrak{R}^*, f_G^*; \mathfrak{R}^*(G)\}.$$

特に $\mathfrak{R}$ と $\mathfrak{R}^*(G)$ とは同型な R 面である. すなわち任意の R 面 $\mathfrak{R}$ は適当な単連結 R 面 $\mathfrak{R}^*$ の自己同型群 $A(\mathfrak{R}^*)$ の不連続部分群 G に属する R 面 $\mathfrak{R}^*(G)$ と同型である.

次に $\mathfrak{R}_1^*, \mathfrak{R}_2^*$ を任意の単連結 R 面とし, $A(\mathfrak{R}_1^*), A(\mathfrak{R}_2^*)$ の不連続部分群 G_1, G_2 から得られる $\mathfrak{R}_1^*(G_1)$ と $\mathfrak{R}_2^*(G_2)$ とが同型であるための条件を求めてみよう. $\mathfrak{R}_1^*(G_1) \cong \mathfrak{R}_2^*(G_2)$ とし, $\mathfrak{R}_1^*(G_1)$ から $\mathfrak{R}_2^*(G_2)$ の上への同型写像を φ とすれば, φ はもちろん $\mathfrak{R}_1^*(G_1)$ の基底空間 $S_1^*(G_1)$ から $S_2^*(G_2)$ の上へ位相的写像を与える. よって $\{S_1^*, \varphi f_{G_1}^*; S_2^*(G_2)\}$ は $S_2^*(G_2)$ の被覆多様体で, 従って $\{\mathfrak{R}_1^*, \varphi f_{G_1}^*; \mathfrak{R}_2^*(G_2)\}$ は $\mathfrak{R}_2^*(G_2)$ の単連結被覆 R 面である. $S_1^*, f_{G_1}^*$ 等の記号の意味は説明を要しないであろう. しかるに $S_2^*(G_2)$ の単連結被覆多様体は互いに同型であるから

$$\{S_1^*, \varphi f_{G_1}^*; S_2^*(G_2)\} \cong \{S_2^*, f_{G_2}^*; S_2^*(G_2)\}.$$

よって定理 3.16 により

$$\{\mathfrak{R}_1^*, \varphi f_{G_1}^*; \mathfrak{R}_2^*(G_2)\} \cong \{\mathfrak{R}_2^*, f_{G_2}^*; \mathfrak{R}_2^*(G_2)\}.$$

従って特に $\mathfrak{R}_1^* \cong \mathfrak{R}_2^*$ でなければならぬ.

よって次には $\mathfrak{R}_1^* = \mathfrak{R}_2^* = \mathfrak{R}^*$, $S_1^* = S_2^* = S^*$ として $A(\mathfrak{R}^*)$ の不連続部分群 G_1, G_2 に属する $\mathfrak{R}^*(G_1)$ と $\mathfrak{R}^*(G_2)$ とがいつ同型になるかを考えてみる. 上と同様に φ を $\mathfrak{R}^*(G_1)$ から $\mathfrak{R}^*(G_2)$ への同型写像とすれば, φ により $S^*(G_1)$ と $S^*(G_2)$ とは同位相になるから補題 3.10 を用いれば $\{S^*, f_{G_1}^*; S^*(G_1)\}$ と $\{S^*, f_{G_2}^*; S^*(G_2)\}$ とは

(5.9)
$$\varphi^* G_1 \varphi^{*-1} = G_2, \qquad \varphi^* \in T(S^*)$$

を満足する (φ^*, φ) により同型となる. しかるに φ は解析的写像であったから定理 3.16 により φ^* も解析的でなければならぬ. よって (5.9) より G_1, G_2 は $A(\mathfrak{R}^*)$ の共軛部分群であることが知られる. 逆に G_1, G_2 が $A(\mathfrak{R}^*)$ の中で共軛ならば $\mathfrak{R}^*(G_1)$ と $\mathfrak{R}^*(G_2)$ とが同型となることは, $\mathfrak{R}^*(G_1), \mathfrak{R}^*(G_2)$ 等の定義に戻って考えれば明白である.

以上の結果を総合すれば次の定理が得られる.

定理 3.17　すべての R 面を互いに同型なものの類に分ければ, 次のごとき方法でこれらの類の代表を一つずつ洩れなく取出すことができる. すなわちまず単連結な R 面の代表を一つずつ定め, 次にそのような代表の一つを $\mathfrak{R}^*$ とする時, $\mathfrak{R}^*$ の自己同型群 $A(\mathfrak{R}^*)$ の互いに共軛な不連続部分群の類から再び代表 G を一つずつ選んで, この G に属する R 面 $\mathfrak{R}^*(G)$ の全体をとればよい.

我々はこの定理の方針に従い, 次節においてまず単連結な R 面の型を決定し, 次いでいわゆる R 面の標準型を求めることにする.

§6　単連結 Riemann 面と Riemann 面の標準型

前節の終りに述べたようにまず単連結な R 面 $\mathfrak{R} = \mathfrak{R}^*$ を考察しよう[20]. $\mathfrak{R}$ 上に一点 P_0 を定め, $w = (w_1(P, t), w_2(P, t))$ を定理 3.10 の vector 場とし, また

$$f(P, t) = w_1(P, t) - i w_2(P, t) = z_1 \frac{dz_2}{dt}$$

とせよ. ここに $z_1 dz_2$ は P_0 において 2 位の極を有し他の点では正則な $\mathfrak{R}$ の微分である. $\mathfrak{R}$ は単連結であるから定理 3.7 により

$$\frac{dz}{dt} = z_1 \frac{dz_2}{dt}$$

---

20)　以下註 3 の Weyl の著書, §19 による.

を満足する $\mathfrak{R}$ における解析函数 $z = z(P)$ が存在する. $z(P)$ は P_0 以外の点では正則で, P_0 の近傍では

$$(6.1) \qquad z = \frac{i}{t} + a_0 + a_1 t + a_2 t^2 + \cdots$$

なる形に展開される. また $z(P)$ を実数部分と虚数部分とに分けて

$$z(P) = u(P) + iv(P)$$

とおけば

$$\frac{\partial u}{\partial x} = \frac{\partial v}{\partial y} = w_1(P, t), \quad \frac{\partial u}{\partial y} = -\frac{\partial v}{\partial x} = w_2(P, t)$$

となるから, 定理 3.10 系により P_0 の近傍で 0 となり, かつ

$$(6.2) \qquad \|\mathrm{grad}\, g\|^2 = \iint \left(\left(\frac{\partial g}{\partial x}\right)^2 + \left(\frac{\partial g}{\partial y}\right)^2 \right) dxdy < \infty$$

を満足する任意の 2 回連続的可微分な実函数 $g(P)$ に対し,

$$(6.3) \qquad (w, \mathrm{grad}\, g) = \iint \left(\frac{\partial u}{\partial x}\frac{\partial g}{\partial x} + \frac{\partial u}{\partial y}\frac{\partial g}{\partial y} \right) dxdx = 0.$$

(6.2) あるいは (6.3) の右辺は $\mathfrak{R}$ 全体に関する積分であって, その正確な定義は §4 に精しく述べた通りである.

　さてまず

1)　v_0 を任意の実数とする時 $v(P) > v_0$ を満足する $\mathfrak{R}$ の点 P の全体 $D(v_0)$, および $v(P) < v_0$ を満足する $\mathfrak{R}$ の点 P の全体 $D'(v_0)$ は共に $\mathfrak{R}$ の領域(連結集合)である

ことを証明する. P_0 の近傍は (6.1) により z 球面 $\mathfrak{R}_0^*$ における $z = \infty$ の近傍に等角に写像されるから, $\varepsilon > 0$ を十分小にとれば $D(v_0)$ と P_0 の近傍 $\{t; |t| < \varepsilon\}$ との共通部分が唯一つの領域をなすことは明らかである. よってかりに $D(v_0)$ が二つ以上の連結成分を含むとすれば, そのうちの一つ U は $|t| < \varepsilon$ と共通点を持たない. そこでいま実数軸上で定義された 2 回連続的可微分な函数 $\xi(\lambda), \eta(\lambda)$ をとり, 特に

$$(6.4) \qquad \eta(v_0) = \eta'(v_0) = \eta''(v_0) = 0 \qquad \left(\eta' = \frac{d\eta}{d\lambda}, \ n'' \frac{d^2\eta}{d\lambda^2} \right)$$

とせよ. しからば

$$g(P) = \begin{cases} \xi(u(P))\eta(v(P)), & P \in U, \\ 0 & P \bar{\in} U \end{cases}$$

とおく時, (6.4)により $g(P)$ は2回連続的可微分でかつ U の点 P における局所変数 $t = x+iy$ に対しては

$$\frac{\partial g}{\partial x} = \xi'(u)\eta(v)\frac{\partial u}{\partial x} + \xi(u)\eta'(v)\frac{\partial v}{\partial x} = \xi'(u)\eta(v)\frac{\partial u}{\partial x} - \xi(u)\eta'(v)\frac{\partial u}{\partial y},$$

$$\frac{\partial g}{\partial y} = \xi'(u)\eta(v)\frac{\partial u}{\partial y} + \xi(u)\eta'(v)\frac{\partial u}{\partial x},$$

$$\left(\frac{\partial g}{\partial x}\right)^2 + \left(\frac{\partial g}{\partial y}\right)^2 = (\xi'^2\eta^2 + \xi^2\eta'^2)\left(\left(\frac{\partial u}{\partial x}\right)^2 + \left(\frac{\partial u}{\partial y}\right)^2 \right)$$

となるから ξ, ξ', η, η' が λ の有界函数ならば $g(P)$ は(6.2)を満足する. 読者は vector 場 w の定め方により $\left(\frac{\partial u}{\partial x}\right)^2 + \left(\frac{\partial u}{\partial x}\right)^2 = (w_1(P,t)^2 + w_2(P,t)^2)$ の積分が P_0 の近傍を除いた領域においては有限となることに注意されたい. よって(6.3)が成立しなければならぬが,

$$\frac{\partial u}{\partial x}\frac{\partial g}{\partial x} + \frac{\partial u}{\partial y}\frac{\partial g}{\partial y} = \xi'(u)\eta(v)\left(\left(\frac{\partial u}{\partial x}\right)^2 + \left(\frac{\partial u}{\partial y}\right)^2 \right)$$

なる故, 例えば $\xi'(\lambda), \eta(\lambda)$ が常に正であるように(ただし η に対してはもちろん $\lambda = v_0$ を除いて)とっておけば, これから矛盾が生ずる. これで $D(v_0)$ が一つの領域であることが証明された. $D'(v_0)$ についても全く同様である.

　次に

2)　微分 dz は $\mathfrak{R}$ について零点を持たない

ことを証明しよう. なんとなれば, かりに P_1 を dz の $n-1$ 位 $(n \geqq 2)$ の零点とし, $z(P_1) = z_1$ とすれば, $z = z(P)$ により P_1 の近傍が $\mathfrak{R}_0^*$ における z_1 の近傍

に n 重に写像される. $n>2$ でも同様であるから, 簡単のために以下 $n=2$ と仮定しよう. しからば $t=\sqrt{z-z_1}$ は P_1 の局所変数であって, P_1 の近傍 $|t|<\varepsilon$ は $v(P)$ の値に従って第1図のごとく分れる. すなわち陰影の部分では $v(P)>v_0=\mathrm{Im}(z_1)$, 白い部分では $v(P)<v_0$ である. 図において t_1, t_3 は共に 1) に述べた領域 $D(v_0)$ に属するからそれは $D(v_0)$ 内にある解析曲線によって結ぶことができる. その際この曲線と t_1, t_3 を結ぶ図のごとき直線とにより一つの単純閉曲線 γ が得られるものと考えても差支えない. $\mathfrak{R}$ の基底空間 S からこの γ を除いた残

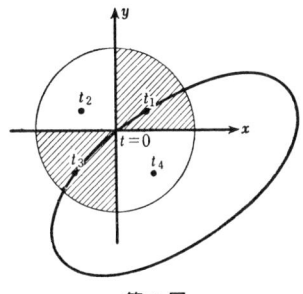

第 1 図

りを S_1 とすれば, S_1 は連結集合である. なんとなれば P を S_1 の任意の点とする時, P と P_1 とを S の道 γ_1 により結び, P からこの γ_1 に沿うて進み, γ_1 が γ と初めて交る直前において γ_1 を捨てて今度は γ に沿うて進めば, 結局 S_1 の中で P を図の t_2 あるいは t_4 のいずれかと結ぶことができる. ところが t_2, t_4 はいずれも $D'(v_0)$ の点であるから 1) によりそれらは $D'(v_0)$ 内の道 γ_2 で結ぶことができる. γ_2 はもちろん γ に交らないからこれで S_1 の連結性が証明された.

次に $S^{(1)}, S^{(2)}$ を S と同位相な二つの2次元多様体とし, φ_i を S から $S^{(i)}$ への位相的写像とせよ:
$$S^{(1)}=\varphi_1(S), \qquad S^{(2)}=\varphi_2(S).$$
γ, S_1 等に対してもそれぞれ
$$\gamma^{(1)}=\varphi_1(\gamma), \quad \gamma^{(2)}=\varphi_2(\gamma), \quad S_1^{(1)}=\varphi_1(S_1), \quad S_1^{(2)}=\varphi_2(S_1)$$
とおく. この時 $\gamma^{(1)}, \gamma^{(2)}, S_1^{(1)}, S_1^{(2)}$ の和集合 S^* の各点に次のごとく近傍系を定義する. まず $P^{(1)}$ が $S_1^{(1)}$ の点であれば, $\varphi_1^{-1}(P^{(1)})$ の S_1 における近傍系 $\{U\}$ の φ_1 による像 $\{\varphi_1(U)\}$ をもって $P^{(1)}$ の S^* における近傍系とする. $S_1^{(2)}$ の点に対しても同様である. 次に $P^{(1)}$ を $\gamma^{(1)}$ の点とせよ. γ は $\mathfrak{R}$ における解析曲線であったから単位円の内部に1対1, 等角に写像される $\varphi_1^{-1}(P^{(1)})$ の十分小さな近傍 U をとれば, U は γ によりその右側の部分 U_1 と, 左側の

部分 U_2 とに分かれる．γ と U との共通部分を γ' とせよ．
$P^{(1)}$ の S^* における近傍としてはこのような U に対する

$$U' = \varphi_1(\gamma') + \varphi_1(U_1) + \varphi_2(U_2)$$

の全体をとる．全く同様にして $\gamma^{(2)}$ の点 $P^{(2)}$ の近傍として

$$U'' = \varphi_2(\gamma') + \varphi_2(U_1) + \varphi_1(U_2)$$

の全体をとる．しからばこれにより S^* は連結2次元多様体と

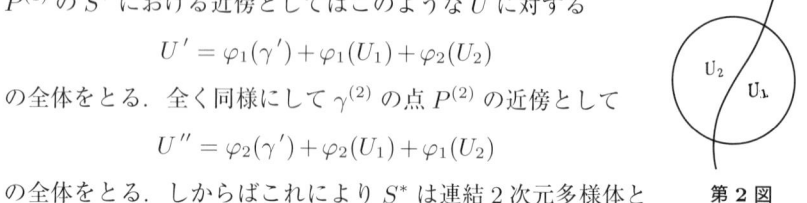

第2図

なり，しかも S^* の点 $P^{(1)}$ あるいは $P^{(2)}$ に $\varphi_1^{-1}(P^{(1)})$，あるいは $\varphi_2^{-1}(P^{(2)})$
を対応させる写像を f^* とすれば $\{S^*, f^*; S\}$ は S の被覆多様体となることが
証明される（直観的にいえば S^* は $S^{(1)}$, $S^{(2)}$ を $\gamma^{(1)}, \gamma^{(2)}$ に沿うて切り開いて，
$\gamma^{(1)}$ の右側と $\gamma^{(2)}$ の左側，$\gamma^{(1)}$ の左側と $\gamma^{(2)}$ の右側とを接合して得られた多
様体であるからこれはほとんど明白であるが，なお厳密な位相幾何学的考察
は読者自身に任せよう）．しかるに仮定により S は単連結であるからそれは
$\{S, f_e; S\}$ と同型なもの以外に被覆多様体を有せない．よって $dz = 0$ からは矛
盾を生じ，2)が証明できた．

　さて上の1)，2)により $z = z(P)$ による R 面 $\mathfrak{R}$ から z 球面 $\mathfrak{R}_0^*$ への写像の
様子が明らかになる．それを見るために任意の実数 v_0 をとって，$v(P) = v_0$
を満足する $\mathfrak{R}$ の点 P の集合 $W(v_0)$ を考察する．まず正数 N を十分大にと
り，P_0 の小さな近傍 U が $z(P)$ により $\mathfrak{R}_0^*$ における ∞ の近傍 $|z| > N$ の上に
1対1, 等角に写像されるようにする．$W(v_0)$ は $\mathfrak{R}_0^*$ における円周 $v = v_0$ の
$z(P)$ による原像に他ならないから，$\gamma' = W(v_0) \cap U$ は $\mathfrak{R}_0^*$ の開円弧

$$|u| > \sqrt{N^2 - v_0^2}, \qquad v = v_0 \qquad (z = u + iv)$$

の上に1対1に写像されるような P_0 を通る $\mathfrak{R}$ の（狭義の）解析曲線である．
次に $u(Q_1) < -\sqrt{N^2 - v_0^2}$ を満足する γ' 上の一点 Q_1 から出発し，$W(v_0)$ の
上を $u(P)$ が増す向きに次第に P を動かして行ってみよう．$\mathfrak{R}$ の各点の十分
小さな近傍は2)により $\mathfrak{R}_0^*$ の上に1対1, 等角に写像されるから，$W(v_0)$ は
そのような近傍内では常に（端点のない）解析曲線をなす[21]．故に上の P は

---

[21]　§3 では解析曲線といえば両端点を含むものばかりを考えたのであるが，以下端点のな
い解析曲線（その意味は明白であろう）も同時に扱うことにする．

$u(P)$ の値の増加と共に $\mathfrak{R}$ の上に一つの解析曲線を描きつつ進む. もしもこのとき十分大なる $u(P)$ に対し P が再び U 内に入ってくれば, それは当然 γ' の上になければならないから, この場合には $\mathfrak{R}_0^*$ の円周 $v=v_0$ の $z(P)$ による原像は一つの閉じた解析曲線 $\gamma(v_0)$ となる(例えば $|v_0|>N$ ならば必ずこうなる). これに反し P が再び U 内に戻らぬ時は $u(P)=\infty$ となる点は P_0 以外には存在しないから, 適当な実数 $u_1(u_1=+\infty$ のこともある)をとれば,

$$(6.5) \qquad u(Q_1) \leqq u < u_1, \qquad v = v_0$$

の上に 1 対 1 に写像される(終点のない) $\mathfrak{R}$ の解析曲線 γ_1' が得られて, $W(v_0)$ は γ_1' に沿うてはこれ以上延長することができない. この場合には $u(Q_2)>\sqrt{N^2-v_0^2}$ を満足する γ' の点 Q_2 から出発し, $u(P)$ の減る向きに P を動かしても同様にして適当な u_2 が存在して,

$$(6.6) \qquad u_2 < u \leqq u(Q_2), \qquad v = v_0$$

の上に 1 対 1 に写像される γ_2' が得られる. この γ_2' と上の γ_1' とを γ' でつなぎ合せて得られる解析曲線を $\gamma(v_0)$ とせよ.

　さていずれの場合にも $W(v_0)$ の点は実はこの $\gamma(v_0)$ 以外には存在しない. なんとなれば S から $\gamma(v_0)$ を除いた残りを S_1' とし, かりに S_1' が $v(P)=v_0$ なる点 P を含んだとすれば, P の近傍に $v(P_1)>v_0$, $v(P_2)<v_0$ を満足する P_1, P_2 をとり, また P_0 の近傍に $v(P_3)>v_0$, $v(P_4)<v_0$ なる点 P_3, P_4 をとれば, 1)により P_1 と P_3 とは $D(v_0)$ の中で, すなわち $\gamma(v_0)$ に交らない道によって結ぶことができ, 同様に P_2 と P_4 とも $\gamma(v_0)$ に交らない道で結べる. P_1 と P_2 とはもちろん S_1' 内で結ぶことができるから結局 P_3 と P_4 とは S_1' の中で結ばれて, このことから 2)におけると全く同様な方法により S を $\gamma(v_0)$ に沿うて切り開いて, S の上に更に被覆多様体が作られる. これはもちろん S が単連結であるということに矛盾するから $W(v_0)=\gamma(v_0)$ でなければならぬ.

　さて次には $\gamma(v_0)$ が閉曲線とならぬような実数値 v_0 は高々一つしかないことを証明しよう. かりに $\gamma(v_0'), \gamma(v_0'')$ $(v_0' \neq v_0'')$ がいずれも閉じないとし, これに対応する (6.5), (6.6) の u_1, u_2 をそれぞれ u_1', u_2', u_1'', u_2'' とせよ. $u_0 > N$ なる u_0 をとり第 3 図の太線で表される曲線の $z(P)$ による原像を γ^* とせ

よ．u_0 のとり方により $u = u_0$ の原像が U に
おける閉じた解析曲線であることに注意すれ
ば，γ^* が $\mathfrak{R}$ において端点のない解析曲線と
なることは明らかであろう．S から γ^* を除

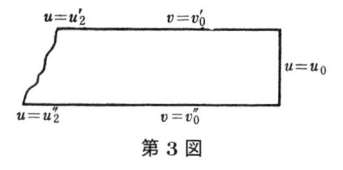

第 3 図

いた残りを S_2' とせよ．S_2' が連結していると仮定すれば上と全く同様な方法
で S の単連結性に矛盾する結果を得るから，S_2 は不連結であって，S_2 の連結
成分の中には P_0 を含まないものが存在する．これを U^* とし，1) におけると
同様に

$$g(P) = \begin{cases} \xi(u(P))\eta(v(P)), & P \in U^*, \\ 0 & , \quad P \,\bar{\in}\, U^* \end{cases}$$

とおく．ただし $\xi(\lambda), \eta(\lambda)$ は 2 回連続的可微分な実函数で

$$\xi(u_0) = \xi'(u_0) = \xi''(u_0) = 0, \qquad \eta(v_0') = \eta'(v_0') = \eta''(v_0') = 0,$$
$$\eta(v_0'') = \eta'(v_0'') = \eta''(v_0'') = 0$$

なる条件を満足し，また ξ, ξ', η, η' は有界で，かつ ξ' は $\lambda = u_0$ を除き，η は
$\lambda = v_0'$, $\lambda = v_0''$ を除き正であるとする．このような $\xi(\lambda), \eta(\lambda)$ はもちろん存在
する．しからば 1) におけると全く同様にして (6.3) から矛盾を生ずることがわ
かる．故に $\gamma(v_0)$ が閉じないような v_0 は確かに高々一つである．しかもその
ような v_0 が実際に存在する場合には (6.5)，(6.6) の u_1, u_2 は必ず $u_1 \leqq u_2$ を
満足する．なんとなれば，かりに $u_2 < u_1$ とすれば $u_2 < u_3 < u_1$ とする時

$$z(P) = u_3 + iv_0$$

を満足する P は二つ存在する．従って v_0 に十分近い v_1 をとれば $z(P)$ は解
析的写像なる故

$$(6.7) \qquad\qquad z(P') = u_3 + iv_1$$

を満足する P' も常に二つ存在するが $\gamma(v_1)$ は閉じていて (6.7) を満足する P'
は唯一つしかないはずであるからこれは矛盾である．

　以上の結果により R 面 $\mathfrak{R}$ は $z = z(P)$ により

　1')　　z 球面 $\mathfrak{R}_0^*$ の全体，あるいは

2′)　$\mathfrak{R}_0^*$ から一点 z_0 を除いた領域，あるいは

3′)　$\mathfrak{R}_0^*$ から線分 $u_1 \leqq u \leqq u_2,\ v = v_0\,(u_1 < u_2)$ を除いた領域

の上に1対1かつ等角に写像されることがわかった．2′)の領域は $z' = \dfrac{1}{z - z_0}$ なる一次変換により有限 z 平面 $\mathfrak{R}_\infty^*$ に等角に写像され，また3′)の領域はまず適当な一次変換により $\mathfrak{R}_0^*$ から線分 $-1 \leqq u \leqq 1,\ v = 0$ を除いた領域に写像されるが，これは更に

$$z = \frac{1}{2}\left(z' + \frac{1}{z'}\right)$$

なる写像 $z' = \psi(z)$ により単位円の内部 $\mathfrak{R}_1^*$ に等角に写像される[22]．よって任意の単連結な R 面 $\mathfrak{R}$ は

1)　z 球面 $\mathfrak{R}_0^*$,

2)　有限 z 平面 $\mathfrak{R}_\infty^* = \{z;\ |z| < \infty\}$,

3)　単位円の内部 $\mathfrak{R}_1^* = \{z;\ |z| < 1\}$

のいずれかと同型になることが証明された．逆に $\mathfrak{R}_0^*, \mathfrak{R}_\infty^*, \mathfrak{R}_1^*$ がすべて単連結な R 面であることはもちろんだが，これらの R 面は互いに同型ではない．$\mathfrak{R}_0^*$ の基底空間は compact で，$\mathfrak{R}_\infty^*, \mathfrak{R}_1^*$ のそれは compact でないから，$\mathfrak{R}_0^*$ と $\mathfrak{R}_\infty^*$，$\mathfrak{R}_0^*$ と $\mathfrak{R}_1^*$ とが同型にならぬことは明らかである．また，かりに $\mathfrak{R}_\infty^*$ と $\mathfrak{R}_1^*$ とが同型であるとして $\mathfrak{R}_\infty^*$ を $\mathfrak{R}_1^*$ の上に等角に写像する函数を

$$w = f(z)$$

とすれば，$f(z)$ は $|z| < \infty$ において $|f(z)| < 1$ を満足する正則函数であるから Liouville の定理により常数でなければならぬが，これは $f(\mathfrak{R}_\infty^*) = \mathfrak{R}_1^*$ に矛盾する．

よって次の定理が証明された．

定理 3.18　単連結な R 面には三つの異なる型が存在して，それらの代表は上の $\mathfrak{R}_0^*, \mathfrak{R}_\infty^*, \mathfrak{R}_1^*$ によって与えられる．

これで定理 3.17 に述べた第一の段階は完全に解決されたから，次にこれら

---

[22]　能代清．函数論概説，I，138 頁参照．

の単連結 R 面の自己同型群およびその不連続部分群を求めて，それに属する R 面を調べてみよう．

まず $\mathfrak{R}_0^*$ をとり，φ を $\mathfrak{R}_0^*$ の自己同型群 $A(\mathfrak{R}_0^*)$ に属する任意の写像とせよ．しからば $\varphi = \varphi(z)$ は z 球面 $\mathfrak{R}_0^*$ をそれ自身の上に 1 対 1 に写像する解析函数であるから，それは z の一次函数でなければならぬ．逆に任意の 1 次函数 $\varphi(z)$ が $A(\mathfrak{R}_0^*)$ に属すことは明白だから，$A(\mathfrak{R}_0^*)$ は z の 1 次変換群と一致する：

$$A(\mathfrak{R}_0^*) = \left\{ \varphi(z) = \frac{az+b}{cz+d}\, ;\ ad-bc \neq 0,\ a,b,c,d \in k \right\}.$$

さて G を $A(\mathfrak{R}_0^*)$ の任意の不連続部分群とせよ．しからば単位元以外の G の写像は不動点を有せぬ．しかるに任意の一次変換は必ず $\mathfrak{R}_0^*$ 内に不動点を有するから，G は単位元以外の元を含まぬことがわかる．すなわちこの場合には $A(\mathfrak{R}_0^*)$ の不連続部分群は単位群以外にはなく，従って $\mathfrak{R}_0$ を単連結被覆 R 面とする R 面は(同型を除けば) $\mathfrak{R}_0^*$ 以外には存在しない．

次に $\mathfrak{R}_\infty^*$ を考察する．$\varphi \in A(\mathfrak{R}_\infty^*)$ とすればこの場合にも $\varphi = \varphi(z)$ は z の一次函数である．しかも有限の z に対しては $\varphi(z)$ も常に有限であることに注意すれば

$$A(\mathfrak{R}_\infty^*) = \{\varphi(z) = az+b : a \neq 0,\quad a,b \in k\}$$

となることが知られる．$A(\mathfrak{R}_\infty^*)$ の元で(有限の)不動点を有せぬものは平行移動 $\varphi(z) = z+b$ に限るから，このような φ のうちから不連続部分群 G を求めれば容易に次の結果を得る：

  1) $G = $ 単位群，

  2) $G = G(\alpha) = \{\varphi(z) = z+n\alpha,\ \alpha \neq 0,\ \alpha \in k,\ n = 0, \pm 1, \pm 2, \cdots\}$,

  3) $G = G(\omega_1, \omega_2) = \{\varphi(z) = z+m_1\omega_1+m_2\omega_2;\ \mathrm{Im}\left(\dfrac{\omega_2}{\omega_1}\right) > 0,\ \omega_1, \omega_2 \in k,$
      $m_1, m_2 = 0, \pm 1, \pm 2, \cdots\}$.

まず 1) に属する R 面が $\mathfrak{R}_\infty^*$ 自身であることはもちろんである．

次に 2) の $G(\alpha)$ はすべて $A(\mathfrak{R}_\infty^*)$ の内で互いに共軛である．例えば $\psi(z) = \dfrac{\alpha}{2\pi i} z$ とおけば

$$\psi^{-1} G(\alpha) \psi = G(2\pi i).$$

よって $G(\alpha)$ に属する R 面はすべて互いに同型で，例えば $\mathfrak{R}^*_\infty(G(2\pi i))$ だけを考えればよい．この R 面は

$$w = e^z$$

なる写像により w 球面から 0 および ∞ を除いて得られる R 面と同型となる．

次に 3) の型の群の間の共軛関係を考えよう．

$$G(\omega_1', \omega_2') = \varphi^{-1} G(\omega_1, \omega_2) \varphi, \quad \varphi(z) = \alpha z + \beta$$

とすれば $\varphi^{-1} G(\omega_1, \omega_2) \varphi = G\left(\dfrac{\omega_1}{\alpha}, \dfrac{\omega_2}{\alpha}\right)$ なる故

$$\omega_1' = a\left(\frac{\omega_1}{\alpha}\right) + b\left(\frac{\omega_2}{\alpha}\right),$$

$$\omega_2' = c\left(\frac{\omega_1}{\alpha}\right) + d\left(\frac{\omega_2}{\alpha}\right), \quad ad - bc = \pm 1, a, b, c, d = \text{有理整数}.$$

よって

$$\tau = \frac{\omega_2}{\omega_1}, \qquad \tau' = \frac{\omega_2'}{\omega_1'}$$

とおけば

$$(6.8) \qquad\qquad \tau' = \frac{c + d\tau}{a + b\tau}.$$

約束により $\mathrm{Im}(\tau) > 0$. $\mathrm{Im}(\tau') > 0$ であるから

$$\tau' = \frac{(a + b\bar{\tau})(c + d\tau)}{|a + b\tau|^2} = \frac{ac + bd\,|\tau|^2 + ad\tau + bc\bar{\tau}}{|a + b\tau|^2}$$

より $ad - bc > 0$，すなわち

$$(6.9) \qquad\qquad ad - bc = 1, \qquad (a, b, c, d = \text{有理整数}).$$

逆に，$G(\omega_1, \omega_2)$, $G(\omega_1', \omega_2')$ に対する $\tau = \dfrac{\omega_2}{\omega_1}$, $\tau' = \dfrac{\omega_2'}{\omega_1'}$ の間に (6.8) のごとき関係があれば，これらの群が $A(\mathfrak{R}^*_\infty)$ の中で共軛であることは上の考察から明らかであろう．よって，変換 (6.8)，(6.9) によって互いに同値でない $\mathrm{Im}(\tau) > 0$ なる複素数 τ に対し，それぞれ一つずつ異なる型の R 面 $\mathfrak{R}^*_\infty(\omega_1, \omega_2) = \mathfrak{R}^*_\infty(G(\omega_1, \omega_2))$ が存在する．$\mathfrak{R}^*_\infty$ における不連続群 $G(\omega_1, \omega_2)$ の一つの**基本領域**は第 4 図の陰影の部分で与えられる．一般にある位相空

間 S^* における不連続位相変換群 G の基本領
域 D とは，$\varphi_1, \varphi_2 \in G$, $\varphi_1 \neq \varphi_2$ の時 $\varphi_1(D) \cap$
$\varphi_2(D) = \varnothing$ となり，かつ S^* の任意の点が適
当な $\varphi(D)$ $(\varphi \in G)$ の閉包に含まれるような
S^* の領域のことをいう．従って $\varphi \in G$ と D の
像 $\varphi(D)$ とは 1 対 1 に対応し $\varphi(\bar{D})$ $(\varphi \in G)$ の

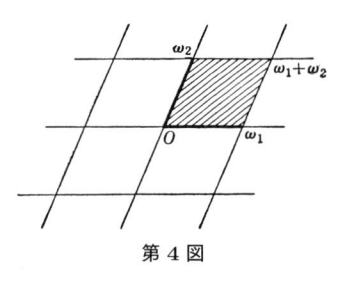

第 4 図

全体によって，D の境界およびその像を除き，全空間 S^* が一重に蔽われる．
故に G に関して同値な点の類からなる空間 $S^*(G)$ を得るためには $\bar{D}$ の境界
点を適当に接合すればよい．このように基本領域 D およびその像 $\varphi(D)$ から
得られる空間 S^* の分割図形は，G あるいは $S^*(G)$ の性質を直観的に明らか
にする点において重要である．これらのことはいずれも上の $G = G(\omega_1, \omega_2)$
について考えてみればよく理解されるであろう．特に例えば $S^*(G(\omega_1, \omega_2))$
は $\overline{0\omega_1}$ と $\overline{\omega_2\omega_3}$, $\overline{0\omega_2}$ と $\overline{\omega_1\omega_3}$ $(\omega_3 = \omega_1 + \omega_2)$ とを接合して得られるから，
$\mathfrak{R}_\infty^*(\omega_1, \omega_2)$ は常に torus と同位相な compact な R 面であることがわかる．
この種の R 面についてはまた後章に精しく論ずるであろう．

　さて上の $G(\alpha)$ と $G(\omega_1, \omega_2)$ とが決して共軛にならぬことはこれらの群が同
型でないことから明白であるから，$A(\mathfrak{R}_\infty^*)$ の不連続部分群の間の共軛関係は
上に挙げたもの以外にはない．故にこれで $\mathfrak{R}_\infty^*$ を被覆 R 面とするすべての R
面の代表が求められた．

　最後に $\mathfrak{R}_1^*$ を考察する．この時 $\varphi \in A(\mathfrak{R}_1^*)$ は単位円の内部をそれ自身の上
に 1 対 1 に写像する解析函数であるから

$$(6.10) \quad A(\mathfrak{R}_1^*) = \left\{ \varphi(z) = e^{i\alpha} \frac{z - z_0}{1 - \bar{z}_0 z}, \quad |z_0| < 1, \quad \alpha = 実数 \right\}$$

となる．この $A(\mathfrak{R}_1^*)$ の不連続部分群は実に多種多様で前の $\mathfrak{R}_\infty^*$ の時のように
簡単に分類できないのであるが，次のように考えるとその性質が見やすい．す
なわちまず γ を $\mathfrak{R}_1^*$ における任意の解析曲線とする時，γ に沿う τ の積分

$$\rho(\gamma) = \int_\gamma \frac{|dz|}{1 - |z|^2}$$

を γ の非 Euclid 的長さと呼ぶ. $z' = \varphi(z)$ を $A(\mathfrak{R}_1^*)$ に属する任意の写像とすれば (6.10) より簡単な計算により

$$(6.11) \qquad \frac{|dz'|}{1-|z'|^2} = \frac{|dz|}{1-|z|^2}.$$

よって γ の φ による像を $\gamma' = \varphi(\gamma)$ とすれば

$$\rho(\gamma') = \rho(\gamma).$$

$A(\mathfrak{R}_1^*)$ の中には特に γ の起点 z_1 を原点 0 に移し, γ の終点 z_2 を実数軸上の α $(0 \leqq \alpha < 1)$ に移すような φ が存在する. この場合 γ' は 0 と α とを結ぶ解析曲線であるが, 一般に

$$|z - z'| \geqq ||z| - |z'||, \; |dz| \geqq d|z|$$

であるから,

$$\rho(\gamma) = \rho(\gamma') = \int_{\gamma'} \frac{|dz|}{1-|z|^2} \geqq \int_0^\alpha \frac{d|z|}{1-|z|^2} = \frac{1}{2} \log \frac{1+\alpha}{1-\alpha}.$$

上式の最右辺の値は 0 から α までの直線を γ_1' とする時, ちょうど $\rho(\gamma_1')$ に等しい. $\gamma_1 = \varphi^{-1}(\gamma_1')$ とおけば γ_1 は z_1, z_2 を通って単位円に直交する円の円弧であって

$$\rho(\gamma) \geqq \rho(\gamma_1).$$

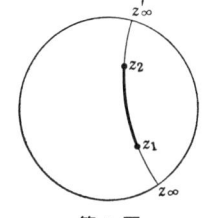

第 5 図

すなわち z_1 と z_2 とを結ぶ解析曲線のうちで γ_1 が ρ に関して最短の長さを有する ($\gamma \neq \gamma_1$ ならば実際 $\rho(\gamma) > \rho(\gamma_1)$ となることも上の証明から直ちに知られる). $\dfrac{1+\alpha}{1-\alpha}$ はちょうど四点 $-1, 0, \alpha, 1$ の非調和比に等しいが, 非調和比は一次変換により不変であるから, 第 5 図のごとく $z_\infty = \varphi^{-1}(-1)$, $z_\infty' = \varphi^{-1}(1)$ とおけば

$$\rho(\gamma_1) = \frac{1}{2} \log r(z_\infty, z_1, z_2, z_\infty').$$

ただし $r(z_\infty, z_1, z_2, z_\infty')$ は四点の非調和比である.

　以上の考察により $\mathfrak{R}_1^*$ において

$$ds = \frac{|dz|}{1 - |z|^2}$$

を微小線分の長さ(線素)とする Riemann 幾何学を定義すれば, この幾何学に
おいて z_1, z_2 を結ぶ「直線」(すなわち測地線)は上図のごとき z_1, z_2 を結ぶ円
弧であり, また z_1, z_2 の「距離」は

$$(6.12) \qquad \rho(z_1, z_2) = \frac{1}{2} \log r(z_\infty, z_1, z_2, z_\infty')$$

で与えられる. しかも $A(\mathfrak{R}_1^*)$ に属する変換はこの「距離」を変えない. す
なわち $A(\mathfrak{R}_1^*)$ はこの幾何学の「運動群」である. かつこのような「直線」や
「運動群」に関して非 Euclid 幾何学(Bolyai-Lobatschefski の双曲線幾何学)の
公理がすべて満足され, $\mathfrak{R}_1^*$ はこの意味で非 Euclid 空間をなすことも容易に
確かめられるが, 今ここでそれを詳しく調べる必要はない[23]. ただ上の非
Euclid 的距離 $\rho(z_1, z_2)$ が普通の Euclid 的距離 $|z_1 - z_2|$ と同値な位相を $\mathfrak{R}_1^*$ に
与えることに注意しておけば十分である(以下普通の意味の(Euclid 的)直線,
距離等と非 Euclid 幾何学の意味におけるそれとを区別するため, 後者を「直
線」,「距離」等と記することにする).

　さて $A(\mathfrak{R}_1^*)$ をこのように解釈すれば, $A(\mathfrak{R}_1^*)$ の不連続部分群 G はすなわ
ち $\mathfrak{R}_1^*$ の不連続「**運動群**」に他ならない. これは先に述べた $G(\alpha)$, $G(\omega_1, \omega_2)$
等が $\mathfrak{R}_\infty^*$ を Euclid 平面と考えた場合に, その不連続運動群であるのにちょう
ど対応している. 定理 3.17 によればこのような $\mathfrak{R}_1^*$ の不連続「運動群」G_1,
G_2 から得られる $\mathfrak{R}_1^*(G_1)$, $\mathfrak{R}_1^*(G_2)$ が互いに同型であるためには

$$(6.13) \qquad \psi^{-1} G_1 \psi = G_2, \ \psi \in A(\mathfrak{R}_1^*)$$

となることが必要かつ十分であった. ψ は空間 $\mathfrak{R}_1^*$ の「運動」であるからそれ
はまた $\mathfrak{R}_1^*$ の座標変換と考えてもよい(読者は Euclid 空間における運動と座標
変換との関係を思い浮べられたい). しからば(6.13)は G_1, G_2 が同一の「運

---

23)　例えば D. Hilbert, Grundlagen der Geometrie, Anhang III 参照.

動群」の異なる座標による表現であることを示している. 従って座標の変換を除いて一致する $\mathfrak{R}_1^*$ の各不連続「運動群」に $\mathfrak{R}_1^*$ を被覆 R 面とする R 面の代表が一つずつ対応する.

以上の結果を綜合すれば本節の目標であった次の定理が得られる.

定理 3.19 任意の R 面 $\mathfrak{R}$ は次に挙げる R 面のいずれかと同型になる:

1) 複素球面 $\mathfrak{R}_0^*$,

2) 有限複素平面 $\mathfrak{R}_\infty^*$ を被覆 R 面とするもの.

  2.1) $\mathfrak{R}_\infty^*$,

  2.2) $\mathfrak{R}_{0,\infty}^* = \{z;\, 0 < |z| < \infty\}$,

  2.3) $\mathfrak{R}_\infty^*(\omega_1, \omega_2) = \mathfrak{R}_\infty^*(G(\omega_1, \omega_2))$. ここに

$$G(\omega_1, \omega_2)$$
$$= \left\{ \varphi(z) = z + m_1\omega_1 + m_2\omega_2;\, \mathrm{Im}\left(\frac{\omega_2}{\omega_1}\right) > 0,\, m_1, m_2 = 0, \pm 1, \pm 2, \cdots \right\}.$$

ω_1, ω_2 と ω_1', ω_2' との間に

$$\frac{\omega_2'}{\omega_1'} = \frac{c\omega_1 + d\omega_2}{a\omega_1 + b\omega_2}, \quad ad - bc = 1, \quad a, b, c, d = \text{有理整数}$$

なる関係がある時に

$$\mathfrak{R}_\infty^*(\omega_1', \omega_2') \cong \mathfrak{R}_\infty^*(\omega_1, \omega_2).$$

3) 単位円の内部 $\mathfrak{R}_1^*$ を被覆 R 面とするもの——$\mathfrak{R}_1^*(G)$. ここに G は $\mathfrak{R}_1^*$ を非 Euclid 空間と考えた場合の「運動群」

$$A(\mathfrak{R}_1^*) = \left\{ \varphi(z) = e^{i\alpha}\frac{z - z_0}{1 - \bar{z}_0 z}, \quad |z_0| < 1,\, \alpha = \text{実数} \right\}$$

の任意の不連続部分群であって, G_1, G_2 が座標の変換によって互いに他に移るならば

$$\mathfrak{R}_1^*(G_1) \cong \mathfrak{R}_1^*(G_2).$$

上に挙げた $\mathfrak{R}_0^*, \mathfrak{R}_\infty^*, \mathfrak{R}_{0,\infty}^*, \mathfrak{R}_\infty^*(\omega_1, \omega_2), \mathfrak{R}_1^*(G)$ を R 面の標準型と呼ぶ. これらの R 面の間の同型関係は上に述べたもの以外には存在しない.

この定理から直ちに次の結果を得る.

定理 3.20 任意の R 面 $\mathfrak{R}$ の基底空間 S は第二可附番公理を満足する[24]
（123 頁参照）.

最後に次章において必要な $\mathfrak{R}_1^*$ の不連続「運動群」G に関する二三の性質
を証明しておく.

まず G の基本領域を求めてみよう. そのため $\mathfrak{R}_1^*$ 内に一点 z_0 を任意にとり

$$\bar{D} = \{z;\, \rho(z, z_0) \leqq \rho(z, \psi(z_0)),\, \psi \in G\}$$

とおく. この $\bar{D}$ は実際次のようにして求められる. すなわち恒等写像 f_e 以外
の $\psi \in G$ による z_0 の像 $\psi(z_0)$ と z_0 とを結ぶ「直線」の「垂直二等分線」を
γ_ψ とし, γ_ψ によって分けられる $\mathfrak{R}_1^*$ の二つの閉領域のうち z_0 を含む方を
$\bar{D}_\psi$ とせよ:

$$\bar{D}_\psi = \{z;\, \rho(z, z_0) \leqq \rho(z, \psi(z_0))\}, \qquad (\psi \neq f_e).$$

しからば明らかに

(6.14)
$$\bar{D} = \bigcap_{\psi \neq f_e} \bar{D}_\psi.$$

一方 ρ_0 を任意の正数とする時, z_0 を中心とする半径 ρ_0 の閉「円板」$\bar{U}_{\rho_0} = \{z;\, \rho(z, z_0) \leqq \rho_0\}$ と交る γ_ψ の数は常に有限である. なんとなれば γ_ψ と $\bar{U}_{\rho_0}$
とが交点 z_1 を有すれば

$$\rho(z_1, \psi(z_0)) \leqq \rho(z_1, z_0) \leqq \rho_0,$$
$$\rho(\psi(z_0), z_0) \leqq \rho(\psi(z_0), z_1) + \rho(z_1, z_0) \leqq 2\rho_0.$$

しかるに G の不連続性により集合 $\{\psi(z_0);\, \psi \in G\}$ は $\mathfrak{R}_1^*$ 内に集積点を有せぬ
から, compact な $\bar{U}_{2\rho_0} = \{z;\, \rho(z, z_0) \leqq 2\rho_0\}$ に入る $\psi(z_0)$ の数は有限である.
よって $\bar{U}_{\rho_0}$ と交る γ_ψ も有限でなければならぬ. 故に特に $\mathfrak{R}_1^*$ の任意の点の近
傍を通る γ_ψ の数は有限であって, 従って, (6.14) より $\bar{D}$ の境界は γ_ψ の一部
分である「線分」からなり, $\bar{D}$ はこのような「線分」によって囲まれた「凸

---

24)　この定理は定理 3.19 によらないで §4 の結果（特に定理 3.10）から直接に導くこと
　　もできる. すなわち §4 によれば任意の R 面 $\mathfrak{R}$ 上の一点 P_0 の近傍を除いて他の点では
　　調和かつ norm が有限な vector 場 v が存在する. norm の定義および調和 vector 場は
　　（$v \neq 0$ なる限り）いかなる点の近傍でも恒等的に 0 に等しくはならぬという性質を用いれ
　　ばこの定理が直ちに得られる.

多角形」(一般に無限の辺数を有する)であることがわかる．このことからまた $\bar{D}$ の内点の集合は

$$D = \{z;\ \rho(z, z_0) < \rho(z, \psi(z_0)),\quad \psi \in G,\ \psi \neq f_e\}$$

によって与えられ，$\bar{D}$ は D の閉包であることも知られる．

次にこの D が G の一つの基本領域をなすことを証明しよう．まず D が領域であることはそれが「凸多角形」$\bar{D}$ の内点集合であることより明白である．また φ を G の任意の写像とする時

$$(6.15)\quad \varphi(\bar{D}) = \{z;\ \rho(z, \varphi(z_0)) \leqq \rho(z, \psi(z_0)),\ \psi \in G\},$$

$$\varphi(D) = \{z;\ \rho(z, \varphi(z_0)) < \rho(z, \psi(z_0)),\ \psi \in G,\ \psi \neq \varphi\}$$

となるから $\varphi_1 \neq \varphi_2$ の時 $\varphi_1(D)$ と $\varphi_2(D)$ とが共通点を持たぬことも明らかである．最後に z を $\mathfrak{R}_1^*$ の任意の点とすれば，有界な範囲内にある $\psi(z_0)$ $(\psi \in G)$ の数は有限であるから，$\psi(z_0)$ のうちで z に一番近い $\varphi(z_0)$ が(少くとも一つ)存在する．しからば (6.15) より $z \in \varphi(\bar{D})$．これで D が G の基本領域であることが証明された．

よって先に $G(\omega_1, \omega_2)$ により $\mathfrak{R}_\infty^*$ が合同な平行四辺形の格子に分けられたと同様に，$\mathfrak{R}_1^*$ は「運動群」G に関して合同な「多角形」

$$\varphi(\bar{D}),\qquad \varphi \in G$$

によって隙間なく埋められる．我々は Fricke に従ってこれらの「多角形」を正規「**多角形**」と呼び，正規「多角形」によってつくられる $\mathfrak{R}_1^*$ の分割図形，すなわち網目を $\mathfrak{N}$ と記すことにしよう．

$\mathfrak{N}$ を構成する各正規「多角形」が G の元と 1 対 1 に対応すること，一つの正規「多角形」，例えば $\bar{D} = f_e(\bar{D})$ の辺を接合することにより G に属する R 面 $\mathfrak{R}_1^*(G)$ が得られること等は既に述べたが，次に後章において必要な場合，すなわち $\mathfrak{R}_1^*(G)$ が compact な R 面となる場合についてこれをもう少し詳しく調べてみる．

まずこの場合上の $\bar{D}$ は ρ に関して「有界集合」となる．それを見るために t を $\mathfrak{R}_1^*$ の任意の点とし，$\mathfrak{R}_1^*$ から $\mathfrak{R}_1^*(G)$ への被覆写像 f_G^* によって $f_G^*(t)$ の近傍に 1 対 1，等角に写像されるような t の十分小さな近傍を

$$U(t, \varepsilon) = \{z; \rho(z, t) < \varepsilon\}$$

とせよ. ここに ε はもちろん t に関係して定まる十分小さな正数である. しか
らば $\mathfrak{R}_1^*(G)$ は明らかに開集合 $f_G^*(U(t, \varepsilon))$ によって蔽われるから, $\mathfrak{R}_1^*(G)$ が
compact であることより適当に有限個の $t_1, \cdots, t_n$ をとれば

(6.16) $\qquad\qquad f_G^*(U(t_i, \varepsilon_i)), \qquad i = 1, \cdots, n$

が既に $\mathfrak{R}_1^*(G)$ を蔽う. 各 $U(t_i, \varepsilon_i)$ はもちろん「有界集合」であるからその
和集合 U もまた ρ に関して「有界」であって, しかも (6.16) が $\mathfrak{R}_1^*(G)$ を蔽
うから U は $\bar{D}$ の任意の点 z と G に関して同値な点 $\psi(z)$ を必ず含む. よって
「距離」ρ が G に関して不変であることに注意すれば, $\bar{D}$ の定義より

$$\rho(z, z_0) \leqq \rho(z, \psi^{-1}(z_0)) = \rho(\psi(z), z_0), \qquad \psi(z) \in U.$$

U は「有界」であるから上式の右辺は一定の正数を超えない. よって $\bar{D}$ もま
た「有界」である.

　$\bar{D}$ が「有界」であることがわかれば, 既に一般に注意したように「有界集
合」と交る γ_ψ の数は有限であるから, $\bar{D}$ の辺の数も有限であることが知ら
れる. γ をそのような辺の一つとし, γ に関して z_0 と「対称」な位置にある
点を $\varphi(z_0)$ $(\varphi \in G)$ とせよ. しからば γ は $\bar{D}$ と $\varphi(\bar{D})$ との共通辺であるが, $\bar{D}$
は「凸多角形」であるから $\bar{D}$ と $\varphi(\bar{D})$ との共通点はこれ以外にはない :

$$\gamma = \bar{D} \cap \varphi(\bar{D}).$$

よって

$$\varphi^{-1}\gamma = \varphi^{-1}(\bar{D}) \cap \bar{D}.$$

すなわち $\delta = \varphi^{-1}(\gamma)$ もまた $\bar{D}$ の一つの辺であって, γ と δ との関係は互いに
相対的である. しかも $\gamma = \delta$ となることはない. なんとなれば $\varphi(\gamma)$ が (たとえ
逆向きであるにせよ) γ と重なったとすれば, φ は位相的写像であって γ は閉
「線分」であるから γ 上に φ の不動点がなければならぬが, これは G が不連
続群であることに反する. よって $\bar{D}$ のすべての辺は上の γ, δ のような幾組か
の対に分れる. これを

$$\gamma_i, \ \delta_i; \ \delta_i = \varphi_i(\gamma_i), \qquad i = 1, \cdots, m$$

とせよ. しからば次の補題が証明される.

補題 3.12 上の $\varphi_1, \cdots, \varphi_m$ は不連続「運動群」G の生成元である. すなわち G の任意の写像 φ は常に

$$(6.17) \qquad \varphi = \varphi_{i_1}^{\pm 1} \cdots \varphi_{i_r}^{\pm 1}$$

なる形に表される. しかもここに φ を表すのに用いられる φ_i の個数 r は, $\mathfrak{R}_1^*$ のすべての点 z に対し

$$(6.18) \qquad r \leqq \lambda \rho(z, \varphi(z)) + \mu$$

を満足するようにとることができる. ただし λ, μ は φ, z に無関係な数である[25].

証明 まず次のことに注意する. すなわち正規「多角形」からつくられる $\mathfrak{R}_1^*$ の網目 $\mathfrak{N}$ において一つの頂点を共有する「多角形」の数は有界である. なんとなれば $\mathfrak{N}$ は G の写像によって不変であって, かつ $\mathfrak{N}$ の任意の「多角形」は G に関して $\bar{D}$ と合同であるから, $\bar{D}$ の各頂点の周囲に集る正規「多角形」の個数の最大値を λ_1 とすれば, $\mathfrak{N}$ の任意の頂点を共有する「多角形」の数も λ_1 を超えない.

また共通点を持たない $\mathfrak{N}$ の任意の二つの辺の間の「距離」は最小値 $\rho_1 > 0$ を有する. G の写像は「距離」を変えないから上と同様な理由により二つの辺のうちの一方は $\bar{D}$ の辺であると仮定してよい. しかるに有界の範囲にある $\psi(z_0)$, 従って $\psi(\bar{D})$ の数は有限であるから, $\bar{D}$ の辺 γ を定めた場合, γ からこれと交らぬ $\mathfrak{N}$ のすべての辺への最短距離 ρ_γ は確定である. よって $\bar{D}$ の $2m$ 個の辺 γ_i に関するこの ρ_γ の最小値を ρ_1 とすればよい.

さて $\mathfrak{R}_1^*$ の任意の点 z から $\varphi(z)$ に至る「直線」を Γ とせよ. この Γ を少し変えて z に十分近い z' から $\varphi(z')$ に至る解析曲線 Γ' を次のように選ぶことができる. すなわち Γ' は $\mathfrak{N}$ の頂点を通ることなく, また $\mathfrak{N}$ の辺と「線分」を共有することもなく, かつ

$$\rho(\Gamma') \leqq \rho(\Gamma) + 1 = \rho(z_0, \varphi(z_0)) + 1.$$

$\mathfrak{R}_1^*$ の点 z_1 がこの Γ' の上を z' から $\varphi(z')$ まで進む時, 次々に通過する正規

---

25) H. Poincaré, Sur les fonctions fuchsiennes, Acta Math. 1 (1882)参照.

「多角形」を

(6.19)　　　　$\pi_1, \cdots, \pi_{s+1}; \ \pi_i = \psi_i(\bar{D}), \quad (i = 1, \cdots, s+1)$

とせよ. $\psi(\bar{D})$ は凸「多角形」であるから Γ は同じ $\psi(\bar{D})$ を二度切ることは
ない. よって Γ' の通過する $\pi_1, \cdots, \pi_{s+1}$ もすべて相異なるものとして差支え
ない. π_i と π_{i+1} との共通辺を Γ_i とせよ. もしも Γ_{i-1} と Γ_{i+1} とが共通点を
持てば, それは $\pi_i \cap \pi_{i+1} = \Gamma_i$ の上になければならぬから, この場合には
$\Gamma_{i-1}, \Gamma_i, \Gamma_{i+1}$ は同一の頂点を共有する. よって Γ_{j-1} と Γ_{j+1}, Γ_j と Γ_{j+2},
Γ_{j+1} と Γ_{j+3}, $\cdots$, Γ_{j+l-2} と Γ_{j+l}, Γ_{j+l-1} と Γ_{j+l+1} が共通点を持つとすれ
ば, これらの $\Gamma_{j-1}, \Gamma_j, \Gamma_{j+1}, \cdots, \Gamma_{j+l}, \Gamma_{j+l+1}$ はすべて同一の点を共有し,
$\pi_j, \pi_{j+1}, \cdots, \pi_{j+l}$ がその頂点の周囲に集まるから $l \leqq \lambda_1$ でなければならぬ.
従って Γ_1 と Γ_3, Γ_2 と Γ_4, $\cdots$, Γ_{s-2} と Γ_s との対の中には共通点のないもの
が少くとも

$$\left[\frac{s}{\lambda_1 + 1} \right]$$

組存在する. Γ_{i-1} と Γ_{i+1} とが共通点を持たぬとし, Γ' と Γ_{i-1} との交点を
z'_{i-1}, Γ' と Γ_{i+1} との交点を z'_{i+1} とすれば, ρ_1 の定義により

$$\rho_1 \leqq \rho(z'_{i-1}, z'_{i+1}).$$

よって

$$\rho_1 \left[\frac{s}{\lambda_1 + 1} \right] \leqq \rho(\Gamma'),$$

$$\rho_1 \left(\frac{s}{\lambda_1 + 1} - 1 \right) \leqq \rho(z, \varphi(z)) + 1.$$

故に

(6.20)　　　　$\lambda = \dfrac{\lambda_1 + 1}{\rho_1}, \quad \mu = \dfrac{(\lambda_1 + 1)(\rho_1 + 1)}{\rho_1}$

とおけば

(6.21)　　　　　　　　$s \leqq \lambda \rho(z, \varphi(z)) + \mu.$

さて, $\Gamma_i = \pi_i \cap \pi_{i+1} = \psi_i(\bar{D}) \cap \psi_{i+1}(\bar{D})$ で あ っ た か ら, $\psi_i^{-1}(\Gamma_i) = \bar{D} \cap$

$\psi_i^{-1}\psi_{i+1}(\bar{D})$ は $\bar{D}$ の辺である. 故に $\psi_i^{-1}(\Gamma_i)$ は γ_j, δ_j $(j = 1, \cdots, m)$ のいずれかと一致し, 例えば $\psi_i^{-1}(\Gamma_i) = \gamma_j$ とすれば

$$\psi_i^{-1}\psi_{i+1}(\bar{D}) = \varphi_j(\bar{D}), \qquad \psi_i^{-1}\psi_{i+1} = \varphi_j.$$

また $\psi_i^{-1}(\Gamma_i) = \delta_j$ ならば同様に

$$\psi_i^{-1}\psi_{i+1} = \varphi_j^{-1}.$$

いずれにしても

$$\psi_{i+1} = \varphi_{ji}^{\pm 1}\psi_i, \qquad i = 1, \cdots, s$$

であるから

(6.22) $$\psi_{s+1} = \varphi_{j1}^{\pm 1}\cdots\varphi_{js}^{\pm 1}\psi_1.$$

しかるに $\psi_{s+1}(\bar{D})$ はその内部に $\varphi(z')$ および $\psi_{s+1}(\psi^{-1}(z'))$ を含むから

$$\varphi(z') = \psi_{s+1}(\psi_1^{-1}(z')), \qquad \varphi = \psi_{s+1}\psi_1^{-1}.$$

故に (6.22) により

(6.23) $$\varphi = \varphi_{j1}^{\pm 1}\cdots\varphi_{js}^{\pm 1}.$$

よって z を与えた場合 (6.21) を満足する s 個の $\varphi_i^{\pm 1}$ によって φ が表されることがわかった. この証明に与えた積 (6.23) はもちろん z を変えれば変わってくるが, その中に含まれる $\varphi_i^{\pm 1}$ の個数 s は常に (6.21) を満足し, しかも, λ, μ は (6.20) からわかるように φ, z には無関係である. 従って φ を表すのに必要な $\varphi_i^{\pm 1}$ の最小個数を r とし, その表し方を (6.17) とすれば, この r は確かにすべての z に対し (6.17) を同時に満足する. これで補題は証明された (証終).

なおこの補題の中で, 正規「多角形」$\bar{D}$ をすぐその隣りの正規「多角形」に写す写像によって G が生成されるという点は, 必ずしも compact な $\mathfrak{R}^*(G)$ に対してばかりでなく, 一般に成立することを注意しておく. それは上の証明から明らかであろう.

第4章　代数函数体と閉 Riemann 面[1]

§1　代数函数体の Riemann 面

　本章および次章においては前章までの結果を用いて，古典的代数函数論，すなわち複素数体 k の上の代数函数体の理論を紹介する．そこで本節ではまず k を係数体とする代数函数体 K が(代数的に)与えられた場合，これから適当な compact な R 面，いわゆる**閉 Riemann 面**を定義し，K がこの閉 R 面の解析函数体によって同型に表現されることを証明しよう．そのため P を K の任意の素点，u を K の任意の元とせよ．P の剰余体は定理 2.3 により k と一致するから $\nu_P(u) \geqq 0$ ならば(すなわち u が P の賦価環に含まれていれば)

$$u \equiv a \quad \mathrm{mod}. \, \mathfrak{p}$$

を満足する k の元 a が唯一つ定まる．ただし $\mathfrak{p}$ はもちろん P に属する素 ideal である．そこで

$$(1.1) \quad \bar{u}(P) = \begin{cases} a, & \nu_P(u) \geqq 0, \ \nu_P(u-a) > 0 \text{ の場合,} \\ \infty, & \nu_P(u) < 0 \text{ の場合} \end{cases}$$

とおけば，これにより K のすべての素点の集合 S の上で定義された複素函数 $\bar{u}(P)$ が得られる．明らかに K の元 u, v に対し

$$\bar{u}(P) + \bar{v}(P) = (\overline{u+v})(P),$$
$$\bar{u}(P) \cdot \bar{v}(P) = (\overline{uv})(P)$$

が成立し，また特に k の元 c には S の上で常に値 c をとる函数が対応する．よってこれを c と一致させれば $\bar{u}(P)$ の全体

---

1)　本章および次章に述べる古典的代数函数論の参考書はなかなか多いが，ここでは代表的なものとして前章註 3 の Weyl の著書の外に Appell-Goursat, Théorie des fonctions algébriques et de leurs intégrales, I (Gauthier-Villars, Paris) および G. A. Bliss, Algebraic functions (Amer. Math. Soc. Colloquium Publications) を挙げておく．後者に詳しい文献がのっている．

$$\bar{K} = \{\bar{u}(P); \, u \in K\}$$

は, $u \mapsto \bar{u}(P)$ なる対応により K と同型な体をなす. $\bar{K}$ は抽象的(代数的)に
与えられた体 K を S の上の函数体として具体的に表現したものに他ならな
い.

上の $\bar{u}(P)$ の値はまた次のようにしても求められる. すなわち P に関する
素元 t を任意に選び, 完備体 K_P の中で u を展開し

$$u = \sum a_i t^i, \qquad a_i \in k$$

とする. ここで右辺の級数が負巾項を含めば $\nu_P(u) < 0$ であるから $\bar{u}(P) = \infty$.
また右辺が整級数ならばちょうど $\bar{u}(P) = a_0$ である.

さて我々の目的は素点の集合 S の上に $\bar{K}$ を解析函数体とする R 面が存在
することを証明するにある. それが言えれば定理 3.14 によりそのような R 面
は唯一つしかないから, これを代数函数体 K に属する R 面と名付け, $\mathfrak{R}(K)$
と記すことにする. しからば

(1.2) $$K(\mathfrak{R}(K)) \cong K.$$

$\mathfrak{R}(K)$ の存在を証明するためにまず $K = k(z, w)$ とし, z と w との間に成立
つ既約関係式を

$$f(z, w) = a_0(z)w^n + a_1(z)w^{n-1} + \cdots + a_n(z) = 0$$

とせよ. ここに $a_i(z)$ はもちろん k の元を係数とする z の多項式である. k は
標数 0 の代数的閉体であるから K の素点は定理 2.6 の方法により求められる
はずであるが, これを次にもう少し精密に考察してみよう.

$\mathfrak{R}_0^*$ を複素 z 球面とし, $\mathfrak{R}_0^*$ において次のいずれかの条件を満足する点のこ
とをかりに除外点と呼び, 除外点でない点を通常点と呼ぶことにする:

i) $z = \infty$,

ii) $a_0(z) = 0$ の根,

iii) $f(z, w) = 0$ と $f_w(z, w) = 0$ とから w を消去して得られる多項式,
いわゆる $f(z, w) = 0$ の w に関する判別式 $d(z) = 0$ の根.

除外点はもちろん有限個であるからこれを $b_1, \cdots, b_r$ とせよ. a を任意の通
常点とすれば, a の近傍で z を一つ定めた時, $f(z, w) = 0$ は常に n 個の相異

なる根 $w_1, \cdots, w_n$ を有する．よって陰函数に関する Weierstrass の定理により $\varepsilon > 0$ を十分小さくとれば $|z-a| < \varepsilon$ において $w_i = w_i(z)$ は

$$w_i(z) = P_i(z, a) = \sum_{j=0}^{\infty} a_{ij}(z-a)^j$$

と展開される．ただし右辺はもちろん $|z-a| < \varepsilon$ において収斂する巾級数で，$i \neq j$ ならば $P_i(z, a) \neq P_j(z, a)$ である．もちろん $|z-a| < \varepsilon$ において

$$f(z, w) = a_0(z) \prod_{i=1}^{n} (w - P_i(z, a))$$

となるから

(1.3)　　　　$z = a + t, \quad w = P_i(t) = \sum_{j=0}^{\infty} a_{ij} t^j, \quad i = 1, \cdots, n$

とおけば $|t| < \varepsilon$ において恒等的に

$$f(a+t, P_i(t)) = 0.$$

故に定理 2.6 により $(z-a)$ なる ideal から生ずる $k(z)$ の素点 P_a は K において (1.3) によって定まる n 個の拡張 $P_{a,1}, \cdots, P_{a,n}$ を有する．これらの $P_{a,i}$ は K において分岐しない．

　次に a を除外点の一つとせよ．まず $a \neq \infty$ と仮定し，$\varepsilon > 0$ を十分小にとって $|z-a| < \varepsilon$ 内に他の除外点が入らぬようにする．$0 < |z-a| < \varepsilon$ 内の各点 b に対しては上に述べたごとく $f(z, w) = 0$ を満足する n 個の相異なる巾級数

$$w = P_i(z, b) = \sum_{j=0}^{\infty} a_{ij}(b)(z-b)^j, \quad i = 1, \cdots, n$$

が定まる．$P_i(z, b)$ は b 点の近傍における $f(z, w) = 0$ の解の全部であるから函数関係不変の定理により n 個の函数要素 $P_i(z, b)$ $(i = 1, \cdots, n)$ を $0 < |z-a| < \varepsilon$ 内の任意の曲線に沿うて同じ領域内の任意の点 c まで解析接続すれば，それらは全体として $P_i(z, c)$ $(i = 1, \cdots, n)$ と一致する．特に b から始めて a 点を正の向きに一回廻って再び b まで戻った時 $P_i(z, b)$ が $P_{i'}(z, b)$ に接続されるものとし（これは a 点を廻る曲線のとり方には関係しない），かくして得られる $1, \cdots, n$ の置換を

$$\sigma = \begin{pmatrix} 1 & 2 & \cdots & n \\ 1' & 2' & \cdots & n' \end{pmatrix}$$

とせよ. この σ を循環置換の積に分解して(適当に番号をつけかえて)

(1.4) $\sigma = (1, 2, \cdots, e)(e+1, \cdots, e+e')(e+e'+1, \cdots)\cdots$

とする. しからば $P_1(z, b)$ およびそれから接続によって得られる任意の函数要素は $0 < |z-a| < \varepsilon$ 内において一つの多価解析函数 $g(z)$ を定めるが, $g(z)$ はこの領域内の各点において e 個の分枝 $P_1(z, b), \cdots, P_e(z, b)$ を有しかつ z が a 点の周囲を e 回廻ると $g(z)$ の各分枝は初めの値に戻る. よって

$$(z-a) = t^e$$

とおけば, これにより $0 < |t| < \varepsilon^{\frac{1}{e}}$ は $0 < |z-a| < \varepsilon$ の上に e 重に写像されるから $h(t) = g(a+t^e)$ は $0 < |t| < \varepsilon^{\frac{1}{e}}$ において t の一価正則函数となる. ここで $a_0(a) \neq 0$ とすれば $z \to a$ のとき各 $P_i(z, b)$ は $f(z, w) = 0$ の根である一定の有限値に収斂するから $h(t)$ は $t = 0$ においても正則である(Riemann の定理). また $a_0(a) = 0$ で $a_0(z) = (z-a)^l a_0'(z)$, $a_0'(a) \neq 0$ とすれば $g(z)$ の代わりに $(z-a)^l g(z)$ を考えることにより

$$(z-a)^l g(z) = t^{el} h(t)$$

が $t = 0$ で有限, 従って正則となる. すなわちいずれの場合にも $h(t)$ は $t = 0$ において高々極を有する解析函数である.

よって

$$h(t) = c_1 t^{e_1} + c_2 t^{e_2} + \cdots, \quad e_1 < e_2 < \cdots, \quad c_i \neq 0$$

を $h(t)$ の $|t| < \varepsilon^{\frac{1}{e}}$ における展開とすれば

$$g(z) = \sum c_i (z-a)^{\frac{e_i}{e}}, \quad |z-a| < \varepsilon$$

となる. この右辺で $(z-a)$ の e 乗根 $(z-a)^{\frac{1}{e}}$ のとり方はちょうど e 通りあるからそれによって e 個の Puiseux 級数

(1.5) $P_1(z, a), \cdots, P_e(z, a)$

が得られ, これらが $0 < |z-a| < \varepsilon$ 内における $g(z)$ の e 個の分枝 $P_1(z, b), \cdots,$

$P_e(z,b)$ と一致しているわけである.

σ の他の環状部分 $(e+1, \cdots, e+e')$, $(e+e'+1, \cdots)$, $\cdots$ についても同様にして

$|z-a|<\varepsilon$ においてそれぞれ 1 の巾根だけ異なる Puiseux 級数の組

$$(1.6) \qquad \begin{cases} P_{e+1}(z,a), & \cdots, & P_{e+e'}(z,a), \\ P_{e+e'+1}(z,a), & \cdots, \\ & \cdots \end{cases}$$

を得ることができる. そうしてもちろん

$$f(z,w) = a_0(z) \prod_{i=1}^{n} (w - P_i(z,a))$$

が成立するから, ideal $(z-a)$ から生ずる $k(z)$ の素点 P_a は定理 2.6 により K において σ の各環状部分に対応して (1.6) で与えられる分岐指数 e, e', $\cdots$ の素点に拡張されることがわかる.

今まで $a \neq \infty$ と仮定してきたが $a = \infty$ の場合にも $z' = \dfrac{1}{z}$ の 0 の近傍を考え, $z-a = t^e$ の代わりに $z = t^{-e}$ をとれば全く同様な結果を得る.

以上の考察により特に次の結果が得られた.

定理 4.1 $K = k(z,w)$ を複素数体 k の上の代数函数体, P を K の素点, P の $k(z)$ に関する分岐指数を e $(\geqq 1)$ とし

$$(1.7) \qquad z = \begin{cases} a + t^e \\ t^{-e} \end{cases}, \quad w = c_1 t^{e_1} + c_2 t^{e_2} + \cdots, e_1 < e_2 < \cdots, c_i \neq 0$$

を定理 2.6 に与えられた P の素元 t による z, w の標準的展開とすれば $c_1 t^{e_1} + c_2 t^{e_2} + \cdots$ は単なる t の形式的級数ではなくて $t = 0$ のある近傍 $|t| < \varepsilon^{\frac{1}{e}}$ において (高々 $t = 0$ を除き) 実際収斂する巾級数である.

また上の考察により ε を十分小にとって $0 < |z-a| < \varepsilon$ あるいは $0 < \left|\dfrac{1}{z}\right| < \varepsilon$ 内に $\mathfrak{R}_0$ の除外点が入らぬようにすれば t_0 を $0 < |t| < \varepsilon^{\frac{1}{e}}$ 内の任意の点とする時 $h(t) = c_1 t^{e_1} + c_2 t^{e_2} + \cdots$ は t_0 において一つの函数要素 $P_i(z,b)$ $((b-a)^{\frac{1}{e}} =$

$t_0)$ を定め，従って $K/k(z)$ において分岐しない k の素点 $P(t_0)$ が得られる．よって上の定理 4.1 の素点 P を $P=P(0)$ とおけば素点の集合

$$(1.8) \qquad U(P,\varepsilon) = \{P(t);\, |t| < \varepsilon^{\frac{1}{e}}\}$$

は t 平面の開円板 $|t| < \varepsilon^{\frac{1}{e}}$ の点と 1 対 1 に対応する．

K の素点 P が与えられたとき上のごとき $U(P,\varepsilon)$ の全体 $\{U(P,\varepsilon)\}$ をもって P の近傍系を定義すれば，これにより K の素点の集合 S に位相が導入される．次にこの位相により S が compact な連結 2 次元多様体となることを証明しよう．

$\mathfrak{R}_0^*$ を前のように複素 z 球面としまず $\mathfrak{R}_0^*$ の上に除外点 $b_1, \cdots, b_r$ を記す．次に b_i および b_i の対極点(b_i を通る球の直径が球面と交る他の端点)と異なる点 a_0 を任意にとり a_0 の対極点を a_0' とせよ．しからば b_i を通って a_0 と a_0' とを結ぶ大円弧が唯一つ存在する．これを γ_i とする．b_i の番号を適当に附ければ γ_{i-1} と γ_i とが隣り合っているものと仮定しても差支えない．γ_{i-1} と γ_i によって囲まれる球面二角形を 2 等分する(a_0 と a_0' とを結ぶ)大円弧を δ_i

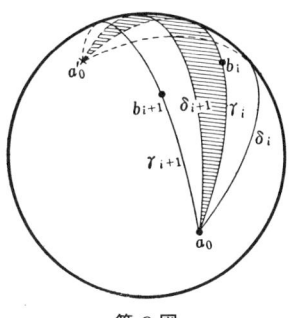

第 6 図

とし(ただし γ_r と γ_1 との二等分弧を δ_1 とする)，δ_i と a_0b_i, b_ia_0' とによって囲まれる球面三角形(実際の形は二角形)を t_{2i-1}, a_0b_i, b_ia_0' および δ_{i+1} によって囲まれる球面三角形を t_{2i} とする．しからば $\mathfrak{R}_0^*$ は $2r$ 個の三角形 $t_1, \cdots, t_{2r}$ に分割されるわけである．

次に平面上に a_1 を中心とする正 $2r$ 角形 $\bar{T}$ を描き，その頂点を順次に $c_1, d_1, \cdots, c_r, d_r$ とすれば，$\bar{T}$ から $\mathfrak{R}_0^*$ への連続写像で，$\bar{T}$ の $2r$ 個の三角形 $\Delta a_1c_id_i$, $\Delta a_1d_ic_{i+1}$ $(i=1,\cdots,r)$ をそれぞれ $\mathfrak{R}_0^*$ の $2r$ 個の三角形 t_{2i-1}, t_{2i} の上に

$$a_0' \leftrightarrow a_1, \quad b_i \leftrightarrow d_i,$$

$$a_0'b_i \leftrightarrow a_1d_i, \quad a_0b_i \leftrightarrow c_id_i, \quad \delta_i \leftrightarrow a_1c_i, \quad a_0b_i \leftrightarrow d_ic_{i+1}$$

が互いに対応するように位相的に写像するものが存在する(いわゆる単体写

像). この時 $\mathfrak{R}_0^*$ の a_0 には $\bar{T}$ の r 個の点 $c_1, \cdots, c_r$ が対応し，また円弧 $a_0 b_i$ には $c_i d_i$ と $d_i c_{i+1}$ とが対応するが，$\mathfrak{R}_0^*$ から $a_0 b_i$ $(i=1, \cdots, r)$ を除いた領域 U_0 は $\bar{T}$ の内部 T に位相的に写像される.

さて $z = a_0'$ において $f(z, w) = 0$ から定まる n 個の函数要素を前のごとく $P_i(z, a_0')$ $(i=1, \cdots, n)$ とせよ．各 $P_i(z, a_0')$ は U_0 内の任意の曲線に沿うて解析接続可能であるが，U_0 は T と同じく単連結であるからこの接続により U_0 上における n 個の一価解析函数 $g_i(z)$ $(i=1, \cdots, n)$ が定まる．$g_i(z)$ はもちろん $\mathfrak{R}_0^*$ 上で辺 $a_0 b_j$ を越えても接続可能であるが，その結果は一般には $g_i(z)$ とは異なる他の $g_{i'}(z)$ になる．t_{2j-1} から t_{2j} に向かって γ_j を越えた時に一般に $g_i(z)$ が $g_{i'}(z)$ に変わったならば

$$\sigma_j = \begin{pmatrix} 1 & 2 & \cdots & n \\ 1' & 2' & \cdots & n' \end{pmatrix}$$

とおいて置換 σ_j を定義する．次に $\bar{T}$ の copy (すなわち $\bar{T}$ と同じ大きさの正 $2r$ 角形) を n 枚とって

$$\bar{T}_1, \ \bar{T}_2, \ \cdots, \ \bar{T}_n$$

とし，また $\bar{T}_i$ において a_1, c_j, d_j に相当する点を $a_1^{(i)}, c_j^{(i)}, d_j^{(i)}$ と記す．そうして上の置換 σ_j に対して $\bar{T}_i$ の辺 $(c_j^{(i)}, d_j^{(i)})$ と $\bar{T}_{i'}$ の辺 $(c_{j+1}^{(i')}, d_j^{(i')})$ とを $c_j^{(i)}$ と $c_{j+1}^{(i')}$, $d_j^{(i)}$ と $d_j^{(i')}$ とが互いに対応するように一致させる．各 $\sigma_j (j=1, \cdots, r)$ に対しこのような接合 (identification) を行えば，これにより上の $\bar{T}_1, \cdots, \bar{T}_n$ から一つの位相空間 S' が得られるが，これが初めに述べた代数函数体 K の素点のつくる空間 S の位相的模型になっている．実際 a を a_0 と異なる $\mathfrak{R}_0^*$ の通常点とすれば a に対しそれぞれ $g_i(z)$ から得られる $f(z, w) = 0$ の函数要素 $P_i(z, a)$ が n 個あるが，この $P_i(z, a)$ に属する K の素点 $P_{a,i}$ と $\bar{T}_i$ における a の像 $a^{(i)}$ とを互いに対応させれば，この写像が $P_{a,i}$ の近傍で 1 対 1，両側連続となることは明らかである．$a = a_0$ に対応する S' の点は一見 S' 上で特異な性質を有しているように見えるが，a_0 において n 個の異なる $P_i(z, a_0)$ が存在することを考慮に入れれば上のような接合の結果なんら特異性は現れないで．$P_i(z, a_0)$ に対応してちょうど n 個の点 $a_0^{(i)}$ $(i=1, \cdots, n)$ が S' 上に存在

し, しかも $P_i(z,a) \leftrightarrow a^{(i)}$ なる対応が $a_0^{(i)}$ の近傍でも位相的になることが容易にわかる. 最後に $a=b_j$ においては $\sigma=\sigma_j$ を例えば (1.4) のごとく環状部分に分ければ

$$d_j^{(1)} = d_j^{(2)} = \cdots = d_j^{(e)},$$
$$d_j^{(e+1)} = \cdots = d_j^{(e+e')},$$
$$\cdots$$

がそれぞれ一致して S' の点を一つずつ与えるからこれらの点に (1.6) から定まる K の素点を対応させれば, ここでも S と S' との対応は 1 対 1 でかつ両側連続となる(微細な位相幾何学的考察は読者自ら試みられたい).

以上により S と S' とは同位相で, 従って S が実際 compact な 2 次元多様体であることがわかった[2]. 次に S が連結していることを証明しよう. これをいうには S' が連結していること, すなわち上のような接合により $\bar{T}_1, \cdots, \bar{T}_n$ が全部つながっていることを証明すればよい. 今かりに $\bar{T}^{(1)}, \cdots, \bar{T}^{(m)}$ と $\bar{T}^{(m+1)}, \cdots, \bar{T}^{(n)}$ $(1 \leqq m < n)$ とは接合によっても連結しないと仮定せよ. しからば $P_1(z, a_0'), \cdots, P_m(z, a_0')$ から $\mathfrak{R}_0^*$ 上で除外点を避けて任意に解析接続して得られる函数要素は全体として必ず $g_1(z), \cdots, g_m(z)$ に属する $P_1(z, b), \cdots, P_m(z, b)$ と一致する. よって $P_i(z, a)$ $(i=1, \cdots, m)$ の基本対称式

$$(1.9) \quad s_1(z) = \sum_{i=1}^{m} P_i(z, a), \quad s_2(z) = \sum_{i<j} P_i(z, a) z_j(z, a), \quad \cdots$$

はいずれも除外点以外では z の一価正則函数である. また除外点 a_j の近傍では各 $P_i(z, a)$ は $z-a_j$ の Puiseux 級数に展開されるから $s_1(z), s_2(z), \cdots$ はいずれも $(z-a_j)$ の適当な巾を乗ずれば $z \to a_j$ の時 0 に収斂する. 故にこれらの函数はすべての a_j において高々極の特異性を有する. すなわち $s_i(z)$ は全複素球面上で高々極を有する解析函数であるからそれは z の有理函数でなければならぬ. よって

---

2) S' が compact な 2 次元多様体であることは S' のつくり方から容易にわかる故 S もそうなるのである.

$$f_1(z, w) = \prod_{i=1}^{m} (w - P_i(z, a)) = w^m - s_1(z)w^{m-1} + \cdots + (-1)^m s_m(z)$$

は $k(z)$ を係数とする w の多項式である. 同様にして

$$f_2(z, w) = \prod_{i=m+1}^{n} (w - P_i(z, a))$$
$$= w^{n-m} - s_1'(z)w^{n-m-1} + \cdots + (-1)^{n-m} s_{n-m}'(z),$$
$$s_i'(z) \in k(z)$$

も $k(z)$ を係数とする w の多項式であるが,

$$f(z, w) = a_0(z) \prod_{i=1}^{n} (w - P_i(z, a)) = a_0(z) f_1(z, a) f_2(z, a)$$

となるからこれは $f(z, w)$ の既約性と矛盾する. 故に S' 従って S は連結していなければならぬ.

さて S が compact な連結 2 次元集合体であることはこれでわかったから, 次に R 函数系を与えて S を基底空間とする R 面を定義しよう. このため S の任意の点 P に対し十分小なる $\varepsilon_P > 0$ を一つ定め (1.8) の近傍を

$$U_P = U(P, \varepsilon_P)$$

とおく. U_P の点 Q は $|t| < \varepsilon^{\frac{1}{e}}$ 内の点 t と 1 対 1 に対応するからこの写像を $t_P = t_P(Q)$ とする時

$$\varphi_P(Q) = \varepsilon_P^{-\frac{1}{e}} t_P(Q)$$

とおけば, φ_P により U_P は単位円内部 $(|t| < 1)$ に位相的に写像される. また $P \neq P'$ とし, Q を $U_P \cap U_{P'}$ の任意の点, P, P', Q の $k(z)$ における射影を $P_a, P_{a'}, P_z$ とすれば

$$t_P^e(Q) = z - a, \quad t_{P'}^{e'}(Q) = z - a'.$$

ただし e, e' はもちろん P, P' の $k(z)$ に関する分岐指数である. この式から z を消去すれば

$$(1.10) \qquad\qquad t_{P'}^{e'}(Q) = a - a' + t_P^e(Q).$$

これは $U_P \cap U_{P'}$ の点 Q の $U_{P'}$ に関する座標 $t_{P'}(Q)$ が U_P に関する座標 $t_P(Q)$ の解析函数であることを示す式であるが, $t_{P'}(Q)$ と $t_P(Q)$ とが 1 対 1

かつ連続に対応することは予めわかっているのだから，上の函数は一価正則で
なければならぬ．よって

$$\varphi_{P'}\varphi_P^{-1}$$

なる函数は $\varphi_P(U_P \cap U_{P'})$ を $\varphi_{P'}(U_P \cap U_{P'})$ に 1 対 1，等角に写像する．故に
上のごとくにして得られる

$$\mathfrak{F} = \{\varphi_P, U_P\}$$

は確かに S における一つの R 函数系を与えこれにより R 面

$$\mathfrak{R} = \{S, \{\mathfrak{F}\}\}$$

が定まる．

　さて次にはこのようにして定義された R 面 $\mathfrak{R}$ の解析函数体 $K(\mathfrak{R})$ が始め
に定義した函数体

$$\bar{K} = \{\bar{u}(P)\}$$

と一致することを証明しよう．そのため K の任意の元 u をとり，また P を
$\mathfrak{R}$ における任意の点とせよ．$U_P = U(p, \varepsilon)$ および U_P における局所変数 $t =$
$t_P(Q)$ は前の通りとする．u は K の元として z, w の有理函数（しかも w の有
理整函数）として書けるから

$$u = r(z, w)$$

として，この $r(z, w)$ に z, w の t 展開 (1.7) を代入し，形式的に計算すれば u
の t 展開

　(1.11) $$u = \sum a_i t^i$$

を得ることができる．(1.11) は P の素元 t に関する u の代数的（形式的）展開
であるが，ここで (1.7) は $0 < |t| < \varepsilon$ において収斂するから適当に $\varepsilon_1 (0 < \varepsilon_1 <$
$\varepsilon)$ を定めれば (1.11) の右辺もまた $0 < |t| < \varepsilon_1$ において実際に収斂する t の級
数であることがわかる．よって $|t| < \varepsilon_1$ において右辺の表す解析函数を $F(t)$
とすれば $\bar{u}(P)$ の定義により

$$\bar{u}(P) = F(0)$$

が成立する．次に P_1 を

$$0 < |t(P_1)| < \varepsilon_1$$

なるごとき任意の点とせよ．上の $t=t_P$ と同様にして定義される P_1 の局所変数を $t_1 = t_{P_1}(Q)$ とすれば，

$$(1.12) \qquad\qquad t_2(Q) = t(Q) - t(P_1)$$

もまた P_1 の近傍における局所変数であるから，定理3.1より P_1 の近傍で

$$t_2(Q) = \sum_{i=1}^{\infty} b_i t_1(Q)^i, \qquad b_1 \neq 0.$$

これは $t_2 = t_2(Q)$ が $t_1 = t_1(Q)$ と同時に代数的な意味で P_1 における素元であることを示している．よって $\bar{u}(P_1)$ の値は u の t_2 展開から求められるはずであるが $t_2 = t - t(P_1)$ により $u = F(t) = \sum a_i t^i$ を t_2 の巾級数に変形すれば，$F(t(P_1)) \neq \infty$ であるから

$$u = \sum_{i=0}^{\infty} c_i t_2^i, \qquad c_0 = F(t(P_1)).$$

よって函数 $\bar{u}(P)$ の定義により

$$\bar{u}(P_1) = F(t(P_1)).$$

故に P_1 を改めて Q と書けば P の近傍 $|t(Q)| < \varepsilon_1$ においては常に

$$(1.13) \qquad\qquad \bar{u}(Q) = \sum a_i t(Q)^i.$$

すなわち定理4.1の t から得られる $\mathfrak{R}$ における P の局所変数を $t = t_P(Q)$ とすれば，K の元 u の P の素元 t に関する代数的展開 (1.11) と，u に対応する K の函数 $\bar{u}(Q)$ の P における局所変数 $t_P(Q)$ に関する解析的展開 (1.13) とは同一の級数によって与えられることがわかった．特に (1.13) は複素函数 $\bar{u}(Q)$ が任意の点 P の近傍で解析的であることを示しているから $\bar{u}(P)$ は R 面 $\mathfrak{R}$ の解析函数でなければならぬ．故に

$$(1.14) \qquad\qquad \bar{K} \subseteqq K(\mathfrak{R}).$$

　今度は逆に $g(P)$ を $\mathfrak{R}$ の任意の解析函数とせよ．複素 z 球面 $\mathfrak{R}_0^*$ 上の通常点 a をとれば $k(z)$ における素点 P_a の K における拡張はちょうど n 個あって，これを $P_{a,1}, \cdots, P_{a,n}$ とすれば $P_{a,i}$ はいずれも不分岐でかつ $t = z - a$ がこれらの点の（代数的意味では）素元であり（解析的意味では）局所変数である．よって $g(P)$ は $P_{a,i}$ の近傍でそれぞれ $(z-a)$ の巾級数に展開される．

$$g(P) = P_i(z,a) = \sum a_{ij}(z-a)^j.$$

ただし右辺はもちろん高々有限個の負巾項を含む級数である. そこで $P_i(z,a)$ の基本対称式

$$s_1'(z) = \sum_{i=1} P_i(z,a), \ s_2'(z) = \sum_{i<j} P_i(z,a)P_j(z,a), \ \cdots$$

をつくればこれらはもちろん $\mathfrak{R}_0^*$ から除外点を除いた領域内で解析的な一価函数を与えるが, 除外点の近傍でもそれらが高々極の特異性を有するに過ぎないことは 199 頁と同様にしてわかる. すなわち $s_i'(z)$ はすべて z の有理函数でなければならぬ. 通常点 a の近傍ではもちろん

$$g(P)^n - s_1'(\bar{z}(P))g(P)^{n-1} + \cdots + (-1)^n s_n'(\bar{z}(P)) = 0$$

が成立するが, この式の左辺は $\mathfrak{R}$ における解析函数であるからこの関係は $\mathfrak{R}$ のすべての点において成立しなければならぬ. よって解析函数体 $K(\mathfrak{R})$ の任意の函数 $g(P)$ は常に部分体 $\bar{K}_0 = k(\bar{z}(P))$ に対し高々 n 次の代数的元であることが証明された.

さて $K(\mathfrak{R})$ の任意の函数 $g_1 = g_1(P_1)$ をとり $\bar{K}$ に g_1 を添加して得られる体を

$$\bar{K}_1 = \bar{K}(g_1)$$

とせよ. しからば $\bar{K}_1$ は $\bar{K}_0$ の有限次拡大体であるから($k(z)$ の標数が 0 であることにより)

$$\bar{K}_1 = \bar{K}_0(g)$$

を満足する函数 $a = g(P)$ が存在する[3]. しかるに上に証明したところにより g の $\bar{K}_0$ に関する次数は高々 n であるから

$$[\bar{K}_1 : \bar{K}_0] \leqq n.$$

しかるに一方

$$[\bar{K} : \bar{K}_0] = n, \quad \bar{K} \subseteqq \bar{K}_1,$$

なる故 $\bar{K} = \bar{K}_1$. よって特に $g_1 \in \bar{K}$. g_1 は $K(\mathfrak{R})$ の任意の函数であったから

---

3) これは代数学で Steinitz の定理と呼ばれるものである.

$K(\mathfrak{R}) \subseteq \bar{K}.$ これと (1.14) とより

$$(1.15) \qquad\qquad K(\mathfrak{R}) = \bar{K}.$$

よって次の定理が証明された.

定理 4.2　K を複素数体 k の上の任意の代数函数体とする時，K の素点を点とし，かつその上の解析函数体が $K = \{\bar{u}(P)\}$ と一致するような閉 R 面が唯一つ存在する. これを K に属する R 面と呼び $\mathfrak{R}(K)$ と記す. (1.2) により

$$(1.16) \qquad\qquad K(\mathfrak{R}(K)) \cong K.$$

§2　閉 Riemann 面の解析函数体

前節において我々は代数函数体 K から出発してそれに属する閉 R 面を定義したが，今度は逆に与えられた閉 R 面 $\mathfrak{R}$ の上の解析函数体 $K(\mathfrak{R})$ を考察して，それが複素数体 k の上の代数函数体であることを示し，更に代数函数体と閉 R 面との関係を調べてみる.

$K(\mathfrak{R})$ は定理 3.11 により常数でない解析函数を必ず含むから，その一つをとって

$$z = z(P)$$

とする. $z(P)$ は $\mathfrak{R}$ から複素 z 球面 $\mathfrak{R}_0^*$ 内への解析的写像を与えるが，z は常数でないから定理 3.3 によって $\mathfrak{R}$ の像 $z(\mathfrak{R})$ は $\mathfrak{R}_0^*$ において開集合となる. 一方仮定により $\mathfrak{R}$ は compact で $z(P)$ はもちろん連続であるから $z(\mathfrak{R})$ もまた compact. よって連結空間 $\mathfrak{R}_0^*$ の，同時に開集合であり閉集合である部分集合 $z(\mathfrak{R})$ は $\mathfrak{R}_0^*$ と一致しなければならぬ:

$$z(\mathfrak{R}) = \mathfrak{R}_0^*.$$

次に写像 $z(P)$ に関する分岐点 (127 頁) を $Q_1, \cdots, Q_r$ とし

$$b_i = z(Q_i), \quad i = 1, \cdots, r$$

とせよ. 分岐点の集合は compact な $\mathfrak{R}$ において集積点を持たないから，それは確かに有限集合である. この $b_1, \cdots, b_r$ および ∞ を $\mathfrak{R}_0^*$ における除外点と名付けることにしよう (b_i のうちには同じ点が 2 度含まれていることもあろうがそれは差支えない. またある b_i が ∞ であることもある). 除外点でない点を

通常点と呼ぶ.

さて a を $\mathfrak{R}_0^*$ 上の任意の通常点とし

$$z(P) = a$$

とすれば, P の近傍は z により a の近傍の上に 1 対 1 に写像されるから a 点の z による原像 $z^{-1}(a)$ は P の近傍では P 点以外には存在しない. 従って $\mathfrak{R}$ が compact であることにより $z^{-1}(a)$ が有限集合であることが知られる[4]:

$$z^{-1}(a) = \{P_1, P_2, \cdots, P_n\}.$$

P_i はいずれも分岐点でないから $\varepsilon > 0$ を十分小にとれば z により a の近傍 $U(\varepsilon) = \{z; |z-a| < \varepsilon\}$ に等角に写像されるような互いに共通点のない P_i の近傍 $U_i(\varepsilon)$ $(i = 1, \cdots, n)$ が定まる. 次に $\varepsilon_1 (\varepsilon > \varepsilon_1 > 0)$ を更に十分小にとれば $U(\varepsilon_1) = \{z; |z-a| < \varepsilon_1\}$ の z による原像 $z^{-1}(U(\varepsilon_1))$ は $U_1, \cdots, U_n$ の和集合に含まれていることを証明しよう. なんとなればもしもこれが成立しないとすれば $U_1 \cup U_2 \cup \cdots \cup U_n$ に含まれない $\mathfrak{R}$ の点 P_j^* $(j = 1, 2, \cdots)$ が存在し

$$(2.1) \qquad \lim_{j \to \infty} z(P_j^*) = a$$

となるが, $\mathfrak{R}$ は compact だから(適当な部分列でおきかえて) P_j^* は $\mathfrak{R}$ 上の点 P^* に収斂すると考えてよい. しからば(2.1)から

$$z(P^*) = a.$$

よって P^* は $P_1, \cdots, P_n$ のいずれかと一致しなければならぬ. しかるに P_j^* はいずれも $U_1 \cup \cdots \cup U_n$ の外の点であって, 従って P^* も U_i $(i = 1, \cdots, n)$ に属さないからこれは不合理である.

さて任意の通常点 a に対し $z^{-1}(a)$ に含まれる点の数を

$$n = N(a)$$

と書くことにすれば, $N(a)$ は自然数の値をとる a の函数であるが, 上の考察により a の十分小さい近傍 $U(\varepsilon_1)$ 内の点 a' に対しては $N(a')$ は $N(a)$ と一致

---

4) $z^{-1}(a)$ が無限集合ならばそれは集積点 P_0 を持たねばならぬ. $z^{-1}(a)$ の点の z による像はもちろん a だから $z(P_0)$ もまた a でなければならぬ. しかるに P_0 の近傍は P_0 以外に $z^{-1}(a)$ の点を含まぬはずだからこれは P_0 が $z^{-1}(a)$ の集積点であることと矛盾する.

する．よって

$$M_n = \{a;\, N(a) = n\}, \quad n = 1, 2, 3, \cdots$$

とおけば M_n はすべて開集合でかつ $\mathfrak{R}_0^*$ の通常点の全体 S_0' はこれら共通点のない $M_n(n = 1, 2, \cdots)$ の和に分割される．しかるに S_0' はもちろん連結集合であるから（S_0' は球面から有限個の点を取り除いた集合である），ある自然数 n に対し

$$S_0' = M_n$$

でなければならぬ．すなわち通常点 a に対しては常に同じ個数の $\mathfrak{R}$ の点 P_1, $\cdots, P_n$ が定まって局所変数

(2.2) $$t' = z - a = z(P) - z(P_i) = t$$

により各 P_i の近傍が a の近傍に等角に写像されることがわかった．

　次に b を有限の除外点とせよ．この場合も

(2.3) $$z^{-1}(b) = \{P_1', \cdots, P_r'\}$$

が有限集合となることは前と変わらない．そうして十分小なる $\varepsilon_1 > 0$ および P_i における局所変数 t_i を適当にとれば

(2.4) $$t' = z - b = t_i^{e_i}, \quad i = 1, \cdots, r$$

により互いに共通点のない P_i の近傍 $U_i = \{P;\, |t_i(P)| < \varepsilon_1^{\frac{1}{e_i}}\}$ が b の近傍 $U(\varepsilon_1) = \{z, |z - b| < \varepsilon_1\}$ にそれぞれ e_i 重に写像され，しかも

(2.5) $$z^{-1}(U(\varepsilon_1)) = U_1 \cup U_2 \cup \cdots \cup U_r$$

となることも通常点の場合と全く同様に証明される．$U(\varepsilon_1)$ はもちろん b 以外には除外点を含まないとしてよいから，この場合 b 以外の $U(\varepsilon_1)$ の点は U_i 内にそれぞれ e_i 個の原像を有する．よって (2.5) より

(2.6) $$n = e_1 + e_2 + \cdots + e_r$$

を得る．

　$z = \infty$ の場合には局所変数 $t' = z - b$ の代わりに $t' = \dfrac{1}{z}$ をとればあとは全く上と同様にすべてのことが証明される．

　さて以上の準備をしておいて次にいよいよ $\mathfrak{R}$ の解析函数 $g(P)$ を考察しよう．z を $\mathfrak{R}_0^*$ の任意の通常点とし

$$z^{-1}(z) = \{P_1(z), \cdots, P_n(z)\}$$

とする時，$g(P_i(z))$ $(i=1,\cdots,n)$ の基本対称式

$$s_1(z) = \sum_{i=1}^{n} g(P_i(z)), \quad s_2(z) = \sum_{i<j} g(P_i(z))g(P_j(z)), \quad \cdots$$

を考える．$g(P)$ は解析函数であるから各点の近傍でその点の局所変数の巾級数に展開されるが，通常点 a の近傍 $U(\varepsilon_1)$ を初めに述べたようにとれば，$z(P)$ により各 P_i の近傍 $U_i(\varepsilon_1)$ が $U(\varepsilon_1)$ に等角に写像され，かつ (2.2) が成立するから $g(P_i(z))$，従って $s_1(z), s_2(z), \cdots$ はいずれも a の近傍では $z-a$ の巾級数で表される．また除外点の近傍でそれが $z-b$ あるいは $\dfrac{1}{z}$ の Puiseux 級数になることも同様にして知られるから，前節におけると同じ論法により $s_i(z)$ はすべて $\mathfrak{R}_0^*$ 上の函数としては z の有理函数であることがわかる．P を $a=z(P)$ が通常点であるような $\mathfrak{R}$ の点とすれば，P の近傍で

$$(2.7) \quad g(P)^n - s_1(z(P))g(P)^{n-1} + \cdots + (-1)^n s_n(z(P)) = 0$$

が成立することはもちろんであるが，この式の左辺は $\mathfrak{R}$ の解析函数であるから (2.7) は $\mathfrak{R}$ の上で恒等的に満足される[5]．故に $K(\mathfrak{R})$ の任意の函数 $g(P)$ は常に $K_0 = k(z)$ $(z=z(P))$ に対し高々 n 次の代数的元であることが証明された．

よって今 $K(\mathfrak{R})$ の函数 $w=w(P)$ を $[K_0(w) : K_0]$ が最大となるように選び $w_1 = w_1(P)$ を $K(\mathfrak{R})$ の任意の元とすれば $K_0(w, w_1)$ もまた K_0 の有限次拡大体であるから（$k(z)$ の標数が 0 なることより）

$$K_0(w, w_1) = K_0(w_2)$$

を満足する $w_2 = w_2(P)$ が存在する．しかるに $K_0(w_2)$ は $K_0(w)$ を含むから

$$[K_0(w) : K_0] \leqq [K_0(w_2) : K_0].$$

よって w の選び方により

$$[K_0(w) : K_0] = [K_0(w_2) : K_0], \quad K_0(w) = K_0(w_2).$$

すなわち w_1 は $K_0(w)$ に含まれる．w_1 は $K(\mathfrak{R})$ の任意の函数であったから

---

[5] R 面上の解析函数がある開集合の上で 0 となるならば，それは恒等的に 0 に等しい．定理 3.3, 系参照．

$$K(\mathfrak{R}) = K_0(w) = k(z, w)$$

でなければならぬ.

　以上で閉 R 面 $\mathfrak{R}$ 上の解析函数体 $K(\mathfrak{R})$ が z, w から生成される複素数体 k 上の代数函数体であることはわかった. 次に $\mathfrak{R}$ と $K(\mathfrak{R})$ との関係をもう少し詳しく考察しよう. 上のごとく a を通常点,

$$z^{-1}(a) = \{P_1, \cdots, P_n\}$$

とすれば, $t = z - a$ が P_i における局所変数となるから $w = w(P)$ は P_i の近傍で

$$w = P_i(t) = \sum_j a_{ij} t^j$$

と t の巾級数に展開される. ここで $i \neq j$ ならば $P_i(t)$ と $P_j(t)$ とは異なる巾級数である. なんとなれば $P_i(t) = P_j(t)$ とすれば $K(\mathfrak{R})$ の任意の函数 $w_1 = w_1(P)$ は z, w の有理函数であるから w_1 の P_i, P_j における t 展開は常に一致する. しかるに定理 3.11 により

$$w_1(P_i) \neq w_1(P_j)$$

を満足する函数 $g_1(P)$ が確かに $K(\mathfrak{R})$ 内に存在するからこれは矛盾である. よって定理 2.6 を用いれば

$$z = a + t, \quad w = \sum_j a_{ij} t^j \quad (i = 1, 2, \cdots, n)$$

により $K(\mathfrak{R})$ の n 個の相異なる素点が与えられる. P_i より生ずる素点を $\bar{P}_i$ で表すことにしよう. しからば $\bar{P}_1, \cdots, \bar{P}_n$ はいずれも $k(z)$ において ideal $(z - a)$ から生ずる素点 P_a の $K(\mathfrak{R})$ における拡張である. ところが

$$[K(\mathfrak{R}) : k(z)] = [K_0(w) : K_0] \leqq n$$

であるから定理 2.6 により P_a は $K(\mathfrak{R})$ において高々 n 個の拡張を有するに過ぎない. 故にこれから

$$[K(\mathfrak{R}) : k(z)] = n$$

であって, かつ $\bar{P}_1, \cdots, \bar{P}_n$ は P_a の $K(\mathfrak{R})$ における拡張の全部であることがわかる.

次に b を有限の除外点とし，P_i', t_i, e_i を (2.3)，(2.4)のごとく定めれば $w = w(P)$ は P_i' の近傍で

$$w = \sum_j b_{ij} t_i^j$$

と展開されるが，定理 3.11 により $K(\mathfrak{R})$ の函数(すなわち z と w との有理函数)で t_i の 1 乗から展開されるようなものが存在するから $b_{ij} \neq 0$ となるすべての j と e_i との最大公約数は 1 でなければならぬ．故に再び定理 2.6 により

$$z = b + t_i^{e_i}, \quad w = \sum_j b_{ij} t_i^j$$

によって $K(\mathfrak{R})$ の素点が与えられる．これを $\bar{P}_i'$ で表すことにすれば通常点の場合と同様に $i \neq j$ ならば $\bar{P}_i' \neq \bar{P}_j'$ である．また定理 2.6 および(2.6)を用いれば $\bar{P}_1', \cdots, \bar{P}_r'$ が $k(z)$ の素点 P_b の $K(\mathfrak{R})$ における拡張の全部であることも知られる．$z = \infty$ の場合もこれと全く同様であることは明白であろう．

以上により R 面 $\mathfrak{R}$ の各点 P と $K(\mathfrak{R})$ の素点 $\bar{P}$ とが 1 対 1 に対応すること，$\mathfrak{R}$ 上の点 P における局所変数 t あるいは t_i が P における代数的な意味の素元を与えること，従って $K(\mathfrak{R})$ の任意の元 $u = u(P)$ の P 点の近傍における局所変数 t による解析的展開は $K(\mathfrak{R})$ を代数的に考えた場合の u の形式的な t 展開と一致し，解析函数 $u(P)$ の P における値は u に対し前節(1.1)において全く代数的に定義した函数 $\bar{u}(\bar{P})$ の $\bar{P}$ における値と完全に一致することがわかる．

$$u(P) = \bar{u}(\bar{P}).$$

よって前節の定理 4.2 にその存在を証明した $K(\mathfrak{R})$ に属する R 面を $\mathfrak{R}(K(\mathfrak{R}))$ とすれば，定理 3.14 により

$$(2.8) \qquad\qquad \mathfrak{R}(K(\mathfrak{R})) \cong \mathfrak{R}.$$

故に次の定理が得られた．

定理 4.3 閉 R 面 $\mathfrak{R}$ の解析函数体 $K(\mathfrak{R})$ は複素数体 k の上の代数函数体であって，それに属する R 面 $\mathfrak{R}(K(\mathfrak{R}))$ は初めの $\mathfrak{R}$ と同型である．

さて一般に複素係数の任意の多項式 $f(Z, W)$ が与えられた時その W に関す

る次数を n とすれば，任意の複素数値 z に対し

$$f(z, W) = 0$$

を満足する W の値が n 個定まる．この値を z の函数と見て

$$w = w(z)$$

とせよ．このようにして定義される z の多価函数 $w(z)$ を一般に**代数函数**と呼ぶ．$w(z)$ の性質を見るためには定理 4.2 の証明におけるごとく $f(z, w) = 0$ によって定まる複素数体上の代数函数体を $K = k(z, w)$ とし，K に属する R 面 $\mathfrak{R}(K)$ を考察するとよい．z, w に対応する $\mathfrak{R}(K)$ 上の解析函数を $\bar{z}(P), \bar{w}(P)$ とすれば，容易にわかるように任意の複素数値 z_0 を与えた時 $z(P) = z_0$ を満足する $\mathfrak{R}(K)$ の点 P が一般に n 個存在し，これらの点における $\bar{w}(P)$ の値がすなわち多価函数 $w(z)$ の $z = z_0$ における値に他ならない．よって代数函数 $w(z)$ は閉 R 面 $\mathfrak{R}(K)$ 上の（一価）解析函数 $\bar{z}(P)$ と $\bar{w}(P)$ との間の関係を表したものであることがわかる．一方定理 4.3 により任意の閉 R 面 $\mathfrak{R}$ の上の解析函数体 $K(\mathfrak{R})$ は複素数体上の代数函数体であるから $\mathfrak{R}$ 上の（常数でない）任意の解析函数 $z(P), w(P)$ をとれば，$z = z(P)$ と $w = w(P)$ とは既約関係式

$$f(z, w) = 0$$

によって結ばれる．従って $w(P)$ を $z(P)$ の函数と見ればそれは代数函数 $w(z)$ を与える．

　これにより一般に代数函数 $w(z)$ とは代数的に言えば複素数体上の代数函数体 K の二元 z, w の間の代数的関係であり，また解析的に言えば閉 R 面 $\mathfrak{R}$ の上の二つの解析函数 $z(P), w(P)$ の間の解析的関係であることが明らかになった．よって代数函数の研究は結局複素数体の上の代数函数体 K あるいは閉 R 面 $\mathfrak{R}$ の性質およびそれら相互間の関係を研究することに帰着させられる．代数函数論をこのような意味で代数函数体および閉 R 面の理論として捉えることが本書の初めからの方針であった[6]．

　さて定理 4.2，4.3 により与えられた k の上の代数函数体 K と閉 R 面 $\mathfrak{R}$ と

---

6)　緒言参照．

の関係を更に精密に調べてみよう．まず

定理 4.4　K_1, K_2 を k の上の代数函数体，$\mathfrak{R}(K_1), \mathfrak{R}(K_2)$ をそれに属する閉 R 面とし，σ を K_1 から K_2 の部分体 $K_1' = \sigma(K_1)$ への(k の上の)同型写像とすれば，任意の $u \in K_1$ および $u' = \sigma(u) \in K_1'$ に対応する $K(\mathfrak{R}(K_1))$, $K(\mathfrak{R}(K_2))$ の函数を $\bar{u}(P), \bar{u}'(P')$ とする時

$$(2.9) \qquad \bar{u}'(P') = \bar{u}(f'(P')), \quad P' \in \mathfrak{R}(K_2)$$

を常に満足する $\mathfrak{R}(K_2)$ から $\mathfrak{R}(K_1)$ の上への解析的写像 f' が唯一つ存在し，かつ K_2 の任意の素点 P' の K_1' に関する分岐指数は P' の写像 f' に関する分岐指数と一致する．特に K_1 が K_2 の部分体で σ が恒等写像ならば，上の $P = f'(P')$ は K_2 の素点 P' の K_1 に関する射影と一致する．

　逆に $\mathfrak{R}_1, \mathfrak{R}_2$ を閉 R 面，$P = f'(P')$ を $\mathfrak{R}_2$ から $\mathfrak{R}_1$ の上への解析的写像とする時，$K(\mathfrak{R}_1)$ の任意の函数 $\bar{u}(P)$ に対し

$$\bar{u}'(P') = \bar{u}(f'(P')), \quad P' \in \mathfrak{R}_2$$

とおけば，$\bar{u}'(P')$ は $K(\mathfrak{R}_2)$ に属し，$\bar{u}'(P') = \bar{\sigma}(\bar{u}(P))$ は $K(\mathfrak{R}_1)$ から $K(\mathfrak{R}_2)$ の部分体 $\bar{\sigma}(K(\mathfrak{R}_1))$ への(k の上の)同型写像を与える．特に $\mathfrak{R}_1, \mathfrak{R}_2$ が初めに述べた $\mathfrak{R}(K_1), \mathfrak{R}(K_2)$ と一致し，K_1, K_2 の元 u, u' に $K(\mathfrak{R}_1)$, $K(\mathfrak{R}_2)$ の函数 $\bar{u}(P), \bar{u}'(P')$ を対応させる同型写像をそれぞれ φ_1, φ_2 とすれば

$$\bar{\sigma}\varphi_1 = \varphi_2\sigma.$$

従って

$$(2.10) \qquad K_2/K_1' \cong K(\mathfrak{R}_2)/\bar{\sigma}(K(\mathfrak{R}_1)).$$

証明　まず前半を証明する．$K_1' = \sigma(K_1)$ であるから，P'' を K_1' の任意の素点とする時，K_1 のすべての元 u に対し

$$\nu_P(u) = \nu_{P''}(\sigma(u))$$

を満足する K_1 の素点 $P = \varphi(P'')$ が唯一つ存在して，φ により K_1 の素点の全体と K_1' の素点の全体とは 1 対 1 に対応する[7]．次に K_1' は K_2 の部分体で

---

7)　同様にして一般に二つの任意の体の間の同型写像からこれらの体における素因子の間の 1 対 1 の対応が導かれる．これによって特に代数体の Galois 拡大体における素 ideal の

あるから，K_2 の任意の素点 P' の K_1' における射影を

$$P'' = f(P')$$

とせよ．しからば

$$f' = \varphi f$$

が求むる写像である．なんとなれば，まず f' が K_2' の素点の集合 $\mathfrak{R}(K_2)$ から K_1 の素点の集合 $\mathfrak{R}(K_1)$ の上への写像であることは明白であるが，K_2 の素点 P' の K_1' に関する分岐指数を e とすれば定義により K_1 の任意の元 u に対し

$$(2.11) \qquad \nu_{P'}(\sigma(u)) = e\nu_P(u), \quad P = f'(P').$$

故に，$\nu_P(u) < 0$ ならば $\nu_{P'}(\sigma(u)) < 0$．また，$\nu_P(u) \geqq 0$, $\nu_P(u-a) > 0$ ならば $\nu_{P'}(\sigma(u)) \geqq 0$, $\nu_{P'}(\sigma(u)-a) = \nu_{P'}(\sigma(u-a)) > 0$．従って $\bar{u}(P), \bar{u}'(P')$ の定義により

$$\bar{u}'(P') = \bar{u}(P) = \bar{u}(f'(P')).$$

よって f' が (2.9) を満足することがわかった．それが解析的写像であることは定理 3.13 より直ちに知られる．次に f_1' を f' と同様な $\mathfrak{R}(K_2)$ から $\mathfrak{R}(K_1)$ への解析的写像とすれば，すべての $u \in K_1$, $P' \in \mathfrak{R}(K_2)$ に対し

$$\bar{u}(f'(P')) = \bar{u}(f_1'(P')).$$

故に定理 3.11 により $f'(P') = f_1'(P')$, $f' = f_1'$．これで一意性も証明された．

次に P' および $P = f'(P')$ における局所変数 $t = t_P(Q)$, $t' = t_{P'}'(Q')$ を §1 におけるごとくとれば，K_1（あるいは K_2）の元 u（あるいは u'）の t（あるいは t'）に関する代数的展開と，$\bar{u}(P)$（あるいは $\bar{u}'(P')$）の $t_P(Q)$（あるいは $t_{P'}'(Q')$）に関する解析的展開とは一致するから，(2.11) において特に $\nu_P(u) = 1$ なる K_1 の元 u をとり

$$u = \sum_{i=1}^{\infty} c_i t^i, \quad \sigma(u) = \sum_{i=e}^{\infty} c_i' t'^i, \quad c_i, c_i' \in k$$

とすれば

分解に関する Hilbert の理論を一般の体の場合に組立てることもできる．

$$\bar{u}(Q) = \sum_{i=1}^{\infty} c_i t_P(Q)^i, \quad \bar{u}'(Q') = \sum_{i=e}^{\infty} c_i' t_{P'}'(Q')^i.$$

ここで $Q = f'(Q')$ とおけば (2.9) より

$$\sum_{i=1}^{\infty} c_i t_P(Q)^i = \sum_{i=e}^{\infty} c_i' t_{P'}'(Q')^i.$$

左辺は P における一つの局所変数であり，また右辺は P' における適当な局所変数の e 乗になるから，f' により P' の近傍は P の近傍の上に e 重に写像される．よって定義により P' の f' に関する分岐指数は e である．これで前半は証明された．

後半の $\bar{\sigma}$ により $K(\mathfrak{R}_1)$ が $K(\mathfrak{R}_2)$ の部分体 $\bar{\sigma}(K(\mathfrak{R}_1))$ に同型に写像されるという点については問題はなかろう．φ_1, φ_2 により

$$u \mapsto \bar{u}(P), \quad u' \mapsto \bar{u}'(P')$$

とすれば，(2.9) は K_1 のすべての元 u に対し

$$\bar{\sigma}(\varphi_1(u)) = \varphi_2(\sigma(u))$$

が成立つことを示している．すなわち

$$\bar{\sigma}\varphi_1 = \varphi_2\sigma.$$

よって φ_2 により $K_1' = \sigma(K_1)$ の元に対応するのはちょうど $\bar{\sigma}(K(\mathfrak{R}_1))$ の函数である．故に (2.10) が成立する．

上の定理により特に f' に関する $\mathfrak{R}(K_2)$ の分岐点と K_2/K_1' の分岐点(すなわち K_1' に関する分岐指数が > 1 であるような K_2 の素点)とは一致することが知られる．しかるに f' に関する分岐点の集合は $\mathfrak{R}(K_2)$ において集積点を持たないから，$\mathfrak{R}(K_2)$ が compact であることよりそれは有限集合でなければならぬ．よって K_2/K_1'，一般に k の上の代数函数体の任意の拡大体は高々有限個の(代数的意味の)分岐点を有することがわかる．しかしこれは第二章の Riemann の公式(5.23)からも容易に導かれることである(次章§4 参照).

さて定理 4.4 の特別な場合として $\varphi^{-1} = f'$ とおけば，次の結果が得られる(定理 3.5 参照).

定理 4.5 K_1, K_2 を k の上の二つの代数函数体とし，σ を $(k$ の上の$)$ K_1

から K_2 への同型写像とすれば，任意の $u \in K_1$，および $u' = \sigma(u) \in K_2$ に対し

$$\bar{u}(P) = \bar{u}'(\varphi(P)), \quad P \in \mathfrak{R}(K_1)$$

を満足する $\mathfrak{R}(K_1)$ から $\mathfrak{R}(K_2)$ への同型写像 φ が唯一つ存在する．逆に $P' = \varphi(P)$ を閉 R 面 $\mathfrak{R}_1$ から $\mathfrak{R}_2$ への同型写像とする時

$$\bar{u}'(P') = \bar{u}(\varphi^{-1}(P')), \quad P' \in \mathfrak{R}_2$$

によって定義される函数を $\bar{u}'(P') = \bar{\sigma}(\bar{u}(P))$ と書けば，$\bar{\sigma}$ により $K(\mathfrak{R}_1)$ が $K(\mathfrak{R}_2)$ の上に同型に写像される．特に初めの K_1, K_2 に対し $\mathfrak{R}_1 = \mathfrak{R}(K_1)$, $\mathfrak{R}_2 = \mathfrak{R}(K_2)$ とし K_1, K_2 の元 u, u' に $K(\mathfrak{R}_1), K(\mathfrak{R}_2)$ の函数 $\bar{u}(P), \bar{u}'(P')$ を対応させる同型写像を φ_1, φ_2 とすれば

$$\bar{\sigma}\varphi_1 = \varphi_2\sigma.$$

　この定理により二つの代数函数体 K_1, K_2 の間の同型写像 σ とその閉 R 面 $\mathfrak{R}_1, \mathfrak{R}_2$ の間の同型写像 φ とは

$$\sigma \mapsto \varphi \mapsto \bar{\sigma} \mapsto \sigma$$

により1対1に対応することがわかる．特に $K = K_1 = K_2$ とすれば σ, φ は共に $K, \mathfrak{R}(K)$ の自己同型写像であるが，一般に σ に対応する φ を φ_σ と書くことにすれば，定義から直ちにわかるように K の任意の自己同型写像 σ_1, σ_2 に対し

$$\varphi_{\sigma_1}\varphi_{\sigma_2} = \varphi_{\sigma_1\sigma_2}.$$

よって

定理 4.6　複素数体 K の上の代数函数体 K の自己同型群 $A(K)$ は

$$\sigma \leftrightarrow \varphi_\sigma \quad \sigma \in A(K), \quad \varphi_\sigma \in A(\mathfrak{R}(K))$$

なる対応により K に属する閉 R 面 $\mathfrak{R}(K)$ の自己同型群 $A(\mathfrak{R}(K))$ と同型になる．

　定理 4.2, 4.3, 4.5 により複素数体 k の上の代数函数体 K と閉 R 面との関係は完全に明らかになった．すなわち互いに同型な k の上の代数函数体の類を $\{K\}, \{K'\}$ 等とし，また互いに同型な閉 R 面の類を $\{\mathfrak{R}\}, \{\mathfrak{R}'\}$ 等とすれば，$\{K\}$ に含まれる任意の K に属する閉 R 面 $\mathfrak{R}(K)$ の類 $\{\mathfrak{R}(K)\}$ を

$\{K\}$ に対応させ，逆に $\{\mathfrak{R}\}$ に含まれる任意の $\mathfrak{R}$ の解析函数体 $K(\mathfrak{R})$ の類 $\{K(\mathfrak{R})\}$ を $\{\mathfrak{R}\}$ に対応させる時，これらの対応は互いに他の逆であって，これによりすべての k の上の代数函数体の類とすべての閉 R 面の類とが完全に 1 対 1 に対応する．互いに同型な K を一つの抽象的な代数函数体の異なる表現と考え，また(既に 129 頁に述べたように)互いに同型な閉 R 面を一つの抽象的な閉 R 面の異なる表現と考えれば，上の結果は簡単に，抽象的な k の上の代数函数体 K と抽象的閉 R 面 $\mathfrak{R}$ とは 1 対 1 に対応するということができる．その際対応する K と $\mathfrak{R}$ との抽象的性質(すなわち同一の類に属する K あるいは $\mathfrak{R}$ に共通な性質)が互いに深く関連し合っていることは既に予見できるところであるが，実際例えば $\mathfrak{R}$ の位相的，解析的な性質から K に関する代数的定理を導き，逆に K の代数的性質から $\mathfrak{R}$ に関する結果を得ることができる．それを次第に明らかにしていくことがこれからの主な課題である．

我々は前節において代数的に与えられた任意の K が

$$u \leftrightarrow \bar{u}(P)$$

なる対応により K に属する閉 R 面 $\mathfrak{R}(K)$ の解析函数体 $\bar{K} = K(\mathfrak{R}(K))$ と同型になることを証明したが，上に述べた意味で代数函数体の抽象的性質を考察する限り，K と $\bar{K}$ とを区別する必要は少しもない．これは本節において述べた $\mathfrak{R}$ と $\mathfrak{R}(K(\mathfrak{R}))$ との関係についても全く同様である．よって今後上のような場合には特に断らぬ限り

$$u = \bar{u}(P), \quad P = \bar{P}$$

等とおいて K と $K(\mathfrak{R}(K))$，あるいは $\mathfrak{R}$ と $\mathfrak{R}(K(\mathfrak{R}))$ とを一致させるものと約束する．ただし代数函数体あるいは閉 R 面の相互の関係を論ずる場合には上の記法は適当に変更されねばならぬことを注意しておく．例えば K_1 が K_2 の部分体であっても $K(\mathfrak{R}(K_1))$ が $K(\mathfrak{R}(K_2))$ に含まれているわけではなく，ただ $K(\mathfrak{R}(K_2))$ は $K(\mathfrak{R}(K_1))$ に同型な部分体を含むに過ぎないからである．

さて上の約束により $K = K(\mathfrak{R}(K))$，$\mathfrak{R} = \mathfrak{R}(K(\mathfrak{R}))$ とすれば $K \to \mathfrak{R}(K)$，$\mathfrak{R} \to K(\mathfrak{R})$ なる対応は互いに他の逆になるから，そこで K と $\mathfrak{R}$ とに関して互いに対応する(従って一致させらるべき)代数的ないし解析的概念を，前節お

よび本節の結果により表にして見れば次の通りになる.

代数函数体 K	閉 R 面 $\mathfrak{R}$
K の元 u,	$\mathfrak{R}$ の解析函数 $u(Q)$,
K の素点 P,	$\mathfrak{R}$ の点 P,
P における素元 t,	P における局所変数 $t_P(Q)$,
K_P における u の t 展開	P の近傍における $u(Q)$ の展開
$\quad u = \sum a_i t^i$,	$\quad u(Q) = \sum a_i t_P(Q)^i$,
P に属する正規賦値 $\nu_P(u)$,	P における $u(P)$ の位数 $\nu_P(u(Q))$,
K の微分 wdz,	$\mathfrak{R}$ における微分 wdz,
$\nu_P(wdz)$.	$\nu_P(wdz)$.

ここで P における素元 t と局所変数 $t_P(Q)$ との対応については多少説明を要する. すなわち我々は前節において定理 4.1 に与えられた特定の素元 t とそれに対応する局所変数 $t_P(Q)$ をとれば, K の元 u の t に関する代数的展開 $u = \sum a_i t^i$ と u に対応する解析函数 $u(P)$ の $t_P(Q)$ に関する解析的展開 $u(P) = \sum a_i t_P(Q)^i$ とが同じ級数によって表されることを知った. P における任意の局所変数 $t'_P(Q)$ は定理 3.1 により上の $t_P(Q)$ から

$$t'_P(Q) = \sum_{i=1}^{\infty} b_i t_P(Q)^i, \quad b_i \in k, \ b_1 \neq 0$$

なる収斂級数によって得られるから, そこで

$$t' = \sum_{i=1}^{\infty} b_i t^i$$

とおけば, t' はもちろん P における一つの素元であって t' と $t'_P(Q)$ に関してちょうど t と $t_P(Q)$ とについて述べた事柄が成立する. 上に挙げた素元と局所変数との対応はこの t' と $t'_P(Q)$ との対応の意味である(ただし t あるいは $t_P(Q)$ をもって一般の素元, 局所変数を表した). しかし P における素元はこのような t' ばかりでは尽されない. すなわち収斂半径 0 の級数で表される

$$t' = \sum_{i=1}^{\infty} c_i t^i, \quad c_i \in k, \quad c_1 \neq 0$$

もまた代数的には P の素元を与える. 従って局所変数によって与えられる素元は特別なものであることに注意しなければならない.

最後に定理 4.3 の証明の途中で得られた結果を特に挙げておく．すなわち

定理 4.7　K を複素数体 k の上の代数函数体，$\mathfrak{R}$ をそれに属する閉 R 面とすれば，K の任意の元 $z=z(Q)$ は $\mathfrak{R}$ についてすべての複素数値を同じ回数だけ，すなわち $n=[K:k(z)]$ 回ずつとる．ただし $z(Q)-a$ の l 位の零点においては $z(Q)$ は複素数値 a を l 回とるものと約束する（$a=\infty$ の時は $z(Q)$ の極の位数）．

証明　この定理の解析的証明は既に述べた通りであるが，これはまた次のごとくにして代数的にも得られる．すなわち函数 $z(Q)-a$ の零点 P における位数 $\nu_P(z(Q)-a)$ は $z-a$ の素点 P における賦値 $\nu_P(z-a)$ に等しいから，求むる値は K における因子 $(z-a)$ の分子の位数に等しい．よって定理 2.7 によりそれは $[K:k(z-a)]=[K:k(z)]$ と一致する[8]．

§3　閉 Riemann 面の位相的性質

§1，§2 の結果により閉 R 面の位相的構造，すなわち閉 R 面 $\mathfrak{R}$ の基底空間 S の位相的特徴を完全に与えることができる．次にそれを述べよう．

前節末の約束により $\mathfrak{R}=\mathfrak{R}(K(\mathfrak{R}))$ であるから $K=K(\mathfrak{R})$ として §1 の結果を用いることができる．よって S は n 個の正 $2r$ 角形 $\bar{T}_i$ $(i=1,\cdots,n)$ を接合して得られる S に同位相である．各 $\bar{T}_i$ はその中心を頂点とする $2r$ 個の三角形に分割され，従って S' は $2nr$ 個の三角形に分割されるから位相的写像により S もまた同数の三角形，いわゆる曲三角形に分割され，それによって S は位相幾何学でいう複体（曲複体）を形成する．この複体を C とし，C を s 回重心細分して得られる複体を $C^{(s)}$ とせよ[9]．ただしここでいう重心細分

---

8)　逆にこの定理の解析的証明を既知とすればこれによって定理 2.7 の（複素数体を係数体とする場合の）別証が得られる．K と $\mathfrak{R}$ との対応によって同一の内容を与えられる定理が代数的および解析的方法により別々に証明される時に常に同様な事情が生ずるから読者は注意されたい．

9)　厳密に言えば C は複体ではなくて，重心細分を行なった $C^{(s)}$ が初めて複体の条件を完全に満足するのであるが，簡単のためにかりに C も複体と呼んでおく．後に S の Euler の指標を計算する場合に C の分割を用いるが，これは別に C が（完全な）複体でなくても差支えない．なお本節で必要とする位相幾何学の予備知識，とくに曲面論に関する種々の結果については本叢書「位相幾何学 I, II」および第 3 章，註 3 に挙げた中村氏の

とは次の意味である．すなわち §1 の考察から明らかなように C の各三角形 $\varDelta$ は $z(P)$ により z 球面 $\mathfrak{R}_0^*$ における球面三角形 $\varDelta'$ の上に頂点を除いて 1 対 1，等角に写像される．そこで $\varDelta'$ の内部に一点 z_0 を任意にとり，この z_0 と $\varDelta'$ の各頂点および予め $\varDelta$ の各辺の上に一つずつとっておいた P_1, P_2, P_3 の像 $z(P_1), z(P_2), z(P_3)$ とを $\mathfrak{R}_0^*$ の大円の弧によって結んで，$\varDelta'$ を六個の小球面三角形に分割し，それを $z(P)$ の逆写像によって C に戻せば，C の各三角形は各々六個ずつに細分される．かくして得られる C の細分を $C^{(1)}$ とし，以下 $C^{(1)}$ から同様な方法で得られる細分を $C^{(2)}$，等々とするのである．しからばこのような $C^{(s)}$ の各辺（1 次元曲単体）は常に $\mathfrak{R}$ の（狭義の）解析曲線で，しかも S を十分大にすれば $C^{(s)}$ の各三角形は $\mathfrak{R}$ の適当な点 P における解析的近傍 $U = \{Q; |t_P(Q)| < \varepsilon\}$ （$t = t_P(Q)$ は P の局所変数）に含まれる（上の $\varDelta$ の $z(P)$ による像 $\varDelta'$ について考えてみればよい）．

さて一般に 2 次元複体 C が次の条件を満足する場合これを可符号 2 次元閉多様体と呼ぶ：

1)　C の任意の辺（C の 1 次元単体）はちょうど二つの相隣る C の三角形に属する．

2)　C の任意の点（C の 0 次元単体）を含む三角形の全体はその点を通る辺を共有する隣合った三角形の連鎖，
$$\varDelta_1, \varDelta_2, \cdots, \varDelta_n \ (\varDelta_{n+1} = \varDelta_1)$$
をつくる．

3)　$\varDelta, \varDelta'$ を C の任意の二つの三角形とする時，$\varDelta$ と $\varDelta'$ とを隣合った三角形の連鎖
$$\varDelta = \varDelta_1, \varDelta_2, \cdots, \varDelta_m = \varDelta'$$
によって結ぶことができる．

4)　C の各三角形に一定の符号をつけて，それによって相隣る二つの三角形がその共通辺に逆向きの符号を与えるようにすることができる．

著書，あるいは小松醇郎，初等位相幾何学（肚文社），Seifert-Threlfall, Lehrbuch der Topologie（Teubner, Berlin）等を参照されたい．

また可符号2次元閉多様体 C を，その三角形分割を無視して単に位相空間として考えた場合，これを閉曲面と呼び，$\bar{C}$ で表す．しからば初めに述べた閉 R 面 $\mathfrak{R}$ から得られる複体 C, $C^{(s)}$ 等はいずれも可符号2次元閉多様体であって，従って $S=\bar{C}=\bar{C}^{(s)}$ は閉曲面であることが証明される．これは S がもともと位相空間として compact な2次元多様体であって，かつ S の上に R 函数系が定義されるということから明らかなところであるが，S' の三角形分割を用いて初等的に験証することも容易である．特に S'，従って C が可符号であることをいうには，まず正 $2r$ 角形 $\bar{T}_i$ $(i=1,\cdots,n)$ のすべての三角形に同じ向きの符号を付け，これをそのまま S' に移せばよい．接合に際して同一の辺が相隣る三角形によって逆の向きに符号付けられることは第7図から明白であろう．

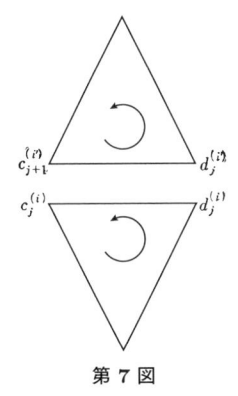

第 7 図

　上に述べたように S は可符号閉曲面であるから，ここで一般に閉 R 面に関係して今後しばしば用いられる可符号閉曲面 S の位相幾何学的性質を(証明なしで)まとめて述べておこう[10]．

　まず $S=\bar{C}$ とし，C に属する頂点(0次元単体)，辺(1次元単体)，三角形(2次元単体)の数をそれぞれ $\alpha_0, \alpha_1, \alpha_2$ とし，また

$$(3.1) \qquad N = -\alpha_0 + \alpha_1 - \alpha_2$$

を C の Euler 指標とする時，

$$(3.2) \qquad N = 2g - 2, \quad \left(g = \frac{N}{2} - 1 \right)$$

によって定義される g を S の **種数** と呼ぶ．しからば種数は常に負ならざる有理整数であって，しかも可符号閉曲面 $\bar{C}_1, \bar{C}_2$ が同位相であるためには，C_1, C_2 の種数 g_1, g_2 が一致することが必要かつ十分であることが証明される(従って特に $S=\bar{C}$ の種数は S の三角形分割の仕方に関係しない)．実際 $g_1 = g_2$ な

---

10)　註9参照．

らば C_1 を何度か重心細分して得られる複体 $C_1^{(s)}$ が，C_2 の適当な細分 C_2' と同型になることが証明できるのである．ここに $C_1^{(s)}$ と C_2' とが同型であるとは $C_1^{(s)}$, C_2' を構成する単体の間に包含関係を変えない 1 対 1 の対応が付けられることをいう[11]．

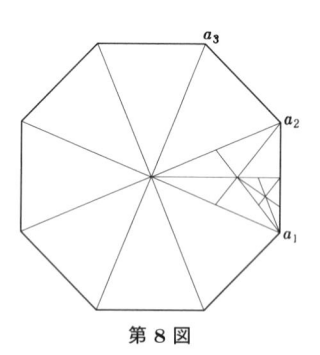

第 8 図

上述によれば任意の有理整数 $g \geq 0$ に対し種数 g の可符号閉曲面は同位相なものを除けば高々一つしかないことがわかるが，与えられた任意の $g \geq 0$ に対しそれが実際常に存在することは次のごとくにして言われる．まず $g=0$ ならば球面をとればよいから $g \geq 1$ とする．そこで平面上に正 $4g$ 角形 $\bar{V}$ をとり，その頂点を正の順序に a_1, a_2, $\cdots$, a_{4g} $(a_{4g+1}=a_1)$ とせよ．この $\bar{V}$ の辺

$$(3.3) \qquad \overline{a_{4i-3}a_{4i-2}} \text{ と } \overline{a_{4i}a_{4i-1}},$$

$$(3.4) \qquad \overline{a_{4i-2}a_{4i-1}} \text{ と } \overline{a_{4i+1}a_{4i}} \quad (i=1,\cdots,g)$$

をこの順序に接合して得られる位相空間を S_0 と記す．$\bar{V}$ をまず中心を頂点とする $4g$ 個の三角形に分け，次にこれを 2 回重心細分して得られる複体を V とし，これに従って S_0 を分割して得られる複体を C_0 とすれば，この C_0 がちょうど種数 g の可符号 2 次元閉多様体であって，従って $S_0=\bar{C}_0$ が求むる閉曲面であることは容易に証明される[12]．この C_0 を種数 g の可符号 2 次元閉多様体の標準型と呼ぶ．種数 g の任意の C をとれば C の適当な重心細分 $C^{(s)}$ はこの C_0 の適当な細分 C_0' と同型となり，従って $S_0=\bar{C}_0$ と $\bar{C}$ とはもちろん同位相になるから，位相変換によって不変な $\bar{C}$ の性質，すなわち閉曲面の位相幾何学的性質を見るためには，簡単な複体 C_0 によって考えても差支えない．

さて，$\bar{V}$ の $4g$ 個の頂点 a_i $(i=1,\cdots,4g)$ は接合により C_0 の唯一つの頂点

---

11)　すなわち三角形に分割される仕方が全く同一であることを意味する．

12)　読者は試みに C_0 が先に挙げた可符号 2 次元閉多様体の四つの条件を満足していることを確かめてみられるとよい．

a_0 を与え，また(3.3)，(3.4)はそれぞれ，a_0 を通る $\bar{C}_0$ の閉曲線 α_i', β_i' ($i=1,\cdots,g$) を与える．ただし α_i', β_i' の径数は $\bar{V}$ の辺における直線上の一次径数を，α_i' は a_{4i-3} から a_{4i-2} へ向かって，また β_i' は a_{4i-2} から a_{4i-1} へ向かって 0 から 1 までとるものとする．しからば $\bar{C}_0$ において a_0 を起点とする道類群 $G(a_0)$ は α_i', β_i' ($i=1,\cdots,g$) の属する準同位類 $A_i'=\{\alpha_i'\}$, $B_i'=\{\beta_i'\}$ を生成元とし，ただ一つの関係式

$$A_1'B_1'A_1'^{-1}B_1'^{-1}\cdots A_g'B_g'A_g'^{-1}B_g'^{-1} = 1$$

によって定義される群であることが証明される．従って $G(a_0)$ の交換子群を $G(a_0)'$ とすれば，剰余群 $G(a_0)/G(a_0)'$ は A_i', B_i' の剰余類 $\bar{A}_i'$, $\bar{B}_i'$ によって生成される自由 Abel 群となるが，ここで $G(a_0)/G(a_0)'$ は次のような位相的意味を持っている．すなわち a_0 を起点とする任意の道を α'，α' の属する準同位類を A'，mod.$G(a_0)'$ に関する A' の剰余類を $\bar{A}'$ とし，また α' を 1 次元の連続輪体と見た場合に，α' の属する位相合同類を $\bar{\alpha}'$ とすれば

$$\bar{A}' \leftrightarrow \bar{\alpha}'$$

により乗法群 $G(a_0)/G(a_0)'$ が加法群である $\bar{C}_0$ の 1 次元の(整係数の)位相合同群 $B_1(\bar{C}_0)$ の上に同型に写像される[13]．

$$\bar{A}' \leftrightarrow \bar{\alpha}', \ \bar{B}' \leftrightarrow \bar{\beta}' \ \text{ならば} \ \bar{A}'\bar{B}' \leftrightarrow \bar{\alpha}' + \bar{\beta}'.$$

よって特に $B_1(\bar{C}_0)$ は $\bar{\alpha}_i', \bar{\beta}_i'$ ($i=1,\cdots,g$) を底とする自由 Abel 加群であることが知られるから，従って複体 C_0 の 1 次元の Betti 数 p_1 は $2g$ に等しい．しかしながら，C_0 の 0 次元および 2 次元の Betti 数 p_0, p_2 が共に 1 であることを用いれば(それは C_0 が可符号 2 次元閉多様体であることによる)これはまた Euler-Poincarè の公式

$$N = -\alpha_0 + \alpha_1 - \alpha_2 = -p_0 + p_1 - p_2 = 2g - 2$$

からも直ちに得られる．

次に $S_0 = \bar{C}_0$ は可符号閉曲面であるから，$\bar{C}_0$ における任意の二つの 1 次元連続輪体 α', β' に対し次の条件を満足する**交切数** (α', β') が定義される：

---

13) これは 2 次元閉多様体に限らず一般に基本群と 1 次元の位相合同群との間に成立する関係である．

1)　$\alpha' \sim \alpha''$，すなわち α' と α'' とが位相合同ならば $(\alpha', \beta') = (\alpha'', \beta')$，

2)　$(\alpha' + \alpha'', \beta') = (\alpha', \beta') + (\alpha'', \beta')$，$(\alpha', \beta') = -(\beta', \alpha')$，

3)　特に上に述べた α_i', β_i' に対しては

(3.5)　　$(\alpha_i', \alpha_j') = 0$，$(\beta_i', \beta_j') = 0$，$(\alpha_i', \beta_j') = \delta_{ij}$，$i, j = 1, \cdots, g$.

1)により (α', β') は α', β' の属する位相合同類にのみ依存するから

$$(\bar{\alpha}', \bar{\beta}') = (\alpha', \beta')$$

とおいて位相合同群 $B_1(\bar{C}_0)$ の元，$\bar{\alpha}', \bar{\beta}'$ の間の函数 $(\bar{\alpha}', \bar{\beta}')$ を定義することができる．$\bar{\alpha}_i', \bar{\beta}_i'$ は $B_1(\bar{C}_0)$ の生成元であるからこの函数は条件 2)および 3)によって一意的に定まってしまう．特に $(\bar{\alpha}', \bar{\beta}')$ の値は常に有理整数であることがわかる．後になって我々は実係数の 1 次元連続輪体や実係数の 1 次元の位相合同群 $B_1^*(\bar{C}_0)$ を考える必要がある．そのような一般の輪体の間の交切数を定義するためには上の 1)-3)の他になお

4)任意の実数 ξ に対し

$$(\xi\alpha', \beta') = \xi(\alpha', \beta')$$

なる条件を附加すればよい．この要求により上の整係数の輪体に関する (α', β') が任意の実係数の 1 次元輪体の間の交切数に一意的に拡張されることが直ちに知られる．

　我々が後に交切数に関して用いるのは，上に挙げた 1)-4)の代数的性質だけである．よってここでは交切数の幾何学的性質，特にそれが位相変換によって不変であること等の説明は省略して，ただ次のことを注意しておくに止める．すなわち γ' を実係数の任意の 1 次元連続輪体とし

$$\gamma' \sim \xi_1\alpha_1' + \cdots + \xi_g\alpha_g' + \xi_{g+1}\beta_1' + \cdots + \xi_{2g}\beta_g', \quad (\xi_i = \text{実数})$$

とすれば

$$\xi_i = (\gamma', \beta_i'), \quad \xi_{g+i} = -(\gamma', \alpha_i'), \quad 1 \leqq i \leqq g.$$

よって γ' の属する位相合同類 $\bar{\gamma}'$ に

$$(\gamma', \alpha_1'), \cdots, (\gamma', \alpha_g'), (\gamma', \beta_1'), \cdots, (\gamma', \beta_g')$$

を成分とする $2g$ 次元の実 vector を対応させれば，$B_1^*(\bar{C}_0)$ と実数体 k_0 の上

の $2g$ 次元の vector 加群 $V_{2g}(k_0)$ とが k_0 加群として同型になる. このことは α_i', β_i' の他に k_0 に関する $B_1^*(\bar{C}_0)$ の任意の底 $\gamma_1', \cdots, \gamma_{2g}'$ を用いても同様に成立する. すなわち

$$\xi_i' = (\gamma', \gamma_i'), \qquad i = 1, \cdots, 2g$$

とする時,

$$\bar{\gamma}' \leftrightarrow (\xi_1', \cdots, \xi_{2g}')$$

により $B_1^*(\bar{C}_0)$ と $V_{2g}(k_0)$ とが同型になる. 特に $\xi_i' = 0$ $(i = 1, \cdots, 2g)$ ならば $\bar{\gamma}' = 0$ となる.

さて再び閉 R 面 $\mathfrak{R}$ に戻りその基底空間 S を始めに述べた方法で三角形分割して得られる複体 C あるいはその重心細分 $C^{(s)}$ を考察しよう. 上に述べたように S の位相的性質はその種数によって完全に決定されるから, まずこれが代数函数体 $K = K(\mathfrak{R})$ といかなる関係にあるかを調べてみる. そのためには C と同型な S の三角形分割を用いて, その種数を計算してみればよい. まず S' の三角形の数が $2rn$ 個であることは明白である；$\alpha_2 = 2rn$. 次に α_1 であるが, 各正 $2r$ 角形 $\bar{T}_i$ は $4r$ 個の 1 次元単体を含み, その周辺にあるものが接合によって二つずつ一致するから

$$\alpha_1 = 4rn - \frac{1}{2} 2rn = 3rn.$$

最後に頂点については, まず $a_0^{(i)}$ から n 個, 次に $c_j^{(i)}$ $(i = 1, \cdots, n, \ j = 1, \cdots, r)$ は r 個ずつ一致して全部で n 個の点を S' に与える. よって rn 個の $d_j^{(i)}$ $(i = 1, \cdots, n, \ j = 1, \cdots, r)$ から得られる S' の点を $Q_1', \cdots, Q_s'$ とし, Q_l' に一致する $d_j^{(i)}$ の数を e_l とすれば

$$\alpha_0 = 2n + s, \qquad rn = \sum_{l=1}^{s} e_l.$$

しかるに §1 により Q_l' に対応する S の点を Q_l とすれば, e_l は K の素点 Q_l の $k(z)$ に関する分岐指数と一致し, かつ Q_l' $(l = 1, \cdots, s)$ 以外の点に対応する S の点は $K/k(z)$ に関して不分岐であるから, 一般に K の素点 P の $k(z)$ に関する分岐指数を e_P と書けば

$$rn - s = \sum_{l=1}^{s}(e_l - 1) = \sum_{P}(e_P - 1), \ \alpha_0 = 2n + rn - \sum_{P}(e_P - 1)$$

となる．よってこれらの $\alpha_2, \alpha_1, \alpha_0$ を $(3.1), (3.2)$ に代入して

$$2g - 2 = -\alpha_0 + \alpha_1 - \alpha_2 = -2n - rn + \sum_{P}(e_P - 1) + 3rn - 2rn$$
$$= \sum_{P}(e_P - 1) - 2n.$$

これと第 2 章の Riemann の公式 (5.23) とを比べてみれば上の g がちょうど代数函数体 K の種数と一致することがわかる．よって次の定理が得られた．

定理 4.8　閉 R 面 $\mathfrak{R}$ の基底空間 S は可符号閉曲面であって，その種数 g は $\mathfrak{R}$ の解析函数体 $K = K(\mathfrak{R})$ の種数と一致する．g を簡単に $\mathfrak{R}$ の種数と呼ぶ．

さて定理 2.32 によれば負ならざる任意の有理整数 g を与えた場合，常に g を種数とする複素数体 k 上の代数函数体が存在する．一方可符号閉曲面はその種数だけで位相的に完全に決定されるのであったから，前定理より直ちに次の結果を得る．

定理 4.9　compact な位相空間 S がある適当な R 面の基底空間であるためには，S が可符号閉曲面であることが必要かつ十分である．

これによって R 面の基底空間はそれが compact である場合には位相的に完全に特徴付けられた．

さて複素 z 球面 $\mathfrak{R}_0^*$ は明らかに種数 0 の閉 R 面で，その解析函数体は z の有理函数体 $k(z)$ であるが，今 $\mathfrak{R}$ を種数 0 の任意の閉 R 面とすれば，定理 4.8 により $K = K(\mathfrak{R})$ は種数 0 の代数函数体であるから，定理 2.28 により $K \cong k(z)$．よって定理 4.5 により $\mathfrak{R} \cong \mathfrak{R}_0^*$ すなわち種数 0 の閉 R 面は同型を除けば $\mathfrak{R}_0^*$ 以外には存在しない．これに反し定理 2.30 により k の上の種数 1 の代数函数体には，互いに同型でないものが無数に存在するから，定理 4.5 により互いに同型でない種数 1 の閉 R 面もまた無限に多く存在する（一般に種数 $g \geqq 2$ の代数函数体で互いに同型でないものが無数に存在することが証明され

るから，従って互いに同型でない種数 $g \geqq 2$ の閉 R 面もまた無限に多く存在する）．このことは閉 R 面（の抽象的構造）が，その位相的性質だけからは決定されないこと，換言すれば R 面の概念は実質的にその基底空間の概念以上のものを含んでいることを示すものである．

定理 4.8 は閉 R 面 $\mathfrak{R}$ の位相的性質と，それに対応する代数函数体 K の代数的性質との間の一つの著しい関係を与えるものであるが，このような関係は他にも知られている．しかしそれに関する詳しい結果は次章に譲って，ここではそのために必要な $\mathfrak{R}$ の三角形分割に関する二，三の注意を述べておく．$C, C^{(s)}$ 等は既に述べたような $\mathfrak{R}$ の基底空間 S の三角形分割とし，また C_0 を $\mathfrak{R}$ と同じ種数 g を有する可符号閉多様の標準型とせよ（しばらく $\mathfrak{R}$ の種数が 0 の場合は除外する）．しからば既に述べたように C の適当な重心細分 $C^{(s)}$ と C_0 の適当な細分 C_0' とは同型な複体となる．$C^{(s)} \cong C_0'$ であればもちろん $C^{(s)}$ の細分は常に C_0' の適当な細分と同型になるから，s を十分大にとって $C^{(s)}$ の各三角形はそれぞれ $\mathfrak{R}$ の適当な点 P の近傍 $U_P = \{Q; |t_P(Q)| < \varepsilon\}$ （ただし $t_P(Q)$ は P 点の局所変数）に含まれるものと仮定してよい．このような複体 $C^{(s)}$ を今後改めて一般に C と記し，閉 R 面 $\mathfrak{R}$ の**標準分割**と呼ぶことにしよう．すなわちはっきり言えば $\mathfrak{R}$ の標準分割 C とは次のごとき条件を満足する複体のことである．

1）　C は $\mathfrak{R}$ の基底空間 S を三角形に分割して得られる複体であって，$\mathfrak{R}$ と同じ種数 g を有する可符号 2 次元閉多様体の模型 C_0 の適当な細分と同型である，

2）　C に属する各三角形はそれぞれ $\mathfrak{R}$ の適当な点 P の解析的近傍 U_P $= \{Q; |t_P(Q)| < \varepsilon\}$ に含まれ，かつその各辺は U_P 内の（狭義の）解析曲線である．

さて C_0 は平面上の正 $4g$ 角形 $\bar{V}$ から接合によって得られたものであったから，C を上のごとき標準分割とすれば次のような写像 F が存在する：

$1'$）　F は正 $4g$ 角形 $\bar{V}$ から $\mathfrak{R}$ の上への連続写像である，

$2'$）　$\bar{V}$ の周辺上の頂点を正の順序に $a_1, a_2, \cdots, a_{4g}$ $(a_{4g+1} = a_1)$ とすれ

ば

$$F(\overline{a_{4i-3}a_{4i-2}}) = F(\overline{a_{4i}a_{4i-1}}) = \alpha_i,$$
$$F(\overline{a_{4i-2}a_{4i-1}}) = F(\overline{a_{4i+1}a_{4i}}) = \beta_i, \quad (i = 1, \cdots, g).$$

ただし上式の意味は平面上で a_{4i-3} から a_{4i-2} まで(あるいは a_{4i-2} から a_{4i-1} まで)この向きに $0 \leqq s \leqq 1$ の一次径数を入れ, 同様に a_{4i} から a_{4i-1} まで(あるいは a_{4i+1} から a_{4i} まで)この向きに $0 \leqq s \leqq 1$ の一次径数を入れた時, 同じ径数を持つ二つの点の F による像が一致して, これによって $P_0 = F(a_1) = \cdots = F(a_{4g})$ を通る閉曲線 α_i (あるいは β_i)が得られることを示す.

3′)　$\bar{V}$ から上の周辺を除いた開正 $4g$ 角形 $V^{(0)}$ は F により $\mathfrak{R}$ から α_i, β_i $(i = 1, \cdots, g)$ を除いた領域 U の上に位相的に写像される.

4′)　$\bar{V}$ を適当に三角形に分割して得られる平面上の複体を V_1 とすれば, F により V_1 が C に単体写像される.

上の α_i, β_i $(i = 1, \cdots, g)$ をかりに標準分割 C の**分割曲線**と名付ける. 今後標準分割 C に関して, $F, \alpha_i, \beta_i, P_0$ 等の記号を用いる場合には, それらは常に上のごとき意味を有するものと約束する. α_i, β_i は C の辺(1 次元単体)からなる閉曲線であるから, C に関する条件 2)によりそれらはいずれも $\mathfrak{R}$ の解析曲線であって, $\bar{C}_0$ の曲線 α_i', β_i' について述べた結果は $\bar{C}_0$ から $\bar{C} = S$ への位相的写像によって α_i, β_i に対してもそのまま成立つ. 例えば P_0 を起点とする S の道類群 $G(P_0)$ は $A_i = \{\alpha_i\}$, $B_i = \{\beta_i\}$ から唯一つの関係式

(3.6)　　　　　$A_1 B_1 A_1^{-1} B_1^{-1} \cdots A_g B_g A_g^{-1} B_g^{-1} = 1$

によって生成される. また $\mathfrak{R}$ の 1 次元の位相合同群 $B_1(\mathfrak{R}) = B_1(S)$ は α_i, β_i の属する位相合同類 $\bar{\alpha}_i, \bar{\beta}_i$ $(i = 1, \cdots, g)$ により生成される自由 Abel 群であって,

(3.7)　　　　　$G(P_0)/G(P_0)' \cong B_1(\mathfrak{R}).$

$\mathfrak{R}$ の交切数についても同様である.

最後に上のごとき標準分割 C が一つ与えられれば, 例えば第 9 図のごとく

にして F による $\bar{V}$ と C との三角形の対応を変えることな
く C の辺を少し動かすことができることを注意しておく.
よって特に $\mathfrak{R}$ 上に予め有限個の点が与えられた場合には,
これらの点が辺の上にないような標準分割 C を作ること
が常に可能である. この注意は後に有用となる.

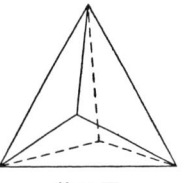

第 9 図

第5章 代数函数体の解析的理論

§1 Abel積分

前章の考察により我々は複素数体 k の上の代数函数体 K と閉 R 面 $\mathfrak{R}$ との間に深い関係のあることを知った. よって本章では閉 R 面に関する位相的, 解析的な性質を用いて, 第二章における代数的理論だけでは得られなかった, K に関する深い結果を導くことにする[1].

我々は既に第3章 §3 において, 一般に R 面 $\mathfrak{R}$ における微分 wdz が $\mathfrak{R}$ の解析曲線 γ の上で正則である場合に, wdz を γ に沿うて積分することを定義した. $\mathfrak{R}$ が特に代数函数体 K に属する閉 R 面である場合には, この積分

$$\int_\gamma wdz$$

を K あるいは $\mathfrak{R}$ における **Abel積分** と呼び, wdz が第一種, 第二種, 第三種の微分であるに従い, それぞれ第一種, 第二種ないし第三種の Abel 積分と呼ぶ.

γ の起点および終点をそれぞれ P_0, P_1 とする時, P_0 から P_1 に至る別の解析曲線 γ' をとれば, $\int_{\gamma'} wdz$ はもちろん一般に $\int_\gamma wdz$ と異なる値を有するが, その差は $\gamma_0 = \gamma'\gamma^{-1}$ とおけば

$$\int_{\gamma_0} wdz$$

で与えられる. すなわち一般に閉じた解析曲線に沿うての wdz の積分値を知れば積分路を途中で変えた場合の $\int wdz$ の変化がわかる. この意味で閉じた解析曲線 γ に沿うての $\int wdz$ の値は特に重要であって, これを γ に関する

---

1) 解析的方法によって得られた古典的代数函数論の定理から一般の係数体, 特に標数 0 の係数体の上の代数函数体に関する代数的な定理が導かれることがしばしばある. すなわち解析的理論は一般の係数体の上の代数函数体の理論に対しても意義がある.

wdz あるいは $\int wdz$ の**週期**と呼ぶ.

微分 wdz の週期が閉解析曲線 γ にいかに依存するかについては次の定理がある.

定理 5.1 wdz の留数が $\mathfrak{R}$ のすべての点において 0 であれば，換言すれば wdz が第一種および第二種の微分の和であれば，wdz の γ に関する週期は，γ を $\mathfrak{R}$ の基底空間 S における 1 次元連続輪体と考えた場合に γ の属する位相合同類にのみ依存する．すなわち γ_1, γ_2 が共に閉解析曲線で $\gamma_1 \sim \gamma_2$ とすれば

$$(1.1) \qquad \int_{\gamma_1} wdz = \int_{\gamma_2} wdz.$$

ただしもちろん γ_1, γ_2 の上に wdz の極はないものとする.

証明 まず $\mathfrak{R}$ の種数を $g \geqq 1$ とし，C をその任意の標準分割，γ を $\mathfrak{R}$ における任意の閉解析曲線とせよ．既に注意したように wdz の（有限個の）極は C の辺の上にないものと仮定して差支えない．また適当な細分により γ の起点（＝終点）P_1 は C の頂点であるとしてよい．γ と C の各辺との交点 P_1, $\cdots, P_l$ $(P_{l+1} = P_1)$ を適当にとって，P_i から P_{i+1} に至る γ の部分 γ_i が C の一つの三角形 $\triangle_i$ に含まれるようにせよ．P_i と P_{i+1} とを $\triangle_i$ の辺に沿うて結ぶ折線を γ_i' とし，$\gamma' = \gamma_l' \cdots \gamma_1'$ とおけば，明らかに γ_i と γ_i' とは準同位，従って γ と γ' とは準同位であるから，定理 3.6 により

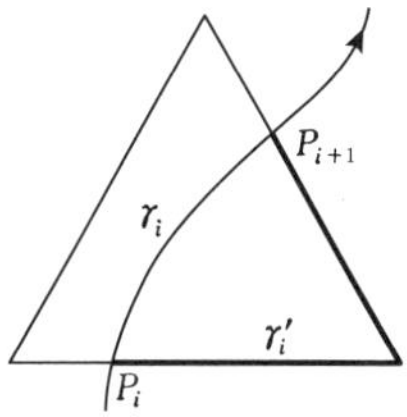

$$(1.2) \qquad \int_{\gamma} wdz = \int_{\gamma'} wdz.$$

第 10 図

$\gamma \approx \gamma'$ であるからもちろん γ と γ' とは 1 次元連続輪体として同じ位相合同類に属する．よって (1.1) をいうためには $\mathfrak{R}$ の適当な標準分割 C をとる時，γ_1 も γ_2 も C の辺からなる曲線であると考えて差支えない．そこで解析曲線であり，同時に S の 1 次元連続単体である C の辺を $\kappa_1, \cdots, \kappa_{\alpha_1}$ とし

$$\gamma_1 = \kappa_{i_l}^{\pm 1} \cdots \kappa_{i_1}^{\pm 1}, \qquad \gamma_2 = \kappa_{j_m}^{\pm 1} \cdots \kappa_{j_1}^{\pm 1}$$

とおけば，第 3 章 (3.8)，(3.9) により

$$\int_{\gamma_1} wdz = \sum_{s=1}^{l} \pm \int_{\kappa_{i_s}} wdz, \qquad \int_{\gamma_2} wdz = \sum_{s=1}^{m} \pm \int_{\kappa_{j_s}} wdz.$$

よって γ_1, γ_2 を 1 次元輪体と考え，C の部分複体の意味で

$$\gamma_1 = \sum_{i=1}^{\alpha_1} a_i \kappa_i, \qquad \gamma_2 = \sum_{i=1}^{\alpha_1} b_i \kappa_i \quad (a_i, b_i = \text{有理整数})$$

とおけば，例えば a_i は $\kappa_{i_1}^{\pm 1}, \cdots, \kappa_{i_l}^{\pm 1}$ に含まれる κ_i の(代数的意味の)個数であるから

$$\int_{\gamma_1} wdz = \sum_{i=1}^{\alpha_1} a_i \int_{\kappa_i} wdz, \qquad \int_{\gamma_2} wdz = \sum_{i=1}^{\alpha_1} b_i \int_{\kappa_i} wdz.$$

よって(1.1)をいうためには，例えば $\kappa_1 + \kappa_2 + \kappa_3$ が C の三角形 $\triangle$ の境界である時

$$\int_{\kappa_1} + \int_{\kappa_2} + \int_{\kappa_3} wdz = 0$$

を証明すれば十分であるが，$\triangle$ は適当な点 P の解析的近傍 $U = \{Q : |t_P(Q)| < \varepsilon\}$ に含まれているから Cauchy の定理によりこれは明白である．これで $g \geq 1$ の場合には定理が証明された．$g = 0$ ならば $\mathfrak{R}$ は複素球面であるから，その適当な三角形分割を C とすればこの場合にも上と全く同様にしてすべてが証明される(証終)．

上の証明により同時に $\gamma \sim \gamma' + \gamma''$ ならば

$$(1.3) \qquad \int_{\gamma} wdz = \int_{\gamma'} wdz + \int_{\gamma''} wdz$$

となることがわかる．

さて $\mathfrak{R}$ の種数を $g \geq 1$ とし，wdz を特に K の第一種微分とせよ．$\mathfrak{R}$ の有理整係数の 1 次元位相合同群を $B_1(\mathfrak{R})$ $(S = \bar{C}$ の位相合同群 $B_1(\bar{C})$ のこと)とし，$B_1(\mathfrak{R})$ の底をなす閉解析曲線を

$$\gamma_1, \cdots, \gamma_{2g}$$

とすれば，$\mathfrak{R}$ の任意の閉解析曲線 γ は

$$\gamma \sim \sum_{i=1}^{2g} c_i \gamma_i, \qquad (c_i = \text{有理整数})$$

と表されるから,

$$\zeta_i = \int_{\gamma_i} wdz$$

とおく時 (1.3) より

$$(1.4) \qquad \int_{\gamma} wdz = \sum_{i=1}^{2g} c_i \zeta_i.$$

すなわち wdz の任意の閉解析曲線に関する週期は ζ_i の有理整係数の一次式で表される. この意味で

$$(\zeta_1, \cdots, \zeta_{2g})$$

を γ_i に関する wdz の **基本週期系** と呼ぶ.

特に $\mathfrak{R}$ の標準分割 C から得られる $B_1(\mathfrak{R})$ の底 α_i, β_i $(i=1, \cdots, g)$ に関する基本週期系については次の定理が成立つ.

定理 5.2 種数 $g \geqq 1$ の代数函数体 K の第一種微分 wdz および $w'dz$ の α_i, β_i に関する基本週期系をそれぞれ

$$\omega_i = \int_{\alpha_i} wdz, \qquad \omega_{g+i} = \int_{\beta_i} wdz,$$

$$\omega_i' = \int_{\alpha_i} w'dz, \qquad \omega_{g+i}' = \int_{\beta_i} w'dz, \qquad i = 1, \cdots, g$$

とすれば

$$(1.5) \qquad \sum_{i=1}^{g} (\omega_i \omega_{g+i}' - \omega_{g+i} \omega_i') = 0.$$

更に ω_i を実数部分と虚数部分とに分けて

$$\omega_i = \xi_i + \sqrt{-1}\eta_i, \qquad i = 1, \cdots, 2g$$

とおけば, $wdz \neq 0$ なる限り

$$(1.6) \qquad \sum_{i=1}^{g} (\xi_i \eta_{g+i} - \xi_{g+i} \eta_i) > 0.$$

(1.5), (1.6)をそれぞれ **Riemann の関係式**ないし**不等式**と呼ぶ.

　証明　$\mathfrak{R}$ の標準分割 C に関して $\bar{V}, F$ 等は前章§3 に述べた通りとし, 特に $\bar{V}$ の内部 $V^{(0)}$ の F による像を U とせよ. $V^{(0)}$ と同様に U もまた単連結であるから定理 3.7 の証明からわかるように

$$w_1 = w_1(P) = \int_{P_1}^{P} w\, dz$$

により U 内で一価正則な解析函数 $w_1(P)$ が得られる. ただし P_1 は U 内の定点である. 同様に

$$w_2 = w_2(P) = \int_{P_1}^{P} w'\, dz$$

とおく. $\bar{V}$ のすべての三角形を $\triangle_1, \cdots, \triangle_l$ とすれば, $F(\triangle_i)$ $(i=1, \cdots, l)$ はもちろん C のすべての三角形を与える. これらの $F(\triangle_i)$ の周辺 δ_i に沿うて正の向きに微分 $w_1 dw_2$ を一廻り積分してみよう. $\triangle_i$ が $\bar{V}$ の周辺 $\varGamma = \overline{a_1 a_2} + \overline{a_2 a_3} + \cdots + \overline{a_{4g} a_1}$ と共通点を持たなければ $\triangle_i \subset V^{(0)}$, 従って $F(\triangle_i) \subset U$, かつ w_1, w_2 は U で正則な函数であるから, 明らかに

$$(1.7) \qquad \int_{\delta_i} w_1 dw_2 = 0.$$

しかし $\triangle_i$ が $\varGamma$ と共通点を持つ時は $F(\triangle_i)$ は U に含まれないから w_1, w_2 は δ_i の上で定義されない点を有するが, この場合には $w_1 dw_2$ を次のごとく解釈する. すなわち $F(\triangle_i)$ は標準分割の仮定により適当な点 P の解析的近傍 $U_P = \{Q; |t_P(Q)| < \varepsilon\}$ に含まれるから, $U \cap U_P$ 内に一点 P_2 をとり

$$f(Q) = w_1(P_2) + \int_{P_2}^{Q} w\, dz$$

なる U_P 内の函数 $f(Q)$ を考えれば, これは U_P 内で一価正則でかつ $U \cap U_P$ においては明らかに $w_1(Q)$ と一致する. すなわち $w_1(Q)$ は $f(Q)$ によって $F(\triangle_i)$ を含む領域の上に延長される(いわゆる $w_1(P)$ の解析的延長である).

全く同様にして $w_2(P)$ も U_P 内に延長されるから，そこでこの延長された w_1, w_2 によって定義された微分 $w_1 dw_2$ を，前と同様に $F(\triangle_i)$ の周辺 δ_i に沿うて積分すればやはり (1.7) を得る．よって

$$(1.8) \qquad \sum_{i=1}^{l} \int_{\delta_i} w_1 dw_2 = 0.$$

しかるに $V^{(0)}$ に含まれる $\triangle_i$ の各辺の F による像は，相隣る $F(\triangle_i)$ に関して互いに逆の向きに二度ずつ積分されるから，(1.8) の左辺は $F(\Gamma)$ に関する積分

$$\int_{F(\Gamma)} w_1 dw_2$$

と一致する．そこで次にこの積分を計算してみる．そのためまず $\overline{a_1 a_2}$ および $\overline{a_4 a_3}$ 上に前章 (§3 の 2′) に述べたような径数をとり，径数 s の点をそれぞれ $a(s), b(s)$ $(0 \leqq s \leqq 1)$ とせよ．仮定により

$$(1.9) \qquad F(a(s)) = F(b(s)).$$

また $w_1(P)$ の定義により

$$w_1(F(b(s))) - w_1(F(a(s))) = \{w_1(F(b(s))) - w_1(F(a_3))\}$$
$$+ \{w_1(F(a_3)) - w_1(F(a_2))\} + \{w_1(F(a_2)) - w_1(F(a(s)))\}$$
$$= \int_{F(a_3)}^{F(b(s))} wdz + \int_{F(a_2)}^{F(a_3)} wdz + \int_{F(a(s))}^{F(a_2)} wdz.$$

ただし積分路はもちろん $\overline{a_3 b(s)}$ 等の F による像をとるものとする．よって (1.9) より第一項および第三項の積分路は方向が逆なだけで全く一致するから，その積分の和は 0 になる．また第二項はちょうど

$$\int_{\beta_1} wdz = \omega_{g+1}$$

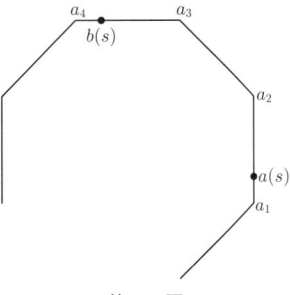

第 11 図

に等しい．故に

$$(1.10) \qquad w_1(F(b(s))) = w_1(F(a(s))) + \omega_{g+1}.$$

一方 $dw_2 = w'dz$ は $F(b(s)) = F(a(s))$ において不変であるから

$$
\begin{aligned}
\int_{F(a_3)}^{F(a_4)} w_1 dw_2 &= -\int_0^1 w_1(F(b(s)))w'\frac{dz}{ds}ds \\
&= -\int_0^1 w_1(F(a(s)))w'\frac{dz}{ds}ds - \omega_{g+1}\int_0^1 w'\frac{dz}{ds}ds \\
&= -\int_{F(a_1)}^{F(a_2)} w_1 dw_2 - \omega_{g+1}\int_{\alpha_1} w'dz \\
&= -\int_{F(a_1)}^{F(a_2)} w_1 dw_2 - \omega_{g+1}\omega_1'.
\end{aligned}
$$

すなわち

$$
\int_{F(a_1)}^{F(a_2)} + \int_{F(a_3)}^{F(a_4)} w_1 dw_2 = -\omega_{g+1}\omega_1'.
$$

全く同様にして $F(\overline{a_2a_3})$ と $F(\overline{a_4a_5})$ とに関して

$$
\int_{F(a_2)}^{F(a_3)} + \int_{F(a_4)}^{F(a_5)} w_1 dw_2 = \omega_1\omega_{g+1}'.
$$

もちろんこれと同じことが各 $F(\overline{a_{4i-3}a_{4i-2}})$, $F(\overline{a_{4i-1}a_{4i}})$, $F(\overline{a_{4i-2}a_{4i-1}})$, $F(\overline{a_{4i}a_{4i-1}})$ についていわれるから，それらを加え合せれば

$$
\int_{F(\Gamma)} w_1 dw_2 = \sum_{i=1}^g (\omega_i\omega_{g+i}' - \omega_{g+i}\omega_i').
$$

これが (1.8) の左辺に等しいのだから (1.5) が証明された．

次に (1.6) を証明するためには $w_1(P)$ を実数部分と虚数部分とに分けて

$$
w_1(P) = \xi(P) + \sqrt{-1}\eta(P)
$$

とし，上と同様に各 δ_i に関して

$$
\int_{\delta_i} \xi d\eta = \int_{\delta_i} \xi\frac{d\eta}{ds}ds, \qquad i = 1, \cdots, l
$$

を計算してその和をとればよい．(1.10) より

$$
\xi(F(b(s))) = \xi(F(a(s))) + \xi_1.
$$

また $d\eta = \mathrm{Im}(wdz)$ は $F(b(s)) = F(a(s))$ で不変であってかつ

$$\int_{\alpha_1} d\eta = \mathrm{Im}\left(\int_{\alpha_1} wdz\right) = \mathrm{Im}(\omega_1) = \eta_1$$

等が成立つから

(1.11) $$\sum_{i=1}^{l} \int_{\delta_i} \xi d\eta = \sum_{i=1}^{g} (\xi_i \eta_{g+i} - \xi_{g+i} \eta_i).$$

一方各 $\triangle_i$ は適当な $U_P = \{Q; |t_P(Q)| < \varepsilon\}$ に含まれているから，t_P 平面で $\int_{\delta_i} \xi d\eta$ を計算すれば，$t_P = x + \sqrt{-1}y$ とおくとき

$$\xi \frac{d\eta}{ds} = \xi \left(\frac{\partial \eta}{\partial x} \frac{dx}{ds} + \frac{\partial \eta}{\partial y} \frac{dy}{ds}\right)$$

となること，および $v = \mathrm{grad}\,\eta$ に対し $\mathrm{div}^* v = 0$ が成立することに注意すれば，補題 3.3 の公式 (4.13) より

$$\int_{\delta_i} \xi d\eta = \iint_{F(\triangle_i)} \left(\frac{\partial \eta}{\partial y} \frac{\partial \xi}{\partial x} - \frac{\partial \eta}{\partial x} \frac{\partial \xi}{\partial y}\right) dxdy.$$

しかるに $w_1(P)$ は t_P の正則函数であるから $\frac{\partial \xi}{\partial x} = \frac{\partial \eta}{\partial y}$，$\frac{\partial \xi}{\partial y} = -\frac{\partial \eta}{\partial x}$. よって上式の右辺は

$$\iint_{F(\triangle_i)} \left[\left(\frac{\partial \xi}{\partial x}\right)^2 + \left(\frac{\partial \eta}{\partial x}\right)^2\right] dxdy = \iint_{F(\triangle_i)} \left|\frac{dw_1}{dt_P}\right|^2 dxdy$$

$$= \iint_{F(\triangle_i)} \left|w \frac{dz}{dt_P}\right|^2 dxdy$$

に等しい．故に wdz が零微分でなければ (1.11) の左辺は確かに > 0 である．これで (1.6) が証明された（証終）．

この定理から第一種の Abel 積分に関する種々の結果が得られる．まず第一種微分 wdz の $\alpha_1, \cdots, \alpha_g$ に関する週期が全部 0 であるとすれば，前定理の記号で $\xi_i = \eta_i = 0$ $(i = 1, \cdots, g)$ となるから $\sum_{i=1}^{g} (\xi_i \eta_{g+i} - \xi_{g+i} \eta_i) = 0$. 故に (1.6) より $wdz = 0$. 従って K の任意の第一種微分 wdz に，その α_i $(i = 1, \cdots, g)$ に関する週期 $(\omega_1, \cdots, \omega_g)$ を対応させれば，

(1.12) $$wdz \mapsto (\omega_1, \cdots, \omega_g)$$

は，K の第一種微分の集合 $\mathfrak{L}_0$ から g 次元の複素 vector 加群 $V_g(k)$ の中への k 加群としての同型写像を与える．しかるに $\mathfrak{L}_0$ も $V_g(k)$ も g 次元の k 加群であるから(1.12)は $\mathfrak{L}_0$ から $V_g(k)$ の上への同型写像でなければならぬ．すなわち

(1.13) $$\mathfrak{L}_0 \cong V_g(k).$$

よって特に g 個の複素数 $\omega_1, \cdots, \omega_g$ を任意に与えた場合に

$$\int_{a_i} w dz = \omega_i, \qquad i = 1, \cdots, g$$

を満足する K の第一種微分 $w dz$ が唯一つ存在することが知られる．

　一般に $v dz$ を α_i $(i=1,\cdots,g)$ の上で正則な K の任意の微分とし

$$\int_{a_i} v dz = \omega_i, \qquad v = 1, \cdots, g$$

とすれば，上の $w dz$ をとって $u dz = v dz - w dz$ とおくとき

$$\int_{a_i} u dz = 0, \qquad i = 1, \cdots, g.$$

すなわち適当に第一種の微分を附加えれば K の任意の微分の α_i $(i=1,\cdots,g)$ に関する週期を常に 0 にすることができる．この注意は後に有用である．

　以上の議論が α_i $(i=1,\cdots,g)$ の代わりに β_i $(i=1,\cdots,g)$ をとってもそのまま成立することはいうまでもない．

　次に，第一種微分 $w dz$ の α_i, β_i $(i=1,\cdots,g)$ に関する週期 ω_i の実数部分 ξ_i $(i=1,\cdots,2g)$ を考察する．この場合にも $\xi_1 = \xi_2 = \cdots = \xi_{2g} = 0$ とすれば(1.6)の左辺は 0 となるから，前と全く同様な論法で

(1.14) $$w dz \mapsto (\xi_1, \cdots, \xi_{2g})$$

により，実数体 k_0 に関する加群として $\mathfrak{L}_0$ が $2g$ 次元の実 vector 加群 $V_{2g}(k_0)$ の上に同型に写像されることがわかる：

(1.15) $$\mathfrak{L}_0 \cong V_{2g}(k_0).$$

よって実数 $\xi_i(i=1,\cdots,2g)$ を任意に与えた場合に

$$\mathrm{Re}\left(\int_{\alpha_i} wdz\right) = \xi_i, \qquad \mathrm{Re}\left(\int_{\beta_i} wdz\right) = \xi_{g+i}, \qquad i = 1, \cdots, g$$

を満足する K の第一種微分 wdz が常に唯一つ存在することも知られる. また α_i, β_i 上で正則な K の任意の微分が与えられた時, これに適当な第一種微分を加えて, その α_i, β_i に関する週期の実数部分を 0 になし得ることもいわれる.

さて $\gamma_1, \cdots, \gamma_{2g}$ を $B_1(\mathfrak{R})$ の底をなす一組の閉解析曲線とし, γ を S における任意の実係数の 1 次元輪体として

$$(1.16) \qquad \gamma \sim \sum_{i=1}^{2g} \lambda_i \gamma_i, \qquad (\lambda_i = 実数)$$

とせよ. この時任意の第一種微分 wdz の γ に関する週期を

$$\int_\gamma wdz = \sum_{i=1}^{2g} \lambda_i \int_{\gamma_i} wdz$$

によって定義する. この定義が $B_1(\mathfrak{R})$ の底をなす $\gamma_1, \cdots, \gamma_{2g}$ のとり方に関係しないこと, γ が特に閉じた解析曲線であれば上の $\int_\gamma wdz$ がその本来の意味の積分値と一致すること等は明らかであろう ((1.4) 参照). $\int_\gamma wdz$ はもちろん γ の属する位相合同類にのみ依存する.

そのように拡張された $\int_\gamma wdz$ に関して次の定理が成立する.

定理 5.3 γ を種数 $g \geqq 1$ の閉 R 面 $\mathfrak{R}$ における任意の実係数の 1 次元輪体とする時, すべての実係数の 1 次元輪体 γ' に対し

$$(1.17) \qquad \mathrm{Re}\left(\int_{\gamma'} wdz\right) = (\gamma, \gamma')$$

を満足する K の第一種微分 wdz が唯一つ存在する. ただし (γ, γ') は γ と γ' との交切数である. この微分を $w_\gamma dz$ と書くことにすれば, $w_{\gamma_1} dz = w_{\gamma_2} dz$ となるためには $\gamma_1 \sim \gamma_2$ であることが必要かつ十分であって, γ の属する位相合同類を $\bar\gamma$ とする時

$$(1.18) \qquad w_\gamma dz \leftrightarrow \bar\gamma$$

により K の第一種微分の集合 $\mathfrak{L}_0$ と $\mathfrak{R}$ の実係数の1次元の位相合同群 $B_1^*(\mathfrak{R})$ とが k_0 加群として同型になる：

(1. 19) $$\mathfrak{L}_0 \cong B_1^*(\mathfrak{R}).$$

証明

$$\gamma' \sim \sum_{i=1}^{g} \mu_i \alpha_i + \sum_{i=1}^{g} \mu_{g+i} \beta_i \qquad (\mu_i = \text{実数})$$

とすれば

$$\mathrm{Re}\left(\int_{\alpha_i} wdz\right) = \sum_{i=1}^{g} \mu_i \, \mathrm{Re}\left(\int_{\alpha_i} wdz\right) + \sum_{i=1}^{g} \mu_{g+i} \, \mathrm{Re}\left(\int_{\beta_i} wdz\right),$$

$$(\gamma, \gamma') = \sum_{i=1}^{g} \mu_i (\gamma, \alpha_i) + \sum_{i=1}^{g} \mu_{g+i}(\gamma, \beta_i)$$

であるから，(1.17)が常に成立するためには

$$\mathrm{Re}\left(\int_{\alpha_i} wdz\right) = (\gamma, \alpha_i), \quad \mathrm{Re}\left(\int_{\beta_i} wdz\right) = (\gamma, \beta_i), \quad i = 1, \cdots, g$$

が満足されることが必要かつ十分である．しかるに $(\gamma, \alpha_i), (\gamma, \beta_i)$ が与えられた時このような wdz が唯一つ存在することは既に述べた通りであるから前半は証明された．

次に $w_{\gamma_1}dz = w_{\gamma_2}dz$ とすればすべての γ' に対し $(\gamma_1, \gamma') = (\gamma_2, \gamma')$, $(\gamma_1 - \gamma_2, \gamma') = 0$. よって 226-227 頁の注意により $\gamma_1 - \gamma_2 \sim 0$, $\gamma_1 \sim \gamma_2$. 逆に $\gamma_1 \sim \gamma_2$ ならばすべての γ' に対し $(\gamma_1, \gamma') = (\gamma_2, \gamma')$ であるから，上に証明した一意性により $w_{\gamma_1}dz = w_{\gamma_2}dz$.

最後に λ, μ を任意の実数とする時

$$\mathrm{Re}\left(\int_{\gamma'}(\lambda w_{\gamma_1}dz + \mu w_{\gamma_2}dz)\right) = \lambda\,\mathrm{Re}\left(\int_{\gamma'} w_{\gamma_1}dz\right) + \mu\,\mathrm{Re}\left(\int_{\gamma'} w_{\gamma_2}dz\right)$$

$$= \lambda(\gamma_1, \gamma') + \mu(\gamma_2, \gamma') = (\lambda\gamma_1 + \mu\gamma_2, \gamma') = \mathrm{Re}\left(\int_{\gamma'} w_{\lambda\gamma_1 + \mu\gamma_2}dz\right),$$

$$\lambda w_{\gamma_1}dz + \mu w_{\gamma_2}dz = w_{\lambda\gamma_1 + \mu\gamma_2}dz.$$

これは(1.18)が k_0 に関する同型写像であることを示す(証終).

さて次には $\mathfrak{L}_0 \times B_1^*(\mathfrak{R})$ で定義された函数

$$(1.20) \qquad (wdz, \bar{\gamma}) = \exp\left(2\pi\sqrt{-1}\,\mathrm{Re}\left(\int_\gamma wdz\right)\right)$$

を考察しよう. 明らかに $\mathfrak{L}_0$ の任意の $wdz, w'dz$ および $B_1^*(\mathfrak{R})$ の任意の $\bar{\gamma}, \bar{\gamma}'$ に対し

$$(wdz + w'dz,\, \bar{\gamma}) = (wdz,\, \bar{\gamma})(w'dz,\, \bar{\gamma}),$$
$$(wdz,\, \bar{\gamma} + \bar{\gamma}') = (wdz,\, \bar{\gamma})(wdz,\, \bar{\gamma}')$$

が成立するから $(wdz,\, \bar{\gamma})$ は $\bar{\gamma}$ を定めれば Abel 群 $\mathfrak{L}_0$ の指標を与え，逆に wdz を定めれば Abel 群 $B_1^*(\mathfrak{R})$ の指標を与える. $\mathfrak{R}$ の標準分割 C の分割曲線 α_i, β_i に対応する第一種微分 $w_{\alpha_i}dz, w_{\beta_i}dz$ $(i=1,\cdots,g)$ は (1.19) により $\mathfrak{L}_0$ の底 をなすから，任意の wdz, γ に対し

$$wdz = \sum_{i=1}^g \lambda_i w_{\alpha_i}dz + \sum_{i=1}^g \lambda_{g+i} w_{\beta_i}dz,$$
$$\gamma \sim \sum_{i=1}^g \mu_i \alpha_i + \sum_{i=1}^g \mu_{g+i}\beta_i$$

とおけば

$$\mathrm{Re}\left(\int_\gamma wdz\right) = \sum_{i,j=1}^g \left[\lambda_i \mu_j \mathrm{Re}\left(\int_{\alpha_j} w_{\alpha_i}dz\right) + \lambda_i \mu_{g+j}\mathrm{Re}\left(\int_{\beta_j} w_{\alpha_i}dz\right)\right.$$
$$\left. + \lambda_{g+i}\mu_j \mathrm{Re}\left(\int_{\alpha_j} w_{\beta_i}dz\right) + \lambda_{g+i}\mu_{g+j}\mathrm{Re}\left(\int_{\beta_j} w_{\beta_i}dz\right)\right]$$
$$= \sum_{i,j=1}^g \left[\lambda_i \mu_j(\alpha_i, \alpha_j) + \lambda_i \mu_{g+j}(\alpha_i, \beta_j)\right.$$
$$\left. + \lambda_{g+i}\mu_j(\beta_i, \alpha_j) + \lambda_{g+i}\mu_{g+j}(\beta_i, \beta_j)\right].$$

これは 226 頁 3) により

$$\sum_{i,j=1}^g \left(\lambda_i \mu_{g+i} - \lambda_{g+i}\mu_i\right)$$

に等しい. よって

$$(wdz, \bar{\gamma}) = \exp(2\pi\sqrt{-1} \sum_{i=1}^{g} (\lambda_i \mu_{g+i} - \lambda_{g+i} \mu_i)).$$

故に $\lambda_i, \mu_i \ (i=1, \cdots, 2g)$ をそれぞれ $wdz, \bar{\gamma}$ の座標と考えて $\mathfrak{L}_0, B_1^*(\mathfrak{R})$ に位相を導入すれば($\mathfrak{L}_0, B_1^*(\mathfrak{R})$ の他の底をとり,それに関する座標によって位相を導入しても,それは上の位相と変わらない.すなわちこの位相は $\mathfrak{L}_0, B_1^*(\mathfrak{R})$ に個有なものである),$\mathfrak{L}_0, B_1^*(\mathfrak{R})$ はいずれも $V_{2g}(k_0)$ に同型な位相 Abel 群になって,しかも $\chi_{\bar{\gamma}}(wdz) = (wdz, \bar{\gamma})$ は $\bar{\gamma}$ が $B_1^*(\mathfrak{R})$ のすべての元を動く時,$\mathfrak{L}_0$ のすべての連続指標を与えることがわかる[2].同様なことがもちろん $B_1^*(\mathfrak{R})$ の指標 $\chi_{wdz}(\bar{\gamma}) = (wdz, \bar{\gamma})$ についてもいわれる.よって

定理 5.4　$2g$ 次 元 の 実 vector 加 群 $V_{2g}(k_0)$ と 同 型 な 位 相 Abel 群 $\mathfrak{L}_0$,$B_1^*(\mathfrak{R})$ は,指標(1.20)に関して Pontrjagin の意味で双対的な群の対をなす.

定理 5.3,5.4 は代数函数体 K の(代数的)種数と,それに属する閉 R 面 $\mathfrak{R}$ の(位相的)種数とが一致することを述べた定理 4.8 の結果を一層精密にしたものである.これらの定理において同じ $\mathfrak{L}_0, B_1^*(\mathfrak{R})$ が同時に同型でありかつ双対的であるのは,$\mathfrak{R}$ の基底空間 S が閉曲面として自分自身に双対的であることに基づくのである[3].

第一種の Abel 積分については後節にまた触れることとし,次に定理 5.2 を一般の微分に対して拡張しよう.

定理 5.5　C を種数 $g \geqq 1$ の閉 R 面 $\mathfrak{R}$ の一つの標準分割,$\alpha_i, \beta_i \ (i=1, \cdots,$ $g)$ を定点 P_0 を通るその分割曲線とし,また $P_1, \cdots, P_l, Q_1, \cdots, Q_m$ を α_i, β_i の上にない $\mathfrak{R}$ の相異なる点とせよ.wdz を高々 $P_1, \cdots, P_l$ において極を有する $K = K(\mathfrak{R})$ の微分,$w'dz$ を同じく高々 $Q_1, \cdots, Q_m$ において極を有する K の微分とし,$wdz, w'dz$ の α_i, β_i に関する週期を ω_i, ω_{g+i} ないし $\omega_i', \omega_{g+i}' \ (i =1, \cdots, g)$,またこれらの微分の P_i における局所変数 t_i に関する展開を

---

2)　本章ではしばしば位相 Abel 群の理論を引用しなければならぬ.それについては本叢書「位相群論概説」あるいは淡中忠郎,位相群論(岩波,現代数学叢書),Pontrjagin,Topological groups(Princeton University Press)参照.

3)　一般に n 次元可附号閉多様体は自分自身に双対的であって,これが閉多様体に関して多くの美しい定理が成立する一つの根拠になっている.第 4 章註 9 の著書参照.

$$w\frac{dz}{dt_i} = \sum_s a_s^{(i)} t_i^s, \qquad w'\frac{dz}{dt_i} = \sum_s a_s'^{(i)} t_i^s,$$

同様に Q_j における局所変数 t_j' に関する展開を

$$w\frac{dz}{dt_j'} = \sum_s b_s^{(j)} t_j'^s, \qquad w'\frac{dz}{dt_j'} = \sum_s b_s'^{(j)} t_j'^s$$

とすれば

$$(1.21) \quad \frac{1}{2\pi\sqrt{-1}} \sum_{i=1}^g (\omega_i \omega_{g+i}' - \omega_{g+i}\omega_i') + \sum_{i=1}^l \left(a_{-1}^{(i)} \int_{P_0}^{P_i} w'dz \right.$$

$$\left. + \sum_{s=0}^\infty \frac{a_{-s-2}^{(i)} a_s'^{(i)}}{s+1} \right) - \sum_{j=1}^m \left(b_{-1}'^{(j)} \int_{P_0}^{Q_j} wdz + \sum_{s=0}^\infty \frac{b_s'^{(j)} b_{-s-2}^{(j)}}{s+1} \right) = 0.$$

P_0 から P_i あるいは Q_j に至る積分路は適当にとるのであるが，それらは $P_0,$ P_i, Q_j にのみ依存して，$wdz, w'dz$ には関係なく定められる.

証明 C に関して $\bar{V}, V^{(0)}, F$ 等は前章 §3 の通りとする. P_i, Q_j は α_i, β_i の上にないから

$$F(p_i) = P_i, \qquad F(q_j) = Q_j, \qquad i = 1, \cdots, l, \quad j = 1, \cdots, m$$

を満足する点 p_i, q_j が $V^{(0)}$ の中に唯一つずつ定まる. 次に p_i, q_j を $V^{(0)}$ の中で互いに交らぬ連続曲線 L_i, L_j' によって a_1 に結び，また p_i, q_j を中心として小さな単一閉曲線 Γ_i, Γ_j' を描く. r を十分大にとれば $L_i, L_j', \Gamma_i, \Gamma_j'$ 等の F による像は C の r 回の重心細分 $C^{(r)}$ の辺によっていかほどでも精密に近似できるから，このような近似曲線の F による原像を改めて $L_i, L_j', \Gamma_i, \Gamma_j'$ とし，また $C^{(r)}$ を改めて C と書けば，$F(L_i), F(L_j'), F(\Gamma_i), F(\Gamma_j')$ はいずれも C の辺からなる曲線，すなわち C の 1 次元複体と考えてよい. そこで，$V^{(0)}$ から $L_i,$

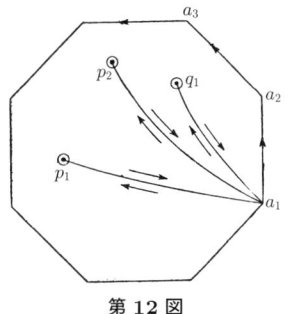

第 12 図

L_j' および Γ_i, Γ_j' が囲む小部分を除いた残りを $W^{(0)}$ とし，$U' = F(W^{(0)})$ とせよ. しからば図から明らかなように $W^{(0)}$，従って U' は単連結な領域である. よって U' 内に一点 Q_0 を任意にとり

$$w_1(P) = \int_{Q_0}^{P} wdz, \quad w_2(P) = \int_{Q_0}^{P} w'dz$$

とおけば $wdz, w'dz$ はいずれも U' 内で正則であるから，これにより U' において一価正則な函数 $w_1(P), w_2(P)$ が得られる．この $w_1(P), w_2(P)$ を定理 5.2 の証明におけると同様な方法で U' の境界の上まで延長しておいて，$\bar{U'}$ に含まれる C のすべての三角形の境界 δ について $w_1 dw_2$ を積分すればそれは常に 0 であるから，その和をとっても

$$\sum{}' \int_{\delta} w_1 dw_2 = 0.$$

ここで左辺はやはり定理 5.2 の証明におけると同様の理由により，U' の境界

$$F(L_i),\ F(L_j'),\ F(\Gamma_i),\ F(\Gamma_j'),\ F(\Gamma) \quad (\Gamma = \overline{a_1 a_2} + \overline{a_2 a_3} + \cdots + \overline{a_{4g} a_1})$$

に関する積分の和に等しくなる．しかるに Γ_i, Γ_j' はいくらでも小さくとれるから，これらをそれぞれ P_i, Q_j に収斂させて極限をとれば

$$(1.22) \qquad \int_{F(\Gamma)} + \sum_{i=1}^{l} \left(\int_{P_0}^{P_i} + \int_{P_i}^{P_0} + \lim \int_{F(\Gamma_i)} \right)$$
$$+ \sum_{j=1}^{m} \left(\int_{P_0}^{Q_j} + \int_{Q_j}^{P_0} + \lim \int_{F(\Gamma_{j'})} \right) = 0.$$

ただし積分はもちろん $w_1 dw_2$ に関するもので，その積分路のとり方は第 12 図から明らかであろう．次にこれらの積分の各項を実際に計算してみる．

まず $\int_{F(\Gamma)}$ については前と全く同様にして

$$\int_{F(\Gamma)} w_1 dw_2 = \sum_{i=1}^{g} (\omega_i \omega'_{g+i} - \omega_{g+i} \omega'_i).$$

次に $\int_{P_0}^{P_i} + \int_{P_i}^{P_0}$ を計算する．

$$w_1(P) = \int_{Q_0}^{P} wdz$$

は P が P_i の周囲を逆の向きに一周する時 $-2\pi\sqrt{-1} a_{-1}^{(i)}$ だけ増すから，P_0 から P_i に行く場合，すなわち $\overline{P_0 P_1}$ の左側の三角形の辺に関する積分の場合と，

P_i から P_0 に戻る場合, すなわち $\overline{P_0P_1}$ の右側の三角形の辺に関する積分の場合とでは同じ点における $w_1(P)$ の値が常に $-2\pi\sqrt{-1}a_{-1}^{(i)}$ だけ異なる. よって

$$\int_{P_i}^{P_0} + \int_{P_0}^{P_i} = -2\pi\sqrt{-1}a_{-1}^{(i)}\int_{P_i}^{P_0}dw_2 = 2\pi\sqrt{-1}a_{-1}^{(i)}\int_{P_0}^{P_i}w'dz.$$

次に

$$\int_{F(\Gamma_i)} w_1 dw_2 = \int_{F(\Gamma_i)} w_1 \frac{dw_2}{dt_i}dt_i = \int_{F(\Gamma_i)} \frac{d(w_1w_2)}{dt_i}dt_i - \int_{F(\Gamma_i)} w_2 \frac{dw_1}{dt_i}dt_i.$$

ここで右辺の第一項は P 点が P_i の近くを一周した場合の函数 $w_1(P)w_2(P)$ の増加であるが, $w_1(P)$ はその場合 $-2\pi\sqrt{-1}a_{-1}^i$ だけ増し, また P_i において $w'dz$ が正則なることより $w_2(P)$ は不変であるから, その値は極限に行けば

$$-2\pi\sqrt{-1}a_{-1}^{(i)}w_2(P_i)$$

に収斂する. また第二項は, t_i の函数 $w_2\dfrac{dw_1}{dt_i}$ の $t_i=0$ における留数の $-2\pi\sqrt{-1}$ 倍に等しい. しかるに $w'dz$ は P_i において正則なる故, P_i の近傍では

$$w_2(P) = w_2(P_i) + \int_{P_i}^{P} w' \frac{dz}{dt_i}dt_i = w_2(P_i) + \sum_{s=0}^{\infty} \frac{a_s'^{(i)}}{s+1}t_i^{s+1}.$$

これと

$$\frac{dw_1}{dt_i} = w\frac{dz}{dt_i} = \sum_s a_s^{(i)}t_i^s$$

とから $w_2\dfrac{dw_1}{dt_i}$ の留数を計算すれば

$$a_{-1}^{(i)}w_2(P_i) + \sum_{s=0}^{\infty} \frac{a_{-s-2}^{(i)}a_s'^{(i)}}{s+1}.$$

故に

$$\lim \int_{F(\Gamma i)} w_1 dw_2 = 2\pi\sqrt{-1}\sum_{s=0}^{\infty} \frac{a_{-s-2}^{(i)}a_s'^{(i)}}{s+1}.$$

Q_j に関する項ではまず $\displaystyle\int_{P_0}^{Q_j} + \int_{Q_j}^{P_0}$ は wdz が Q_j において正則で P が Q_j

を一周しても $w_1(P) = \displaystyle\int_{Q_0}^{P} wdz$ の値は変化しないから，従って P が P_0 から Q_j に行く時と Q_j から P_0 に戻る時とを比べても同一の点における $w_1(P)$ の値は変わらない．一方 $dw_2 = w'dz$ はもちろん同じ点で同じ値をとるから

$$\int_{P_0}^{Q_j} + \int_{Q_j}^{P_0} = 0.$$

最後に $\displaystyle\int_{F(\varGamma_j')}$ の極限値は上と同様に

$$w_1 \frac{dw_2}{dt_j'} = \left(\int_{Q_0}^{Q_j} wdz + \sum_{s=0}^{\infty} \frac{b_s^{(j)}}{s+1} t_j'^{s+1} \right) \left(\sum_s b_s'^{(j)} t_j'^s \right)$$

の $t_j' = 0$ における留数の $-2\pi\sqrt{-1}$ 倍に等しい．すなわち

$$-2\pi\sqrt{-1} \left(b_{-1}'^{(j)} \int_{Q_0}^{Q_j} wdz + \sum_{s=0}^{\infty} \frac{b_s^{(j)} b_{-s-2}'^{(j)}}{s+1} \right).$$

よってこれらの値を (1.22) に代入して $2\pi\sqrt{-1}$ で割れば

$$(1.23) \qquad \frac{1}{2\pi\sqrt{-1}} \sum_{i=1}^{g} (\omega_i \omega_{g+i}' - \omega_{g+i} \omega_i')$$
$$+ \sum_{i=1}^{l} \left(a_{-1}^{(i)} \int_{P_0}^{P_i} w'dz + \sum_{s=0}^{\infty} \frac{a_{-s-2}^{(i)} a_s'^{(i)}}{s+1} \right)$$
$$- \sum_{j=1}^{m} \left(b_{-1}'^{(j)} \int_{Q_0}^{Q_j} wdz + \sum_{s=0}^{\infty} \frac{b_s^{(j)} b_{-s-2}'^{(j)}}{s+1} \right) = 0.$$

ここで Q_0 は U' 内の任意の点であったから Q_0 を次第に P_0 に収斂させれば (1.21) の公式を得る（証終）．

上の (1.23) 左辺において Q_0 に関係のある項は

$$(1.24) \qquad \sum_{j=1}^{m} b_{-1}'^{(j)} \int_{Q_0}^{Q_j} wdz$$

だけであるから，上の証明によればこれが Q_0 に無関係であるということになって，一見不都合のようであるが，(1.24) と他の Q_0' に対する

$$\sum_{j=1}^{m} b_{-1}'^{(j)} \int_{Q_0'}^{Q_j} w dz$$

との差は

(1.25)
$$\left(\sum_{j=1}^{m} b_{-1}'^{(j)} \right) \int_{Q_0}^{Q_0'} w dz$$

であって，ここに $\sum_{j=1}^{m} b_{-1}'^{(j)}$ はちょうど微分 $w'dz$ のすべての留数の和であるから定理 2.19 によりその値は 0 となり，従って不思議はないのである．定理 2.19 の証明は全く代数的であったが，上の (1.25) が 0 であることから逆に定理 2.19 の解析的証明が得られる（もちろん k が複素数体である場合における）[4]．

さて極を共有しない K の任意の二つの微分 wdz, $w'dz$ が与えられた時，$\mathfrak{R} = \mathfrak{R}(K)$ の標準分割 C を，wdz, $w'dz$ の極が C の分割曲線の上にないようにとることは常に可能であるから（230-231 頁参照），(1.21) によりこのような微分の間の関係が与えられる．wdz, $w'dz$ として特別な形の微分をとると，(1.21) はそれらの微分の間の簡単な関係を与える．次にそれを述べよう．

まず P を $\mathfrak{R}$ の任意の点，t を P における一つの局所変数とする時，P の近傍で

$$u \frac{dz}{dt} = -\frac{1}{t^2} + a_0 + a_1 t + \cdots$$

なる形に展開され，P 以外の点では正則な第二種微分を udz とせよ．定理 2.25 によりこのような udz は確かに存在する．しかもそのような udz が一つあれば，これと任意の第一種微分との和がまた同じ性質を有するから（α_i, β_i が P を含まぬようにしておけば）その中で特に α_i $(i = 1, \cdots, g)$ に関する週期がすべて 0 となるようなものが存在する（240 頁参照）．これを $\bar{w}_P^t dz$ とせよ．しからば（記号が示すように）$\bar{w}_P^t dz$ は P とその局所変数 t とを与えれば上の条件により一意的に定まる．なんとなれば，そのような二つの微分の差

---

4) 第 4 章注 8 参照.

は α_i $(i=1,\cdots,g)$ に関する週期が 0 である第一種微分であるから同型 (1.12)，(1.13) により 0 でなければならない．

これと全く同様にして二点 P, Q においてそれぞれ留数 1, -1 を有し，他の点では正則であって，しかも α_i $(i=1,\cdots,g)$ に関する週期がすべて 0 となるような第三種微分 $\bar{w}_{P,Q}dz$ が唯一つ存在することが知られる．また (1.12)，(1.13) の代わりに同型 (1.14)，(1.15) を用いれば，$\bar{w}_P^t dz$, $\bar{w}_{P,Q}dz$ と同じ特異性を有し，かつ α_i, $\beta_i(i=1,\cdots,g)$ に関する週期がすべて純虚数となるような第二種ないし第三種の微分 $w_P^t dz$, $w_{P,Q}dz$ がそれぞれ唯一つずつ存在することも証明される．

そこでまず

$$wdz = \bar{w}_P^t dz, \qquad w'dz = \bar{w}_Q^{t'}dz \qquad (P \neq Q)$$

に対し $P_1 = P$, $Q_1 = Q$ として (1.21) を適用すれば，α_i, β_i に関する週期の項および積分の項は消えて，$\sum_{s=0}^{\infty}$ から $a_{-2}^{(1)}a_0^{\prime(1)}$ と $b_0^{(1)}b_{-2}^{\prime(1)}$ とが残るから

$$(1.26) \qquad \bar{w}_P^t \frac{dz}{dt'} = \bar{w}_Q^{t'} \frac{dz}{dt}$$

を得る．ただし $\bar{w}_P^t \dfrac{dz}{dt'}$, $\bar{w}_Q^{t'} \dfrac{dz}{dt}$ はもちろん $t'=0$ ないし $t=0$ における値である．

次に P, Q, Q' を相異なる点として

$$wdz = \bar{w}_P^t dz, \qquad w'dz = \bar{w}_{Q,Q'}dz$$

とおけば，（例えば $P_1 = P$, $Q_1 = Q$, $Q_2 = Q'$ として）上と同様に (1.21) から

$$-\bar{w}_{Q,Q'} \frac{dz}{dt} - \left(\int_{P_0}^{Q} \bar{w}_P^t dz - \int_{P_0}^{Q'} \bar{w}_P^t dz \right) = 0,$$

すなわち

$$(1.27) \qquad \bar{w}_{Q,Q'} \frac{dz}{dt} = -\int_{Q'}^{Q} \bar{w}_P^t dz.$$

また P, P', Q, Q' を相異なる点として

$$wdz = \bar{w}_{P,P'}dz, \qquad w'dz = \bar{w}_{Q,Q'}dz$$

とおけば，同様にして

$$(1.28) \qquad \int_{Q'}^{Q} \bar{w}_{P,P'} dz = \int_{P'}^{P} \bar{w}_{Q,Q'} dz$$

が得られる.

　(1.26), (1.27), (1.28)はいずれも特殊な第二種，第三種微分あるいはその Abel 積分の間の関係であって，それらは(1.21)の特別な場合であるが，定理 2.27 の証明からわかるように K の一般の微分はこのような $\bar{w}_P^t dz$, $\bar{w}_{P,Q} dz$ および第一種微分と高次の極を有する第二種微分との和として表されるから，これらは極めて基本的な関係式であるということができる. 特に(1.28)は普通**変数と径数との交換の法則**と呼ばれている.

　第一種微分と第二種ないし第三種微分との間の関係式を得るためには，$\bar{w}_P^t dz$, $\bar{w}_{P,Q} dz$, の代わりに $w_P^t dz$, $w_{P,Q} dz$ を用いた方がよい. 定理 5.3 により

$$w_{\alpha_i} dz, \qquad w_{\beta_i} dz, \qquad i = 1, \cdots, g$$

は K の第一種微分の集合 $\mathfrak{L}_0$ の実数体 k_0 に関する底をなす. よってこれと $w_P^t dz$, $w_{P,Q} dz$ とに対して(1.21)を適用してみよう. まず

$$w dz = w_{\alpha_i} dz, \qquad w' dz = w_P^t dz$$

とおけば，定義により $w_P^t dz$ の α_i, β_i に関する週期 ω_j' はすべて純虚数であるから

$$(1.29) \qquad \frac{1}{2\pi\sqrt{-1}} \sum_{j=1}^{g} (\omega_j \omega_{g+j}' - \omega_{g+j} \omega_j')$$

の実数部分は，上式において ω_j, ω_{g+j} の代わりにその実数部分をとったものに等しい. しかるにまた定義により

$$\mathrm{Re}(\omega_j) = \mathrm{Re}\left(\int_{\alpha_j} w_{\alpha_i} dz\right) = (\alpha_i, \alpha_j) = 0,$$

$$\mathrm{Re}(\omega_{g+j}) = \mathrm{Re}\left(\int_{\beta_j} w_{\alpha_i} dz\right) = (\alpha_i, \beta_j) = \delta_{ij}$$

であるから，結局(1.29)の実数部分は

$$\frac{-\omega_i'}{2\pi\sqrt{-1}} = \frac{-1}{2\pi\sqrt{-1}} \int_{\alpha_i} w_P^t dz$$

となる．よって (1.21) の他の項においても実数部分だけをとれば

$$\frac{-1}{2\pi\sqrt{-1}} \int_{\alpha_i} w_P^t dz + \mathrm{Re}\left(w_{\alpha_i}\frac{dz}{dt}\right) = 0,$$

すなわち

$$\int_{\alpha_i} w_P^t dz = 2\pi\sqrt{-1}\,\mathrm{Re}\left(w_{\alpha_i}\frac{dz}{dt}\right).$$

全く同様にして

$$\int_{\beta_i} w_P^t dz = 2\pi\sqrt{-1}\,\mathrm{Re}\left(w_{\beta_i}\frac{dz}{dt}\right).$$

しかるに α_i, β_i は $B_1^*(\mathfrak{R})$ の底をなすから上の二つの等式より一般に実係数の任意の 1 次元輪体 γ に対し

$$(1.30)\qquad \int_{\gamma} w_P^t dz = 2\pi\sqrt{-1}\,\mathrm{Re}\left(w_{\gamma}\frac{dz}{dt}\right).$$

ただし左辺は第一種微分に対すると同様に拡張された $w_P^t dz$ の γ に関する週期である（241 頁参照）.

　最後に

$$w dz = w_{\alpha_i} dz, \qquad w' dz = w_{P,Q} dz$$

とおいて，上と同様に (1.21) の実数部分を考えれば

$$\int_{\alpha_i} w_{P,Q} dz = 2\pi\sqrt{-1}\,\mathrm{Re}\left(-\int_Q^P w_{\alpha_i} dz\right).$$

同様に

$$\int_{\beta_i} w_{P,Q} dz = 2\pi\sqrt{-1}\,\mathrm{Re}\left(-\int_Q^P w_{\beta_i} dz\right).$$

よって一般に任意の 1 次元輪体 γ に対し

$$(1.31)\qquad \int_{\gamma} w_{P,Q} dz = 2\pi\sqrt{-1}\,\mathrm{Re}\left(-\int_Q^P w_{\gamma} dz\right)$$

ここでも左辺の積分は拡張された意味の $w_{P,Q}dz$ の週期である．また Q から P までの右辺の積分路は適当にとるのであるが，定理 5.5 に述べたようにそれは γ のとり方には無関係であることを特に注意しておく．この (1.31) は後に重要な役目をなす公式である．

$w_P^t dz$ と $w_{P,Q}dz$ とについても (1.21) により (1.26) 等と同様な，ただし実数部分の間の関係を得ることができる．また $w_P^t dz$, $w_{P,Q}dz$ の代わりに α_i, β_i に関する週期がすべて実数となるような第二種ないし第三種微分を用いれば (1.26) 等と類似の，虚数部分に関する公式が得られる．しかしこれらの公式をここに繰返して掲げる必要はなかろう．読者は自ら工夫して求めてみるとよい．

§2 加法函数と乗法函数

前節に述べた Abel 積分を今度は少し異なった観点から考察してみよう．定理 3.19 によれば任意の閉 R 面 $\mathfrak{R}$ は複素 t 球面あるいは有限複素 t 平面あるいは単位円の内部 $\{t; |t| < 1\}$ を被覆 R 面として有する．よってそのような単連結被覆 R 面を $\mathfrak{R}^*$ とし，$\mathfrak{R}^*$ から $\mathfrak{R}$ への被覆写像を f^* とせよ．いずれの場合にせよ $\mathfrak{R}^*$ の点は複素数 t によって表すことができるから，f^* による t の像を簡単に

$$P_t = f^*(t)$$

と書くことにする．しからば $\mathfrak{R}$ の解析函数体 $K = K(\mathfrak{R})$ に属する任意の函数 $z = z(P)$ に対し

$$z'(t) = z(P_t) = z(f^*(t))$$

によって定義される $z'(t)$ は明らかに $\mathfrak{R}^*$ の解析函数体 $\tilde{K}$ に属し，しかも

$$z(P) \leftrightarrow z'(t)$$

は K から $\tilde{K}$ の中への同型写像を与える．よって今後我々は $z(P)$ と $z'(t)$ とを区別しないで，K を $\tilde{K}$ の部分体と考え，K の元 z を $\mathfrak{R}$ の上の函数と考えた時には $z = z(P)$ と書き，$\mathfrak{R}^*$ における函数と考えた時には $z = z(t)$ と書くことにする．同様に K の元 $z = z(P) = z(t)$ と $w = w(P) = w(t)$ とから得られ

る $\mathfrak{R}$ の微分 $w(P)dz(P)$ と $\mathfrak{R}^*$ の微分 $w(t)dz(t)$ とを区別しないで wdz と書く. f^* により $\mathfrak{R}^*$ の各点 t の近傍は $\mathfrak{R}$ の点 P_t の近傍の上に 1 対 1, 等角に写像されるから, t における任意の局所変数 t^* は同時に P_t における局所変数と考えられる. よって wdz の t^* に関する展開

$$w\frac{dz}{dt^*} = \sum a_i t^{*i}$$

は K の微分としての wdz の展開とも考えられ, また $\tilde{K}$ の微分としての wdz の展開とも考えられる. 従って wdz の t, P_t における位数, 留数は一致する.

さて被覆 R 面 $\{\mathfrak{R}^*, f^*; \mathfrak{R}\}$ の自己同型群, すなわち $\mathfrak{R}$ の基底空間 S の, $\mathfrak{R}^*$ の基底空間 S^* に関する基本群を $G = A(\mathfrak{R}^*, f^*; \mathfrak{R})$ とせよ. G は $\mathfrak{R}^*$ の自己同型群 $A(\mathfrak{R}^*)$ の部分群であるから, φ を G に属する任意の写像とし, $u(t)$ を $\tilde{K}$ の任意の函数とすれば

$$u'(t) = u(\varphi^{-1}(t))$$

によって定義される $u'(t)$ もまた $\tilde{K}$ に属する. そこでこの u' を

$$u' = \sigma(u)$$

と書けば, σ は $\tilde{K}$ の自己同型写像である. G の写像 φ からこのようにして得られる σ の全体を $\mathfrak{G}$ とすれば, $\mathfrak{G}$ は $\tilde{K}$ の自己同型からなる群であって

(2.1)
$$\varphi \mapsto \sigma$$

は G から $\mathfrak{G}$ の上への準同型写像を与える. しかも G の元 φ, φ' $(\varphi \neq \varphi')$ に対応する $\mathfrak{G}$ の元を σ, σ' とすれば, $t_1 = \varphi^{-1}(t)$ と $t_2 = \varphi'^{-1}(t)$ とが異なるような点 t が必ず存在するから, そこで $u(t_1) \neq u(t_2)$ となる $\mathfrak{R}^*$ の解析函数 u (例えば t 自身)をとれば定義により $\sigma(u) \neq \sigma'(u)$, $\sigma \neq \sigma'$. 故に(2.1)は 1 対 1 の対応であって, G と $\mathfrak{G}$ とは同型である:

$$G \cong \mathfrak{G}.$$

$\mathfrak{G}$ から G へのこの同型写像を

$$\varphi = \Phi(\sigma), \qquad \varphi \in G, \quad \sigma \in \mathfrak{G}$$

と書くことにする.

しかるに一方 P_0 を $\mathfrak{R}$ の任意の点とする時, G は P_0 を起点とする $\mathfrak{R}$ の道

類群 $G(P_0)$ に同型であったから(補題 3.11)

$$(2.2) \qquad \mathfrak{G} \cong G(P_0).$$

この同型で特に $\mathfrak{G}$ の交換子群 $\mathfrak{G}'$ は $G(P_0)$ の交換子群 $G(P_0)'$ に対応するから, (2.2)より

$$\mathfrak{G}/\mathfrak{G}' \cong G(P_0)/G(P_0)'$$

なる同型が導かれる. ところが P_0 を特に前章§3において述べたような標準分割 C に関する定点とすれば前章(3.7)より

$$G(P_0)/G(P_0)' \cong B_1(\mathfrak{R}) \qquad (B_1(\mathfrak{R}):\mathfrak{R} \text{ の整係数一次元位相合同群})$$

となるから, $\bar{\mathfrak{G}} = \mathfrak{G}/\mathfrak{G}'$ とおく時

$$(2.3) \qquad \bar{\mathfrak{G}} \cong B_1(\mathfrak{R}).$$

$\bar{\mathfrak{G}}$ から $B_1(\mathfrak{R})$ へのこの同型写像を

$$(2.4) \qquad \bar{\gamma} = \Psi(\bar{\sigma}), \quad \bar{\gamma} \in B_1(\mathfrak{R}), \quad \bar{\sigma} \in \bar{\mathfrak{G}}$$

とおく. (2.3)を証明するのに用いた各同型対応の意味を考えれば, 写像 Ψ は次のごとくにして与えられることがわかる. すなわち $\bar{\mathfrak{G}} = \mathfrak{G}/\mathfrak{G}'$ の剰余類 $\bar{\sigma}$ に属する $\mathfrak{G}$ の任意の元 σ をとり $\varphi = \Phi(\sigma)$ とし, 次に $\mathfrak{R}^*$ 上に $P_0 = f^*(t_0)$ なる点 t_0 を定め, t_0 と $\varphi(t_0)$ とを結ぶ $\mathfrak{R}^*$ の道を γ^* として $\gamma = f^*(\gamma^*)$ とすれば, この γ の属する位相合同類がすなわち求むる $\bar{\gamma} = \Psi(\bar{\sigma})$ である.

上の説明によると写像 Ψ は一見 P_0 および t_0 に関係して定まるように見えるが, 実はこれは補助に用いた点 P_0, t_0 には無関係である. すなわち $\bar{\sigma}, \sigma, \varphi$ は上の通りとし, t_0 の代わりに $\mathfrak{R}^*$ の任意の点 t_0' をとり, t_0' と $\varphi(t_0')$ とを結ぶ $\mathfrak{R}^*$ の道 δ^* の f^* による像を $\delta = f^*(\delta^*)$ とすれば, この δ は上の γ と位相合同である:

$$\bar{\delta} = \bar{\gamma} = \Psi(\bar{\sigma}).$$

なんとなれば t_0 と t_0' とを結ぶ任意の道を δ_1^* とし, $\delta_2^* = \varphi(\delta_1^*)$ とすれば δ_2^* は $\varphi(t_0)$ から $\varphi(t_0')$ に至る道であるから $\delta_1^{*-1}\delta^{*-1}\delta_2^*\gamma^*$ は t_0 を起点とする閉じた道をなすが, $\mathfrak{R}^*$ は単連結であるからそれは恒等曲線に準同位である. 従って $f^*(\delta_1^{*-1}\delta^{*-1}\delta_2^*\gamma^*)$ もまた恒等曲線に準同位となる. よって $\mathfrak{R}$ の1次元輪体として

$$f^*(\delta_1^{*-1}\delta^{*-1}\delta_2^*\gamma^*) = -f^*(\delta_1^*) - f^*(\delta^*) + f^*(\delta_2^*) + f^*(\gamma^*) \sim 0.$$

しかるに $f^*(\delta_2^*) = f^*(\varphi(\delta_1^*)) = f^*(\delta_1^*)$ であるから

$$-f^*(\delta^*) + f^*(\gamma^*) \sim 0,$$

すなわち

$$\gamma \sim \delta, \qquad \bar{\gamma} = \bar{\delta}.$$

これで (2.4) の Ψ が $\mathfrak{R}^*$ の任意の点 t_0' を用いて求められることがわかった.

さて $G = A(\mathfrak{R}^*, f^*; \mathfrak{R})$ の定義により G の任意の写像 φ は

$$f^*(\varphi(t)) = f^*(t), \qquad P_{\varphi(t)} = P_t$$

を満足するから,$z = z(P) = z(t)$ が K の函数であれば

$$z(\varphi(t)) = z(P_{\varphi(t)}) = z(P_t) = z(t).$$

故に $\mathfrak{G}$ のすべての元 σ に対し

$$(2.5) \qquad\qquad\qquad \sigma(z) = z.$$

逆に $\tilde{K}$ の函数 $z(t)$ が $\mathfrak{G}$ のすべての σ に対し (2.5) を満足すれば

$$z(\varphi(t)) = z(t), \qquad \varphi \in G$$

となるから

$$z_1(P) = z(f^{*-1}(P)), \qquad P \in \mathfrak{R}$$

とおいて $\mathfrak{R}$ における一価関数 $z_1(P)$ が定まる.f^* は $\mathfrak{R}^*$ の点 t の近傍を $\mathfrak{R}$ の点 P_t の上に 1 対 1,等角に写像するから,上の $z_1(P)$ は $\mathfrak{R}$ における解析函数であって,しかもこの z_1 と初めの z とは

$$z(t) = z_1(P_t)$$

なる関係にある.故に前の約束により

$$z(t) = z_1(t), \qquad z = z_1, \qquad z \in K.$$

よって $\mathfrak{G}$ に属するすべての自己同型写像によって不変な K の元の全体がちょうど K と一致する.この意味で我々は今後 $\mathfrak{G}$ を $\tilde{K}/K$ の **Galois群**と呼ぶことにする.$\mathfrak{G}$ が実際拡大 $\tilde{K}/K$ に対し,有限次 Galois 拡大における Galois 群の役目をなすことは後節に詳しく述べる.ここではただ次の定義のために $\mathfrak{G}$ が必要であったのである.

定義 5.1　$\tilde{K}$ の函数 u が $\mathfrak{G}$ の任意の自己同型写像 σ によって

$$(2.6) \qquad \sigma(u) = u + \omega_\sigma, \qquad \omega_\sigma \in k$$

なる形の変換を受ける時，u を $\mathfrak{G}$ に関する $\tilde{K}$ の**加法函数**と呼び，ω_σ を u の σ に関する**週期**と呼ぶ．

K の函数は常に週期が 0 である特別な加法函数である．K の種数 $g = 0$ ならば $\mathfrak{R} = \mathfrak{R}^*$，$K = \tilde{K}$ であるからこれ以外に $\tilde{K}$ の加法函数はないが，$g \geq 1$ の時には次の考察から知られるように K の函数でない $\tilde{K}$ の加法函数が実際存在する．

さて一般に $u = u(t)$ を (2.6) の加法函数とすれば，直ちにわかるように $\mathfrak{G}$ の任意の元 σ, τ に対し

$$\omega_{\sigma\tau} = \omega_\sigma + \omega_\tau.$$

すなわち $\sigma \mapsto \omega_\sigma$ は $\mathfrak{G}$ から複素数の加法群への準同型写像を与える．故に ω_σ の値は σ の属する $\bar{\mathfrak{G}} = \mathfrak{G}/\mathfrak{G}'$ の剰余類にのみ依存する．特に $\sigma \in \mathfrak{G}'$ ならば

$$(2.7) \qquad \omega_\sigma = 0.$$

次に $z = z(t)$ を常数でない K の函数とし

$$w(t) = \frac{du(t)}{dt} \bigg/ \frac{dz(t)}{dt}$$

とおけば，まず $w(t)$ が $\tilde{K}$ に属する解析函数であることは明白だが，$\mathfrak{G}$ の任意の写像 φ に対し

$$w(\varphi(t)) = \frac{du(\varphi(t))}{d\varphi(t)} \bigg/ \frac{dz(\varphi(t))}{d\varphi(t)} = \frac{du(\varphi(t))}{dt} \bigg/ \frac{dz(\varphi(t))}{dt}.$$

しかるに $\sigma = \Phi^{-1}(\varphi)$ とすれば

$$\sigma(u) = u + \omega_\sigma, \qquad u(\varphi(t)) + \omega_\sigma = u(t), \qquad \frac{du(\varphi(t))}{dt} = \frac{du(t)}{dt}.$$

一方 z は K の函数であるから

$$\sigma(z) = z, \qquad z(\varphi(t)) = z(t), \qquad \frac{dz(\varphi(t))}{dt} = \frac{dz(t)}{dt}.$$

故に

$$w(\varphi(t)) = w(t), \qquad \varphi \in G.$$

これは $w=w(t)$ が K に属することを示すものである. t_1 を $\mathfrak{R}^*$ の任意の点とすれば $t-t_1$ は t_1 における一つの局所変数であるから

$$\frac{du}{d(t-t_1)} = \frac{du}{dt} = w\frac{dz}{dt} = w\frac{dz}{d(t-t_1)}.$$

故に $\tilde{K}$ の微分 du は K の微分 wdz と一致する:

$$du = wdz.$$

しかもこの時 u の t_1 における展開を

$$u(t) = \sum a_i(t-t_1)^i$$

とすれば

$$w\frac{dz}{d(t-t_1)} = \frac{du}{d(t-t_1)} = \sum a_i i(t-t_1)^{i-1}$$

となるから wdz の留数は($\mathfrak{R}^*$ においても $\mathfrak{R}$ においても)常に 0 である.

　そこで今度は逆に wdz を $\mathfrak{R}$ において常に留数が 0 である K の任意の微分とせよ. しからば wdz は $\mathfrak{R}^*$ における微分と考えても常に留数 0 を有する. よって $\mathfrak{R}^*$ が単連結であることに注意して定理 3.7 を用いれば

$$du = wdz$$

を満足する $\tilde{K}$ の函数 $u=u(t)$ が常数の加法を除いて確定する. すなわち wdz の $\mathfrak{R}^*$ における積分函数である. 次にこの u が $\tilde{K}$ の $\mathfrak{G}$ に関する加法函数であることを証明しよう. そのためまず γ^* を $\mathfrak{R}^*$ の任意の解析曲線とする時

$$(2.8) \qquad \int_{\gamma^*} wdz = \int_{f*(\gamma^*)} wdz$$

となることに注意する. ただし左辺は wdz を $\mathfrak{R}^*$ の微分と考えて $\mathfrak{R}^*$ の上で積分したものであり, 右辺は wdz を $\mathfrak{R}$ の微分と考えて $\mathfrak{R}$ の上で積分したものである. γ^* が f^* によって $\mathfrak{R}$ の中に 1 対 1, 等角に写像されるような $\mathfrak{R}^*$ の点 t の近傍 $U^* = \{t^*; |t^*| < \varepsilon\}$ (t^* は t における局所変数)に含まれていれば, t^* は同時に $\mathfrak{R}$ における P_t の局所変数と考えられ, しかも U^* における $w\dfrac{dz}{dt^*}$ の展開と $U = f^*(U^*)$ における $w\dfrac{dz}{dt^*}$ の展開とは全く一致するから, この場合には(2.8)は確かに成立する. 一般の場合には γ^* を上に述べたような十分

小さな γ_i^* に分割しておいてその和をとればよい.

さて t を wdz の極でない $\mathfrak{R}^*$ の任意の点とし, φ を G の任意の写像とすれば, $\varphi(t)$ もまた wdz の極ではないから, t と $\varphi(t)$ とを wdz の極を通らない解析曲線 γ^* によって結ぶことができる. しからば(2.8)を用いて

$$(2.9) \quad u(\varphi(t)) - u(t) = \int_{\gamma^*} du = \int_{\gamma^*} wdz = \int_{\gamma} wdz, \qquad (\gamma = f^*(\gamma^*)).$$

しかるに $\sigma = \varPhi^{-1}(\varphi)$ とすれば既に注意したように上の γ の属する位相合同類 $\bar{\gamma}$ は t とは無関係に

$$\bar{\gamma} = \varPsi(\bar{\sigma})$$

を満足する. 一方定理 5.1 により $\displaystyle\int_{\gamma} wdz$ は γ の属する位相合同類 $\bar{\gamma}$ にのみ依存するから, (2.9)の右辺は t に無関係である. よって

$$\omega_{\sigma} = -\int_{\gamma} wdz, \qquad \bar{\gamma} = \varPsi(\bar{\sigma})$$

とおけば wdz が正則であるようなすべての点 t に対し

$$u(\varphi(t)) + \omega_{\sigma} = u(t), \qquad \omega_{\sigma} \in k.$$

しかるに上式の両辺は共に t の解析函数であるから, これは $\mathfrak{R}^*$ のすべての点において成立しなければならぬ. すなわち

$$\sigma(u) = u + \omega_{\sigma}$$

であって, u は ω_{σ} を週期とする加法函数であることがわかる.

以上の考察により次の定理が得られた.

定理 5.6　$K, \tilde{K}, \mathfrak{R}, \mathfrak{R}^*, \mathfrak{G}$ 等は既に説明した通りとすれば $\mathfrak{G}$ に関する $\tilde{K}$ の加法函数の全体は, 留数が常に 0 であるような K の微分の $\mathfrak{R}^*$ における積分函数の全体と一致する. このような微分 wdz の積分函数の一つを u とすれば, u の σ に関する週期は

$$(2.10) \qquad \omega_{\sigma} = -\int_{\gamma} wdz, \qquad \bar{\gamma} = \varPsi(\bar{\sigma})$$

により与えられる.

さて定理 5.6 により留数が常に 0 である K の微分 wdz の積分, すなわち

(本質的には) K の第一種および第二種微分の Abel 積分は $\tilde{K}$ の加法函数に他ならぬことがわかったが，$\tilde{K}$ の第三種の Abel 積分も $\tilde{K}$ の特別な函数と深い関係がある．それが次に述べる K の $\mathfrak{G}$ に関する乗法函数である．

定義 5.2 $\tilde{K}$ の函数 $v \neq 0$ が $\mathfrak{G}$ の任意の自己同型写像 σ によって

$$(2.11) \qquad \sigma(v) = \chi_\sigma v, \qquad \chi_\sigma \in k \qquad (\chi_\sigma \neq 0)$$

の形の変換を受ける時，v を $\mathfrak{G}$ に関する $\tilde{K}$ の**乗法函数**と呼び，χ_σ を v の σ に関する**乗法子**(Multiplikator)と呼ぶ．

加法函数の場合と同様に，まず $\mathfrak{G}$ の任意の σ, τ に対し

$$\chi_{\sigma\tau} = \chi_\sigma \chi_\tau.$$

すなわち $\sigma \mapsto \chi_\sigma$ は $\mathfrak{G}$ から複素数の乗法群の中への準同型写像を与える．よって χ_σ もまた ω_σ と同様に $\bar{\mathfrak{G}} = \mathfrak{G}/\mathfrak{G}'$ の剰余類にのみ依存して，特に $\sigma \in \mathfrak{G}'$ ならば

$$(2.12) \qquad \chi_\sigma = 1.$$

さて $v = v(t)$ を $\tilde{K}$ の乗法函数とし，t_1 をその m 位の零点あるいは極とすれば，(2.11)により $v(t)$ はすべての点 $\varphi(t_1)$ $(\varphi \in G)$ において同じ m 位の零点あるいは極を有する．この時我々は v が $\mathfrak{R}$ の点 $P = P_{t_1}$ において m 位の零点あるいは極を有するということにする．$\mathfrak{R}$ は compact であるから v の $\mathfrak{R}$ における零点あるいは極が高々有限個しか存在しないことは容易に知られる．よってこれらの点に関する積

$$(2.13) \qquad A = \prod P^{\pm m}$$

は K の因子であって，これを乗法函数 v の**因子**と呼び $A = (v)$ と記す．ただし右辺の $\pm m$ は P が m 位の零点であれば $+m$ を，また P が m 位の極ならば $-m$ をとるものとする．

K の函数 $z \neq 0$ はもちろん乗法函数であるが，その場合の因子 (z) はちょうど第 2 章 §3 に定義した z の因子 (z) と一致する．また明らかに v_1, v_2 が $\tilde{K}$ の乗法函数ならば $v_1 v_2$ もまた $\tilde{K}$ の乗法函数であって

$$(2.14) \qquad (v_1 v_2) = (v_1)(v_2).$$

次に加法函数の場合と同様に常数でない K の函数 z をとって

$$w'(t) = \frac{1}{v}\frac{dv}{dt}\Big/\frac{dz}{dt}$$

とおいてみる. しからば(2.11)より $w'(t)$ は K に属する解析函数であって,微分 $\dfrac{dv}{v}$ は K の微分 $w'dz$ と一致することが知られる:

$$\frac{dv}{v} = w'dz.$$

しかも $\dfrac{dv}{v} = d\log v$ であるから v の展開から直ちにわかるように,v が t_1 において m 位の零点あるいは極を有すれば $w'dz$ は $P = P_{t_1}$ においてそれぞれ留数 m あるいは $-m$ の 1 位の極を有する. 定理 2.19 によりこれらの留数の和は 0 でなければならぬから(2.13)より

$$n((v)) = n(A) = \sum \pm m = 0.$$

すなわち乗法函数 v の因子 (v) の次数は常に 0 である.

さて $d\log v = \dfrac{dv}{v} = w'dz$ であるから,$v(t_0) \neq 0, \infty$ なる $\mathfrak{R}^*$ の点 t_0 を定め,$v(t)$ の零点ないし極を通らぬ解析曲線 γ^* に沿うて $w'dz$ を積分すれば

$$\log v(t) - \log v(t_0) = \int_{\gamma^*} d\log v = \int_{\gamma^*} w'dz = \int_{t_0}^{t} w'dz,$$

$$(2.15) \qquad v(t) = v(t_0)\exp\left(\int_{t_0}^{t} w'dz\right).$$

そこで上とは逆に一般に $w'dz$ を $\mathfrak{R}$ において高々 1 位の極を有し,しかも各極における留数がすべて有理整数であるような任意の微分とし,

$$v(t) = \exp\left(c + \int_{t_0}^{t} w'dt\right), \qquad c \in k$$

とおいて得られる $\mathfrak{R}^*$ の函数 $v(t)$ を考察してみる. ただし t_0, t は $w'dt$ の極でない $\mathfrak{R}^*$ の点とし,また t_0 から t に至る積分路ももちろん $w'dz$ の極を避けて通るものとする. まずこのようにして与えられた $v(t)$ が $w'dz$ の正則点 t で定義された一価函数であること,すなわち $v(t)$ の価が t_0 から t までの積分路のとり方に無関係であることを示そう. $\mathfrak{R}^*$ は単連結であるからそれをいうためには,定理 3.7 の証明からわかるように,t が $\mathfrak{R}^*$ の任意の点 t_1 の近く

を一周した時に $v(t)$ の値が変わらぬことをいえば十分である．t_1 が $w'dz$ の正則点ならば $v(t)$ も明らかに t_1 の近傍で一価正則な函数になるからこれは明白であるが，t_1 を留数 m の $w'dz$ の極とし，t_1 の近傍で

$$(2.16) \quad w'\frac{dz}{dt} = w'\frac{dz}{d(t-t_1)}$$
$$= \frac{m}{t-t_1} + \sum_{i=0}^{\infty} a_i(t-t_1)^i, \quad 0 < |t-t_1| < \varepsilon$$

とすれば，t が t_1 の近くを正の向きに一周する時

$$\int w'dz = \int w'\frac{dz}{dt}dt = 2\pi\sqrt{-1}m$$

となるから，exp をとればこの場合にも $v(t)$ の値は不変である．よって $v(t)$ が一価函数であることがわかった．しかも留数 m を有する $w'dz$ の極 t_1 の近傍では (2.16) より

$$\int_{t_0}^{t} w'dz = c' + m\log(t-t_1) + \sum_{i=0}^{\infty} \frac{b_i}{i+1}(t-t_1)^{i+1},$$

$$v(t) = (t-t_1)^m \exp(c+c' + \sum_{i=0}^{\infty} \frac{b_i}{i+1}(t-t_1)^{i+1}).$$

よって $v(t)$ は $\mathfrak{R}^*$ のすべての点で解析的であって，$w'dz$ の正則点では $v(t)$ は正則でかつ $v(t) \neq 0$，また $w'dz$ の留数 m の極においては，$m > 0$ ならば m 位の零点，$m < 0$ ならば $-m$ 位の極を有することが証明された．

　次に t を $w'dz$ の正則点とし，φ を G の任意の写像とすれば

$$\int_{t_0}^{\varphi(t)} w'dz = \int_{t_0}^{t} w'dz + \int_{t}^{\varphi(t)} w'dz,$$

$$v(\varphi(t)) = \exp\left(\int_{t}^{\varphi(t)} w'dz\right)v(t).$$

よって t から $\varphi(t)$ に至る積分路を γ^*，$\gamma = f^*(\gamma^*)$ とすれば加法函数の場合と同様に

$$\bar{\gamma} = \Psi(\bar{\sigma}) \qquad (\sigma = \Phi^{-1}(\varphi))$$

は t に無関係であって，従って

$$\chi_\sigma = \exp\left(-\int_t^{\varphi(t)} w'dz\right) = \exp\left(-\int_{\gamma^*} w'dz\right) = \exp\left(-\int_\gamma w'dz\right)$$

もまた t に依存しない．すなわち

$$v(\varphi(t)) = \chi_\sigma^{-1} v(t), \qquad \chi_\sigma \in k.$$

この式は $w'dz$ の正則点に対して証明されたのであるが，両辺の函数は共に $\mathfrak{R}^*$ の解析函数であるからこれは $\mathfrak{R}^*$ のすべての点で成立する．すなわち

$$\sigma(v) = \chi_\sigma v, \qquad \chi_\sigma \in k.$$

これで $v(t)$ が乗法函数であることが証明された．よって次の定理が得られる．

定理 5.7 $K, \tilde{K}, \mathfrak{R}, \mathfrak{R}^*, \mathfrak{G}$ 等は前の通りとし，$\mathfrak{R}$ において高々 1 位の極を有し，かつその留数がすべて有理整数である K の任意の微分を $w'dz$ とすれば

$$(2.17) \qquad v(t) = \exp\left(c + \int_{t_0}^t w'dz\right), \qquad c \in k$$

により定義される $v(t)$ は $\tilde{K}$ の $\mathfrak{G}$ に関する乗法函数であって，その乗法子は

$$(2.18) \qquad \chi_\sigma = \exp\left(-\int_\gamma w'dz\right), \qquad \bar{\gamma} = \Psi(\bar{\sigma})$$

により与えられる．逆に $\tilde{K}$ の $\mathfrak{G}$ に関する任意の乗法函数 $v(t)$ は上のごとき適当な $w'dz$ により (2.17) の形に一意的に表される．

さて既に証明したように乗法函数 v の因子 (v) の次数は 0 であって，$\nu_P((v))$ は $\dfrac{dv}{v} = w'dz$ の P における留数に等しい．よって

$$(v) = \frac{P_1 \cdots P_r}{Q_1 \cdots Q_r}$$

とおいて，P_i, Q_j を $\alpha_i, \beta_i (i=1, \cdots, g)$ の上に含まないような $\mathfrak{R}$ の標準分割 C をとり，この C に関して 250 頁に定義した K の第三種微分を

$$w_{P_i Q_i} dz \qquad (i = 1, \cdots, r)$$

とすれば，$\displaystyle\sum_{i=1}^r w_{P_i Q_i} dz$ は $w'dz$ と同じ特異性を有するから

$$wdz = w'dz - \sum_{i=1}^{r} w_{P_i Q_i} dz$$

は K の第一種微分である. そうして (2.18) および (1.31) により

$$\chi_\sigma = \exp\left(2\pi\sqrt{-1} \sum_{i=1}^{r} \mathrm{Re}\left(\int_{Q_i}^{P_i} w_\gamma dz\right) - \int_\gamma wdz\right), \qquad \bar{\gamma} = \Psi(\bar{\sigma})$$

を得る. すなわち

補題 5.1　K の $\mathfrak{G}$ に関する乗法函数 $v(t)$ の因子 (v) の次数は常に 0 である. 逆に

$$(2.19) \qquad A = \frac{P_1 \cdots P_r}{Q_1 \cdots Q_r}$$

を次数 0 の K の任意の因子とすれば, $(v) = A$ なる乗法函数 $v(t)$ は必ず存在し, それらはすべて

$$(2.20) \qquad v(t) = \exp\left(c + \sum_{i=1}^{r} \int_{t_0}^{t} w_{P_i Q_i} dz + \int_{t_0}^{t} wdz\right)$$

により与えられる. ここに c は任意の常数, $w_{P_i Q_i} dz$ は 250 頁に述べた K の第三種微分, wdz は K の任意の第一種微分である. またこの $v(t)$ の乗法子は

$$(2.21) \quad \chi_\sigma = \exp\left(2\pi\sqrt{-1} \sum_{i=1}^{r} \mathrm{Re}\left(\int_{Q_i}^{P_i} w_\gamma dz\right) - \int_\gamma wdz\right),$$

$$\bar{\gamma} = \Psi(\bar{\sigma})$$

により与えられる.

上の (2.21) において特に $wdz = 0$ とすれば

$$(2.22) \qquad\qquad |\chi_\sigma| = 1, \qquad \sigma \in \mathfrak{G}$$

を得るが, 逆に $\mathfrak{G}$ のすべての元 σ に対し (2.22) が成立したとすれば (2.21) においてすべての γ に対し

$$\mathrm{Re}\left(\int_\gamma wdz\right) = 0.$$

故に (1.14), (1.15) より

$$wdz = 0.$$

定義 5.3 $\mathfrak{G}$ に関する K の乗法函数 $v(t)$ の乗法子 χ_σ の絶対値が常に 1 である時，$v(t)$ を特に**狭義の乗法函数**と呼ぶ.

上の説明により次数 0 の任意の因子 (2.19) が与えられた時，$(v) = A$ となる狭義の乗法函数が常に存在し，それらは

$$(2.23) \qquad v(t) = \exp\left(c + \sum_{i=0}^{r} \int_{t_0}^{t} w_{P_i Q_i} dz\right)$$

により与えられる. よって特に K の任意の函数 $z = z(t)$ が与えられた時，その因子 (z) を知れば $z(t)$ を K の第三種の Abel 積分を用いて具体的に表すことができる. また (2.23) から一般に狭義の乗法函数はその因子によって常数の乗法を除いて一意的に定まることがわかる. このことは群論的に次のごとく解釈される. すなわち $\mathfrak{G}$ に関する $\bar{K}$ の乗法函数の全体を $\mathfrak{M}$ とし，特に狭義の乗法函数の全体を $\mathfrak{M}_0$ とすれば，$v_1, v_2 \in \mathfrak{M}$ の時 $\dfrac{v_1}{v_2} \in \mathfrak{M}$ となるから $\mathfrak{M}$ は乗法群をなし，特に $\mathfrak{M}_0$ はその部分群となる. そこで $\mathfrak{M}_0$ の任意の函数 v にその因子 (v) を対応させれば

$$v \mapsto (v)$$

は (2.14) および上の注意により $\mathfrak{M}_0$ から K の次数 0 の因子群 $\mathfrak{D}_0$ の上への準同型写像を与え，しかも $\mathfrak{D}_0$ の単位元 E に対応するのは k の元 $a \neq 0$ の全体，すなわち複素数体 k の乗法群 k^* である. よって群論の同型定理により

$$(2.24) \qquad \mathfrak{M}_0/k^* \cong \mathfrak{D}_0.$$

さて (2.12) により一般に乗法函数の乗法子 χ_σ は σ の属する $\bar{\mathfrak{G}} = \mathfrak{G}/\mathfrak{G}'$ の剰余類 $\bar{\sigma}$ にのみ依存する. よってこれを

$$\chi_{\bar\sigma} = \chi_\sigma \qquad (\sigma \in \mathfrak{G},\ \bar\sigma \in \bar{\mathfrak{G}})$$

と書いても差支えない. しからば条件 (2.22) は $\chi_{\bar\sigma}$ が自由 Abel 群 $\bar{\mathfrak{G}}$ の指標であるということに他ならない. このようにして狭義の乗法函数 v には常に（その乗法子である）$\bar{\mathfrak{G}}$ の指標 $\chi_{\bar\sigma}$ が一つ対応する：

$$(2.25) \qquad v \mapsto \chi_{\bar\sigma}.$$

しかも明らかに $v_1 \mapsto \chi_\sigma^{(1)}$, $v_2 \mapsto \chi_\sigma^{(2)}$ ならば $v_1 v_2 \mapsto \chi_\sigma^{(1)} \chi_\sigma^{(2)}$ となるから (2.25) は $\mathfrak{M}_0$ から $\bar{\mathfrak{G}}$ の指標群 $X(\bar{\mathfrak{G}})$ の適当な部分群 X' の上への準同型写像を与え

る．ここで X' の単位元，すなわち $\bar{\mathfrak{G}}$ の単位指標に対応する狭義の乗法函数 v_0 とは，すべての $\sigma \in \mathfrak{G}$ に対し $\sigma(v_0) = v_0$ を満足するもの，すなわち K の函数 $v_0 \neq 0$ に他ならないから，K の乗法群を K^* とすれば再び同型定理により

$$(2.26) \qquad \mathfrak{M}_0/K^* \cong X'.$$

同型 (2.24) において特に K^*/k^* に対応する $\mathfrak{D}_0$ の部分群は K の主因子群 $\mathfrak{D}_H$ であるから

$$\mathfrak{M}_0/K^* \cong \mathfrak{M}_0/k^* \Big/ K^*/k^* \cong \mathfrak{D}_0/\mathfrak{D}_H.$$

これと (2.26) とより

$$(2.27) \qquad \mathfrak{D}_0/\mathfrak{D}_H \cong X'.$$

次にこの $\bar{\mathfrak{D}}_0 = \mathfrak{D}_0/\mathfrak{D}_H$ から X' への同型写像の意味をもっと具体的に調べて見よう．そのため A を $\bar{\mathfrak{D}}_0$ の任意の類とする時，(v) が $\bar{A}$ に属するような狭義の乗法函数 v をとって，この v が定める $\bar{\mathfrak{G}}$ の指標 $\chi_{\bar\sigma}$ を $(\bar{\sigma}, \bar{A})$ と書くことにする：

$$\sigma(v) = \chi_\sigma v, \quad \chi_\sigma = (\bar{\sigma}, \bar{A}), \quad (v) \in \bar{A}.$$

$\bar{A}$ に属する一つの因子を $A = \dfrac{P_1 \cdots P_r}{Q_1 \cdots Q_r}$ とすれば $(\bar{\sigma}, \bar{A})$ は

$$(2.28) \quad (\bar{\sigma}, \bar{A}) = \exp\left(2\pi\sqrt{-1} \sum_{i=1}^{r} \operatorname{Re}\left(\int_{Q_i}^{P_i} w_\gamma dz\right)\right), \qquad \bar{\gamma} = \Psi(\bar{\sigma})$$

により与えられる．また明らかに $\bar{\sigma}, \bar{\tau} \in \bar{\mathfrak{G}}$, $\bar{A}, \bar{B} \in \bar{\mathfrak{D}}_0$ に対し

$$(2.29) \qquad \begin{aligned} (\bar{\sigma}\bar{\tau}, \bar{A}) &= (\bar{\sigma}, \bar{A})(\bar{\tau}, \bar{A}), \\ (\bar{\sigma}, \bar{A}\bar{B}) &= (\bar{\sigma}, \bar{A})(\bar{\sigma}, \bar{B}). \end{aligned}$$

上のはじめの式は $(\bar{\sigma}, \bar{A})$ が $\bar{A}$ を定めた時 $\bar{\mathfrak{G}}$ の指標を与えることを示すものであるが，次の式は $\bar{A}$ にこの指標を対応させる時，これが $\bar{\mathfrak{D}}_0$ から $\bar{\mathfrak{G}}$ の指標群 $X(\bar{\mathfrak{G}})$ の中への準同型写像になることを表している．そして (2.27) はこの準同型写像が実は $\bar{\mathfrak{D}}_0$ から $X(\bar{\mathfrak{G}})$ のある部分群 X' への同型写像であることを教えるものである．

さて $X(\bar{\mathfrak{G}})$ は discrete な Abel 群 $\bar{\mathfrak{G}}$ の指標群として compact Abel 群と考

えられる[5]．次に，$X(\bar{\mathfrak{G}})$ をそのように位相群と考えた場合，X' が $X(\bar{\mathfrak{G}})$ の中で閉じていることを証明しよう．そのため先ず $\mathfrak{R}$ 上に任意に g 個の点 Q_1，$\cdots$, Q_g をとってこれを固定する．しからば定理 2.23 により $\bar{\mathfrak{D}}_0$ の任意の類 $\bar{A}$ は必ず

$$A = \frac{P_1 \cdots P_g}{Q_1 \cdots Q_g}$$

なる形の因子を含む．よって g 個の $\mathfrak{R}$ の直積空間 $\mathfrak{R}^{(g)} = \mathfrak{R} \times \cdots \times \mathfrak{R}$ をつくり，その任意の点 $(P_1, \cdots, P_g)$ に上の $\bar{A}$ から定まる $\bar{\mathfrak{G}}$ の指標 $(\bar{\sigma}, \bar{A})$ を対応させれば，かくして $\mathfrak{R}^{(g)}$ から X' の上への写像が得られる．しかも (2.28) 及び指標群の位相の定義によりこの対応 $A \mapsto (\bar{\sigma}, \bar{A})$ は $\mathfrak{R}^{(g)}$ から $X(\mathfrak{G})$ 内への連続写像であることがわかる．よって compact な $\mathfrak{R}^{(g)}$ の連続像である X' もまた compact でなければならない．すなわち X' は $X(\bar{\mathfrak{G}})$ の閉部分群である．

さて単位元と異なる $\bar{\mathfrak{G}}$ の任意の元 $\bar{\sigma}$ をとり，$\bar{\gamma} = \Psi(\bar{\sigma})$ とせよ．Ψ は同型写像であるから $\bar{\gamma} \neq 0$，すなわち $\gamma \not\sim 0$．よって 226-227 頁の注意により

$$\mathrm{Re}\left(\int_\delta w_\gamma dz\right) = (\gamma, \delta) \neq 0$$

となる閉じた解析曲線 δ が存在する．δ の起点を Q_1 とし，P_1 が Q_1 から出発して δ の上を再び Q_1 まで動けば

$$\mathrm{Re}\left(\int_{Q_1}^{P_1} w_\gamma dz\right)$$

は 0 から $(\gamma, \delta) \neq 0$ まで連続的に変化するから，適当な P_1 に対してはその値を有理整数でなくすることができる．よってこのような P_1, Q_1 に対して $A = P_1/Q_1$ とおけば，(2.28) より確かに $(\bar{\sigma}, \bar{A}) \neq 1$ となる．すなわち $\bar{\sigma} \neq 1$ ならば $(\bar{\sigma}, \bar{A}) \neq 1$ となる $\bar{A}$ が $\bar{\mathfrak{D}}_0$ 内に存在することが証明された．これは X' が $X(\bar{\mathfrak{G}})$ の中で稠密であることを示すものである．しかるに一方 X' は $X(\bar{\mathfrak{G}})$ の閉部分群であったから，$X' = X(\bar{\mathfrak{G}})$，従ってまた

---

5)　以下の証明に用いられる位相 Abel 群の指標群の性質に関しては註 2 の著書を参照されたい．

$$(2.30) \qquad\qquad \bar{\mathfrak{D}}_0 \cong \bar{X}(\mathfrak{G})$$

を得る. 以上の結果をまとめれば次のごとくなる.

定理 5.8　位数 0 の K の因子 A を任意に与えた時, $(v) = A$ となる $\tilde{K}$ の $\mathfrak{G}$ に関する乗法函数 v が必ず存在する. しかもこのような v は k の元による乗法を除いて一意的に定まる. また $\bar{\mathfrak{G}} = \mathfrak{G}/\mathfrak{G}'$ の指標 $\chi_{\bar\sigma}$ を任意に与えた時, $\chi_{\bar\sigma}$ を乗法子とする狭義の乗法函数も必ず存在する. v_1, v_2 の乗法子が $\mathfrak{G}$ の同じ指標を与えるためには, v_1, v_2 の因子 $(v_1), (v_2)$ が K において同値であることが必要かつ十分である. これを群論的にいい直せば

$$\mathfrak{M}_0/k^* \cong \mathfrak{D}_0, \quad X(\bar{\mathfrak{G}}) \cong \bar{\mathfrak{D}}_0 = \mathfrak{D}_0/\mathfrak{D}_H.$$

さて (2.30) により $X(\bar{\mathfrak{G}})$ の位相を $\bar{\mathfrak{D}}_0$ に移せば, $\bar{\mathfrak{D}}_0$ もまた compact Abel 群となり, $(\bar\sigma, \bar A)$ は $\bar\sigma \in \bar{\mathfrak{G}}$ および $\bar A \in \bar{\mathfrak{D}}_0$ に関して同時に連続な函数となる. 一方上に証明したように, すべての $\bar A$ に対して $(\bar\sigma, \bar A) = 1$ ならば $\bar\sigma = 1$ であり, また明らかにすべての $\bar\sigma$ に対して, $(\bar\sigma, \bar A) = 1$ ならば $\bar A = 1$ となる(これが (2.27) の同型の意味であった). よって (2.29) を考慮すれば, discrete Abel 群 $\bar{\mathfrak{G}}$ と compact Abel 群 $\bar{\mathfrak{D}}_0$ とは $(\bar\sigma, \bar A)$ によっていわゆる双対的な対をなすことが知られる. しかるに

$$\bar{\mathfrak{G}} = \mathfrak{G}/\mathfrak{G}' \cong G(P_0)/G(P_0)'$$

は $2g$ 個の生成元を有する自由 Abel 群であったから, これと対をなす $\bar{\mathfrak{D}}_0$ は 1 次元廻転群 $\mathfrak{K}_1$(実数の加法群を有理整数の加法群で割った剰余群)の $2g$ 個の直和に同型でなければならぬ:

$$\bar{\mathfrak{D}}_0 \cong \mathfrak{K}_1 + \cdots + \mathfrak{K}_1 \qquad (2g \text{ 個})$$

よって次の定理が証明された.

定理 5.9　$K, \tilde{K}, \mathfrak{G}, \bar{\mathfrak{G}}$ 等は前の通りとし, K の種数を g とせよ. しからば K の次数 0 の因子類群 $\bar{\mathfrak{D}}_0 = \mathfrak{D}_0/\mathfrak{D}_H$ は適当な位相により, 1 次元廻転群 $\mathfrak{K}_1$ の $2g$ 個の直和と同型な compact Abel 群となり, これと discrete Abel 群 $\bar{\mathfrak{G}} = \mathfrak{G}/\mathfrak{G}'$ とは指標

$$(2.32) \qquad (\bar\sigma, \bar A) = \exp\left(2\pi\sqrt{-1} \sum_{i=1}^{r} \mathrm{Re}\left(\int_{Q_i}^{P_i} w_\gamma\, dz \right) \right),$$

$$\bar{\gamma} = \Psi(\bar{\sigma}), \qquad A = \frac{P_1 \cdots P_r}{Q_1 \cdots Q_r}$$

に関し Pontrjagin の意味で双対的な位相 Abel 群の対をなす. (2.32)を $\mathfrak{G}$, $\bar{\mathfrak{D}}_0$ の**積分指標**と呼ぶ.

ここで述べた $\bar{\mathfrak{D}}_0$ の位相が, $\bar{\mathfrak{D}}_0$ の点 $\bar{A}$ あるいは P_i, Q_j にどのように依存するかは次節に詳しく説明する.

定理 5.9 は K の次数 0 の因子類群 $\bar{\mathfrak{D}}_0$ と $\tilde{K}/K$ の Galois 群 $\mathfrak{G}$ との関係を与えるものであって, 後に K の Abel 拡大体を考察する場合に特に重要な意義を有するものであるが, もしも問題を K とその閉 R 面 $\mathfrak{R}$ とに限るならば, (2.3)を用いて次のごとくいい直した方がよい.

定理 5.10 代数函数体 K の次数 0 の因子類群 $\bar{\mathfrak{D}}_0$ と, K に属する閉 R 面の 1 次元の位相合同群 $B_1(\mathfrak{R})$ とは指標

$$(\bar{\gamma}, \bar{A}) = \exp\left(2\pi\sqrt{-1} \sum_{i=1}^{r} \mathrm{Re}\left(\int_{Q_i}^{P_i} w_\gamma dz\right)\right), \qquad A = \frac{P_1 \cdots P_r}{Q_1 \cdots Q_r}$$

に関して Pontrjagin の意味で互いに相対的な位相 Abel 群の対をなす[6].

この定理 5.10 もまた定理 5.4 と同様に K の代数的性質と $\mathfrak{R}$ の位相的構造との間の深い関係を示すものである. これらの定理がいずれも Abel 積分による指標を用いて相対定理の形に表されているのは著しいことであるが, これはもともと wdz が K の微分として代数的な意味を有すると同時に, $\mathfrak{R}$ の上の微分として解析的な意味を持つという微分の二重の性格に由来するのであって, K の代数的微分がその積分, すなわち Abel 積分を通じて $\mathfrak{R}$ の位相的性質に関連するためにこのような関係が生じたのである.

$\tilde{K}$ の加法函数や乗法函数が代数函数体 K に対していかに重要な意義を有するかということは上の説明により明らかになったことと思うが, この機会にこれらの函数の拡張について簡単に述べておこう. すなわち

---

6) このように $\bar{\mathfrak{D}}_0$ と $B_1(\mathfrak{R})$ との相対性に初めて注意したのは J. Igusa, Zur klassischen Theorie der algebraischen Funktionen, Jour. Math. Soc. Japan, Vol. 1 (1948)であろう.

定義 5.4　$\tilde{K}/K$ の Galois 群を前の通り $\mathfrak{G}$ とし

$$\sigma \mapsto M_\sigma, \qquad M_\sigma = (\alpha_{ij}^\sigma), \qquad \alpha_{ij}^\sigma \in k, \qquad i, j = 1, \cdots, n$$

を複素数体 k における $\mathfrak{G}$ の任意の表現とする時，すべての $\sigma \in \mathfrak{G}$ に対し

$$\sigma(u_j) = \sum_{i=1}^n \alpha_{ij}^\sigma u_i, \qquad j = 1, \cdots, n,$$

すなわち行列の記法で

$$(2.33) \qquad\qquad (\sigma(u_1), \cdots, \sigma(u_n)) = (u_1, \cdots, u_n) M_\sigma$$

を満足する $\tilde{K}$ の n 個の函数 $u_i = u_i(t)\ (i = 1, \cdots, n)$ を表現 $\{M_\sigma\}$ に属する $\tilde{K}$ の**表現函数**と呼ぶ．

　上に定義した表現函数が乗法函数の拡張であることは明白であろう．実際任意の乗法函数 v はその乗法子による $\mathfrak{G}$ の表現

$$\sigma \mapsto \chi_\sigma$$

に属する表現函数に他ならない．また u を $\tilde{K}$ の任意の加法函数として

$$\sigma(u) = u + \omega_\sigma, \qquad \sigma \in \mathfrak{G}$$

とすれば，函数 $u_1 = 1,\ u_2 = u$ はちょうど $\mathfrak{G}$ の表現

$$\sigma \mapsto \begin{pmatrix} 1 & \omega_\sigma \\ 0 & 1 \end{pmatrix}$$

に属する表現函数をなす．すなわちそれは加法函数の拡張にもなっている．

　さて $\mathfrak{G}$ の任意の表現 $\{M_\sigma\}$ が与えられた時，それに属する表現函数が常に存在するであろうか．$u_1 = u_2 = \cdots = u_n = 0$ とすればこれが (2.33) を満足することは明らかであるが，問題はもちろんこのような自明なもの以外の (2.33) の解 u_i の存在である．それに関しては次の定理がある．

定理 5.11　$\{M_\sigma\}$ を次数 n の $\mathfrak{G}$ の任意の表現とする時，$\mathfrak{G}$ の任意の元 σ に対し

$$\sigma(Z^*) = Z^* M_\sigma$$

を満足し，かつ行列式が 0 でない n 次の正方行列

$$Z^* = Z^*(t) = (\zeta_{ij}^*(t)), \qquad \zeta_{ij}^*(t) \in \tilde{K}, \qquad (i, j = 1, \cdots, n)$$

が存在する．よって特に Z^* の各行はすべてが 0 ではない (2.33) の解を与え

る.

証明　K の種数 g が 0 ならば $\mathfrak{G}$ は単位群だから問題はない. また $g=1$ の場合は §5 に述べる. すなわちここでは $g \geqq 2$, 従って $\mathfrak{R} = \mathfrak{R}(K)$ の単連結被覆 R 面 $\mathfrak{R}^*$ が単位円の内部 $\mathfrak{R}_1^* = \{t; |t| < 1\}$ と一致し, $G = \varPhi(\mathfrak{G})$ が非 Euclid 空間 $\mathfrak{R}^* = \mathfrak{R}_1^*$ の不連続「運動群」である場合に定理を証明する[7].

一般に複素行列

$$M = (\alpha_{ij}), \qquad \alpha_{ij} \in k \qquad (i, j = 1, \cdots, n)$$

に対し

$$(2.34) \qquad \|M\| = \left(\sum_{i,j=1}^{n} |\alpha_{ij}|^2 \right)^{\frac{1}{2}}$$

を行列 M の norm あるいは絶対値と呼ぶ. これに関して次の公式が成立することは直ちに確かめられる:

$$(2.35) \qquad \begin{cases} |\alpha_{ij}| \leqq \|M\|, \\ \|M_1 + M_2\| \leqq \|M_1\| + \|M_2\|, \\ \|M_1 \cdot M_2\| \leqq \|M_1\| \cdot \|M_2\|, \\ \|aM\| = |a| \cdot \|M\|, \qquad a \in k. \end{cases}$$

そこでまず次の補題を証明する.

補題 5.2　$\{M_\sigma\}$ を与えられた $\mathfrak{G}$ の表現, t_1 を $\mathfrak{R}^*$ の任意の点, ε を任意の正数とする時, t_1, ε に無関係な実数 λ_1, および t_1, ε に関係して定まる適当な正数 κ_1 をとれば, $\bar{U}_\varepsilon = \{t; \rho(t, t_1) \leqq \varepsilon\}$ (ρ は $\mathfrak{R}^*$ における非 Euclid 的「距離」)に属するすべての t および $\mathfrak{G}$ の任意の元 σ に対し

$$(2.36) \qquad \|M_\sigma\| \leqq \kappa_1 \left| \frac{d\varphi(t)}{dt} \right|^{\lambda_1}, \qquad \varphi = \varPhi(\sigma).$$

証明　補題 3.12 に述べた G の生成元を $\varphi_1, \cdots, \varphi_m$ とし

---

7)　次の補題を含めてこの定理の証明に関しては第 3 章, 註 25 および H. Poincaré, Mémoire sur les fonctions zétafuchsiennes, Acta Math. 5 (1884)参照.

$$\sigma_i = \Phi^{-1}(\varphi_i), \qquad M_{\sigma_i} = M_i, \qquad i = 1, \cdots, m,$$

$$\mathrm{Max}(\|M_i^{\pm 1}\|, \quad i = 1, \cdots, m) = e^{\lambda_2}$$

とせよ．しからば同じ補題により $\mathfrak{G}$ の任意の σ に対し

$$\varphi = \Phi(\sigma), \qquad \varphi = \varphi_{i_1}^{\pm 1} \cdots \varphi_{i_r}^{\pm 1}, \qquad r \leqq \lambda \rho(t, \varphi(t)) + \mu$$

となるから，

$$\sigma = \sigma_{i_1}^{\pm 1} \cdots \sigma_{i_r}^{\pm 1}, \qquad M_\sigma = M_{i_1}^{\pm 1} \cdots M_{i_r}^{\pm 1},$$

$$\|M_\sigma\| \leqq \|M_{i_1}^{\pm 1}\| \cdots \|M_{i_r}^{\pm 1}\| \leqq e^{\lambda_2 r} \leqq e^{\lambda_2 \lambda \rho(t, \varphi(t)) + \lambda_2 \mu}.$$

しかるに $\rho(t, t_1) \leqq \varepsilon$ に対しては

$$\rho(t, \varphi(t)) \leqq \rho(t, t_1) + \rho(t_1, 0) + \rho(0, \varphi(t)) \leqq \varepsilon + \rho(0, t_1) + \rho(0, \varphi(t))$$

であるから，$\kappa_2 > 0$ を適当にとれば

$$(2.37) \qquad \qquad \|M_\sigma\| \leqq \kappa_2 e^{\lambda_2 \lambda \rho(0, \varphi(t))}$$

一方第3章 (6.11) より

$$\left| \frac{d\varphi(t)}{dt} \right| = \frac{1 - |\varphi(t)|^2}{1 - |t|^2}.$$

また同じところの (6.12) より

$$\rho(0, t) = \frac{1}{2} \log \frac{1 + |t|}{1 - |t|}, \qquad |t| = \frac{e^{2\rho(0,t)} - 1}{e^{2\rho(0,t)} + 1},$$

従って

$$\left| \frac{d\varphi(t)}{dt} \right| = \frac{e^{2\rho(0,t)} + 2 + e^{-2\rho(0,t)}}{e^{2\rho(0,\varphi(t))} + 2 + e^{-2\rho(0,\varphi(t))}}.$$

よって $\rho(t, t_1) \leqq \varepsilon$ に対しては $\rho(0, t)$ が有界であることに注意すれば

$$\left| \frac{d\varphi(t)}{dt} \right| \leqq \kappa_3 e^{-2\rho(0,\varphi(t))}, \qquad e^{2\rho(0,\varphi(t))} \leqq \kappa_3 \left| \frac{d\varphi(t)}{dt} \right|^{-1}.$$

これと (2.37) とより

$$\lambda_1 = -\frac{\lambda_2 \lambda}{2}, \qquad \kappa_1 = \kappa_2 \kappa_3^{\frac{\lambda_2 \lambda}{2}}$$

とおけば (2.36) が得られる．λ, λ_2 は t_1, ε に無関係であるから λ_1 も同様である (証終)．

補題 5.3 μ_1 を $\geqq 2$ なる任意の実数とし，t_1 を $\mathfrak{R}^*$ の任意の点とする時，正数 ε を十分小にとれば $\bar{U}_\varepsilon = \{t; \rho(t, t_1) \leqq \varepsilon\}$ において級数

$$(2.38) \qquad \sum_\varphi \left| \frac{d\varphi(t)}{dt} \right|^{\mu_1}$$

は一様に収斂する．ただし φ は G のすべての元を動くものとする．

証明 $\mathfrak{R}^*$ における非 Euclid 的「距離」$\rho(t, t')$ と Euclid 的距離 $|t-t'|$ とは同値であるから，t_1 の Euclid 的近傍 $\bar{V}_\varepsilon = \{t; |t-t_1| \leqq \varepsilon\}$ について証明すれば十分である．G の不連続性により $\varepsilon > 0$ を十分小にとれば $\bar{V}_{2\varepsilon} = \{t; |t-t_1| \leqq 2\varepsilon\}$ の像 $\varphi(\bar{V}_{2\varepsilon})$ は互いに共通点を持たない．そこで $\bar{V}_{2\varepsilon}$ 内に任意に一点 t_2 をとり，$\bar{V}_\varepsilon' = \{t; |t-t_2| \leqq \varepsilon\}$ とせよ．$f(t) = \left(\dfrac{d\varphi(t)}{dt} \right)^2$ はもちろん $\mathfrak{R}^*$ において正則な函数であるから

$$f(t_2) = \frac{1}{2\pi i} \int_{|t-t_2|=r} \frac{f(t)}{t-t_2} dt = \frac{1}{2\pi} \int_0^{2\pi} f(t_2 + re^{i\theta}) d\theta, \qquad 0 \leqq r \leqq \varepsilon.$$

よって

$$|f(t_2)| \leqq \frac{1}{2\pi} \int_0^{2\pi} |f(t_2 + re^{i\theta})| d\theta.$$

この両辺に rdr を掛けて，r に関して 0 から ε まで積分すれば

$$\frac{\varepsilon^2}{2} |f(t_2)| \leqq \frac{1}{2\pi} \int_0^\varepsilon rdr \int_0^{2\pi} |f(t_2 + re^{i\theta})| d\theta = \frac{1}{2\pi} \iint_{\bar{V}_\varepsilon'} |f(t)| dxdy,$$
$$(t = x + iy).$$

すなわち

$$(2.39) \qquad \left| \frac{d\varphi(t)}{dt} \right|^2_{t=t_2} \leqq \frac{1}{\pi\varepsilon^2} \iint_{\bar{V}_\varepsilon'} \left| \frac{d\varphi(t)}{dt} \right|^2 dxdy.$$

しかるに一方 $\varphi(t) = u(x, y) + iv(x, y)$ とおけば

$$\left| \frac{d\varphi(t)}{dt} \right|^2 dxdy = \begin{vmatrix} u_x & u_y \\ v_x & v_y \end{vmatrix} dxdy = dudv$$

であるから，(2.39)の右辺の積分はちょうど $\varphi(\bar{V}_\varepsilon')$ の Euclid 的面積に等しい．これを $I(\varphi)$ とせよ．$\bar{V}_\varepsilon' \subseteqq \bar{V}_{2\varepsilon}$ より $\varphi(\bar{V}_\varepsilon')$ は互いに共通点を持たないからその面積の和 $\sum_\varphi I(\varphi)$ は単位円の面積 π を超えない．従って(2.39)より

$$(2.40) \qquad \sum_\varphi \left| \frac{d\varphi(t)}{dt} \right|^2_{t=t_2} \leqq \sum_\varphi \frac{1}{\pi\varepsilon^2} I(\varphi) \leqq \frac{1}{\pi\varepsilon^2} \pi = \frac{1}{\varepsilon^2}.$$

ここで t_2 は $\bar{V}_\varepsilon$ の任意の点であったから $\mu_1 = 2$ の時，(2.38)が $\bar{V}_\varepsilon$ 内で一様に収斂することが証明された．また上式より

$$\left| \frac{d\varphi(t)}{dt} \right| \leqq \frac{1}{\varepsilon}$$

を得るから，$\mu_1 \geqq 2$ の場合は

$$\sum_\varphi \left| \frac{d\varphi(t)}{dt} \right|^{\mu_1} \leqq \sum_\varphi \left| \frac{d\varphi(t)}{dt} \right|^2 \frac{1}{\varepsilon^{\mu_1-2}}$$

より明らかである(証終).

さてこれらの準備によって定理5.11が次のごとく証明される．まず $|t| < 1$ において高々有限個の極を有し，かつ $|t| = 1$ 上で正則な任意の解析函数 $\alpha_{ij}(t)$ $(i, j = 1, \cdots, n)$ をとり，これらの函数を成分とする行列を

$$M(t) = (\alpha_{ij}(t))$$

とせよ．この $M(t)$ と与えられた $\{M_\sigma\}$ とを用いて

$$(2.41) \qquad Z(t) = \sum_\sigma M(\varphi(t)) M_\sigma \left(\frac{d\varphi(t)}{dt} \right)^m, \qquad \varphi = \Phi(\sigma)$$

とおく．ただし，m は補題5.2の λ_1 に対し

$$m \geqq 2 - \lambda_1$$

を満足する任意の自然数であって，$\sum_\sigma$ はもちろん $\mathfrak{G}$ のすべての元 σ に関する和である．t_1 を $\mathfrak{R}^*$ の任意の点とし，$\varepsilon > 0$ を補題5.3におけるごとく十分小にとる．$\alpha_{ij}(t)$ は $|t| = 1$ で正則であるから，$\rho_1 > 0$ を十分大にとれば $\rho(0, t) \geqq \rho_1$ の時 $|\alpha_{ij}(t)|$，従って $\|M(t)\|$ は有界である．しかるに有界な閉領域 $\{t; \rho(0, t) \leqq \rho_1 + \varepsilon\}$ に含まれる $\varphi(t_1)$ $(\varphi \in G)$ の数は有限であるから(190頁参照)，$\bar{U}_\varepsilon = \{t; \rho(t, t_1) \leqq \varepsilon\}$ の像 $\varphi(\bar{U}_\varepsilon)$ のうちで $\rho(0, t) \leqq \rho_1$ なる点 t を含むも

のは有限個しかない. このような有限個の φ' を除けば他の φ に対しては上述により適当な $\kappa_4 > 0$ をとれば

$$(2.42) \qquad \|M(\varphi(t))\| \leqq \kappa_4, \qquad t \in \bar{U}_\varepsilon.$$

そこで (2.41) から上の有限個の例外 φ' に対応する項を除いた級数

$$(2.43) \qquad \sum_\sigma {}' M(\varphi(t)) M_\sigma \left(\frac{d\varphi(t)}{dt} \right)^m$$

の各成分が $\bar{U}_\varepsilon$ において絶対かつ一様に収斂することを証明しよう. そのためには (2.35) により

$$\sum_\sigma {}' \|M(\varphi(t))\| \|M_\sigma\| \left| \frac{d\varphi(t)}{dt} \right|^m$$

が一様に収斂することをいえば十分であるが, 補題 5.2 および (2.42) により

$$\sum_\sigma {}' \|M(\varphi(t))\| \|M_\sigma\| \left| \frac{d\varphi(t)}{dt} \right|^m \leqq \sum_\sigma {}' \kappa_4 \kappa_1 \left| \frac{d\varphi(t)}{dt} \right|^{m+\lambda_1}$$
$$\leqq \kappa_4 \kappa_1 \sum_\sigma \left| \frac{d\varphi(t)}{dt} \right|^{m+\lambda_1}.$$

しかるに $m+\lambda_1 \geqq 2$ であるからこの右辺は補題 5.3 により $\bar{U}_\varepsilon$ において一様に収斂する. よって (2.43) は $\bar{U}_\varepsilon$ 内で絶対かつ一様に収斂し, その各成分は $U_\varepsilon = \{t;\ \rho(t,t_1) < \varepsilon\}$ において t の正則函数となる. 故にこれに有限個の項を加えた (2.41) の $Z(t)$ もまた, U_ε において高々極を有する t の解析函数を成分とする行列であることが知られる. t_1 は $\mathfrak{R}^*$ の任意の点であったからこれは $Z(t)$ の各成分が $\tilde{K}$ に属する函数であることを示す.

さて τ を $\mathfrak{G}$ の任意の元とし $\psi = \Phi(\tau)$ とすれば, $M_\sigma = M_{\sigma\tau^{-1}} M_\tau$ に注意して (2.41) より

$$Z(\psi^{-1}(t)) = \sum_\sigma M(\varphi\psi^{-1}(t)) M_\sigma \left(\frac{d\varphi\psi^{-1}(t)}{d\psi^{-1}(t)} \right)^m$$
$$= \sum_\sigma M(\varphi\psi^{-1}(t)) M_{\sigma\tau^{-1}} \left(\frac{d\varphi\psi^{-1}(t)}{dt} \right)^m M_\tau \left(\frac{d\psi^{-1}(t)}{dt} \right)^{-m}.$$

ここで σ が $\mathfrak{G}$ の元を動けば $\sigma\tau^{-1}$ もまた $\mathfrak{G}$ の元を一度ずつ動くから, 上式の

右辺は

$$\sum_\sigma M(\varphi(t)) M_\sigma \left(\frac{d\varphi(t)}{dt} \right)^m M_\tau \left(\frac{d\psi^{-1}(t)}{dt} \right)^{-m} = Z(t) M_\tau \left(\frac{d\psi^{-1}(t)}{dt} \right)^{-m}$$

に等しい. すなわち

$$(2.44) \qquad \tau(Z) = Z M_\tau \left(\frac{d\psi^{-1}(t)}{dt} \right)^{-m}.$$

　上の考察において特に $n=1$ とし, $\{M_\sigma\}$ を $\mathfrak{G}$ の単位表現 $(M_\sigma=1)$ としてみよう. この場合補題 5.2 の λ_1 は 0 としてよいから, $|t|<1$ において高々有限個の極を有し, $|t|=1$ の上で正則な任意の解析函数 $f(t)$ をとり

$$(2.45) \qquad \Theta(t) = \sum_\sigma f(\varphi(t)) \left(\frac{d\varphi(t)}{dt} \right)^m, \qquad \varphi = \Phi(\sigma)$$

とおけば, $m \geqq 2$ の時 $\Theta(t)$ は $\tilde{K}$ の函数を与え, しかも

$$(2.46) \qquad \tau(\Theta) = \Theta \cdot \left(\frac{d\psi^{-1}(t)}{dt} \right)^{-m}, \qquad \psi = \Phi(\tau)$$

が成立する. (2.41), (2.45)の右辺はそれぞれ Poincaré の **Zeta-Fuchs 級数**ないし **Theta-Fuchs 級数**と呼ばれる級数の特別な場合である[8].
　さて $M(t)$ として特に

$$M(t) = \begin{pmatrix} \dfrac{1}{t} & & & 0 \\ & \dfrac{1}{t} & & \\ & & \ddots & \\ 0 & & & \dfrac{1}{t} \end{pmatrix} = \frac{1}{t} E_n \qquad (E_n = n \text{ 次の単位行列})$$

とおけば, 上の証明からわかるように

$$Z(t) - M(t)$$

は $t=0$ の近傍で正則な函数を成分とする行列である. よって $Z(t)$ の行列式 $|Z(t)|$ は $t=0$ において n 位の極を有する. 同様に $f(t) = \dfrac{1}{t}$ とすれば $\Theta(t)$ は

---

8)　註 7 の論文参照.

$t=0$ で 1 位の極を有する. いずれにしても $|Z(t)|$ も $\Theta(t)$ も恒等的に 0 に等しい函数ではない. よって

$$m \geqq 2 - \lambda_1, \qquad m \geqq 2$$

を満足する十分大なる同じ m に対してつくられたこのような $Z(t), \Theta(t)$ の商を

$$Z^*(t) = \frac{Z(t)}{\Theta(t)}$$

とおけば, $Z^*(t)$ は明らかに $\tilde{K}$ の函数を成分とする行列であって, しかも (2.44), (2.46) より

$$\tau(Z^*) = Z^* M_\tau, \qquad \tau \in \mathfrak{G}$$

を満足する. Z^* の行列式は

$$|Z^*(t)| = \Theta(t)^{-n} |Z(t)| \neq 0$$

なる故これで定理は証明された(定理 5.11 証終).

　上の証明では補題 5.2 をいうために第 3 章の補題 3.12 を用いたが, もしも表現 $\{M_\sigma\}$ が $\mathfrak{G}$ の有界表現であれば, すなわち適当な $\kappa_5 > 0$ をとる時

$$\|M_\sigma\| \leqq \kappa_5, \qquad \sigma \in \mathfrak{G}$$

となるならば, 補題 5.2 の必要はなく, 直ちに補題 5.3 を用いて $m \geqq 2$ の時 $Z(t)$ の各成分が $\tilde{K}$ の函数であることがいわれる. よってこの場合には R 面 $\mathfrak{R}$ が compact である必要はなく, 単位円の内部 $\mathfrak{R}^* = \mathfrak{R}_1^*$ 部を単連結被覆 R 面として有する任意の R 面 $\mathfrak{R}$ の基本群 $G\,(= \Phi(\mathfrak{G}))$ とその有界表現 $\{M_\sigma\}$ に対し, Zeta-Fuchs 級数 (2.41) および Theta-Fuchs 級数 (2.45) から $\{M_\sigma\}$ の表現函数が得られる. 特に $f(t) = \dfrac{1}{t}$ から得られる上の $\Theta(t)$ と, $f_1(t) = \dfrac{1}{t^2}$ から得られる Theta-Fuchs 級数 $\Theta_1(t)$ との商を

$$z(t) = \frac{\Theta_1(t)}{\Theta(t)}$$

とおけば, $\Theta_1(t)$ は $t=0$ で 2 位の極を有するから $z(t)$ は $t=0$ で 1 位の極を有し, かつ G のすべての写像 φ に対し

$$z(\varphi(t)) = z(t)$$

を満足する．すなわち $z(t) = z(P)$ は R 面 $\mathfrak{R}$ の解析函数である．このように
しても任意の R 面における常数でない解析函数の存在が証明される（定理 3.11
参照）．

　さて表現函数は加法函数，乗法函数を含むから上の定理 5.11 により特にあ
る種の条件を満足する加法函数，乗法函数の存在がいわれる．例えば先に証明
した $X' = X(\bar{\mathfrak{G}})$（267 頁）などはこの定理から直ちに出るわけである．また $\mathfrak{R}$
の一つの標準分割 C の分割曲線を α_i, β_i $(i = 1, \cdots, g)$ とし，同型 (2.2) により
α_i, β_i に対応する $\mathfrak{G}$ の元を σ_i, τ_i とすれば，$\mathfrak{G}$ は σ_i, τ_i $(i = 1, \cdots, g)$ を生成元
とし，その間には唯一つの関係式

$$\sigma_1 \tau_1 \sigma_1^{-1} \tau_1^{-1} \cdots \sigma_g \tau_g \sigma_g^{-1} \tau_g^{-1} = 1$$

があるのみである（230 頁参照）．よって $\zeta_1, \cdots, \zeta_{2g}$ を任意の複素数とする時

$$M_{\sigma_i} = \begin{pmatrix} 1 & -\zeta_i \\ 0 & 1 \end{pmatrix}, \qquad M_{\tau_i} = \begin{pmatrix} 1 & -\zeta_{g+i} \\ 0 & 1 \end{pmatrix}, \qquad i = 1, \cdots, g$$

を満足する $\mathfrak{G}$ の 2 次の表現 $\{M_\sigma\}$ が存在する．定理 5.11 によりこの $\{M_\sigma\}$
に対応する $\tilde{K}$ の 2 次の行列を

$$Z^*(t) = \begin{pmatrix} z_{11}(t) & z_{12}(t) \\ z_{21}(t) & z_{22}(t) \end{pmatrix}, \qquad z_{ij}(t) \in K$$

とすれば，$|Z^*(t)| \neq 0$ であるから $z_{11}(t), z_{21}(t)$ のうちどちらかは 0 でない．
よって例えば $z_{11}(t) \neq 0$ と仮定して

$$u_1(t) = 1, \qquad u_2(t) = u(t) = \frac{z_{12}(t)}{z_{11}(t)}$$

とおけば

$$(\sigma(u), \sigma(u_2)) = (u_1, u_2) M_\sigma, \qquad \sigma \in \mathfrak{G}.$$

$\sigma = \sigma_i$ あるいは $\sigma = \tau_i$ としてこれを書直せば

$$\sigma_i(u) = u - \zeta_i, \qquad \tau_i(u) = u - \zeta_{g+i}, \qquad i = 1, \cdots, g.$$

従って定理 5.6 によりこの加法函数 u から得られる K の微分 $du = wdz$ の α_i,
β_i に関する週期は ζ_i, ζ_{g+i} となる．すなわち α_i, β_i に関して予め与えられた
任意の週期を有する K の微分 wdz の存在が証明された．一方同型 (1.12)，

(1.13)によれば K の第一種微分は α_i $(i=1,\cdots,g)$ に関する週期だけで定まってしまう. 従って第一種の微分だけでは上のようなことはいわれないのであって, これと第二種の微分とを併せて初めて $B_1(\mathfrak{R})$ の底をなす α_i, β_i $(i=1,\cdots,g)$ に関して任意の週期を有する微分の存在がいわれるのである.

なお表現函数の他の応用については §4 に述べる.

§3 Abel-Jacobi の定理と Abel 函数

前節に述べた定理 5.10 を少し変形すれば直ちに古典的な Abel の定理が得られる. 次にそれを述べよう.

K を前と同じく複素数体 k の上の代数函数体, $\mathfrak{R}$ をその閉 R 面, $\mathfrak{R}=\mathfrak{R}(K)$, $K=K(\mathfrak{R})$ とし, K の第一種微分の全体を $\mathfrak{L}_0$ とせよ. P_0 を $\mathfrak{R}$ 上の定点, P を $\mathfrak{R}$ の任意の点とし, また

$$w_1 dz, \cdots, w_g dz$$

を $\mathfrak{L}_0$ の k に関する一組の底とする時, P_0 から P に至る解析曲線 σ に沿うての積分

$$(3.1) \qquad \int_\delta w_i dz, \qquad i = 1, \cdots, g$$

を成分とする g 次元複素 vector 加群 $V_g(k)$ の vector を

$$(3.2) \qquad \mathfrak{v}(P,\delta) = \left(\int_\delta w_1 dz, \cdots, \int_\delta w_g dz \right)$$

と記すことにする. δ のとり方は任意でよいが, ただすべての成分に対し同じ道をとることが肝要である. さて P_0 から P に至る δ を δ' に変えた場合, $\mathfrak{v}(P,\delta)$ はどのように変化するであろうか. $\gamma=\delta^{-1}\delta'$ とおけば γ は P_0 を起点とする閉曲線で, かつ明らかに

$$(3.3) \qquad \mathfrak{v}(P,\delta') - \mathfrak{v}(P,\delta) = \left(\int_\gamma w_1 dz, \cdots, \int_\gamma w_g dz \right).$$

逆に P_0 を起点とする任意の閉じた解析曲線 γ をとって $\delta'=\delta\gamma$ とおけば, この δ' に対し(3.3)が成立することは明白である. すなわち P_0 から P に至る途

中の道を変えた場合に，二つの $\mathfrak{v}(P,\delta)$ の差の全体は P_0 を起点とするすべての閉じた解析曲線 γ に対する

$$\mathfrak{v}_\gamma = \left(\int_\gamma w_1 dz, \cdots, \int_\gamma w_g dz \right)$$

の全体と一致する．しかるに定理 5.1 により上の各積分は γ の属する $\mathfrak{R}$ 上の 1 次元の位相合同類にのみ依存し，かつ $\mathfrak{R}$ の任意の 1 次元位相合同類は必ず P_0 を起点とする閉解析曲線を含むから，結局二つの $\mathfrak{v}(P,\delta)$ の差の全体は，$\mathfrak{R}$ のすべての閉解析曲線 γ に対する上の $\mathfrak{v}_\gamma$ の全体と一致する．この vector の集合 $\{\mathfrak{v}_\gamma\}$ を

$$P(w_1 dz, \cdots, w_g dz) \quad \text{あるいは} \quad P(w_i dz)$$

と書いて，$\mathfrak{L}_0$ の底 $w_1 dz, \cdots, w_g dz$ に関する**週期 vector 群**あるいは簡単に**週期群**と呼ぶことにする．それが実際 $V_g(k)$ の部分群であることは，$\gamma \sim \gamma' + \gamma''$ の時

$$\int_\gamma w_i dz = \int_{\gamma'} w_i dz + \int_{\gamma''} w_i dz, \qquad i = 1, \cdots, g$$

となることから明らかである．またこのことから $B_1(\mathfrak{R})$（$\mathfrak{R}$ の 1 次元位相合同群）の底をなす一組の閉解析曲線 $\gamma_1, \cdots, \gamma_{2g}$ をとり

$$\Omega = \begin{pmatrix} w_{11} & \cdots & w_{t,2g} \\ \vdots & & \vdots \\ w_{g1} & \cdots & w_{g,2g} \end{pmatrix}, \qquad w_{ij} = \int_{\gamma_j} w_i dz$$

とすれば，上の $P(w_i dz)$ はこの Ω の各列の有理整数を係数とする一次結合の全体と一致することも直ちに知られる（(1.4) 参照）．g 行 $2g$ 列の行列 Ω を $w_1 dz, \cdots, w_g dz$ の $\gamma_1, \cdots, \gamma_{2g}$ に関する**週期行列**あるいは **Riemann 行列**と呼ぶ．

　以上の説明により結局 $\mathfrak{v}(P,\delta)$ は P を定めて δ を変えた場合，$V_g(k)$ の mod. $P(w_i dz)$ に関する一つの剰余類を充たすことがわかった．よって P により一意的に定まるこの剰余類を

$$\bar{\mathfrak{v}}(P)$$

と記すことにする.

　一般に

$$A = \frac{P_1 \cdots P_r}{Q_1 \cdots Q_s}$$

を K の任意の因子 A の素因子分解とする時

$$(3.4) \qquad \bar{\mathfrak{v}}(A) = \sum_{l=1}^{r} \bar{\mathfrak{v}}(P_l) - \sum_{m=1}^{s} \bar{\mathfrak{v}}(Q_m)$$

とおく. 加法や減法はもちろん剰余群 $V_g(k)/P(w_i dz)$ において計算するのである. 従って $\bar{\mathfrak{v}}(A)$ も $\mathrm{mod}. P(w_i dz)$ の一つの剰余類である. それは明らかに A を素因子の積として表す方法に関係しない. またそれは定義により

$$(3.5) \qquad \zeta_i = \sum_{l=1}^{r} \int_{P_0}^{P_l} w_i dz - \sum_{m=1}^{s} \int_{P_0}^{Q_m} w_i dz$$

を成分とする vector $(\zeta_1, \cdots, \zeta_g)$ の属する $\mathrm{mod}. P(w_i dz)$ の剰余類であって，ここで P_0 から P_l ないし Q_m に至る積分路を変えるとちょうど $\bar{\mathfrak{v}}(A)$ に属するすべての vector が得られるのである. 我々は今後 $\bar{\mathfrak{v}}(A)$ に属する vector を代表的に

$$(3.6) \qquad \mathfrak{v}(A) = (\zeta_1, \cdots, \zeta_g)$$

と書くことにする.

　特に A の次数が 0，すなわち $r = s$ の場合には(3.5)は簡単に

$$\zeta_i = \sum_{j=1}^{r} \int_{Q_j}^{P_j} w_i dz, \qquad i = 1, \cdots, g$$

と書くことができる. ここで Q_j から P_j までの積分路はもちろん初め Q_j から P_0 に行き，次に P_0 から P_j に達するのであるが，そのような特別な曲線によらないで，Q_j から P_j まで全然任意の積分路をとっても，かくして得られる ζ_i を成分とする vector の全体はやはり剰余類 $\bar{\mathfrak{v}}(A)$ を充たす. よって $n(A) = 0$ の場合には $\mathfrak{v}(A)$ は定点 P_0 にも無関係に定義される. しかも定義により任意の因子 A, B に対し

$$\bar{\mathfrak{v}}(AB) = \bar{\mathfrak{v}}(A) + \bar{\mathfrak{v}}(B)$$

が成立することは明白であるから

(3.7) $$A \mapsto \bar{\mathfrak{v}}(A)$$

により K の次数 0 の因子群 $\mathfrak{D}_0$ は $V_g(k)/P(w_i dz)$ の中へ準同型に写像される.

さて上に述べた $\bar{\mathfrak{v}}(A), \mathfrak{v}(A)$ 等はもちろん $\mathfrak{L}_0$ の k に関する底 $w_1 dz, \cdots,$ $w_g dz$ のとり方に依存する. そこで行列式が 0 でない任意の複素行列 $\Lambda = (\lambda_{ij})$ により $w_i dz$ を $\mathfrak{L}_0$ の別の底

$$w_j' dz = \sum_{i=1}^{g} \lambda_{ij} w_i dz, \qquad j = 1, \cdots, g,$$

すなわち

(3.8) $$(w_1' dz, \cdots, w_g' dz) = (w_1 dz, \cdots, w_g dz)\Lambda$$

と変換すれば,

$$\zeta_j' = \sum_{l=1}^{r} \int_{P_0}^{P_l} w_j' dz - \sum_{m=1}^{s} \int_{P_0}^{Q_m} w_j' dz = \sum_{i=1}^{g} \lambda_{ij} \left(\sum_{l=1}^{r} \int_{P_0}^{P_l} w_i dz - \sum_{m=1}^{s} \int_{P_0}^{Q_m} w_i dz \right)$$

より

(3.9) $$\mathfrak{v}'(A) = (\zeta_1', \cdots, \zeta_g') = (\zeta_1, \cdots, \zeta_g)\Lambda = \mathfrak{v}(A)\Lambda.$$

同様に

(3.10) $$P(w_i' dz) = P(w_i dz)\Lambda.$$

これは $P(w_i dz)$ の各 vector を Λ で変換したものが $P(w_i' dz)$ の vector の全体と一致するという意味である.

(3.10)により, $V_g(k)/P(w_i dz)$ の同じ類に属する vector は Λ により $V_g(k)/P(w_i' dz)$ の同一の類に属する vector に変換されるから, Λ は $V_g(k)/P(w_i dz)$ から $V_g(k)/P(w_i' dz)$ の上への同型写像 $\bar{\Lambda}$ をひき起す. よって (3.9)より

(3.11) $$\bar{\mathfrak{v}}'(A) = \bar{\mathfrak{v}}(A)\bar{\Lambda}.$$

これで $\mathfrak{L}_0$ の底を変えた場合の $\bar{\mathfrak{v}}(A)$ の変換の様子がわかった. 特に準同型 (3.7)と, $\bar{\mathfrak{v}}'(A)$ による準同型

(3.12) $$A \mapsto \bar{\mathfrak{v}}'(A), \qquad A \in \mathfrak{D}_0$$

との核は一致することが知られる. すなわち $\bar{\mathfrak{v}}(A)=0$ となる $\mathfrak{D}_0$ の因子 A の全体は $\mathfrak{L}_0$ の底 w_1dz, $\cdots$, w_gdz のとり方に関係しない.

以上述べた事柄は $V_g(k)$ の代わりに $2g$ 次元の実 vector 加群 $V_{2g}(k_0)$ を用いてもそのまま成立する. すなわちまず実数体 k_0 に関する $\mathfrak{L}_0$ の一組の底を $u_1dz,\cdots,u_{2g}dz$ とし, $\mathfrak{R}$ のすべての閉解析曲線 γ から得られる $2g$ 次元の実 vector

$$\left(\mathrm{Re}\left(\int_\gamma u_1dz \right), \cdots, \mathrm{Re}\left(\int_\gamma u_{2g}dz \right) \right)$$

の全体を $P_r(u_1dz,\cdots,u_{2g}dz)$, あるいは簡単に $P_r(u_idz)$ と書いて u_idz の**実週期 vector 群**, あるいは**実週期群**と呼ぶ. それは実際 $V_{2g}(k_0)$ の部分群であって, $B_1(\mathfrak{R})$ の底をなす $\gamma_1,\cdots,\gamma_{2g}$ に対し

$$M = (\mu_{ij}), \qquad \mu_{ij} = \mathrm{Re}\left(\int_{\gamma_j} u_idz \right), \qquad i,j = 1,\cdots,2g$$

とおけば, $P_r(u_idz)$ はこの M の各列の有理整数を係数とする一次結合の全体である.

さて $A = \dfrac{P_1\cdots P_r}{Q_1\cdots Q_r}$ を次数 0 の K の任意の因子とする時, 前と同様に

$$\xi_i = \mathrm{Re}\left(\sum_{j=1}^r \int_{Q_j}^{P_j} u_idz \right), \qquad i = 1,\cdots,2g$$

を成分とする $V_{2g}(k_0)$ の vector を

$$\mathfrak{v}_r(A) = (\xi_1,\cdots,\xi_{2g})$$

と書けば, $\mathfrak{v}_r(A)$ は Q_j から P_j に至る積分路を変えた場合, ちょうど $V_{2g}(k_0)/P_r(u_idz)$ の一つの剰余類を充たす. そうしてこの剰余類を

$$\bar{\mathfrak{v}}_r(A)$$

と書けば

(3.13) $$A \mapsto \bar{\mathfrak{v}}_r(A)$$

は $\mathfrak{D}_0$ から $V_{2g}(k_0)$ の中への準同型写像を与える. また u_1dz, $\cdots$, $u_{2g}dz$ を行列式が 0 でない実行列によって他の底 $u_1'dz$, $\cdots$, $u_{2g}'dz$ に変換すれば, $P_r(u_idz)$, $\mathfrak{v}_r(A)$, $\bar{\mathfrak{v}}_r(A)$ 等がそれぞれ(3.9), (3.10), (3.11)と同様に変換さ

れ，従って特に(3.13)の核，すなわち $\bar{\mathfrak{v}}_r(A)=0$ を満足する $\mathfrak{D}_0$ の元 A の全体は $\mathfrak{L}_0$ の底 $u_1 dz, \cdots, u_{2g} dz$ のとり方に依存しないことが知られる.

さて $w_1 dz, \cdots, w_g dz$ を前のように $\mathfrak{L}_0$ の k に関する底とすれば

$$w_1 dz, \ \cdots, \ w_g dz, \ -\sqrt{-1} w_1 dz, \ \cdots, \ -\sqrt{-1} w_g dz$$

は明らかに $\mathfrak{L}_0$ の k_0 に関する底をなす. これを $u_1' dz, \cdots, u_{2g}' dz$ と書くこととし, また

$$\varphi((\zeta_1, \cdots, \zeta_g)) = (\xi_1, \cdots, \xi_g, \xi_{g+1}, \cdots, \xi_{2g}),$$
$$\zeta_i = \xi_i + \sqrt{-1} \xi_{g+i}, \qquad i = 1, \cdots, g$$

とおけば, φ は k_0 加群としての $V_g(k)$ から $V_{2g}(k_0)$ の上への同型写像を与え, 明らかに

$$(3.14) \qquad \varphi(P(w_i dz)) = P_r(u_i' dz), \qquad \varphi(\mathfrak{v}(A)) = \mathfrak{v}_r'(A).$$

よって準同型写像(3.7)の核と $A \mapsto \bar{\mathfrak{v}}_r'(A)$ の核, 従って(3.13)の核とは一致する. すなわち(3.7)の核を求めるためには $\mathfrak{L}_0$ の k_0 に関する適当な底 $u_i dz$ をとってこれから得られる準同型写像(3.13)の核を見ればよい. そのため $\mathfrak{R}$ の一つの標準分割 C の分割曲線を α_i, β_i $(i=1, \cdots, g)$ とし, 定理5.3により α_i, β_i に対応する $\mathfrak{L}_0$ の k_0 に関する底を

$$u_i dz = w_{\alpha_i} dz, \qquad u_{g+i} dz = w_{\beta_i} dz, \qquad i = 1, \cdots, g$$

とせよ. また $B_1(\mathfrak{R})$ の底として同じ $\alpha_1, \cdots, \alpha_g, \beta_1, \cdots, \beta_g$ をとればこの底に関する $u_i dz$ の実週期行列 M は(1.17)および前章(3.5)より

$$(3.15) \qquad M = \begin{array}{c} \begin{array}{ccccccc} \alpha_1 & \cdots & \alpha_g & & \beta_1 & \cdots & \beta_g \end{array} \\ \left(\begin{array}{ccc|ccc} & & & 1 & & \\ & 0 & & & 1 & \\ & & & & & \ddots \\ & & & & & & 1 \\ \hline -1 & & & & & \\ & -1 & & & 0 & \\ & & \ddots & & & \\ & & & -1 & & \end{array} \right) \end{array} \begin{array}{l} u_1 dz \\ \vdots \\ u_g dz \\ u_{g+1} dz \\ \vdots \\ u_{2g} dz \end{array}$$

となる. よってこの M の各列から生成される実週期群 $P_r(u_i dz)$ はちょうど有理整数を成分とする $2g$ 次元の vector の全体, すなわち $V_{2g}(k_0)$ を $2g$ 次元

の Euclid 空間の点で表した場合に，間隔 1 の正方格子の上の点の全体と一致する．従って $\bar{\mathfrak{v}}_r(A) = 0$ という条件は

$$\operatorname{Re}\left(\sum_{j=1}^{r} \int_{Q_j}^{P_j} w_{\alpha_i} dz\right), \qquad \operatorname{Re}\left(\sum_{j=1}^{r} \int_{Q_j}^{P_j} w_{\beta_i} dz\right), \qquad i = 1, \cdots, g$$

が有理整数であるという条件と同値である．しかるに α_i, β_i $(i = 1, \cdots, g)$ は $B_1(\mathfrak{R})$ の底をなすから，これはまた $\mathfrak{R}$ のすべての閉解析曲線 γ に対し $\operatorname{Re}\left(\sum_{j=1}^{r} \int_{Q_j}^{P_j} w_\gamma dz\right)$ が有理整数であるということ，換言すれば

$$\exp\left(2\pi\sqrt{-1}\operatorname{Re}\left(\sum_{j=1}^{r} \int_{Q_j}^{P_j} w_\gamma dz\right)\right) = 1$$

と同値である．ところが上式の左辺はちょうど定理 5.10 の $(\bar{\gamma}, \bar{A})$ に他ならない．同じ定理により $B_1(\mathfrak{R})$ と $\bar{\mathfrak{D}}_0$ とは指標 $(\bar{\gamma}, \bar{A})$ に関して双対的な位相 Abel 群をなすから，すべての γ に対し $(\bar{\gamma}, \bar{A}) = 1$ ということは $\bar{A}$ が $\bar{\mathfrak{D}}_0 = \mathfrak{D}_0/\bar{\mathfrak{D}}_H$ の単位元であるということ，すなわち A が K の主因子群 $\mathfrak{D}_H$ に属するということと同値である．よって結局 $\bar{\mathfrak{v}}_r(A) = 0$ と $A \in \mathfrak{D}_H$ とは同値，すなわち (3.13) の核，従って (3.7) の核は $\mathfrak{D}_H$ であることが証明された．また定理 5.10 により $(\bar{\gamma}, \bar{A})$ は A を変えると $B_1(\mathfrak{R})$ のすべての指標を与えるから，特に $B_1(\mathfrak{R})$ の底をなす α_i, β_i に対しては

$$(\bar{\alpha}_i, \bar{A}) = \exp\left(2\pi\sqrt{-1}\operatorname{Re}\left(\sum_{j=1}^{r} \int_{Q_j}^{P_j} w_{\alpha_i} dz\right)\right),$$

$$(\bar{\beta}_i, \bar{A}) = \exp\left(2\pi\sqrt{-1}\operatorname{Re}\left(\sum_{j=1}^{r} \int_{Q_j}^{P_j} w_{\beta_i} dz\right)\right)$$

は絶対値 1 の任意の値をとる．すなわち

$$\mathfrak{v}_r(A) = (\xi_1, \cdots, \xi_{2g}), \qquad \xi_i = \operatorname{Re}\left(\sum_{j=1}^{r} \int_{Q_j}^{P_j} u_i dz\right)$$

は $A = \dfrac{P_1 \cdots P_r}{Q_1 \cdots Q_r}$ および Q_j から P_j に至る積分路を適当にとれば $V_{2g}(k_0)$ の任意の vector 値をとる．すなわち (3.13) は $\mathfrak{D}_0$ から $V_{2g}(k_0)/P_r(u_i dz)$ の上への写像であり，従って (3.7) は $\mathfrak{D}_0$ から $V_g(k)/P(w_i dz)$ の上への写像であることが証明された．

よって我々は定理 5.10 から全く代数的に次の定理を導くことができた.

定理 5.12（Abel の定理[9]） 代数函数体 K の第一種微分の集合 $\mathfrak{L}_0$ の K に関する一組の底を $w_1 dz, \cdots, w_g dz$ とし，$A = \dfrac{P_1 \cdots P_r}{Q_1 \cdots Q_r}$ を K の次数 0 の任意の因子とすれば，g 次元の複素 vector

$$(3.16) \qquad \mathfrak{v}(A) = (\zeta_1, \cdots, \zeta_g), \qquad \zeta_i = \sum_{j=1}^{r} \int_{Q_j}^{P_j} w_i dz$$

は，A を P_j, Q_j で表す仕方および Q_j から P_j に至る積分路のとり方を変える時，$w_i dz$ の週期群 $P(w_i dz)$ を mod. とする $V_g(k)$ の一つの剰余類を充たす．A のみに依存するこの剰余類を $\bar{\mathfrak{v}}(A)$ と書けば

$$A \mapsto \bar{\mathfrak{v}}(A)$$

により K の次数 0 の因子群 $\mathfrak{D}_0$ は $V_g(k)/P(w_i dz)$ の上に準同型に写像され．その核は K の主因子群 $\mathfrak{D}_H$ と一致する．従って群論の同型定理により

$$(3.17) \qquad \bar{\mathfrak{D}}_0 = \mathfrak{D}_0/\mathfrak{D}_H \cong V_g(k)/P(w_i dz).$$

さて上の証明における (3.15) の M の形からわかるように $P_r(u_i dz)$ は実数体 k_0 に関して $2g$ 個の一次独立な vector を含むから．$P_r(u_i' dz)$，従って $P(w_i dz)$ もまた k_0 に関して $2g$ 個の一次独立な vector を含む．よってよく知られた位相により $V_g(k)$ を $2g$ 次元の多様体 S_{2g} と考え，vector 群 $P(w_i dz)$ を S_{2g} の位相変換群（すなわち $P(w_i dz)$ に属する vector による平行移動群）と考えた時，$P(w_i dz)$ は S_{2g} の不連続変換群であって，これに関して同値な S_{2g} の点を一致させて得られる $2g$ 次元の多様体 $S_{2g}(P(w_i dz))$ は compact になる[10]．$S_{2g}(P(w_i dz))$ の点はもちろん $V_g(k)/P(w_i dz)$ の各剰余類と 1 対 1 に対応し，従ってまた定理 5.12 により $\bar{\mathfrak{D}}_0$ の元と 1 対 1 に対応するから，$S_{2g}(P(w_i dz))$ の位相をこの対応によりそのまま，$\bar{\mathfrak{D}}_0$ の上に移せば $\bar{\mathfrak{D}}_0$ もまた $2g$

---

9) 歴史的に有名な Abel の定理はここに述べる定理 5.12 より一般なものである．すなわち定理 5.12 はいわゆる Abel の定理のうちで第一種の Abel 積分に関する特別な場合に他ならない．ただし Abel が証明したのは必要条件の方だけで，逆は Riemann および Clebsch によって与えられた．緒言参照．

10) 位相的にいえば $S_{2g}(P(w_i dz))$ は $2g$ 次元の Euclid 空間をその格子点の集合を mod. として考えたもの：すなわち $2g$ 次元の torus に他ならない．

次元の compact な多様体となる. しかも $S_{2g} = V_k(g)$ の点と $S_{2g}(P(w_i dz))$ の点とは局所的には位相的に対応するから, $\bar{\mathfrak{D}}_0$ の任意の元 $\bar{A}$ をとり $\mathfrak{v}(A) = (\varsigma_1, \cdots, \varsigma_g)$ を $\bar{\mathfrak{v}}(A)$ に属する任意の vector とすれば, $\bar{\mathfrak{D}}_0$ における $\bar{A}$ の十分小さな近傍が $\bar{A} \mapsto \mathfrak{v}(A)$ により $V_g(k)$ における $(\varsigma_1, \cdots, \varsigma_g)$ の近傍の上に位相的に写像される. すなわち $\bar{A}$ の近傍において一組の座標が定まる.

一般に $2n$ 次元連結多様体 S の各点 P の適当な近傍 U_P が写像 φ_P により $V_n(k)$ の開集合の上に位相的に写像され, かつこのような $U_P, U_{P'}$ の共通部分では $\varphi_{P'}(Q)$ が $\varphi_P(Q)$ の正則函数となり, 逆に $\varphi_P(Q)$ が $\varphi_{P'}(Q)$ の正則函数となるならば, $\{\varphi_P, U_P\}$ を S における解析函数系と呼び $\varphi_P(Q) = (\eta_1, \cdots, \eta_n)$ を P 点における解析的座標と呼ぶ. それはもちろん定義 3.1 に述べた R 函数系の一般次元への拡張である(定義 3.1 では $\varphi_P(U_P)$ が $V_1(k)$ の単位円の内部と一致するという条件があったが, これは本質的な条件ではない). 一般の S における解析函数系の同値も定義 3.2 と全く同様に定義され, かくして得られる解析函数系の類 $\{\mathfrak{F}\}$ と S との組合せ $\{S, \{\mathfrak{F}\}\}$ を(複素数に関して g 次元, 実数に関して $2g$ 次元の)**解析的多様体**と呼ぶ. それは全く R 面の概念を一般の次元に拡張したものに他ならない. この定義に従い上に述べてきた $\bar{\mathfrak{D}}_0$ が複素数に関して g 次元の解析的多様体であることは明白であろう. もちろん $\mathfrak{v}(A) = (\varsigma_1, \cdots, \varsigma_g)$ を $\bar{A}$ における解析的座標としてとるのである.

さて以上述べた事柄はすべて $\mathfrak{L}_0$ の底 $w_1 dz, \cdots, w_g dz$ を定めた場合の話であったが, (3.8)により $w_i dz$ から他の底 $w_i' dz$ に移れば, $P(w_i dz), \mathfrak{v}(A), \bar{\mathfrak{v}}(\bar{A})$ 等はそれぞれ一次変換 Λ あるいはそれから導かれる $\bar{\Lambda}$ によって $P(w_i', dz)$, $\mathfrak{v}'(A), \bar{\mathfrak{v}}'(A)$ 等に変換されるから, $w_i' dz$ から得られる compact 多様体 $S_{2g}(P(w_i' dz))$ により $\bar{\mathfrak{D}}_0$ に位相を導入し, また $\mathfrak{v}'(A) = (\varsigma_1', \cdots, \varsigma_g')$ により $\bar{\mathfrak{D}}_0$ の解析的座標を定義しても, これらは初めの $(\varsigma_1, \cdots, \varsigma_g)$ によるものと同値な解析函数系を $\bar{\mathfrak{D}}_0$ に与える. すなわち解析的多様体としての $\bar{\mathfrak{D}}_0$ は $\mathfrak{L}_0$ の底のとり方に無関係に定まる. この多様体 $\mathfrak{J} = \bar{\mathfrak{D}}_0$ を代数函数体 K の(あるいは K に属する)**Jacobi 多様体**と呼ぶ.

この $\mathfrak{J}$ の位相について特に次のことを注意しておこう. γ を $\mathfrak{R}$ における任

意の閉解析曲線とし

$$w_\gamma dz = \sum_{i=1}^{g} c_i w_i dz, \qquad c_i \in k$$

とせよ. $\mathfrak{J} = \bar{\mathfrak{D}}_0$ の点 $\bar{A}$ の $w_i dz$ による(ある一組の)座標を $(\zeta_1, \cdots, \zeta_g)$ とすれば, ζ_i の定義および定理 5.9, (2.32)により

$$(\bar{\sigma}, \bar{A}) = \exp\left(2\pi\sqrt{-1}\, \mathrm{Re}\left(\sum_{i=1}^{g} c_i \zeta_i \right) \right), \qquad \bar{\sigma} = \Psi^{-1}(\bar{\gamma}).$$

これは $\bar{\sigma}$ を定めた場合 $\bar{A}$ の函数 $(\bar{\sigma}, \bar{A})$ が座標 ζ_i に関して連続であることを示している. しかるに定理 5.9 に述べた $\bar{\mathfrak{G}}$ の指標群としての $\bar{\mathfrak{D}}_0$ の単位近傍は, 定義により正数 ε および $\bar{\mathfrak{G}}$ の有限個の元 $\bar{\sigma}_1, \cdots, \bar{\sigma}_n$ を任意にとった時

$$|(\bar{\sigma}_i, \bar{A}) - 1| < \varepsilon, \qquad i = 1, \cdots, n$$

を満足する $\bar{A}$ の全体により与えられる[11]. よって, Jacobi 多様体としての $\mathfrak{J} = \bar{\mathfrak{D}}_0$ から $\bar{\mathfrak{G}}$ の指標群としての $X(\bar{\mathfrak{G}}) = \bar{\mathfrak{D}}_0$ への恒等写像

$$\bar{A} \mapsto \bar{A}$$

は連続である. しかるに, $\mathfrak{J}$ も $X(\bar{\mathfrak{G}})$ も compact であるから上の写像は逆もまた連続であって, 換言すれば定理 5.9 に述べた compact 群 $\bar{\mathfrak{D}}_0$ の位相は Jacobi 多様体としての $\mathfrak{J} = \bar{\mathfrak{D}}_0$ の位相と一致する.

　さて第 3 章に述べた R 面における解析函数の拡張として一般の解析的多様体 $S = S_{2n}$ における解析函数が定義される. すなわち S で定義された複素函数 f が S の各点 P の十分小さな近傍で, その点の解析的座標 $(\zeta_1, \cdots, \zeta_n)$ に関して正則な二つの函数 $f_1 = f_1(\zeta_1, \cdots, \zeta_n)$, $f_2 = f_2(\zeta_1, \cdots, \zeta_n)$ (ただし $f_2 \not\equiv 0$) の商として $f = \dfrac{f_1}{f_2}$ と書かれる時, f を S における解析函数と呼ぶ. 解析函数 f が S において恒等的に 0 でなければ $\dfrac{1}{f}$ もまた S の解析函数となるから S における解析函数の全体 $K(S)$ は常数である複素数体 k を含む体をなす. 特に S が代数函数体 K に属する Jocabi 多様体である場合, $\mathfrak{K} = K(\mathfrak{J})$ を K に属する **Abel 函数体**と呼び, $\mathfrak{K}$ の元, すなわち $\mathfrak{J}$ における解析函数を K に属

---

11)　註 2 の著書参照.

する **Abel 函数**と呼ぶ.

さて K の第一種微分の集合 $\mathfrak{L}_0$ の底 $w_i dz$ を定めた時, $V_g(k)$ の任意の点 $(\zeta_1, \cdots, \zeta_g)$ に $\mathfrak{v}(A) = (\zeta_1, \cdots, \zeta_g)$ を満足する $\bar{\mathfrak{D}}_0$ の点 $\bar{A}$ を対応させれば, この

$$\bar{A} = \varphi((\zeta_1, \cdots, \zeta_g))$$

は明らかに g 次元解析的多様体としての $V_g(k)$ から $\mathfrak{J} = \bar{\mathfrak{D}}_0$ の上への解析的写像となる. よって $f(\bar{A})$ を K に属する任意の Abel 函数とする時

$$f^*(\zeta_1, \cdots, \zeta_g) = f(\varphi((\zeta_1, \cdots, \zeta_g)))$$

とおけば, f^* は $V_g(k)$ の解析函数であって $P(w_i dz)$ に属する任意の vector $(\omega_1, \cdots, \omega_g)$ に対し

(3.18) $$f^*(\zeta_1 + \omega_1, \cdots, \zeta_g + \omega_g) = f^*(\zeta_1, \cdots, \zeta_g)$$

を満足する. すなわち f^* は $P(w_i dz)$ に属するすべての $(\omega_1, \cdots, \omega_g)$ を週期とする週期函数である. 逆に $f^*(\zeta_1, \cdots, \zeta_g)$ が $V_g(k)$ の解析函数であって, 上に述べた週期性を有するならば $f^*(\zeta_1, \cdots, \zeta_g) = f(\varphi((\zeta_1, \cdots, \zeta_g)))$ により $\mathfrak{J}$ の上の解析函数, すなわち K に属する Abel 函数が一つ定まる. よって K に属する Abel 函数体 $\mathfrak{K}$ は (3.18) を満足する $V_g(k)$ の解析函数の全体と同型である.

Abel 函数体 $\mathfrak{K}$ の性質を調べるためには K に属する基本 Abel 函数が特に重要である. 次にそれを述べよう. まず $P_1^0, P_2^0, \cdots, P_g^0$ を K の R 面 $\mathfrak{R} = \mathfrak{R}(K)$ における g 個の定点とすれば, $\bar{\mathfrak{D}}_0 = \mathfrak{D}_0/\mathfrak{D}_H$ の各類 $\bar{A}$ は定理 2.23 により必ず

(3.19) $$\frac{P_1 \cdots P_g}{P_1^0 \cdots P_g^0}$$

なる形の因子を含む. よって定理 5.12 により $(\zeta_1, \cdots, \zeta_g)$ を $V_g(k)$ の任意の点とする時,

(3.20) $$\zeta_i \equiv \sum_{j=1}^{g} \int_{Q_j^0}^{P_j} w_i dz \quad \mod. P(w_i dz), \quad i = 1, \cdots, g$$

を満足する g 個の点 $P_1, \cdots, P_g$ が必ず存在する. ここに $w_i dz$ はもちろん $\mathfrak{L}_0$ の k に関する底であって, 相合式はその両辺を成分とする $V_g(k)$ の二つの vector の差が $\mod. P(w_i dz)$ に属するという意味である.

さて $\bar{A}$ に属するこのような形の因子は他にもあるであろうか. 換言すれば $(\zeta_1, \cdots, \zeta_g)$ が与えられた場合 (3.20) を満足する g 個の点の組が $P_1, \cdots, P_g$ 以外にも存在するであろうか. かりに

$$\frac{Q_1 \cdots Q_g}{P_1^0 \cdots P_g^0}$$

を (3.19) とは異なる $\bar{A}$ の因子とすれば

$$(3.21) \qquad P_1 \cdots P_g \equiv Q_1 \cdots Q_g \qquad \mathrm{mod.}\, \mathfrak{D}_H$$

となるから

$$(3.22) \qquad (z_1) = \frac{Q_1 \cdots Q_g}{P_1 \cdots P_g}$$

を満足する K の元 z_1 が存在する. 仮定により $P_1 \cdots P_g \neq Q_1 \cdots Q_g$ であるから z_1 は常数ではない. そこでまず $g=1$ の場合を考えると, (3.22) より $(z_1) = \dfrac{P_1}{Q_1}$. 従って定理 2.7 により $K = k(z_1)$. これは K の種数が 1 であることに矛盾する (定理 2.27). 故に $g=1$ の場合には $\bar{\mathfrak{D}}_0$ の各類は $\dfrac{P_1}{P_1^0}$ なる形の因子をちょうど一つずつ含む (118-119 頁参照). 次に $g \geqq 2$ としよう. しからば z_1 は $L(P_1 \cdots P_g)$ に含まれるから

$$(3.23) \qquad l(P_1 \cdots P_g) \geqq 2.$$

W を K の微分因子とすれば一般に Riemann-Roch の定理 (定理 2.13) により

$$l(P_1 \cdots P_g) = n(P_1 \cdots P_g) - g + 1 + l\left(\frac{W}{P_1 \cdots P_g}\right)$$

となる故, 特に (3.23) を用いれば

$$(3.24) \qquad l\left(\frac{W}{P_1 \cdots P_g}\right) \geqq 1.$$

よって $n(W) = 2g-2$ に注意すれば

$$(z_2) = \frac{P_1 \cdots P_g P_1' \cdots P_{g-2}'}{W}$$

を満足する K の元 z_2 と $g-2$ 個の点 $P_1', \cdots, P_{g-2}'$ とが存在する. $P_1^0, \cdots, P_g^0$

の他になお $g-2$ 個の定点 $P^0_{g+1}, \cdots, P^0_{2g-2}$ をとれば上式はもちろん

$$(3.25) \quad \frac{W}{P^0_1 \cdots P^0_{2g-2}} \equiv \frac{P_1 \cdots P_g}{P^0_1 \cdots P^0_g} \frac{P'_1 \cdots P'_{g-2}}{P^0_{g+1} \cdots P^0_{2g-2}} \qquad \mathrm{mod.}\, \mathfrak{D}_H$$

と書直すことができるから,

$$(3.26) \qquad \mathfrak{v} \left(\frac{W}{P^0_1 \cdots P^0_{2g-2}} \right) = (\lambda_1, \cdots, \lambda_g)$$

とおけば, 定理 5.12 より

$$\lambda_i \equiv \sum_{j=1}^{g} \int_{P^0_j}^{P_j} w_i dz + \sum_{l=1}^{g-2} \int_{P^0_{g+l}}^{P'_l} w_i dz \qquad \mathrm{mod.}\, P(w_i dz),$$

すなわち

$$(3.27)$$

$$\zeta_i = \lambda_i - \sum_{l=1}^{g-2} \int_{P^0_{g+l}}^{P'_l} w_i dz \qquad \mathrm{mod.}\, P(w_i dz), \qquad i = 1, \cdots, g.$$

さてここに至るまでの推論はすべて可逆的である. すなわち $\zeta_1, \cdots, \zeta_g$ が, (3.26) によって定義される常数 λ_i と $\mathfrak{R}$ 上の適当な点 $P'_1, \cdots, P'_{g-2}$ とに対し (3.27) を満足するならば, 定理 5.12 により (3.25) が成立し, (3.24), (3.23), (3.22) が順次成立する. すなわち $\bar{\mathfrak{D}}_0$ の元 $\bar{A}$ が (3.19) の形の因子を二つ以上含むためには, その座標 $(\zeta_1, \cdots, \zeta_g)$ が (3.27) を満足することが必要かつ十分であることが証明された.

さて Jacobi 多様体 $\mathfrak{J} = \bar{\mathfrak{D}}_0$ において (3.19) の形の因子を二つ以上含む $\bar{A}$ の全体 $\mathfrak{X}$ を $\mathfrak{J}$ の **特異点集合** と呼ぶ. 上に証明したごとくそれは座標を用いれば (3.27) で与えられる. すなわち閉 R 面 $\mathfrak{R}$ の $g-2$ 個の直積を $\mathfrak{R}^{(g-2)} = \mathfrak{R} \times \mathfrak{R} \times \cdots \times \mathfrak{R}$ とし,

$$F'(P'_1, \cdots, P'_{g-2}) = (\zeta_1, \cdots, \zeta_g), \qquad \zeta_i = \lambda_i - \sum_{l=1}^{g-2} \int_{P^0_{g+l}}^{P'_l} w_i dz, \qquad i = 1, \cdots, g$$

とすれば, $\mathfrak{X}$ はこの写像 F' による $\mathfrak{R}^{(g-2)}$ の像に他ならない. P'_i の局所変数を t'_i とすれば, 上の ζ_i が $t'_1, \cdots, t'_{g-2}$ の正則函数であることは明らかであるから, $\mathfrak{X} = F'(\mathfrak{R}^{(g-2)})$ は複素数に関して高々 $g-2$ 次元, 従って実数に関し

て高々 $2g-4$ 次元の $\mathfrak{J}$ の連結閉部分集合であることが知られる．よって次の定理が得られた．

定理 5.13　$P_1^0, \cdots, P_g^0$ を種数 g の代数函数体 K の任意の定点とする時，K の次数 0 の因子類群 $\bar{\mathfrak{D}}_0$ の各類 $\bar{A}$ は，換言すれば K の Jacobi 多様体 $\mathfrak{J}$ の各点 $\bar{A}$ は

$$\frac{P_1 \cdots P_g}{P_1^0 \cdots P_g^0}$$

なる形の因子を必ず含み，しかも高々（複素数に関し）$g-2$ 次元の $\mathfrak{J}$ の連結閉部分集合である特異点集合 $\mathfrak{X}$ に属する点を除けば，このような因子を唯一つ含む．

あるいは同じ結果を解析的に言い直せば次のようになる．

定理 5.14（Jacobi の定理）　$P_1^0, \cdots, P_g^0$ を閉 R 面 $\mathfrak{R}$ の任意の点とし，$w_1 dz, \cdots, w_g dz$ を $K = K(\mathfrak{R})$ の第一種微分の集合 $\mathfrak{L}_0$ の K に関する底とする時，与えられた任意の複素数 $\zeta_1, \cdots, \zeta_g$ に対し

$$(3.28) \quad \zeta_i \equiv \sum_{j=1}^{g} \int_{P_j^0}^{P_j} w_i dz \quad \mathrm{mod.}\, P(w_i dz), \qquad i = 1, \cdots, g$$

を満足する g 個の点 $P_1, \cdots, P_g$ が必ず存在する（積分路を適当にとれば上式は等号としてよい）．しかも

$$\zeta_i \equiv \lambda_i - \sum_{l=1}^{g-2} \int_{P_{g+l}^0}^{P_l'} w_i dz \quad \mathrm{mod.}\, P(w_i dz)$$

を満足する $(\zeta_1, \cdots, \zeta_g)$ を除けば，このような $P_1, \cdots, P_g$ は唯一組に限る．ただし $\lambda_1, \cdots, \lambda_g$ は P_i^0 に関係して定まる数であって，また $P_1', \cdots, P_{g-2}'$ は $\mathfrak{R}$ 上の任意の点である．

さて $P_1^0, \cdots, P_g^0$ を上のごとく定めた場合，定理 5.13 により特異点集合 $\mathfrak{X}$ に属せぬ $\mathfrak{J}$ の点 $\bar{A}$ には唯一組の $P_1, \cdots, P_g$ が対応するから，K の任意の函数 $z = z(P)$ に対し $z(P_i)$ の基本対称式を

$$s_1(\bar{A}; z) = \sum_{i=1}^{g} z(P_i),$$

$$s_2(\bar{A}; z) = \sum_{i<j} z(P_i)z(P_j),$$

$$\vdots \qquad \vdots$$

$$s_g(\bar{A}; z) = \prod_{i=1}^{g} z(P_i)$$

とおけば, $\mathfrak{J}-\mathfrak{X}$ で定義された g 個の函数 $s_1(\bar{A}; z)$, $s_2(\bar{A}; z)$, $\cdots$, $s_g(\bar{A}; z)$ が得られる. これらの函数は $\mathfrak{X}$ の上では定義されていないのであるが, $\mathfrak{J}$ における解析函数, すなわち K の Abel 函数で, $\mathfrak{J}-\mathfrak{X}$ の上では $s_i(\bar{A}; z)$ と一致するようなものが唯一つ存在する. 我々はこれを同じ記号 $s_i(\bar{A}; z)$ で表し, K に属する**基本 Abel 函数**と呼ぶ.

$s_i(\bar{A}; z)$ が $\mathfrak{J}$ における解析函数に一意的に拡張されるという上の結果は, 例えば多複素変数の函数論における Hartogs の定理を用いれば比較的簡単に証明できるが[12], Riemann は $s_i(\bar{A}; z)$ に対応する $V_g(k)$ の函数 $s_i(\varphi((\zeta_1, \cdots, \zeta_g)); z)$ を ζ_i に関する二つの整函数の商として具体的に書き表すことに成功した. それに用いられるのがいわゆる ϑ 函数であって, この結果は全解析学において最も深遠な結果の一つであるといわれている. しかし残念ながらそれをここに詳しく紹介する余裕はないが, 参考のために ϑ 函数の定義と, それによって基本 Abel 函数がいかに表されるかという結果だけを簡単に説明しよう[13].

そのため C を $\mathfrak{R}$ の任意の標準分割とし, α_i, β_i $(i=1, \cdots, g)$ を C の分割曲線とせよ. しからば同型 (1.12), (1.13) により

---

12) 例えば辻正次, 多複素変数函数論(岩波講座「数学」), あるいは S. Bochner, W. Martin, Several complex variables (Princeton University Press) 参照.

13) 以下本節で述べる Abel 函数, ϑ 函数等の理論は古典解析学の最高峰であるにかかわらず, これに関する著述は多く前世紀のものであって, これを現代的な立場から要領よく解説したという本はほとんど見当たらない. ただ次の著書は比較的読みやすいであろう. W. F. Osgood, Lehrbuch der Funktionentheorie, II$_2$ (Teubner, Berlin).

$$\int_{\alpha_j} w_i dz = \pi\sqrt{-1}\,\delta_{ij}, \qquad i,j=1,\cdots,g$$

を満足する $\mathfrak{L}_0$ の底 $w_1 dz, \cdots, w_g dz$ が存在する. $w_i dz$ の β_j に関する週期を

$$\int_{\beta_j} w_i dz = \omega_{ij} = \mu_{ij} + \sqrt{-1}\,\nu_{ij}, \qquad (\mu_{ij},\nu_{ij}=\text{実数})$$

とせよ. このとき次の補題が成立する.

補題 5.4　$\omega_{ij}=\omega_{ji}$, かつ適当な正数 μ をとれば任意の実数 $x_1,\cdots,x_g$ に対し

$$(3.29) \qquad \sum_{i,j=1}^{g} \mu_{ij}x_i x_j \leqq -\mu(x_1^2+\cdots+x_g^2).$$

証明　$\omega_{ij}=\omega_{ji}$ は定理 5.2, (1.5) を $wdz=w_i dz$, $w'dz=w_j dz$ に対し適用すれば直ちに得られる. また $wdz=x_1 w_1 dz+\cdots+x_g w_g dz$ に同じ定理の (1.6) を適用すれば

$$\xi_j = 0, \qquad \eta_j = \pi x_j,$$

$$\xi_{g+j} = \sum_{i=1}^{g} \mu_{ij}x_i, \qquad \eta_{g+j} = \sum_{i=1}^{g} \nu_{ij}x_i$$

なる故, $wdz\neq 0$, すなわち $x_1=x_2=\cdots=x_g=0$ ならざる限り

$$\sum_{j=1}^{g} (\xi_j\eta_{g+j}-\xi_{g+j}\eta_j) = -\sum_{i,j=1}^{g} \mu_{ij}x_i x_j > 0.$$

すなわち $\sum_{i,j=1}^{g} \mu_{ij}x_i x_j$ は負の定符号二次形式である. よって対称行列 (μ_{ij}) の固有値は全部負であるから, そのうちで絶対値の最小のものを $-\mu$ とすれば (3.29) が成立する.

補題 5.5　$m_1, m_2, \cdots, m_g$ がすべての有理整数を動く時, 上の ω_{ij} を用いて

$$(3.30) \qquad \vartheta(u_1,\cdots,u_g) = \sum_{m_i} \exp\left(\sum_{i,j=1}^{g} \omega_{ij}m_i m_j + 2\sum_{i=1}^{g} m_i u_i\right)$$

とおけば, 右辺の級数は u_i が一定の有界範囲内にある時絶対かつ一様に収斂し, 従って $\vartheta(u_1,\cdots,u_g)$ はすべての複素数値 $u_1,\cdots,u_g$ に対して定義された正則函数を与える.

証明 κ を任意の正数とし $|u_i| \leqq \kappa$ とせよ. $|m_i| \geqq \dfrac{4\kappa}{\mu}$ とすれば

$$\left| \mathrm{Re}\left(2 \sum_{i=1}^{g} m_i u_i \right) \right| \leqq 2 \sum_{i=1}^{g} |m_i||u_i| \leqq \frac{\mu}{2} \sum_{i=1}^{g} |m_i|^2.$$

一方 (3.29) より

$$\sum_{i,j=1}^{g} \mu_{ij} m_i m_j \leqq -\mu \sum_{i=1}^{g} |m_i|^2$$

なる故,

$$\left| \exp\left(\sum_{i,j=1}^{g} \omega_{ij} m_i m_j + 2 \sum_{i=1}^{g} m_i u_i \right) \right| = \exp\left(\mathrm{Re}\left(\sum_{i,j=1}^{g} \omega_{ij} m_i m_j + 2 \sum_{i=1}^{g} m_i u_i \right) \right)$$
$$\leqq \exp\left(-\frac{\mu}{2} \sum_{i=1}^{g} |m_i|^2 \right).$$

従って $|m_i| \geqq \dfrac{4\kappa}{\mu}$ を満足する m_i に関する和を $\sum'$ と書けば

$$\sum{}' \left| \exp\left(\sum_{i,j=1}^{g} \omega_{ij} m_i m_j + 2 \sum_{i=1}^{g} m_i u_i \right) \right| \leqq \sum{}' \exp\left(-\frac{\mu}{2} \sum_{i=1}^{g} |m_i|^2 \right)$$
$$\leqq \sum{}' \exp\left(-\frac{\mu}{2} \sum_{i=1}^{g} |m_i| \right) \leqq 2^g \sum_{m_1,\cdots,m_g=0}^{\infty} \exp\left(-\frac{\mu}{2} \sum_{i=1}^{g} m_i \right)$$
$$= 2 \prod_{i=1}^{g} \left(\sum_{m_i=0}^{\infty} \exp\left(-\frac{\mu}{2} m_i \right) \right) = 2 \left(\frac{1}{1-\exp\left(-\frac{\mu}{2} \right)} \right)^g.$$

これで $\sum' \exp\left(\sum_{i,j=1}^{g} \omega_{ij} m_i m_j + 2 \sum_{i=1}^{g} m_i u_i \right)$ が $|u_i| \leqq \kappa$ において絶対かつ一様に収斂することがわかるが, $\sum$ と $\sum'$ との差は有限個の項だから補題は証明された.

定義 5.5 上の $\vartheta(u_1,\cdots,u_g)$ を行列 (ω_{ij}) から得られる ϑ **函数**と呼ぶ[14].

さて $z = z(P)$ を $\mathfrak{R} = \mathfrak{R}(K)$ における任意の解析函数とせよ. 特異点集合 $\mathfrak{X}$ に属せぬ $\mathfrak{J}$ の任意の点 $\bar{A}$ に含まれる因子を $\dfrac{P_1 \cdots P_g}{P_1^0 \cdots P_g^0}$ とし, 上の $w_i dz$ に関して (3.28) により与えられる $\bar{A}$ の座標を $(\zeta_1,\cdots,\zeta_g)$ とすれば, 次の重要な公式が成立する[15]:

---

14) これは一般の ϑ 函数に対して特に Riemann の ϑ 函数とも呼ばれる.
15) 註 13 の著書参照.

(3.31)

$$s_g(\bar{A}; z) = s_g(\varphi((\zeta_1, \cdots, \zeta_g)); z) = c \frac{\prod_{i=1}^{r} \vartheta(\cdots, \zeta_l - c_l^{(i)}, \cdots)}{\prod_{i=1}^{r} \vartheta(\cdots, \zeta_l - c_l^{\prime(i)}, \cdots)}.$$

ここに r は因子 (z) の分子および分母の次数であって c, $c_l^{(i)}$, $c_l^{\prime(i)}$ $(i=1,\cdots,g)$ は z の零点および極に関係して定まる常数である．上式の右辺を $f^*(\zeta_1, \cdots, \zeta_g)$ とおけば，f^* の分子および分母は補題 5.5 により ζ_i の整函数であるから，f^* は確かに $V_g(k)$ における解析函数を与える．しかも $\varphi((\zeta_1, \cdots, \zeta_g))$ が特異点集合 $\mathfrak{X}$ に属せぬ限り f^* は $s_g(\varphi((\zeta_1, \cdots, \zeta_g)); z)$ と一致し，従って (3.18) が成立するから，f^* が解析函数であることより (3.18) は任意の $(\zeta_1, \cdots, \zeta_g)$ に対して満足される．よって f^* により $s_g(\bar{A}; z)$ の拡張である $\mathfrak{J}$ の上の解析函数，すなわち Abel 函数が定まる．$s_g(\bar{A}; z)$ 以外の $s_1(\bar{A}; z)$, $\cdots$, $s_{g-1}(\bar{A}; z)$ に関しては次のごとくすればよい．すなわち λ を任意の複素数とする時

$$s_g(\bar{A}; z+\lambda) = \prod_{i=1}^{g} (z(P_i) + \lambda)$$
$$= \lambda^g + s_1(\bar{A}; z)\lambda^{g-1} + \cdots + s_{g-1}(\bar{A}; z)\lambda + s_g(\bar{A}; z)$$

は上と同様にして ϑ 函数を用いて $\mathfrak{J}$ の上に拡張されるから，g 個の相異なる複素数 $\lambda_1, \cdots, \lambda_g$ に対し

$$s_g(\bar{A}; z+\lambda_i) = \lambda_i^g + s_1(\bar{A}; z)\lambda_i^{g-1} + \cdots + s_{g-1}(\bar{A}; z)\lambda_i + s_g(\bar{A}; z),$$
$$i = 1, \cdots, g$$

を $s_1(\bar{A}; z), \cdots, s_g(\bar{A}; z)$ に関する一次方程式と見てこれを解けば，すべての $s_i(\bar{A}; z)$ $(i=1,\cdots,g)$ が ϑ 函数の有理式として表され，従って $\mathfrak{J}$ の上の Abel 函数に拡張されることが証明できるのである．

　さてこのようにして得られた基本 Abel 函数 $s_i(\bar{A}; z)$ が K の Abel 函数体 $\mathfrak{K}$ に対していかなる意義を有しているかを次に述べよう．しかしここでもすべての結果を厳密に与えるためには多くの準備を要するので，大体の考の筋道だけを説明することにする．そのためまず z を常数でない K の解析函数，$s_i(\bar{A}; z)$ $(i=1,\cdots,g)$ を z から得られる K の Abel 函数とし，与えられた任意

の複素数 $c_1, \cdots, c_g$ に対し

$$(3.32) \qquad s_i(\bar{A}; z) = c_i, \qquad i = 1, \cdots, g$$

を満足する $\mathfrak{J}$ の点 $\bar{A}$ の数を考察しよう．特異点集合 $\mathfrak{X}$(その上では $s_i(\bar{A}; z)$ の値は不定になる)の点を除けば，(3.32)を解くためには $s_i(\bar{A}; z)$ の定義により

$$(3.33) \qquad \sum_{i=1}^{g} z(P_i) = c_1, \quad \sum_{i<j} z(P_i)z(P_j) = c_2, \cdots, \prod_{i=1}^{g} z(P_i) = c_g$$

を満足する $\mathfrak{R}$ の点 $P_1, \cdots, P_g$ を求めて，$A = \dfrac{P_1 \cdots P_g}{P_1^0 \cdots P_g^0}$ の属する類 $\bar{A}$ をとればよい．(3.33)を満足する $z(P_1), \cdots, z(P_g)$ の値は

$$x^g - c_1 x^{g-1} + \cdots + (-1)^g c_g = 0$$

の根として一意的に定まるが，$n = [K : k(z)]$ とすれば一般に任意の複素数 c に対し $z(P) = c$ を満足する P は常に n 個存在するから(定理 4.7)，結局(3.33)を満足する $P_1, \cdots, P_g$ は全部で $m = n^g$ 組存在する．これら m 組の $P_1, \cdots, P_g$ から得られる $\bar{A}$ が実際相異なる $\mathfrak{J} - \mathfrak{X}$ の点であるかどうかというような精密な考察はすべてここでは省略するが，ともかくこのようにして(例外の点もあるが)一般に与えられた $c_1, \cdots, c_g$ に対し(3.32)がちょうど m 個の解を有することが証明される．それを

$$\bar{A}_1(c_1, \cdots, c_g), \cdots, \bar{A}_m(c_1, \cdots, c_g)$$

としよう．そこで K に属する任意の Abel 函数 $h = h(\bar{A})$ をとって

$$h(\bar{A}_1(c_1, \cdots, c_g)), \cdots, h(\bar{A}_m(c_1, \cdots, c_g))$$

の基本対称式を

$$\sigma_1(c_1, \cdots, c_g), \cdots, \sigma_m(c_1, \cdots, c_g)$$

とおけば，これらの函数は次元の低い除外点の集合を除けば他の任意の $c_1, \cdots, c_g$ に対して定義された複素函数であって，しかも c_i に関して解析的であることが容易に証明される．よって多変数の函数論の定理により，$\sigma_i(c_1, \cdots, c_g)$ は $c_1, \cdots, c_g$ の有理函数でなければならぬ．換言すれば $h(\bar{A})$ は複素数体 k に $s_1(\bar{A}; z), \cdots, s_g(\bar{A}; z)$ を添加して得られる $\mathfrak{R}$ の部分体 $\mathfrak{R}_0 = k(s_1(\bar{A}; z), \cdots, s_g(\bar{A}; z))$ における多項式

$$(3.34) \quad F(X) = X^m - \sigma_1(s_i(\bar{A}; z))X^{m-1} + \cdots + (-1)^m \sigma_m(s_i(\bar{A}; z))$$

の根である. (3.32)が一般の $c_1, \cdots, c_g$ に対し解を有することより $s_1(\bar{A}; z),$ $\cdots, s_g(\bar{A}; z)$ は k に関して代数的に独立であることがわかるから, $\mathfrak{K}_0$ は代数的にいえば k を係数体とする g 変数の有理函数体である. そうして上述により $\mathfrak{K}$ の任意の元 h は常に $\mathfrak{K}_0$ における m 次の多項式の根となるから, 前章§2 (207-208 頁)におけると同様な論法で $\mathfrak{K}$ は $\mathfrak{K}_0$ に関し高々 m 次の代数的拡大体であることが知られる.

次に上の $z = z(P)$ に対し $K = k(z, w)$ となる $w = w(P)$ を求め, w によって得られる基本 Abel 函数

$$s_i(\bar{A}; w), \qquad i = 1, \cdots, g$$

を考えよう. K の素点 P は一般に $z(P)$ と $w(P)$ との値によって定まるから, 先に述べた(3.32)を満足する $m = n^g$ 組の $P_1, \cdots, P_g$ に対する

$$s_1(\bar{A}; w) = \sum_{i=1}^{g} w(P_i), \qquad s_2(\bar{A}; w) = \sum_{i<j} w(P_i)w(P_j), \quad \cdots$$

の値, すなわち

$$s_1(\bar{A}_i(c_1, \cdots, c_g); w), \cdots, s_g(\bar{A}_i(c_1, \cdots, c_g); w)$$

は i $(1 \leqq i \leqq m)$ が異なれば全体として異なる値をとる. よって例えば $s_i(\bar{A}; w)$ の適当な一次式

$$h(\bar{A}) = \sum_{i=1}^{g} \lambda_i s_i(\bar{A}; w), \qquad \lambda_i \in k$$

をとれば, 一般の $c_1, \cdots, c_g$ に対しては $h(\bar{A}_i(c_1, \cdots, c_g))$ は i が違えば異なる値をとる. すなわち $s_i(\bar{A}; z)$ の値を与えた時, それに対応する $h(\bar{A})$ の値が一般に m 個存在するから, (3.34)は既約式であって, 従って $[\mathfrak{K} : \mathfrak{K}_0] \leqq m$ より

$$\mathfrak{K} = \mathfrak{K}_0(k) = \mathfrak{K}_0(s_1(\bar{A}; w), \cdots, s_g(\bar{A}; w))$$
$$= k(s_1(\bar{A}; z), \cdots, s_g(\bar{A}; z), s_1(\bar{A}; w), \cdots, s_g(\bar{A}; w)).$$

以上述べたのはもちろん完全な証明ではないが, ともかくこのような考え方によって次の定理が(厳密に)証明される.

定理 5.15 代数函数体 K に属する Abel 函数体を $\mathfrak{K}$ とし, K の常数でな

い函数 $z = z(P)$ から得られる基本 Abel 函数を $s_1(\bar{A}; z), \cdots, s_g(\bar{A}; z)$ とすれば

$$\mathfrak{K}_0 = k(s_1(\bar{A}; z), \cdots, s_g(\bar{A}; z))$$

は $x_i = s_i(\bar{A}; z)$ に関する k の上の g 変数の有理函数体で，$\mathfrak{K}$ は $\mathfrak{K}_0$ に関し $m = n^g$ 次の代数的拡大体である．ただしここに g はもちろん K の種数であって，また $n = [K : k(z)]$ とする．次に $K = k(z, w)$ を満足する K の任意の函数 $w = w(P)$ をとれば

$$\mathfrak{K} = \mathfrak{K}_0(s_1(\bar{A}; w), \cdots, s_g(\bar{A}; w))$$
$$= k(s_1(\bar{A}; z), \cdots, s_g(\bar{A}; z), s_1(\bar{A}; w), \cdots, s_g(\bar{A}; w)).$$

従って K に属する任意の Abel 函数が ϑ 函数の有理式として表される．

　この定理から種々の結果が得られる．まず $\mathfrak{K}$ は有理函数体 $\mathfrak{K}_0$ の有限次拡大体であるから，いわゆる k を係数体とする g 次元の代数函数体である[16]．また $\eta_1, \cdots, \eta_g$ を任意の複素数とする時

$$(3.35) \qquad f_i(\zeta_i, \cdots, \zeta_g) = s_i(\varphi(\zeta_1 + \eta_1, \cdots, \zeta_g + \eta_g); z)$$

も明らかに (3.18) を満足するからそれは K の Abel 函数を与える．よって k を係数とする適当な多項式

$$H_i(Y; X_1, \cdots, X_g)$$

をとれば

$$H_i(s_i(\varphi(\zeta + \eta); z); s_1(\varphi(\zeta); z), \cdots, s_g(\varphi(\zeta); z)) = 0$$

となる．H_i の係数はもちろん $\eta_1, \cdots, \eta_g$ の函数であるが，(3.35) における ζ_i と η_i との関係は対称であるから，更に k に関する適当な多項式

$$H_i^*(Y; X_1, \cdots, X_g; X_1', \cdots, X_g')$$

---

16)　一般に体 K が k を係数体とする n 次元の代数函数体であるとは

　　i)　k に関して互いに代数的に独立な n 個の元 $x_1, x_2, \cdots, x_n$ をとる時，K が有理函数体 $k(x_1, x_2, \cdots, x_n)$ の有限次拡大体となり，

　　ii)　k が K の中で代数的に閉じている

　　ことをいう．k が特に代数的閉体ならば条件 ii) は不要であるから，K は k に有限個の元を添加して得られる超越次数 n の拡大体であるといってもよい．定義 2.1 はもちろん上の定義において $n = 1$ とした特別な場合である．多変数の代数函数体の理論は近時代数幾何学，複素多変数函数論の発展と共に次第に重要さを加えつつある．

をとれば

$$(3.36) \qquad H_i^*(s_i(\varphi(\zeta+\eta);z);\; s_1(\varphi(\zeta);z),\; \cdots,\; s_1(\varphi(\eta);z),\; \cdots) = 0$$

が ζ_i, η_i に関して恒等的に成立つことが予想されるであろう. 実際 (3.36) は厳密に証明されるのであって, これを基本 Abel 函数 $s_i(\bar{A};z)$ に関する**代数的加法定理**と呼ぶ. 特に種数 $g=1$ の場合にはこれはよく知られた楕円函数の加法定理と一致するが, それについてはまた §5 に述べよう.

さて複素数 $\zeta_1, \cdots, \zeta_g$ を与えた場合, (3.28) を満足する $\mathfrak{R}$ 上の点 $P_1, \cdots, P_g$ を求めるという問題を Jacobi の **Umkehrproblem** と呼ぶ. それが任意の $\zeta_1, \cdots, \zeta_g$ に対し常に解を有するということ, および解の一意性に関しては定理 5.14 に述べた通りであるが, 更に進んで $P_1, \cdots, P_g$ をなんらかの方法によって $\zeta_1, \cdots, \zeta_g$ の函数として表そうというのが Abel 函数研究の出発点であった. 実際定理 5.14 の略証の中で述べたように, 一般に $\mathfrak{J}-\mathfrak{X}$ の点 $\bar{A}$ は $s_i(\bar{A};z)$, $s_i(\bar{A};w)$ $(i=1,\cdots,g)$ の値により一意的に定まり, 従ってこれにより $\bar{A}$ に属する $A = \dfrac{P_1 \cdots P_g}{P_1^0 \cdots P_g^0}$ も唯一つ定まるから, $P_1, \cdots, P_g$ を求めることはある意味で $s_i(\bar{A};z)$, $s_i(\bar{A};w)$ を $\zeta_1, \cdots, \zeta_g$ の函数として表すということと同値である. そうして Riemann はこれらの函数が実際 ζ_i の ϑ 函数によって有理的に表されることを発見したのであった[17].

§4　拡　大　体

複素数体 k の上の代数函数体 K の拡大体とその閉 R 面については定理 4.4 においても一寸触れたが, 本節ではそれをもう少し詳しく考察しよう.

K の任意の有限次拡大体を L とせよ. もちろん L もまた k の上の代数函数体である. L の K に関する分岐点が有限個しかないことは既に注意した通りであるが (217 頁), ここではまずこの結果を代数的に証明しよう[18]. そのた

---

17)　緒言参照.

18)　これは第 2 章, 定理 2.22 および (5.23) に続いて述べておいてもよかったものである. なお第 4 章註 8 参照.

め K の種数を g とし，常数でない K の元 z をとって $K_0=k(z)$ とおけば第 2 章 (5.23) より

$$(4.1) \qquad 2g-2 = \sum_P (e'_P - 1) - 2m.$$

ここに右辺の和は K のすべての素点 P に関するもので，e'_P は P の K_0 に関する分岐指数，また $m=[K:K_0]$ とする．同様に L の種数を g' とし，L/K_0 に対して同じ公式を用いれば

$$(4.2) \qquad 2g'-2 = \sum_{P'} (e'_{P'} - 1) - 2mn.$$

右辺の P' はもちろん L の素点，$e'_{P'}$ は P' の K_0 に関する分岐指数，また

$$n=[L:K], \qquad mn=[L:K_0]$$

である．そこで P' の K に関する分岐指数を $e_{P'}$ とし，また P' の K における射影を P とすれば，第 2 章 §3 の注意 2 により

$$(4.3) \qquad e'_{P'} = e_{P'} e_P, \qquad {\sum}' e_{P'} = n.$$

ただし $\sum'$ は P の L におけるすべての拡張 P' に関する和である．よって (4.1)，(4.2) より

$$
\begin{aligned}
2g'-2-n(2g-2) &= \sum_{P'}(e_{P'}e_P-1) - n\sum_P(e_P-1) \\
&= \sum_{P'}(e_{P'}e_P-1-e_{P'}(e_P-1)) \\
&= \sum_{P'}(e_{P'}-1),
\end{aligned}
$$

すなわち

$$(4.4) \qquad 2g'-2ng = \sum_{P'}(e_{P'}-1)-(2n-2).$$

これを **Hurwitz の公式**と呼ぶ．この公式により L/K の分岐点，すなわち $e_{P'}>1$ なる P' が有限個しかないことは明白である．よって

$$\mathfrak{D}(L/K) = \prod_{P'} P'^{e_{P'}-1}$$

は L の因子を与える．これを L/K の(相対)**共軛差積**と呼ぶ(103頁参照)．

上の代数的方法によれば(4.1)，(4.2)，(4.3)等は標数 0 の任意の代数的閉体の上の代数函数体に対して適用されるから，従って公式(4.4)および L/K の分岐点が有限個であるということも一般に上のような代数函数体に対して成立する．またこの結果は標数 $p \neq 0$ の場合にも拡張することができる．しかしその証明および $\mathfrak{D}(L/K)$ の実質的(整数論的)意義の説明等は省略する[19]．

さて一般に拡大体 L/K に関する分岐点が一つも存在しない場合に L/K を K の**不分岐拡大**と呼ぶ．我々が今考えているような複素数体の上の代数函数体についてはこの不分岐拡大は次のような意味を持っている．

定理5.16　L/K を不分岐拡大とする時，L の素点 P' の L から K への射影によって生ずる $\mathfrak{R}' = \mathfrak{R}(L)$ から $\mathfrak{R} = \mathfrak{R}(K)$ の上への写像を $P = f'(P')$ とすれば，$\{\mathfrak{R}', f'; \mathfrak{R}\}$ は $\mathfrak{R}$ の被覆 R 面を与える．

証明　定理4.4により f' は $\mathfrak{R}'$ から $\mathfrak{R}$ への解析的写像であって，$\mathfrak{R}'$ の点 P' の f' に関する分岐指数は P' の K に関する代数的分岐指数と一致するから，不分岐の仮定により P' の十分小さな近傍は常に $P = f'(P')$ の近傍の上に1対1，等角に写像される．一方(4.3)により $\mathfrak{R}$ の点 P を与えた時，$f'(P') = P$ を満足する $\mathfrak{R}'$ の点 P' はちょうど $n = [L:K]$ 個しか存在しないから，P の十分小さな連結した近傍 U をとれば $f^{-1}(U)$ は $f'(P') = P$ なる P' に対応して n 個の連結成分に分かれ，その各々が f' により U の上に1対1等角に写像される．よって定義により f' は $\mathfrak{R}'$ から $\mathfrak{R}$ の上への被覆写像である(証終)．

さて一般に k の上の代数函数体 K の閉 R 面を $\mathfrak{R} = \mathfrak{R}(K)$ とし，$\{\mathfrak{R}^*, f^*; \mathfrak{R}\}$ を $\mathfrak{R}$ の単連結被覆 R 面とせよ．$\mathfrak{R}^*$ はもちろん複素 t 球面，有限 t 平面あるいは単位円の内部 $\{t; |t| < 1\}$ としてよい．$\mathfrak{R}$ の $\mathfrak{R}^*$ に関する基本群を G とすれば第3章(5.8)により

$$\{\mathfrak{R}^*, f^*; \mathfrak{R}\} \cong \{\mathfrak{R}^*, f_G^*; \mathfrak{R}^*(G)\}.$$

---

19)　第2章，註7の論文参照．

ここに $\mathfrak{R}^*(G)$ は $S^*(G)$ を基底空間とし，f_G^* を解析的写像とするような R 面であった（記号の意味については第 3 章 §5 を参照されたい）．故に $\mathfrak{R} \cong \mathfrak{R}^*(G)$，$K \cong K(\mathfrak{R}) \cong K(\mathfrak{R}^*(G))$．よって K の代数的性質を調べるためには $K = K(\mathfrak{R}^*(G))$，すなわち K は閉 R 面 $\mathfrak{R}^*(G)$ の上の解析函数体であると考えて差支えない．また §2 の初めに述べたように K の任意の函数 $z = z(P)$ に対し

$$(4.5) \qquad z = z(t) = z(P_t), \qquad P_t = f^*(t), \qquad t \in \mathfrak{R}^*$$

とおいて，z を $\mathfrak{R}^*$ で定義された函数 $z(t)$ と一致させてもよい．しからば K は $\mathfrak{R}^*$ の解析函数体 $\tilde{K} = K(\mathfrak{R}^*)$ の部分体と考えられる．

さて G に対応する $\tilde{K}/K$ の Galois 群を §2 におけるごとく $\mathfrak{G}$ とせよ：$G = \Phi(\mathfrak{G})$, $\mathfrak{G} = \Phi^{-1}(G)$．$\mathfrak{H}$ を $\mathfrak{G}$ の任意の部分群とする時，$\mathfrak{H}$ に対応する $\mathfrak{G}$ の部分群 $H = \Phi(\mathfrak{H})$ に属する R 面を

$$\mathfrak{R}(\mathfrak{H}) = \mathfrak{R}^*(H)$$

と記す．ただし $\mathfrak{R}^*(H)$ は $S^*(H)$ を基底空間とし，f_H^* を被覆写像とする R 面で，それは $f_G^* = f'_{G,H} f_H^*$ を満足する $f'_{G,H}$ を被覆写像とする $\mathfrak{R}^*(G) = \mathfrak{R}(\mathfrak{G})$ の被覆 R 面である．$u = u(P'')$ $(P'' \in \mathfrak{R}(\mathfrak{H}))$ を

$$K(\mathfrak{H}) = K(\mathfrak{R}(\mathfrak{H}))$$

の任意の函数とすれば，$K = K(\mathfrak{G})$ におけると同様に

$$u(t) = u(f_H^*(t)), \qquad t \in \mathfrak{R}^*$$

とおいて $\tilde{K}$ の函数 $u(t)$ が得られるが，我々はまたこの $u(t)$ を $u(P'')$ と一致させて

$$(4.6) \qquad u = u(P'') = u(t) \qquad (P'' = f_H^*(t))$$

とおくことにする．すなわち $K(\mathfrak{H})$ の元を $\mathfrak{R}(\mathfrak{H})$ における解析函数であると同時に，$\mathfrak{R}^*$ の函数と考えるのである．また前章 §2 の終りに述べたごとく $\mathfrak{R}(\mathfrak{H})$ と $\mathfrak{R}(K(\mathfrak{H}))$ とも一致させることにする：

$$K(\mathfrak{H}) = K(\mathfrak{R}(\mathfrak{H})), \quad \mathfrak{R}(\mathfrak{H}) = \mathfrak{R}(K(\mathfrak{H})) \quad (K = K(\mathfrak{G}), \mathfrak{R} = \mathfrak{R}(\mathfrak{G})).$$

しからば 256 頁におけると同様に $\mathfrak{H}$ に属するすべての自己同型写像によって不変な $\tilde{K}$ の函数の全体がちょうど $K(\mathfrak{H})$ と一致する．従って

$$K(\mathfrak{H}) \supseteqq K(\mathfrak{G}) = K.$$

あるいは一般に

$$\mathfrak{H}_1 \subseteq \mathfrak{H}_2 \quad \text{ならば} \quad K(\mathfrak{H}_1) \supseteq K(\mathfrak{H}_2).$$

$z = z(P)$ を K の任意の元とすれば，$f_G^* = f_{G,H}' f_H^*$ および(4.5)，(4.6)の約束により，$\mathfrak{R}(\mathfrak{H})$ の任意の点 $P' = f_H^*(t)$ および $\mathfrak{R} = \mathfrak{R}(\mathfrak{G})$ の点 $P = f_{G,H}'(P')$ $= f_{G,H}'(f^*(t)) = f_G^*(t)$ に対し $z(f_G^*(t)) = z(t) = z(f_H^*(t))$ から

(4.7) $$z(P) = z(f_{G,H}'(P')).$$

これは $K = K(\mathfrak{G}), K(\mathfrak{H})$ を共に $\tilde{K}$ の部分体と考え，従って $K(\mathfrak{G}) \subseteq K(\mathfrak{H})$ とした場合，$\mathfrak{R} = \mathfrak{R}(\mathfrak{G})$ における函数としての $z = z(P)$ と，$K(\mathfrak{H})$ の元，すなわち $\mathfrak{R}(\mathfrak{H})$ における解析函数としての z との関係を与えるものである．今後誤解の恐れのない場合には(4.7)の右辺を単に $z(P')$ と記し，z を $\mathfrak{R}(\mathfrak{H})$ の函数と考えたことを表すこととする．一般に $K(\mathfrak{H}_1) \supseteq K(\mathfrak{H}_2)$ の場合にも $K(\mathfrak{H}_2)$ の元について同様な約束をする．

さて特に $\mathfrak{H}$ の $\mathfrak{G}$ に関する指数 $n = [\mathfrak{G} : \mathfrak{H}]$ が有限であれば補題 3.11 により $\mathfrak{R}$ の任意の点 P に対し $P = f_{G,H}'(P')$ を満足する $R(\mathfrak{H})$ の点 P' の個数は常に n である．そこで $R(\mathfrak{H})$ における相異なる点 $P_1', P_2', P_3', \cdots$ の $f_{G,H}'$ による像を $P_i = f_{G,H}'(P_i')$ とすれば，$P_1, P_2, P_3, \cdots$ の中には相異なるものが無数に存在しかつ $\mathfrak{R}$ は compact だから，$\{P_i\}$ は $\mathfrak{R}$ において集積点 P_0 を有す．しかるに P_0 の十分小さな近傍 U をとれば，$f_{G,H}'^{-1}(U)$ は P_0 の $f_{G,H}'$ による原像 $P_0^{(1)}, \cdots, P_0^{(n)}$ における U と同位相な近傍 $U^{(1)}, \cdots, U^{(n)}$ の和集合と一致するから，$P_0^{(i)}$ のいずれかが必ず $\{P_i'\}$ の $\mathfrak{R}(\mathfrak{H})$ における集積点でなければならぬ．よって $\mathfrak{R}(\mathfrak{H})$ は compact であることが知られる．従ってこの場合には $K(\mathfrak{H})$ もまた k の上の代数函数体であって，しかも $f_{G,H}'$ は $\mathfrak{R}(\mathfrak{H})$ から $\mathfrak{R}(\mathfrak{G})$ への不分岐な被覆写像であるから定理 4.4 により $K(\mathfrak{H})/K$ は不分岐拡大である．また同じ定理により $P = f_{G,H}'(P')$ は $K(\mathfrak{H})$ の素点 P' の K に関する射影に他ならないから，P を与えた場合上のごとき P' がちょうど n 個存在することに注意すれば(例えば(4.3)において $e_{P'} = 1$ とおいて)

$$n = [K(\mathfrak{H}) : K]$$

を得る．なお $[\mathfrak{G} : \mathfrak{H}] = \infty$ であれば $\mathfrak{R}(\mathfrak{H})$ は compact にならない．これは例

えば無限集合 $f_{G,H}^{-1}(P)$ が集積点を持たぬことから知られる．よって $K(\mathfrak{H})=$ $K(\mathfrak{R}(\mathfrak{H}))$ は代数函数体でないから $[K(\mathfrak{H}):K]=\infty$．故に $\mathfrak{G}$ の任意の部分群 $\mathfrak{H}$ に対し

$$[\mathfrak{G}:\mathfrak{H}]=[K(\mathfrak{H}):K]$$

が成立する．

　次に L を K の任意の不分岐有限次拡大体とせよ．$\mathfrak{R}'=\mathfrak{R}(L)$ とすれば $\{\mathfrak{R}',f';\mathfrak{R}\}$ は定理 5.15 により $\mathfrak{R}$ の被覆 R 面を与えるから，補題 3.11 により指数 $[\mathfrak{G}:\mathfrak{H}]=[L:K]$ なる $\mathfrak{G}$ の適当な部分群 $\mathfrak{H}$ をとれば

$$\{\mathfrak{R}',f';\mathfrak{R}\}\cong\{\mathfrak{R}(\mathfrak{H}),f'_{G,H};\mathfrak{R}\}.$$

$\mathfrak{R}'$ から $\mathfrak{R}(\mathfrak{H})$ へのこの同型写像を φ' とし，φ' により導かれる $K(\mathfrak{R}')$ と $K(\mathfrak{R}(\mathfrak{H}))=K(\mathfrak{H})$ との間の同型写像を

$$u'=\sigma'(u),\qquad\qquad u'\in K(\mathfrak{R}'),\qquad u\in K(\mathfrak{H}),$$
$$u'(P')=u(\varphi'(P')),\qquad P'\in\mathfrak{R}',$$

また f' により導かれる $K=K(\mathfrak{G})=K(\mathfrak{R})$ から $K(\mathfrak{R}')$ の部分体への同型写像を

$$z'=\bar\sigma(z),\qquad\qquad z'\in\bar\sigma(K),\qquad z\in K,$$
$$z'(P')=z(f'(P')),\qquad P'\in\mathfrak{R}'$$

とすれば，同型写像の定義により

$$f'_{G,H}\varphi'=f'$$

であるから，$z'(P')$ は

$$z(f'(P'))=z(f'_{G,H}(\varphi'(P'))$$

と書かれる．しかるにこの右辺は (4.7) により K を $K(\mathfrak{H})$ の部分体と考えた場合の $z=z(P')$ に対する $\sigma'(z)$ に他ならない．すなわち

$$\bar\sigma(z)=\sigma'(z),\qquad z\in K.$$

従って

$$K(\mathfrak{H})/K\cong\sigma'(K(\mathfrak{H}))/\sigma'(K)\cong K(\mathfrak{R}')/\bar\sigma(K(\mathfrak{R})).$$

この最右辺は定理 4.4 により L/K と同型であるから

$$K(\mathfrak{H})/K\cong L/K.$$

よって次の定理が得られた.

定理 5.17　K, $\mathfrak{R}$, $\tilde{K}$, $\mathfrak{R}^*$, $\mathfrak{G}$, $\mathfrak{H}$, $K(\mathfrak{H})$, $\mathfrak{R}(\mathfrak{H})$ 等は上の通りとし，特に $\mathfrak{H}$ を指数が有限である $\mathfrak{G}$ の任意の部分群とすれば，$K(\mathfrak{H})/K$ は K の不分岐拡大体であって

(4.8) $$[K(\mathfrak{H}):K] = [\mathfrak{G}:\mathfrak{H}].$$

逆に L を K の任意の不分岐有限次拡大体とすれば(4.8)を満足する $\mathfrak{G}$ の適当な部分群 $\mathfrak{H}$ をとる時

$$L/K \cong K(\mathfrak{H})/K.$$

　この定理により K の不分岐拡大体 L/K の代数的性質を見るためには上のごとき $K(\mathfrak{H})/K$ を考察すれば十分であることが知られる. そこでそれを調べるためにまず一般に次の記号を導入する. すなわち L を K と $\tilde{K}$ との任意の中間体とする時，$\mathfrak{G}$ に属する $\tilde{K}$ の自己同型写像で特に L のすべての元を変えないものの全体を $\mathfrak{G}(L)$ と書き，L に対応する $\mathfrak{G}$ の部分群と呼ぶ. $\mathfrak{G}(L)$ が実際 $\mathfrak{G}$ の部分群であることは明白であろう. しからば拡大 $\tilde{K}/K$ とその Galois 群 $\mathfrak{G}$ とに関して，有限次 Galois 拡大体の場合と平行に次の定理が証明される[20].

定理 5.18　記号はすべて上述の通りとし，

ⅰ) $\mathfrak{H}$ を指数 $n = [\mathfrak{G}:\mathfrak{H}] < \infty$ なる $\mathfrak{G}$ の任意の部分群とすれば $K(\mathfrak{H})/K$ は K の n 次の拡大体であって，しかも

(4.9) $$\mathfrak{G}(K(\mathfrak{H})) = \mathfrak{H}.$$

ⅱ) L を次数 $n = [L:K] < \infty$ なる $\tilde{K}/K$ の任意の中間体とすれば，$\mathfrak{G}(L)$ は指数 n の $\mathfrak{G}$ の部分群であって

(4.10) $$K(\mathfrak{G}(L)) = L.$$

ⅲ) ⅰ), ⅱ)により指数有限の $\mathfrak{G}$ のすべての部分群と，$\tilde{K}$ に含まれる K のすべての有限次拡大体とは $L = K(\mathfrak{H})$, $\mathfrak{H} = \mathfrak{G}(L)$ なる関係により 1 対 1 に対応するが，この時 $\tilde{K}$ は K に関する $n = [L:K]$ 個の L の共軛体をすべて含み，

---

20)　普通の有限次 Galois 拡大体における Galois の理論については本叢書「代数学Ⅰ」参照.

これらにはちょうど $\mathfrak{G}$ における $\mathfrak{H}=\mathfrak{G}(L)$ の共軛部分群が対応する. よって特に L/K が Galois 拡大体であるためには, $\mathfrak{H}=\mathfrak{G}(L)$ が $\mathfrak{G}$ の正規部分群であることが必要かつ十分であって, しかも L/K の Galois 群 $\mathfrak{G}(L/K)$ は $\mathfrak{G}/\mathfrak{G}(L)$ と同型である:

$$\mathfrak{G}(L/K) \cong \mathfrak{G}/\mathfrak{G}(L).$$

証明 まず i) については前定理により (4.9) だけをいえばよい. 定義により $\mathfrak{G}(K(\mathfrak{H})) \supseteqq \mathfrak{H}$ は明白である. よって σ を $\mathfrak{H}$ に属せぬ $\mathfrak{G}$ の任意の元とせよ. $\mathfrak{H}$ に対応する $\{\mathfrak{R}^*, f_G^*; \mathfrak{R}\}$ の基本群 G の部分群を $H=\varPhi(\mathfrak{H})$ とし, $\varphi=\varPhi(\sigma)$ とすれば, $\varphi \bar\in H$ であるから $f_H^* \neq f_H^*\varphi$. よって $f_H^*(t) \neq f_H^*(\varphi(t))$ を満足する $\mathfrak{R}^*$ の点 t が存在する. すなわち $f_H^*(t)$ と $f_H^*(\varphi(t))$ とは R 面 $\mathfrak{R}(\mathfrak{H})$ の異なる点であるから, 定理 3.11 により

$$(4.11) \qquad u(f_H^*(t)) \neq u(f_H^*(\varphi(t)))$$

を満足する $K(\mathfrak{H}) = K(\mathfrak{R}(\mathfrak{H}))$ の函数 $u(P')$ が存在する. (4.11) は u を $\tilde{K}$ の函数と考えた時 $u(t) \neq u(\varphi(t))$ であることを示す. よって

$$\sigma(u) \neq u, \qquad \sigma \notin \mathfrak{G}(K(\mathfrak{H})).$$

すなわち $\sigma \bar\in \mathfrak{H}$ ならば $\sigma \bar\in \mathfrak{G}(K(\mathfrak{H}))$ であるから (4.9) が証明された.

次に ii) を証明する. まず定義から $K(\mathfrak{G}(L)) \supseteqq L$ は明白である. よって (4.8) により (既に注意したごとく, たとえ $[\mathfrak{G}:\mathfrak{G}(L)] = \infty$ であっても)

$$(4.12) \qquad [\mathfrak{G}:\mathfrak{G}(L)] = [K(\mathfrak{G}(L)):K] \geqq [L:K].$$

仮定により $n = [L:K] < \infty$ であるから L/K は単純拡大である:

$$(4.13) \qquad L = K(u).$$

u を根とする $K[X]$ の既約多項式を $F(X)$ とせよ. しからば $\mathfrak{G}$ の元 σ が $\mathfrak{G}(L)$ に属するためには $\sigma(u)=u$ となることが必要かつ十分であるから, σ が $\mathfrak{G}$ のすべての元を動く時, $\sigma(u)$ はちょうど $[\mathfrak{G}:\mathfrak{G}(L)]$ 個の相異なる $\tilde{K}$ の元を与えるが,

$$F(\sigma(u)) = \sigma(F(u)) = 0$$

であるから, これらの $\sigma(u)$ はすべて $F(X)=0$ の根である. 従って $[\mathfrak{G}:\mathfrak{G}(L)]$ は $F(X)$ の次数 n より大ではない:

$$[\mathfrak{G} : \mathfrak{G}(L)] \leqq n = [L : K].$$

これと (4.12) とから

$$[\mathfrak{G} : \mathfrak{G}(L)] = [K(\mathfrak{G}(L)) : K] = [L : K], \qquad K(\mathfrak{G}(L)) = L$$

を得る.

最後に iii) であるが, 上述により $\mathfrak{G}$ を $\mathfrak{G}(L)$ の右副群に分解して

$$\mathfrak{G} = \sigma_1 \mathfrak{G}(L) + \cdots + \sigma_n \mathfrak{G}(L)$$

とおけば, $\sigma_1(u), \cdots, \sigma_n(u)$ が $F(X) = 0$ のすべての根を与える. よって $\tilde{K}$ は $L = K(u)$ の n 個の共軛体 $K(\sigma_i(u)) = \sigma_i(L)$ $(i = 1, \cdots, n)$ を含み, それらに対応する部分群は明らかに $\mathfrak{G}(L)$ の共軛部分群 $\sigma_i \mathfrak{G}(L) \sigma_i^{-1}$ である. よって特に L/K が Galois 拡大体であるということと, $\mathfrak{G}(L)$ が $\mathfrak{G}$ の正規部分群であるということは同値になる. この場合には $\mathfrak{G}$ の任意の元 σ に対し $\sigma(L) = L$ であるから, σ によってひき起される L/K の自己同型写像を $\bar{\sigma}$ とすれば

$$\sigma \longmapsto \bar{\sigma}$$

は明らかに $\mathfrak{G}$ から L/K の Galois 群 $\mathfrak{G}(L/K)$ の中への準同型写像を与える. 定義により $\mathfrak{G}(L/K)$ の恒等写像に対応する σ の全体が $\mathfrak{G}(L)$ に他ならないから, 群論の同型定理により $\mathfrak{G}/\mathfrak{G}(L)$ は $\mathfrak{G}(L/K)$ のある部分群と同型になる. しかるに (4.8) により $\mathfrak{G}/\mathfrak{G}(L)$ の位数は L/K の次数, すなわち $\mathfrak{G}(L/K)$ の位数に等しいから

$$\mathfrak{G}/\mathfrak{G}(L) \cong \mathfrak{G}(L/K)$$

でなければならぬ. これで定理は完全に証明された (証終).

さて上の証明からわかるようにこの定理の i) は (指数が必ずしも有限でない) $\mathfrak{G}$ の任意の部分群 $\mathfrak{H}$ に対してそのまま成立つ. しかるにこれに反して ii) は K と $\tilde{K}$ の一般の中間体 L に対しては必ずしも成立しない. すなわち $\mathfrak{G}$ の部分群と $\tilde{K}/K$ の中間体との対応は K の有限次拡大体についてのみ規則正しく 1 対 1 になる. 次に $K(\mathfrak{G}(L)) \neq L$ となる例を挙げよう. そのためまず有理数体に関して一次独立な $2g$ 個の実数 $\xi_1, \cdots, \xi_{2g}$ をとり, 同型 (1.14) により α_i, β_i $(i = 1, \cdots, g)$ に関する週期の実数部分が ξ_i, ξ_{g+i} となるような K の第一種微分を wdz とせよ:

$$\xi_i = \mathrm{Re}\left(\int_{\alpha_i} wdz\right), \qquad \xi_{g+i} = \mathrm{Re}\left(\int_{\beta_i} wdz\right), \qquad i = 1, \cdots, g.$$

しからば $\mathfrak{R}$ における任意の閉解析曲線

$$\gamma \sim \sum_{i=1}^{g} n_i\alpha_i + \sum_{i=1}^{g} n_{g+i}\beta_i \qquad (n_i = \text{有理整数})$$

に対し

$$\mathrm{Re}\left(\int_{\gamma} wdz\right) = \sum_{i=1}^{2g} n_i\xi_i.$$

よって $\displaystyle\int_{\gamma} wdz = 0$ となるのは $\gamma \sim 0$ の時に限る．そこでこの wdz から得られる $\tilde{K}$ の加法函数を u とすれば，定理 5.6 により

$$(4.14) \quad \sigma(u) = u + \omega_\sigma, \qquad \omega_\sigma = -\int_{\gamma} wdz, \qquad \bar{\gamma} = \Psi(\bar{\sigma}).$$

よって $\sigma(u) = u$，すなわち $\omega_\sigma = 0$ となるのは σ が $\mathfrak{G}$ の交換子群 $\mathfrak{G}'$ に属する場合に限る．従って $L = K(u)$ とおけば

$$\mathfrak{G}' = \mathfrak{G}(L).$$

(4.14)により u は K に関する有限次の代数方程式の根となることはできないから $K(u)/K$ は K の単純超越的拡大体である．一方 $\mathfrak{G}/\mathfrak{G}'$ は $2g$ 個の生成元を有する自由 Abel 群であったから，

$$\mathfrak{G}' \subsetneqq \mathfrak{H} \subsetneqq \mathfrak{G}, \qquad 1 < [\mathfrak{G} : \mathfrak{H}] < \infty$$

なる部分群 $\mathfrak{H}$ が存在する．しからば $K(\mathfrak{H})$ は $K(\mathfrak{G}')$ に含まれて K とは異なる K の有限次代数的拡大体であるが，単純超越的拡大体 $K(u)/K$ の任意の中間体 $L' \neq K$ は必ず K に対する超越元を含むから，$K(\mathfrak{G}')$ と $K(u)$ とは異なる．すなわち

$$K(\mathfrak{G}(L)) \neq L.$$

さて上に述べた $\mathfrak{G}$ の交換子群 $\mathfrak{G}'$ に対応する中間体 $\bar{K} = K(\mathfrak{G}')$ は (2.7)，(2.12) から容易に知られるように $\tilde{K}$ のすべての加法函数，乗法函数を含んでいて特に重要な体である．$\mathfrak{G}'$ の $\mathfrak{G}$ における指数は無限であるが，定理 5.17, iii) の証明から知られるように $\bar{\mathfrak{G}} = \mathfrak{G}/\mathfrak{G}'$ は $\bar{K}/K$ の自己同型群と考えられ

る. すなわち σ を $\mathfrak{G}$ の任意の元とする時, $\bar{K}$ の函数に対しては $\sigma(u)$ はただ σ の属する $\mathfrak{G}/\mathfrak{G}'$ の剰余類 $\bar{\sigma}$ にのみ依存するから, $\bar{\sigma}(u)=\sigma(u)$ と定義すれば $\bar{\mathfrak{G}}=\mathfrak{G}/\mathfrak{G}'$ が $\bar{K}/K$ の自己同型群となるのである. この意味で $\bar{\mathfrak{G}}$ を $\bar{K}/K$ の Galois 群と呼ぶことにする.

L を $\bar{K}$ に含まれる K の任意の有限次拡大体とし, $\mathfrak{H}=\mathfrak{G}(L)$ とすれば, $L \subseteq \bar{K}$ より $\mathfrak{H}=\mathfrak{G}(L) \supseteqq \mathfrak{G}(\bar{K})=\mathfrak{G}(K(\mathfrak{G}'))=\mathfrak{G}'$. $\mathfrak{G}/\mathfrak{G}'$ は Abel 群であるから $\mathfrak{G}'$ を含む $\mathfrak{H}$ は $\mathfrak{G}$ の正規部分群で, $\mathfrak{G}/\mathfrak{H}$ もまた Abel 群でなければならぬ. よって定理 5.17 により L/K は Galois 拡大体であって, その Galois 群 $\mathfrak{G}(L/K) \cong \mathfrak{G}/\mathfrak{H}$ は Abel 群, すなわち L/K は K の Abel 拡大体である. 逆に L/K が有限次 Abel 拡大体ならば $\mathfrak{G}/\mathfrak{H}$ は Abel 群, 従って $\mathfrak{H} \supseteqq \mathfrak{G}'$, $L= K(\mathfrak{H}) \subseteq K(\mathfrak{G}')=\bar{K}$. 故に $\bar{K}$ に含まれる K の有限次拡大体はすべて K の有限次 Abel 拡大体であって, それらは $\mathfrak{G}'$ を含む指数有限の $\mathfrak{G}$ の部分群 $\mathfrak{H}$ と 1 対 1 に対応し, 従ってまた指数有限の $\bar{\mathfrak{G}}=\mathfrak{G}/\mathfrak{G}'$ の部分群 $\bar{\mathfrak{H}}=\mathfrak{H}/\mathfrak{G}'$ と 1 対 1 に対応する. しかるに定理 5.9 によれば $\bar{\mathfrak{G}}$ は積分指標 (2.32) に関して K の次数 0 の因子類群 $\mathfrak{D}_0$ と双対的な位相 Abel 群の対をなし, 従って位相 Abel 群の指標の理論により $\bar{\mathfrak{G}}$ の部分群 $\bar{\mathfrak{H}}$ と $\mathfrak{D}_0$ の部分群 $\mathfrak{B}$ とは直交関係により 1 対 1 に対応する[21]. ここに $\bar{\mathfrak{H}}$ と $\mathfrak{B}$ とが直交する対であるとは, $\bar{\mathfrak{H}}$ のすべての元 $\bar{\sigma}$ に対し

(4.15)
$$(\bar{\sigma}, \bar{A}) = 1$$

を満足する $\mathfrak{D}_0$ の元 $\bar{A}$ の全体が $\mathfrak{B}$ であり, 逆に $\mathfrak{B}$ のすべての元 $\bar{A}$ に対し (4.15) を満足する $\bar{\sigma}$ の全体が $\bar{\mathfrak{H}}$ であるという意味である. しかもこの場合 $\mathfrak{B}$ は $\bar{\mathfrak{G}}/\bar{\mathfrak{H}}$ の指標群と同型であり, また $\bar{\mathfrak{H}}$ は $\mathfrak{D}_0/\mathfrak{B}$ の指標群と同型である. よって特に Abel 体 L/K に対応する指数有限の $\mathfrak{G}$ の部分群を $\bar{\mathfrak{H}}$ とすれば

$$\bar{\mathfrak{G}}/\bar{\mathfrak{H}} \cong \mathfrak{G}/\mathfrak{H} \cong \mathfrak{G}(L/K)$$

は有限群であるから, その指標群は $\bar{\mathfrak{G}}/\bar{\mathfrak{H}}$ 自身と同型であって, 従って

(4.16)
$$\mathfrak{B} \cong \mathfrak{G}(L/K)$$

---

21) 以下用いられる位相 Abel 群の指標の理論については註 2 の著書参照.

は $\mathfrak{D}_0$ の有限部分群である. 逆に $\mathfrak{D}_0$ の任意の有限部分群 $\mathfrak{B}$ と直交する $\bar{\mathfrak{H}}$ は $\bar{\mathfrak{G}}/\bar{\mathfrak{H}} \cong \bar{\mathfrak{B}}$ より $\bar{\mathfrak{G}}$ において有限の指数を有するから, かくして有限次 Abel 拡大体 L/K はその Galois 群と同型な $\mathfrak{D}_0$ の有限部分群 $\mathfrak{B}$ と 1 対 1 に対応することが知られる.

このようにして互いに対応する L と $\mathfrak{B}$ との間にはもっと直接に次のような関係がある. すなわち L に属する狭義の乗法函数の全体を $\mathfrak{M}_L$ とする時, 狭義の乗法函数 v が $\mathfrak{M}_L$ に含まれるという条件は $\mathfrak{H} = \mathfrak{G}(L)$ のすべての元 σ に対し

$$\sigma(v) = v$$

が成立するということと同値であるが, 一方 $(v) = A$ とすれば (2.28) よりこれはまた

$$(\bar{\sigma}, \bar{A}) = 1, \qquad \bar{\sigma} \in \bar{\mathfrak{H}} = \mathfrak{H}/\mathfrak{G}',$$

すなわち $\bar{A}$ が $\bar{\mathfrak{H}}$ と直交する $\mathfrak{B}$ に含まれているということと同値である. よって $\bar{\mathfrak{B}} = \mathfrak{B}/\mathfrak{D}_H$ $(\mathfrak{B} \subseteq \mathfrak{D}_0)$ とおけば, $\mathfrak{M}_L$ はもちろん k の 0 でない元をすべて含むから, $\mathfrak{M}_L$ に属する v の因子 (v) の全体がちょうど $\mathfrak{B}$ と一致することがわかる. これで L と $\mathfrak{B}$ との関係は明らかになり, 同時に L は K に $\mathfrak{M}_L$ の元を添加して得られることが知られる. なんとなれば K に $\mathfrak{M}_L$ のすべての元を添加した体を L' とすれば, もちろん $L' \subseteq L$ であるから L' に含まれる狭義の乗法函数の全体 $\mathfrak{M}_{L'}$ は $\mathfrak{M}_L$ に含まれる. 一方 $\mathfrak{M}_L$ は L' に含まれるから $\mathfrak{M}_L \subseteq \mathfrak{M}_{L'}$. よって $\mathfrak{M}_L = \mathfrak{M}_{L'}$. 故に上に証明した結果により L, L' に対応する $\mathfrak{D}_0$ の有限部分群 $\mathfrak{B}, \mathfrak{B}'$ は互いに一致するが, L と $\mathfrak{B}$ との対応は 1 対 1 だから $L = L'$ でなければならぬ. これで次の定理が得られた.

定理 5. 19 L/K を $\bar{K}$ に含まれる K の任意の有限次 Abel 拡大体とし, L に含まれる狭義の乗法函数の因子の全体を $\mathfrak{B}$ とすれば, $\mathfrak{B}$ はもちろん K の主因子群 $\mathfrak{D}_H$ を含み, (K の次数 0 の因子類群 $\mathfrak{D}_0$ の部分群である) $\bar{\mathfrak{B}} = \mathfrak{B}/\mathfrak{D}_H$ は L/K の Galois 群 $\mathfrak{G}(L/K)$ と同型な有限群である. しかも

$$L \leftrightarrow \bar{\mathfrak{B}}$$

により $\bar{K}$ に含まれる K のすべての有限次 Abel 拡大体 L と, $\mathfrak{D}_0$ のすべての

有限部分群 $\bar{\mathfrak{B}}$ とが 1 対 1 に対応する. 特に L はそれに含まれるすべての狭義の乗法函数を K に添加することによって得られる[22].

　上の定理では $\bar{K}$ に含まれる K の有限次 Abel 拡大体だけを問題にしたが, 定理 5.17 および定理 5.18, iii) により K の任意の有限次不分岐 Abel 拡大体は必ず $\bar{K}$ に含まれる L/K と, しかも唯一つの L/K と K に関して同型になるから, $\bar{K}$ のすべての有限次不分岐 Abel 拡大体は同型を除けば $\bar{\mathfrak{D}}_0$ のすべての有限部分群と 1 対 1 に対応することになる. すなわち K の有限次不分岐 Abel 拡大体が狭義の乗法函数を媒介として K の中の群 $\bar{\mathfrak{D}}_0$ によって統制されるのである. 例えば n を任意の自然数とする時, K の上に次数 n の有限次不分岐 Abel 拡大体が(同型を除いて)いくつ存在するかということは, $\bar{\mathfrak{D}}_0$ において位数 n の部分群がいくつ存在するかということに帰着するが, 定理 5.9 により $\bar{\mathfrak{D}}_0$ は 1 次元廻転群 $\mathfrak{K}_1$ の $2g$ 個の直和に同型であったから, 上の個数が簡単な群論的考察によって直ちに求められる. 例えば $n=p$ が素数ならばそれはちょうど $\dfrac{p^{2g}-1}{p-1}$ に等しい(証明は読者自ら考究されたい). この例から明らかであるように $\bar{\mathfrak{D}}_0$ の構造は K の種数 g によって定まるから, K の上にどのような有限次不分岐 Abel 拡大体が存在するかということも唯 K の種数にのみ依存する. このことは定理 5.17, 5.18 を用いればもっと一般に K の任意の不分岐拡大体に対しても成立つ. これは種数が一致しても互いに同型でない代数函数体が無限に多く存在することを思えば(228-229 頁参照)著しい結果であるといわねばならない. また上に述べた有限次不分岐 Abel 拡大体に関する結果が, 与えられた代数体の上の任意の有限次 Abel 拡大体(特に有限次不分岐 Abel 拡大体)が基礎体の ideal 類群(特に絶対 ideal 類群)によって統制されるという類体論の基本的な成果に対応していることを注意しておく[23].

　定理 5.19 の最後の部分は乗法函数の拡張である表現函数を用いて, 次のように Galois 拡大体にまで拡張される.

---

22)　一般にこの節で述べた拡大体の理論に関しては M. Moriya, Algebraische Funktionenköper und Riemannsche Flächen, Jour. Fac. Sci. Hokkaido Univ. Ser. Ⅰ, 9 (1941)参照.

23)　本叢書「数論」の項あるいは高木先生, 代数的整数論(岩波書店)参照.

定理 5.20 L/K を $\tilde{K}$ に含まれる K の任意の有限次 Galois 拡大体とすれば, L はそれに属するすべての表現函数を K に添加することによって得られる.

証明 $\mathfrak{H} = \mathfrak{G}(L)$ とおけば $\mathfrak{G}/\mathfrak{H}$ は L/K の Galois 群と同型な有限群であるから, $\mathfrak{G}$ の表現 $\{M_\sigma\}$ でその核, すなわち

$$M_\sigma = E \qquad (E = \text{単位行列})$$

を満足する $\sigma \in \mathfrak{G}$ の全体がちょうど $\mathfrak{H}$ と一致するような $\{M_\sigma\}$ が存在する. この $\{M_\sigma\}$ に対し定理 5.11 を用いて $Z^* = Z^*(t)$ をつくれば

$$\sigma(Z^*) = Z^* M_\sigma, \qquad \sigma \in \mathfrak{G},$$

かつ $|Z^*| \neq 0$ であるから, $\sigma(Z^*) = Z^*$ となるためには $M_\sigma = E$, すなわち $\sigma \in \mathfrak{H}$ が必要かつ十分である. よって Z^* の各成分を K に添加した体を L' とすれば

$$\mathfrak{H} = \mathfrak{G}(L').$$

従って定理 5.17 により

$$L' = K(\mathfrak{G}(L')) = K(\mathfrak{H}) = K(\mathfrak{G}(L)) = L.$$

Z^* の各行は $\{M_\sigma\}$ に属する表現函数を与えるから, L に含まれるすべての表現函数を K に添加すればもちろん L が得られる(証終).

さて一般に $\tilde{K}$ の $\mathfrak{G}$ に関する表現函数 $u_1, \cdots, u_n$ から得られる表現の核のことをかりに u_i の核と呼ぶことにすれば, 上の証明からわかるように, L に含まれるすべての表現函数の核の共通部分がちょうど $\mathfrak{H} = \mathfrak{G}(L)$ と一致する. このように $\tilde{K}$ に含まれる K の有限次 Galois 拡大体, あるいは一般に K の任意の有限次不分岐 Galois 拡大体は表現函数によって定まる. しかし表現函数自身がもともと K の中の函数ではないから, これは定理 5.19 により K の有限次不分岐 Abel 拡大体が K の中の群 $\bar{\mathfrak{D}}_0$ によって決定されるのに比べて不十分な結果といわねばならぬ. 実際 Abel 拡大体の場合には L と狭義の乗法函数との関係の外に, 定理 5.8 により狭義の乗法函数と K の次数 0 の因子との対応が与えられていたために L を K の中の群 $\bar{\mathfrak{D}}_0$ と結び付けることができたのであった. A. Weil はこの点に着目して K における因子の概念を拡張し, こ

れと表現函数との間に関係を付け，同時に定理 5.8 に述べた因子類と $\mathfrak{G}$ の表現(類)との対応を一般化した．そうしてこれにより K のすべての不分岐 Galois 拡大体を K の中の拡張された因子類の集合——この場合にはそれは $\bar{\mathfrak{D}}_0$ と異なり環をなすのであるが——その因子類環によって統制することに成功した[24]．また彼は定理 5.9 により K に対する Jacobi 多様体 $\mathfrak{J} = \bar{\mathfrak{D}}_0$ が集合としては $\mathfrak{G}$ の指標の全体と一致し，従って K に属する Abel 函数体はこのような指標の集合の上で定義された(適当な座標に関する)解析函数体に他ならぬことに注意して，$\mathfrak{G}$ の指標の拡張である $\mathfrak{G}$ の一般の表現を用いて，表現類を点とする空間の解析函数としていわゆる**超 Abel 函数**を定義した．しかしこれらについてはなお多くの問題が今後に残されているようである[25]．

　今まで我々が本節で述べて来た拡大体の理論は，ほとんどすべて不分岐な拡大体に関する事柄ばかりであった．そうしてそれらはいずれもこのような体が K と $\tilde{K} = K(\mathfrak{R}^*)$ との中間体として考えられるという定理 5.17 に基づいている．しかしこの結果は分岐のある K の拡大体に関しても次のように拡張することができる．すなわち $P_1, \cdots, P_l$ を K の任意の(有限個の)素点，$n_1, \cdots, n_l$ を任意の自然数とする時，K の拡大体 L における P_i の任意の拡張 Q_{ij} の K に関する分岐指数が常に n_i の約数であり，かつ Q_{ij} 以外の K の素点は不分岐であるならば，このような L は P_i と n_i とで定まる $\mathfrak{R}_1^* = \{t; |t| < 1\}$ の適当な「運動群」G (ただし今度は不動点のある変換も含む)をとる時，G によって定義される $\tilde{K} = K(\mathfrak{R}^*)$ の K に関する Galois 群 $\mathfrak{G}$ の適当な部分群 $\mathfrak{H}$ と，定理 5.17，5.18 の意味で互いに対応することが証明される(ただし n_i のうち少くも一つは 1 でないとする．$n_1 = n_2 = \cdots = n_l = 1$ ならば既に述べた不分岐の場合である)．換言すれば，たとえ分岐点があってもその分岐の状態を指定しさえすれば，そのような K の拡大体はすべて適当な一定の解析函数体 $\tilde{K}$ と K との中間体と考えることができるのである．実際 Weil は上に述

---

24)　A. Weil, Généralisation des fonctions abéliennes, Jour. Math. pure et appl., 17 (1938)参照.

25)　この方面の理論の最近の展開については H. Tôyama, On a non-abelian theory of algebraic functions, Kōdai Math. Sem. Report, 2 (1949)参照.

べたごとく K の因子の概念を拡張する際に，このような意味で不分岐拡大体から分岐のある K の拡大体への一般化をも同時に考察している．しかしこれらの結果については Weil の原論文を参照されたい[26]．

§5　楕円函数体

　この最後の節で楕円函数について述べるのは，もとよりこの尨大な古典理論の詳しい紹介を意図したものではない[27]．それは第2章におけると同様に前数節に述べてきた一般論をこの簡単な場合に適用してみて，具体的な結果により一般論の理解を助けると共に，種数1の特異性を説明することを目的とするに過ぎない．従って楕円函数それ自身の理論としては重要な幾多の結果も上の観点から省略されていることを読者は予め諒承されたい[28]．

　さて K を複素数体 k の上の楕円函数体，すなわち種数 $g=1$ の代数函数体とせよ．常数でない K の元を解析函数として考えた場合に，それは一般に**楕円函数**と呼ばれる．K の第一種微分の集合 $\mathfrak{L}_0$ は k に関して1次元であるから，その任意の一つを $wdz(\neq 0)$ とすれば，定理 5.14 により任意の複素数 ζ に対し

$$(5.1) \qquad \zeta \equiv \int_{P_0}^{P} wdz \qquad \mathrm{mod}. P(wdz)$$

を満足する P が $\mathfrak{R}=\mathfrak{R}(K)$ 上に唯一つ存在する（唯一つということについては 300 頁参照）．ただしここに P_0 は $\mathfrak{R}$ 上の定点，$P(wdz)$ は wdz の週期群であって，$\mathfrak{R}$ の1次元位相合同群 $B_1(\mathfrak{R})$ の底をなす α_1, β_1 をとり

$$\omega_1 = \int_{\alpha_1} wdz, \qquad \omega_2 = \int_{\beta_1} wdz$$

---

26)　註 24 参照．

27)　楕円函数論の参考書は非常に数多くあるがここでは手近なものとして，竹内端三，楕円函数論（岩波全書）および我々の立場に最も近いものとして König-Kraft, Elliptische Funktionen (Göschens Lehrbücherei) を挙げておく．本節に述べてある程度のことなら一般函数論の書物（例えば Hurwitz-Courant あるいは Bieberbach の教科書）にも解説がある．

28)　例えば Jacobi の楕円函数については少しも触れていない．

とおけば

$$P(wdz) = \{m_1\omega_1 + m_2\omega_2;\ m_1 m_2 = 0, \pm 1, \pm 2, \cdots\}.$$

あるいは §2 におけると同様に $\mathfrak{R}$ の単連結被覆 R 面を $\mathfrak{R}^*$ とし, $\mathfrak{R}^*$ におけ
る wdz の積分函数を $u = u(t)$ とすれば次のようにいってもよい. すなわち ζ
を任意の複素数とする時

$$(5.2) \qquad\qquad u(t) = \zeta$$

を満足する t が $\mathfrak{R}^*$ の上に常に唯一つ存在する. $u(t)$ はもちろん $\mathfrak{R}^*$ におい
て正則な函数であるから, (5.2) により $\mathfrak{R}^*$ は有限 u 平面 $\mathfrak{R}_\infty^* = V_1(k)$ の上に
1 対 1, 等角に写像されることがわかる. K の Jacobi 多様体 $\mathfrak{J}$ は $P(wdz)$ に
関して同値な $V_1(k)$ の点を一致させて得られる解析的多様体に同型であった
から, 今の場合それは定理 3.19 の $\mathfrak{R}_\infty^*(\omega_1, \omega_2)$ と同型である. $\mathfrak{R}^*$ から $\mathfrak{R}$ へ
の被覆写像を f^* とし, $\mathfrak{R}_\infty^*$ から $\mathfrak{R}_\infty^*(\omega_1, \omega_2)$ への被覆写像を f_∞^* とすれば,
$\mathfrak{R}$ の点 P と ζ を座標とする $\mathfrak{R}_\infty^*(\omega_1, \omega_2)$ の点との 1 対 1 の対応 (5.1) を φ と
書く時, 明らかに

$$\varphi(f^*(t)) = f_\infty^*(u(t)).$$

よって定理 3.16 により φ は $\mathfrak{R}$ から $\mathfrak{R}_\infty^*(\omega_1, \omega_2)$ への同型写像を与え

$$(5.3) \qquad \{\mathfrak{R}^*, f^*; \mathfrak{R}\} \cong \{\mathfrak{R}_\infty^*, f_\infty^*; \mathfrak{R}_\infty^*(\omega_1, \omega_2)\}$$

が成立する. 逆に $\mathfrak{R}$ が定理 3.19 の標準型 $\mathfrak{R}_\infty^*(\omega_1, \omega_2)$ と同型であれば, そ
れは明らかに種数 1 の閉 R 面であるから次の定理が得られた.

定理 5.21 楕円函数体 K の閉 R 面 $\mathfrak{R}$ は定理 3.19 の標準型において適当
な $\mathfrak{R}_\infty^*(\omega_1, \omega_2)$ と同型である. 逆に $\mathfrak{R} \cong \mathfrak{R}_\infty^*(\omega_1, \omega_2)$ ならば $K = K(\mathfrak{R})$ は楕
円函数体である. またこの場合 K に属する Abel 函数体 $\mathfrak{K}$ は K と同型な代
数函数体である.

この定理によれば楕円函数体の場合にはそれに属する Abel 函数体は別に新
しいものではなくて, 本質的には初めの楕円函数体と一致することが知られ
る. これは種数 $g \geqq 2$ の場合との一つの大きな相異点である.

さて上の定理により楕円函数体 K を一般に調べるためには, $\mathrm{Im}\left(\dfrac{\omega_2}{\omega_1}\right) > 0$
を満足する任意の複素数 ω_1, ω_2 をとって

$$\Re = \Re_\infty^*(\omega_1, \omega_2)$$

とおき，その解析函数体 $K = K(\Re)$ を研究すればよい．$\Re$ の単連結被覆 R 面 $\Re^*$ としては有限 u 平面 $\Re_\infty^*$ をとることができるから，§2 におけるごとく $K = K(\Re)$ の函数 $z = z(P)$ を

$$z(u) = z(P_u) \qquad (P_u = f^*(u),\ u \in \Re_\infty^*)$$

とおいて $\tilde{K} = K(\Re^*)$ の函数と考えれば，K は $\tilde{K}/K$ の Galois 群 $\tilde{\mathfrak{G}}$ によって不変な $\tilde{K}$ の函数の全体であったから（310 頁参照），今の場合 $\Re$ の $\Re^*$ に関する基本群が

$$G(\omega_1, \omega_2) = \{\varphi(u) = u + m_1\omega_1 + m_2\omega_2;\ m_1, m_2 = 0, \pm 1, \pm 2, \cdots\}$$

に等しいことに注意すれば，それらは有限 u 平面で定義された解析函数のうちで

(5.4)
$$z(u + \omega) = z(u), \quad \omega = m_1\omega_1 + m_2\omega_2, \quad m_1, m_2 = 0, \pm 1, \pm 2, \cdots$$

なる性質によって特徴付けられる．そこでまず(5.4)を満足するような函数 $z(u)$ を実際につくってみよう．

補題 5.6　μ を > 2 なる任意の実数とすれば

(5.5)
$$\sum{}' \frac{1}{|\omega|^\mu} < \infty.$$

ここに $\sum'$ は 0 を除いた

$$P(\omega_1, \omega_2) = \{\omega = m_1\omega_1 + m_2\omega_2; m_1, m_2 = 0, \pm 1, \pm 2, \cdots\}$$

のすべての元 ω に関する和である．

証明　ω_1, ω_2 は $\mathrm{Im}\left(\dfrac{\omega_2}{\omega_1}\right) > 0$ を満足するから，$P(\omega_1, \omega_2)$ の元の全体は複素平面上で第 13 図のごとき平行格子を形成する．そこで左図において太線で示したように原点を中心とする相似な平行四辺形を内側から順次に $L_1, L_2, \cdots$ とせよ．しからば L_m 上にはちょうど $8m$ 個の $P(\omega_1, \omega_2)$ の元が存在する．L_1 と 0 との最短距離を r とすれば

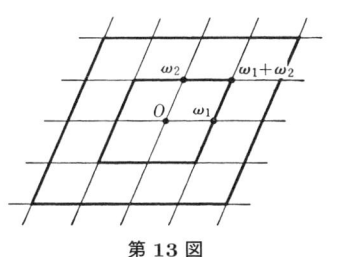

第 13 図

L_m と 0 との最短距離は明らかに mr であるから，L_m 上にある ω に関する $\dfrac{1}{|\omega|^\mu}$ の和は $\dfrac{8m}{(mr)^\mu} = \dfrac{8}{r^\mu}\dfrac{1}{m^{\mu-1}}$ を超えない．よって $\mu-1>1$ であれば

$$\sum{'}\frac{1}{|\omega|^\mu} \leqq \sum_{m=1}^\infty \frac{8}{r^\mu}\frac{1}{m^{\mu-1}} < \infty.$$

さて l を $\geqq 3$ なる自然数とし，級数

$$(5.6) \qquad \sum_\omega \frac{1}{(u-\omega)^l} \qquad (\omega \in P(\omega_1, \omega_2))$$

を考察する．κ を任意の正数とし，$|u|\leqq\kappa$ とすれば，$|\omega|\geqq 2\kappa$ なる ω に対しては

$$\left|\frac{u-\omega}{\omega}\right| \geqq 1 - \left|\frac{u}{\omega}\right| \geqq \frac{1}{2},$$

$$(5.7) \qquad\qquad \left|\frac{1}{u-\omega}\right| \leqq \frac{2}{|\omega|}$$

となるから，(5.5) より

$$\sum_{|\omega|\geqq 2\kappa} \frac{1}{|u-\omega|^l} \leqq 2^l \sum_{|\omega|\geqq 2\kappa} \frac{1}{|\omega|^l} < \infty.$$

すなわち $\displaystyle\sum_{|\omega|\geqq 2\kappa} \frac{1}{(u-\omega)^l}$ は $|u|\leqq\kappa$ において絶対かつ一様に収斂するからそこで u の正則函数を与える．しかるに $|\omega|<2\kappa$ を満足する $\omega\in P(\omega_1,\omega_2)$ はもちろん有限個であって，また κ は任意の正数でよかったから，結局級数 (5.6) は $u=\omega$ において l 位の極を有し，他のすべての有限の点では正則な $\tilde{K}$ の函数を表すことが知られる．しかもこの函数が (5.4) を満足することは明白である．よってこのようにして K に属する多くの函数が得られる．特に

$$\wp{'}(u) = -2\sum_\omega \frac{1}{(u-\omega)^3}$$

は K の函数である．この右辺を 0 から u まで項別に積分してみよう．ただし $\omega=0$ に対する項だけは ∞ から u まで積分する．すなわち

$$(5.8) \qquad \wp(u) = \int_\infty^u \frac{-2}{u^3} du + \sum_\omega{}' \int_0^u \frac{-2}{(u-\omega)^3} du$$
$$= \frac{1}{u^2} + \sum_\omega{}' \left(\frac{1}{(u-\omega)^2} - \frac{1}{\omega^2} \right).$$

しからば収斂級数の項別積分の定理により $\wp(u)$ もまた $\mathfrak{R}^*$ における解析函数であって，$\wp'(u)$ は実際その記号の示すごとく $\wp(u)$ を微分して得られる $\dfrac{d\wp}{du}$ に等しい．また

$$\wp(-u) = \frac{1}{(-u)^2} + \sum_\omega{}' \left(\frac{1}{(-u-\omega)^2} - \frac{1}{\omega^2} \right)$$
$$= \frac{1}{u^2} + \sum_{-\omega}{}' \left(\frac{1}{(u-(-\omega))^2} - \frac{1}{(-\omega)^2} \right)$$

となるが，$\omega \neq 0$ と共に $-\omega$ もまた $P(\omega_1, \omega_2)$ の 0 でない元をすべて一度ずつ動くからこの右辺は $\wp(u)$ に等しい：

$$(5.9) \qquad \wp(-u) = \wp(u).$$

一方

$$\frac{d}{du}(\wp(u+\omega_1) - \wp(u)) = \wp'(u+\omega_1) - \wp'(u) = 0$$

なる故，$c = \wp(u+\omega_1) - \wp(u)$ は常数でなければならぬが，特に $u = -\dfrac{\omega_1}{2}$ とおいてこの点が $\wp(u)$ の極でないことに注意すれば (5.9) より

$$c = \wp\left(\frac{\omega_1}{2} \right) - \wp\left(\frac{\omega_1}{2} \right) = 0,$$
$$\wp(u+\omega_1) = \wp(u).$$

全く同様にして $\wp(u+\omega_2) = \wp(u)$ も証明されるから，一般に

$$\wp(u+\omega) = \wp(u), \qquad \omega = m_1\omega_1 + m_2\omega_2, \qquad m_1, m_2 = 0, \pm 1, \pm 2, \cdots.$$

よって $\wp(u)$ もまた K の函数である．この $\wp(u)$ を **Weierstrass の $\wp$ 函数**と呼ぶ．

さて $\wp(u)$ は (5.8) からわかるように $u = \omega$ においてのみ 2 位の極を有するから，$\mathfrak{R}$ における函数としては唯一点 $P_0 = f^*(\omega) = f^*(0)$ においてのみ 2 位

の極を有する函数である．同様に $\wp'(u)$ は P_0 においてのみ 3 位の極を有する．故に $[K:k(\wp)]=2$, $[K:k(\wp')]=3$ より（112 頁参照），

$$K = k(\wp, \wp')^{29)}$$

次に $\wp$ と $\wp'$ との間に成立する既約関係式を求めてみる．そのため $\wp(u)$, $\wp'(u)$ を $u=0$ の近傍で展開してみれば，（5.8）より直ちに

$$(5.10) \qquad \wp(u) = \frac{1}{u^2} + c_2 u^2 + c_3 u^4 + \cdots + c_n u^{2n-2} + \cdots,$$

$$\wp'(u) = -\frac{2}{u_3} + 2c_2 u + 4c_3 u^3 + \cdots + (2n-2)c_n u^{2n-3} + \cdots.$$

ここに

$$c_n = (2n-1)\sum_{\omega}{}' \frac{1}{\omega^{2n}} \qquad (n \geqq 2).$$

よって

$$\wp'(u)^2 - 4\wp(u)^3 + 20c_2\wp(u) = -28c_3 + \cdots.$$

ただし右辺は $-28c_3$ から始まる u の整級数で，それは $u=0$ において正則である．よって左辺は K の函数として $\mathfrak{R}$ において到るところ正則であるから定理 2.7 により常数でなければならない．故に

$$\wp'(u)^2 = 4\wp(u)^3 - 20c_2\wp(u) - 28c_3.$$

Weierstrass に従って

$$(5.11) \qquad\qquad \gamma_2 = 20c_2 = 60\sum{}' \frac{1}{\omega^4},$$

$$\gamma_3 = 28c_3 = 140\sum{}' \frac{1}{\omega^6}$$

とおけば

$$\wp'^2 = 4\wp^3 - \gamma_2\wp - \gamma_3.$$

これはちょうど第 2 章に述べた Weierstrass の標準形に他ならぬ．よって K の不変量（117 頁）δ は

---

29)　$[K:k(\wp, \wp')]$ は $[K:k(\wp)]$ と $[K:k(\wp)]$ との公約数だから $[K:k(\wp, \wp')]=1$, すなわち $K=k(\wp, \wp')$.

$$\delta = \frac{\gamma_2{}^3}{\gamma_2{}^3 - 27\gamma_3{}^2}$$

に(5.11)を代入してみれば直ちにわかるように，(ω_1, ω_2) の 0 次の同次函数である．すなわち

$$\delta(\lambda\omega_1, \lambda\omega_2) = \delta(\omega_1, \omega_2), \qquad \lambda \in k, \; \lambda \neq 0.$$

故に δ は実は $\tau = \dfrac{\omega_2}{\omega_1} \, (\mathrm{Im}(\tau) > 0)$ だけの函数であって，これを

$$j(\tau) = \delta\left(1, \frac{\omega_2}{\omega_1}\right) = \delta(\omega_1, \omega_2)$$

とおくことにする．$j(\tau)$ は楕円函数体 K を定める不変量 δ と，K の閉 R 面 $\mathfrak{R}$ を決定する ω_1, ω_2 との関係を与える函数である．ω_1, ω_2 は $\mathrm{Im}\left(\dfrac{\omega_2}{\omega_1}\right) > 0$ なる限り任意でよかったから，$j(\tau)$ は τ 平面の上半部 $\mathrm{Im}(\tau) > 0$ で定義された函数であるが，一方第 2 章 §7 にも述べたように与えられた任意の複素数 δ を不変量とする楕円函数体が存在するから，$j(\tau)$ は $\mathrm{Im}(\tau) > 0$ においてすべての複素数値をとる．また定理 3.19 によれば $\mathfrak{R}^*_\infty(\omega_1, \omega_2)$ と $\mathfrak{R}^*_\infty(\omega_1, \omega_2')$ とが同型であるためには $\tau = \dfrac{\omega_2}{\omega_1}$ と $\tau' = \dfrac{\omega_2'}{\omega_1'}$ との間に

$$(5.12) \quad \tau' = \frac{c + d\tau}{a + b\tau}, \qquad ad - bc = 1, \qquad a, b, c, d = \text{有理整数}$$

なる関係があることが必要，かつ十分である．しかるに定理 4.5 によれば $\mathfrak{R}^*_\infty(\omega_1, \omega_2) \cong \mathfrak{R}^*_\infty(\omega_1', \omega_2')$ と，それらに属する楕円函数体 K, K' が同型であることとは同値であって，そのためにはまた定理 2.30 により K と K' との不変量が一致することが必要かつ十分であるから，結局 $\mathrm{Im}(\tau) > 0, \; \mathrm{Im}(\tau') > 0$ なる二つの複素数 τ, τ' に対し

$$j(\tau) = j(\tau')$$

が成立することと，τ と τ' との間に (5.12) の関係が成立することとは同値であることが知られる．

さて $ad - bc = 1$ を満足する任意の有理整数 a, b, c, d に対して (5.12) により定義される変数 τ の一次変換の全体 G^* は明らかに群をなす．これを**母数群**と呼び，(5.12) の変換を**母数変換**と呼ぶ．任意の母数変換により上半平面

$\mathrm{Im}(\tau) > 0$ はそれ自身の上に写像されるから，G^* は上半平面の位相変換群と考えられるが，その場合 G^* が 169 頁に述べた意味で不連続な変換群であって（ただし不動点は存在する）第 14 図の陰影を施した部分を基本領域として有することが証明される[30]．よって上に述べた結果により $j(\tau)$ はこの基本領域およびその境界上の太線の部分ですべての複素数値を一度ずつとることが知られる．また $j(\tau)$ は $\mathrm{Im}(\tau)$ > 0 において τ の正則函数であることも容易に証明できる．一般に $\mathrm{Im}(\tau) > 0$ で定義された解析函数 $f(\tau)$ がすべての母数変換によって不変であって，か

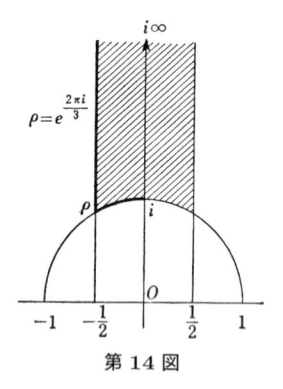

第 14 図

つ ∞ の近傍において適当な条件を満足する時，$f(\tau)$ を母数函数と呼ぶ．上の $j(\tau)$ はこの母数函数の一つであって，しかも任意の母数函数が $j(\tau)$ の有理式として表されることが証明できる．実際母数函数は本質的には上の基本領域の境界を適当に一致させ，これに ∞ を附加えて得られる種数 0 の閉 R 面における解析函数に他ならないのであって，$j = j(\tau)$ によってこの R 面が複素 j 球面の上に同型に写像されるのである．しかしこれらの結果の詳しい説明はここではすべて省略する[31]．

さて再び $\mathrm{Im}\left(\dfrac{\omega_2}{\omega_1}\right) > 0$ を満足する ω_1, ω_2 を定めて，$\mathfrak{R} = \mathfrak{R}^*_\infty(\omega_1, \omega_2)$ から得られる楕円函数体 $K = K(\mathfrak{R})$ を考察しよう．上に述べたごとく

$$K = k(\wp, \wp'), \qquad [K : k(\wp)] = 2$$

であるから，K の任意の元 $z = z(P)$ は

$$(5.13) \qquad z = r_1(\wp) + r_2(\wp)\wp'$$

なる形に一意的に表される．ここに r_1, r_2 はもちろん複素係数の適当な有理式である．(5.9) を u について微分すれば

$$(5.14) \qquad \wp'(-u) = -\wp'(u)$$

30)　母数函数および母数変換群に関しては F. Klein の大著があるが今日では冗漫に感ぜられて読み難いであろう．簡単な解説ならば註 27 の著書あるいは，辻正次，複素変数函数論(共立社，輓近高等数学講座)の中にもある．

31)　註 30 参照．

を得るから，(5.13)において $z=z(u)$ の u を $-u$ に変えれば

$$z(-u) = r_1(\wp(u)) - r_2(\wp(u))\wp'(u).$$

従って

$$r_1(\wp(u)) = \frac{1}{2}(z(u)+z(-u)), \qquad r_2(\wp(u)) = \frac{1}{2\wp'(u)}(z(u)-z(-u)).$$

これによって (5.13) の r_1, r_2 が $z(u)$ から定められる．特に $z=z(u)$ が偶函数 ($z(-u)=z(u)$) ならば $z=r_1(\wp)$ となり，また $z(u)$ が奇函数 ($z(-u)=-z(u)$) ならば $z=r_2(\wp)\wp'$ となる．例えば $\wp(u)$ の u に関する n 回の微分を $\wp^{(n)}(u)$ とすれば，n が偶数ならば $z=\wp^{(n)}(u)$ は前者であり，n が奇数ならば後の場合になる．

さて a を任意の複素数とする時，$z(u)=\wp(u+a)$ もまた明らかに (5.4) を満足するからそれは K の函数であって，従って $\wp(u)$ と $\wp'(u)$ とによって表される．その形を具体的に知るために次の函数

$$(5.15) \qquad \varphi(u,a) = \frac{1}{2}\frac{\wp'(u)-\wp'(a)}{\wp(u)-\wp(a)}$$

を考察しよう．ただしこの場合 $P_a \neq P_0$ (すなわち $a \not\equiv 0 \bmod. P(\omega_1,\omega_2)$) と仮定する．まず $u=0$ の近傍では

$$(5.16)$$

$$\varphi(u,a) = \frac{1}{2}\frac{-\dfrac{2}{u^3}-\wp'(a)+2c_2u+\cdots}{\dfrac{1}{u^2}-\wp(a)+c_2u^2+\cdots} = -\frac{1}{u}-\wp(a)u+\cdots.$$

従って $\varphi(u,a)$ は P_0 において 1 位の極を有するが，この点以外で $\varphi(u,a)$ の極となり得るのは

$$(5.17) \qquad \wp(u)-\wp(a) = 0$$

を満足する点 $P=P_u$ だけである．$u=a$, $u=-a$ が (5.17) の解であることは明らかであるが ((5.9) 参照)，定理 4.7 によれば，(5.17) は $\mathfrak{R}$ において $2=[K:k(\wp)]$ 個の解を有するから，$P_a \neq P_{-a}$ ならば P_a, P_{-a} が (5.17) の解の全部であって，しかもそれらの点は $\wp(u)-\wp(a)$ の 1 位の零点を与える．しかる

に $u=a$ はもちろん $\wp'(u)-\wp'(a)=0$ をも満足するから，この場合には $P=P_a$ は $\varphi(u,a)$ の正則点である．一方 $u=-a$ における展開は

(5.18)

$$
\frac{1}{2}\frac{\wp'(u)-\wp'(a)}{\wp(u)-\wp(a)}=\frac{1}{2}\frac{(\wp'(-a)-\wp'(a))+\wp''(-a)(u-a)+\cdots}{(\wp(-a)-\wp(a))+\wp'(-a)(u+a)+\cdots}
$$

$$
=\frac{1}{2}\frac{2\wp'(-a)+\wp''(-a)(u+a)+\cdots}{\wp'(-a)(u+a)+\dfrac{\wp''(-a)}{2}(u+a)^2+\cdots}=\frac{1}{u+a}+b_1(u+a)+\cdots.
$$

故に結局 $\varphi(u,a)$ は P_0 と P_{-a} とにおいてのみ 1 位の極を有することがわかった．

　上においては $P_a\neq P_{-a}$ と仮定したが，$P_a=P_{-a}$ となるのは（P_0 を除けば）

$$
a\equiv\frac{\omega_1}{2},\quad\frac{\omega_2}{2},\quad\frac{\omega_1+\omega_2}{2}\qquad\mathrm{mod.}\,P(\omega_1,\omega_2)
$$

の三つの場合に限る．しかるに $\wp'\left(\dfrac{\omega_1}{2}\right)=\wp'\left(\dfrac{\omega_1}{2}-\omega_1\right)=\wp'\left(-\dfrac{\omega_1}{2}\right)=-\wp'\left(\dfrac{\omega_1}{2}\right)$ 等より

(5.19)　　　$\wp'\left(\dfrac{\omega_1}{2}\right)=\wp'\left(\dfrac{\omega_2}{2}\right)=\wp'\left(\dfrac{\omega_1+\omega_2}{2}\right)=0$

が得られるから，P_a は $\wp(u)-\wp(a)$ の 2 位の零点であって，この場合にも (5.18) の解は $P_a,\ P_{-a}$ であると言ってよい．しかも $\wp'''(u)$ は奇函数なる故，上と同様にして $\wp'''\left(\dfrac{\omega_1}{2}\right)=0$ 等が得られるから，$\varphi(u,a)$ の $u=-a$ における展開はやはり (5.18) と同じ形になることが容易に確かめられる．

　さて

$$
f(u)=\wp(u+a)+\wp(u)-\varphi(u,a)^2
$$

は高々 $P_0,\ P_{-a}$ において極を有する K の函数であるが，例えば $u=0$ においては (5.10), (5.16) より

(5.20)

$$
f(u)=\wp(a)+\wp'(a)u+\cdots+\frac{1}{u^2}+c_2u^2+\cdots-\frac{1}{u^2}-2\wp(a)+\cdots
$$

$$
=-\wp(a)+\cdots
$$

となるから $f(u)$ は正則である. 同様にそれが $u = -a$ でも正則であることが (5.18)を用いて証明される. よって結局 $f(u)$ は $\mathfrak{R}$ のすべての点で正則な K の函数, すなわち常数であることが知られる. この常数の値が $-\wp(a)$ である ことは(5.20)から明らかである. 故に

$$f(u) = \wp(u+a) + \wp(u) - \varphi(u,a)^2 = -\wp(a).$$

a の代わりに v と書いてこれを書き直せば

$$(5.21) \quad \wp(u+v) = -\wp(u) - \wp(v) + \frac{1}{4}\left(\frac{\wp'(u) - \wp'(v)}{\wp(u) - \wp(v)}\right)^2.$$

上の証明の途中では $P_a \neq P_0$ と仮定してきたが, (5.21)は u, v に関して対 称な公式だからそのような制限はいらないことがわかる. ただし $u = 0$ あるい は $v = 0$ 等の場合にはそれらの点の近傍における展開をとって考えるものとす る.

この(5.21)を $\wp$ 函数の**加法定理**と呼ぶ. 楕円函数体の場合には K の Abel 函数体が本質的には K と一致することを既に注意したが, 上の(5.21)は §3 に述べた Abel 函数の加法定理(3.36)の特別な場合であって, いわば Abel 函 数体としての楕円函数体の性質の一つである.

(5.21)において v を u に収斂させれば直ちに

$$(5.22) \qquad \wp(2u) = -2\wp(u) + \frac{1}{4}\left(\frac{\wp''(u)}{\wp'(u)}\right)^2$$

が得られる. この式の右辺は $-2\wp(u) + \frac{1}{4}\left(\dfrac{d}{du}\log\wp'(u)\right)^2$ に等しいから, $\wp'^2 = 4\wp^3 - \gamma_2\wp - \gamma_3$ より

$$(5.23) \quad \wp(2u) = -2\wp(u) + \left(\frac{12\wp(u)^2 - \gamma_2}{4\wp(u)^3 - \gamma_2\wp(u) - \gamma_3}\right)^2.$$

さて次に K の微分を考察する. 既に第 2 章 §7 に注意したごとく K の第一 種微分の全体 $\mathfrak{L}_0$ は

$$a\frac{d\wp}{\wp'}, \qquad a \in k$$

によって与えられる. $\wp' = \dfrac{d\wp}{du}$ であるから上式は

$$adu, \qquad a \in k$$

に等しい. よって $\mathfrak{R}^* = \mathfrak{R}_\infty$ における第一種微分の積分函数の全体は

$$au + b, \qquad a, b \in k$$

で与えられる. 特に u 自身が一つの積分函数であって,

$$z = \wp(u), \quad w = \frac{1}{\wp'(u)} = \frac{1}{\sqrt{4z^3 - \gamma_2 z - \gamma_3}}$$

とおけば,

(5.24)

$$u = \int_{P_0}^P w dz = \int_{P_0}^P \frac{dz}{\sqrt{4z^3 - \gamma_2 z - \gamma_3}}, \qquad P = P_u = f^*(u).$$

右辺の積分の上限, 下限はそれぞれ $z = \wp(u)$, $\infty = \wp(0)$ と書いてもよい. そのように書けばこれはいわゆる**第一種の楕円積分**であって, u を与えて (5.24) を満足する $z = \wp(u)$ を求めること, 換言すれば楕円積分の逆函数を求めるという問題がすなわち Jacobi の Umkehrproblem であった(300頁参照). 任意の u に対し (5.24) の解が存在することを保証するのが Jacobi の定理(定理 5.14)であるが, それは今の場合 $P = f^*(u)$ と書かれることから明白である[32]. また同じ定理により $w dz = du$ の週期群を $P(w dz)$ とすれば, u を含む mod. $P(w dz)$ の剰余類 $\bar{u}$ と $\mathfrak{R}$ 上の点 P とは (5.24) により1対1に対応する. しかるに f^* は $\mathfrak{R}_\infty^*$ から $\mathfrak{R} = \mathfrak{R}_\infty^*(\omega_1, \omega_2)$ への被覆写像であったから $f^*(u) = f^*(u')$ は

$$u \equiv u' \qquad \text{mod.}\, P(\omega_1, \omega_2)$$

と同値である. よって

$$P(w dz) = P(\omega_1, \omega_2)$$

でなければならぬ. これを用いれば K に関する Abel の定理は次のごとく述べられる. すなわち次数 0 の K の因子

---

[32] 我々は $\wp(u)$ から出発して楕円積分を導いたからこのように Umkehrproblem が何でもなく解けたが, Umkehrproblem の名称が示すように Abel, Jacobi の時代には楕円積分から出発してその逆函数として楕円函数を捉えていたのであるからこれはなかなか難しい問題であったに違いない. 緒言参照.

$$A = \frac{P_{a_1} \cdots P_{a_r}}{P_{b_1} \cdots P_{b_r}}$$

が K の主因子であるためには

(5.25) $a_1 + \cdots + a_r \equiv b_1 + \cdots + b_r$ mod. $P(\omega_1, \omega_2)$

となることが必要かつ十分である．例えば $\wp'(u)$ は P_0 において3位の極を有し，$P_{\frac{\omega_1}{2}}, P_{\frac{\omega_2}{2}}, P_{\frac{\omega_1+\omega_2}{2}}$ においてそれぞれ1位の零点を有するから（(5.19) 参照）

$$\frac{\omega_1}{2} + \frac{\omega_2}{2} + \frac{\omega_1+\omega_2}{2} \equiv 0+0+0 \quad \text{mod.} \, P(\omega_1, \omega_2).$$

今度は K の第二種の微分を考えよう．まず $\wp(u), \wp'(u)$ は $P = P_0$ においてのみそれぞれ2位，3位の極を有するから，これらの函数の適当な積によって $P = P_0$ においてのみ与えられた任意の位数 $(\geqq 2)$ の極を有する函数がつくられる．よってこれと第一種微分 $du = \dfrac{d\wp}{\wp'}$ との積

$$\wp du, \quad \wp' du, \quad \wp^2 du, \quad \cdots$$

によって，P_0 においてのみ極を有する K の第二種微分が得られる．$\wp(u), \wp'(u)$ の代わりに $\wp(u-a), \wp'(u-a)$ を用いれば同様にして一般の点 P_a において極を有する第二種微分を得ることは明白であろう．定理5.6によればこれらの微分の積分函数からそれぞれ $\tilde{K}$ の加法函数が得られるはずであるが，そのうちで特に重要なのは $-\wp du$ の積分函数である．すなわち我々は附加常数を適当に選んで $-\wp du$ の一つの積分函数 $\zeta(u)$ を次のごとく定義する：

$$\zeta(u) = \frac{1}{u} - \int_0^u \sum_{\omega}{}' \left(\frac{1}{(u-\omega)^2} - \frac{1}{\omega^2} \right) du = \frac{1}{u} + \sum_{\omega}{}' \left(\frac{1}{u-\omega} + \frac{1}{\omega} + \frac{u}{\omega^2} \right).$$

$\dfrac{d\zeta}{du} = -\wp(u)$ となることは明白である．

$\zeta(u)$ は加法函数であるから

$$\zeta(u+\omega_1) = \zeta(u)+\eta_1, \qquad \zeta(u+\omega_2) = \zeta(u)+\eta_2, \qquad \eta_1, \eta_2 \in k$$

とおく．u 平面において $\dfrac{\pm\omega_1\pm\omega_2}{2}$ を頂点とする第15図のごとき平行四辺形 $\bar{V}_4$ をとり，f^* による $\bar{V}_4$ の像を考えればこれがちょうど第4章§3に述べた

$\Re$ の標準分割を与える．f^* による $\bar{V}_4$ の辺 I, II, III, IV の像をそれぞれ α_1, β_1, α_1^{-1}, β_1^{-1} とせよ．しからば $du = \dfrac{d\wp}{\wp'}$ の α_1, β_1 に関する週期は明らかに ω_1, ω_2 であって，また $-\wp du$ のそれは $\zeta(u)$ の週期 η_1, η_2 であるから，$du, \wp du$ に対して定理 5.5 を用いれば，$-\wp du$ は P_0 においてのみ極を有し，かつその近傍で

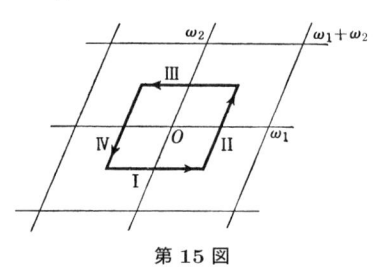

第 15 図

$$-\wp du = -\left(\frac{1}{u^2} + \cdots\right) du$$

と展開されるから，(1.21) より

$$(5.26) \qquad \eta_1\omega_2 - \eta_2\omega_1 = 2\pi\sqrt{-1}$$

を得る．同じことであるがもちろんこれは直接に $\bar{V}_4$ の境界に沿うて $\zeta(u)du$ を一廻り積分しても得られる．(5.26) を **Legendre の関係式**と呼ぶ[33]．さて $h(u)$ を $\tilde{K}$ の任意の加法函数とし

$$h(u+\omega_1) = h(u) + \lambda_1, \qquad h(u+\omega_2) = h(u) + \lambda_2, \qquad \lambda_1, \lambda_2 \in k$$

とせよ．(5.26) により

$$a\omega_1 + b\eta_1 = \lambda_1, \qquad a\omega_2 + b\eta_2 = \lambda_2$$

を満足する a, b は必ず存在するから，そこで

$$(5.27) \qquad w_1(u) = h(u) - au - b\zeta(u)$$

とおけば

$$w_1(u+\omega_1) = w_1(u), \qquad w_1(u+\omega_2) = w_1(u),$$

従って一般に

$$w_1(u+\omega) = w_1(u), \qquad \omega \in P(\omega_1, \omega_2).$$

これは $w_1 = w_1(u)$ が K の函数であることを示すものである．(5.27) より

$$h(u) = au + b\zeta(u) + w_1(u), \qquad a, b \in k, \qquad w_1(u) \in K.$$

逆にこの形の函数 $h(u)$ が $\tilde{K}$ の加法函数であることは明白である．これによ

---

33)　この関係は Weierstrass によって一般の代数函数体に拡張された．

って $\tilde{K}$ のすべての加法函数が求められたと同時に，u と $\zeta(u)$ とが最も重要な加法函数であることが理解されるであろう．

さて次は K の第三種の微分であるが，それは (5.15) の函数 $\varphi(u, a)$ から直ちに得られる．実際 $\varphi(u, a)$ は P_0, P_{-a} においてのみそれぞれ 1 位の極を有し，かつその展開は (5.16)，(5.18) で与えられるから

(5.28) $$(\varphi(u, -a) - \varphi(u, -b))du$$

は P_a, P_b においてそれぞれ留数 1, -1 を有する K の第三種微分となる．

このように第一種，第二種，第三種の微分がそれぞれ $\wp(u)$, $\wp'(u)$ により具体的に表されるから，定理 2.26 により K の一般の微分の形も求められる．また定理 5.7 により adu と (5.28) の形の微分の和を積分して $\exp$ をとれば K の乗法函数が得られるはずであるが，それをなるべく具体的に表すためには別の函数から出発した方がよい．すなわち第三種の Abel 積分の $\exp$ の代わりに $\zeta(u)$ の積分

(5.29) $$\int_{\infty}^{u} \frac{du}{u} + \int_{0}^{u} {\sum_{\omega}}' \left(\frac{1}{u-\omega} + \frac{1}{\omega} + \frac{u}{\omega^2} \right) du$$
$$= \log u + {\sum_{\omega}}' \left(\log\left(1 - \frac{u}{\omega}\right) + \frac{u}{\omega} + \frac{u^2}{2\omega^2} \right)$$

の $\exp$ をとって，

(5.30) $$\sigma(u) = u {\prod_{\omega}}' \left\{ \left(1 - \frac{u}{\omega}\right) e^{\frac{u}{\omega} + \frac{u^2}{2\omega^2}} \right\}$$

とおく．(5.29) が項別積分可能でその右辺が収斂級数であることは $\zeta(u)$ の級数が収斂することから前と同様にして知られる．また (5.30) の右辺は収斂する無限積であるから $\sigma(u)$ は $\mathfrak{R}^*$ において到るところ正則で，かつ $u = \omega$ ($\omega \in P(\omega_1, \omega_2)$) においてのみ 1 位の零点を有する．(5.29) が多価函数であるにかかわらず $\sigma(u)$ が $\tilde{K}$ に属する一価正則函数となるのは，定理 5.7 の証明におけると同様に $\zeta(u)du$ の留数がすべて有理整数であることに基づくのである．

次に $\sigma(u)$ が基本群 $G = G(\omega_1, \omega_2)$ の変換によってどう変わるかを見よう．

定義により

$$\frac{d \log \sigma(u)}{du} = \zeta(u)$$

であるから

$$\frac{d \log \sigma(u+\omega_i)}{du} = \frac{d \log \sigma(u)}{du} + \eta_i, \qquad i = 1, 2,$$

すなわち

$$\frac{d}{du} \log \frac{\sigma(u+\omega_i)}{\sigma(u)} = \eta_i, \qquad i = 1, 2.$$

故に

$$(5.31) \qquad \sigma(u+\omega_i) = \sigma(u) \exp(\eta_i u + a_i), \qquad i = 1, 2.$$

ここに a_i はもちろん適当な常数である．それを決定するために (5.30) において u の代わりに $-u$ を入れれば

$$\sigma(-u) = -u \prod_\omega{}' \left\{ \left(1 + \frac{u}{\omega}\right) e^{\frac{-u}{\omega} + \frac{u^2}{2\omega^2}} \right\}$$
$$= -u \prod_\omega{}' \left\{ \left(1 - \frac{u}{(-\omega)}\right) e^{\frac{u}{-\omega} + \frac{u^2}{2(-\omega)^2}} \right\} = -\sigma(u).$$

すなわち $\sigma(u)$ は奇函数である．よって (5.31) において $u = -\frac{\omega_i}{2}$ とおいて $\sigma\left(-\frac{\omega_i}{2}\right) = -\sigma\left(\frac{\omega_i}{2}\right) \neq 0$ に注意すれば $\exp\left(-\frac{\eta_i\omega_i}{2} + a_i\right) = -1$．従って

$$(5.32) \qquad \sigma(u+\omega_i) = -\sigma(u) \exp\left(\eta_i u + \frac{\eta_i\omega_i}{2}\right), \qquad i = 1, 2.$$

さて $v = v(u)$ を $\tilde{K}/K$ の Galois 群 $\mathfrak{G}$ に関する任意の乗法函数とし

$$v(u+\omega_i) = \chi_{\omega_i} v(u), \quad \chi_{\omega_i} = e^{c_i}, \qquad i = 1, 2$$

とせよ．§2 では $\mathfrak{G}$ の元を $\sigma, \tau, \cdots$ とし，$\sigma(v) = \chi_\sigma v$ 等と書いたが，$\mathfrak{G}$ の元 σ と函数 $\sigma(u)$ とがまぎれることを恐れて，$\mathfrak{G}$ の代わりに $G(\omega_1, \omega_2) = \Phi(\mathfrak{G})$ に関する記法 χ_{ω_i} を用いたのである．$G(\omega_1, \omega_2)$ は $\varphi_1(u) = u + \omega_1$, $\varphi_2(u) = u + \omega_2$ から生成される自由 Abel 群であるから $v(u)$ の乗法子はもちろん $\chi_{\omega_1}, \chi_{\omega_2}$

だけで一意的に決定される．（5.26）を用いれば

(5.33) $\qquad a\omega_1 + b\eta_1 = c_1, \qquad a\omega_2 + b\eta_2 = c_2$

を満足する複素数 a, b が唯一組存在するから，そこで

$$v_1(u) = e^{au}\frac{\sigma(u+b)}{\sigma(u)}$$

とおけば，（5.32），（5.33）より

$$v_1(u+\omega_i) = e^{c_i}v_1(u), \qquad i = 1, 2.$$

従って $\omega_2(u) = \dfrac{v(u)}{v_1(u)}$ は

$$w_2(u+\omega_i) = w_2(u), \qquad i = 1, 2$$

を満足するから K の函数である．すなわち $\tilde{K}$ の任意の乗法函数は

(5.34) $\quad v(u) = e^{au}\dfrac{\sigma(u+b)}{\sigma(u)}w_2(u), \qquad a, b \in K, \qquad w_2(u) \in K$

なる形に表される．逆に任意の $a, b, w_2(u)$（もちろん $w_2(u) \neq 0$）により上のごとく定義された函数 $v(u)$ が（5.33）から得られる

$$\chi_{\omega_i} = e^{c_i}, \qquad i = 1, 2$$

を乗法子とする $\tilde{K}$ の乗法函数であることは直ちに確かめられる．しかも $\sigma(u)$ の零点を考慮すればこの $v(u)$ の因子は

(5.35) $\qquad\qquad (v) = \dfrac{P_{-b}}{P_0}(w_2)$

によって与えられる．

特に $c_1 = 2\pi\sqrt{-1}\xi_1$, $c_2 = 2\pi\sqrt{-1}\xi_2$ を任意の純虚数とし，（5.26）を用いて（5.33）を実際に解いてみれば

$$a = \xi_2\eta_1 - \xi_1\eta_2, \qquad b = \xi_1\omega_1 - \xi_2\omega_2.$$

これを（5.34）に代入すれば

$$\chi_{\omega_i} = \exp(2\pi\sqrt{-1}\xi_i), \qquad i = 1, 2$$

を指標とするすべての狭義の乗法函数が得られる．K の次数 0 の因子類群 $\bar{\mathfrak{D}}_0$ は $\dfrac{P_{-b}}{P_0}$ $(b \in k)$ なる形の因子をちょうど一つずつ含むから，（5.35）を考慮すれば同じ指標を与える狭義の乗法函数の類と，その因子の属する $\bar{\mathfrak{D}}_0$ の類とが

1対1に対応するという定理 5.8 の結果はこの場合明白である.

さて次に $z = z(P)$ を K の任意の函数とし,

$$(z) = \frac{P_1 \cdots P_r}{Q_1 \cdots Q_r}$$

を z の因子とせよ. $P_i = P_{a_i}$, $Q_i = Q_{b_i}$ とおけば Abel の定理 (5.25) により

$$a_1 + \cdots + a_r \equiv b_1 + \cdots + b_r \qquad \mathrm{mod.}\, P(\omega_1, \omega_2).$$

a_i, b_i はもちろん $\mathrm{mod.}\, P(\omega_1, \omega_2)$ で定まる数であるから

$$a_1 + \cdots + a_r = b_1 + \cdots + b_r$$

としても差支えない. このような a_i, b_i を用いて

$$(5.36) \qquad z_1(u) = \frac{\sigma(u - a_1) \cdots \sigma(u - a_r)}{\sigma(u - b_1) \cdots \sigma(u - b_r)}$$

とおけば, $z_1(u)$ は $\tilde{K}$ の函数でかつ (5.32) より

$$z_1(u + \omega_i) = z_i(u) \exp\left(\eta_i \left(\sum_{j=1}^{r} a_j - \sum_{j=1}^{r} b_j\right)\right) = z_1(u), \qquad i = 1, 2.$$

故に $z_1(u)$ は K の函数である. しかるに (5.36) から明らかなごとく z_1 の因子は (z) と一致するから

$$(5.37)$$

$$z(u) = c z_1(u) = c \frac{\sigma(u - a_1) \cdots \sigma(u - a_r)}{\sigma(u - b_1) \cdots \sigma(u - b_r)}, \qquad c \in k \quad (c \neq 0).$$

すなわち K の任意の函数は $\sigma(u)$ を用いて上のごとく表される. これと (5.34) を用い, また

$$\exp(\eta_i u) = c_i' \frac{\sigma(u + \omega_i)}{\sigma(u)}, \qquad c_i' \in k, \qquad i = 1, 2$$

に注意すれば, $\tilde{K}$ の任意の乗法函数がまた適当な $\sigma(u - a)$ の積となることが知られるであろう.

さて K の第一種微分 $du = \dfrac{d\wp}{\wp'}$ の α_1, β_1 に関する週期はそれぞれ ω_1, ω_2 であったから

$$u' = \frac{\pi\sqrt{-1}}{\omega_1}u, \qquad du' = \frac{\pi\sqrt{-1}}{\omega_1}du$$

とおけば du' の α_1, β_1 に関する週期は

(5.38) $$\pi\sqrt{-1}, \qquad \pi\sqrt{-1}\frac{\omega_2}{\omega_1} = \omega_{11}$$

となる. よって (3.30) によりこの ω_{11} を用いて ϑ 函数

$$\vartheta(u) = \sum_{m=-\infty}^{\infty} \exp(\omega_{11}m^2 + 2mu)$$

を定義することができる. しからば証明は省略するがこの $\vartheta(u)$ と上の $\sigma(u)$ との間には次の関係がある[34] :

$$\sigma(u) = \exp\left(c' - \frac{\pi\sqrt{-1}}{\omega_1}u + \frac{\eta_1}{2\omega_1}u^2\right)\vartheta\left(\frac{\pi\sqrt{-1}}{\omega_1}\left(u - \frac{\omega_1 + \omega_2}{2}\right)\right), \ \ c' \in k.$$

よってこれを (5.37) の右辺に代入すれば

$$z(u) = c_1 \frac{\prod\limits_{i=1}^{r} \vartheta\left(\dfrac{\pi\sqrt{-1}}{\omega_1}\left(u - \dfrac{\omega_1 + \omega_2}{2} - a_i\right)\right)}{\prod\limits_{i=1}^{r} \vartheta\left(\dfrac{\pi\sqrt{-1}}{\omega_1}\left(u - \dfrac{\omega_1 + \omega_2}{2} - b_i\right)\right)}, \qquad c_1 \in k.$$

既にしばしば注意したように楕円函数体の場合にはそれに属する Abel 函数は実質的には初めの楕円函数と一致するから, 上式は Abel 函数を ϑ 函数で表す公式 (3.31) の特別な場合に他ならない. 換言すれば (3.31) は上式を一般の種数の場合に拡張したものである. なお上式の右辺の ϑ 中には u ではなくて $u' = \dfrac{\pi\sqrt{-1}}{\omega_1}u$ が入っていて一見 (3.31) と形が異なるように見えるが, (3.31) は週期 (5.38) を有する規準化された微分 du' に関して証明された公式であるからこれでちょうどよいのである.

　楕円函数論では上の $\vartheta(u)$ よりも

---

34)　註 27 の著書参照.

$$\vartheta_1(v) = c'' \exp\left(-\frac{\eta_1}{2\omega_1} u_2\right) \sigma(u), \qquad v = \frac{u}{\omega_1}, \qquad c'' \in k$$

により定義される函数 $\vartheta_1(v)$ がしばしば用いられる．$\vartheta_1(u)$ の他にもなおこれと同様な函数 $\vartheta_2(v)$, $\vartheta_3(v)$, $\vartheta_0(v)$ があって，いずれも **Jacobi の ϑ 函数**と呼ばれているが，これらの函数の性質およびそれと密接に関係する Jacobi の楕円函数 $sn(u)$, $cn(u)$, $dn(u)$ 等についてはすべて省略する[35]．

これまで我々は $\zeta(u)$ や $\sigma(u)$ を用いて $\tilde{K}$ の加法函数，乗法函数を表すことを述べてきたが，次に更に一般に $\tilde{K}$ の表現函数を考察しよう．実際定理 5.11 のうちで特に $g=1$，すなわち楕円函数体の場合は未だ証明が済んでいなかったから，ここでそれを証明する．$\mathfrak{G}$ の代わりに $\mathfrak{R}$ の $\mathfrak{R}^*$ に関する基本群 $G(\omega_1, \omega_2)$，あるいはそれと同型な週期群 $P(\omega_1, \omega_2)$ をとって問題を言い直せば次の通りである．すなわち

$$\omega \mapsto M_\omega, \qquad \omega \in P(\omega_1, \omega_2)$$

を $P(\omega_1, \omega_2)$ の任意の表現とする時，行列式が 0 でない $\tilde{K}$ の函数行列

$$Z^*(u) = (z_{ij}^*(u)), \qquad i, j = 1, \cdots, n$$

を適当にとって，

$$(5.39)\quad Z^*(u+\omega) = (z_{ij}^*(u+\omega)) = Z^*(u)M_\omega, \qquad \omega \in P(\omega_1, \omega_2)$$

ならしめればよい．さて $P(\omega_1, \omega_2)$ は ω_1, ω_2 から生成される自由 Abel 群であるから，その際 (5.39) は ω_1, ω_2 および

$$M_1 = M_{\omega_1}, \qquad M_2 = M_{\omega_2}$$

に対してだけ確かめられれば十分である．また C を行列式が 0 でない任意の常数行列とする時

$$Z_1^*(u) = Z(u)C, \qquad M_\omega' = C^{-1}M_\omega C$$

とおけば，(5.39) は

$$Z_1^*(u+\omega) = Z_1^*(u)M_\omega'$$

と同値であるから，(5.39) を解く際に M_ω をそれと同値な任意の表現 $C^{-1}M_\omega C$ でおきかえても差支えない．よって $M_1 M_2 = M_2 M_1$ に注意すれば，

---

35)　註 27 の著書参照．

M_1, M_2 は

$$M_1 = \begin{pmatrix} M_1^{(1)} & & 0 \\ & \ddots & \\ 0 & & M_1^{(r)} \end{pmatrix}, \qquad M_2 = \begin{pmatrix} M_2^{(1)} & & 0 \\ & \ddots & \\ 0 & & M_2^{(r)} \end{pmatrix}$$

と分解され, 各 $M_1^{(i)}, M_2^{(i)}$ は次のごとき形の三角形行列であると仮定してよい:

$$M_1^{(i)} = \begin{pmatrix} \varepsilon_1^{(i)} & * & * \\ & \ddots & * \\ 0 & & \varepsilon_1^{(i)} \end{pmatrix}, \qquad M_2^{(i)} = \begin{pmatrix} \varepsilon_2^{(i)} & * & * \\ & \ddots & * \\ 0 & & \varepsilon_2^{(i)} \end{pmatrix}.$$

そこでこのような $M_1^{(i)}, M_2^{(i)}$ に対し,

$$(5.40) \quad Z^{(i)}(u+\omega_1) = Z^{(i)}(u)M_1^{(i)}, \quad Z^{(i)}(u+\omega_2) = Z^{(i)}(u)M_2^{(i)}$$

を満足し, かつ行列式が 0 でない $Z^{(i)}(u)$ が求められれば

$$Z^*(u) = \begin{pmatrix} Z^{(1)}(u) & & 0 \\ & \ddots & \\ 0 & & Z^{(r)}(u) \end{pmatrix}$$

が (5.39) を満足することは明らかである. よって (5.40) を解けば十分であるが, 更に

$$\chi_{\omega_1} = \varepsilon_1^{(i)}, \qquad \chi_{\omega_2} = \varepsilon_2^{(i)}$$

を乗法子とする $\tilde{K}$ の乗法函数を $v(u)$ とし, $\dfrac{1}{\varepsilon_2^{(i)}} M_1^{(i)}, \dfrac{1}{\varepsilon_2^{(i)}} M_2^{(i)}$ から定まる表現に対し (5.39) を満足する函数行列を $\bar{Z}^{(i)}(u)$ とすれば

$$Z^{(i)}(u) = v(u)\bar{Z}^{(i)}(u)$$

は明らかに (5.40) を満足する. よって結局問題は M_1, M_2 が共に

$$\begin{pmatrix} 1 & * & & * \\ & 1 & & \\ & & \ddots & * \\ 0 & & & 1 \end{pmatrix}$$

なる形の行列である場合に(5.39)を解くことに帰着する. そこで

$$M_1 = E + N_1, \qquad M_2 = E + N_2 \qquad (E = 単位行列)$$

とおけば, N_1, N_2 は共に

$$\begin{pmatrix} 0 & * & & * \\ & 0 & & \\ & & \ddots & * \\ 0 & & & 0 \end{pmatrix}$$

なる形の行列であるから

$$N_1^n = N_2^n = 0,$$

$$M_i^{\pm m} = E \pm \binom{m}{1} N_i \pm \cdots \pm \binom{m}{n-1} N_i^{n-1},$$

$$\|M_i^{\pm m}\| \leqq \|E\| + \binom{m}{1} \|N_i\| + \cdots + \binom{m}{n-1} \|N_{i-1}\|^{n-1},$$

$$i = 1, 2, \quad m = 1, 2, \cdots.$$

故に適当な正数 κ_1 をとれば

$$(5.41) \quad \|M_i^{\pm m}\| \leqq \kappa_1 m^{n-1}, \qquad i = 1, 2, \qquad m = 1, 2, \cdots.$$

ここに $\|M\|$ は(2.34)に定義した行列 M の絶対値である.

さて l を十分大なる自然数として

$$(5.42) \qquad\qquad Z^*(u) = \sum_\omega \frac{M_\omega}{(u-\omega)^l}$$

とおく. $\sum_\omega$ はもちろん $P(\omega_1, \omega_2)$ のすべての元 ω に関する和である. κ を任意の正数とする時, $|u| \leqq \kappa, |\omega| \leqq 2\kappa$ ならば(5.7)より

$$\frac{1}{|u-\omega|} \leqq \frac{2}{|\omega|}.$$

また $L_1, L_2, \cdots$ を第 13 図のごとくとれば, L_m 上の点 ω を

$$\omega = m_1\omega_1 + m_2\omega_2$$

と書く時，明らかに

$$|m_1| \leqq m, \qquad |m_2| \leqq m.$$

よって $M_\omega = M_1^{m_1} M_2^{m_2}$ および (5.41) より

$$\|M_\omega\| \leqq \|M_1^{m_1}\| \|M_2^{m_2}\| \leqq \kappa_1^2 |m_1|^{n-1} |m_2|^{n-1} \leqq \kappa_1^2 m^{2n-2}.$$

故に m が十分大であって $|\omega| \geqq 2\kappa$ ならば，前と同様に原点と L_1 との最短距離を r とする時

$$\frac{\|M_\omega\|}{|u-\omega|^l} \leqq \frac{2^l \kappa_1^2 m^{2n-2}}{(mr)^l} = \left(\frac{2}{r}\right)^l \kappa_1^2 \frac{1}{m^{l-2n+2}}.$$

L_m 上には $8m$ 個の ω が存在するのだから，それらの ω に関する $\dfrac{\|M_\omega\|}{|u-\omega|^l}$ の和は

$$8 \left(\frac{2}{r}\right)^l \kappa_1^2 \frac{1}{m^{l-2n+1}}$$

を超えない．よって $l-2n+1>1$，例えば $l=2n+1$ とすれば有限個の L_m に属する ω を除いた和

$$\sum{}' \frac{M_\omega}{(u-\omega)^l}$$

は $|u| \leqq \kappa$ において絶対かつ一様に収斂する．κ は任意の正数であったからこれで (5.42) の $Z^*(u)$ が $\tilde{K}$ の函数を成分とする行列であることがわかった．しかも上の証明から知られるように

$$\sum_{\omega \neq 0}{}' \frac{M_\omega}{(u-\omega)^l}$$

は $u=0$ の近傍で正則な函数を成分とする行列であるから

$$Z^*(u) = \frac{E}{u^l} + \sum_{\omega \neq 0}{}' \frac{M_\omega}{(u-\omega)^l}$$

より，$|Z^*(u)|$ は $u=0$ で nl 位の極を有することがわかる．従って確かに $|Z^*(u)| \neq 0$．またこれが (5.39) を満足することは

$$Z^*(u+\omega') = \sum_\omega \frac{M_\omega}{(u+\omega'-\omega)^l} = \sum_{\omega-\omega'} \frac{M_{\omega-\omega'} M_{\omega'}}{(u-(\omega-\omega'))^l} = Z^*(u) M_{\omega'}$$

から明らかである．これですべてが証明できた．

　最後に楕円函数体 K の拡大体，特に不分岐拡大体について考察する．$K =$ $K(\mathfrak{R})$, $\mathfrak{R} = \mathfrak{R}_\infty^*(\omega_1, \omega_2)$ とし，有限 u 平面 $\mathfrak{R}_\infty^*$ に関する $\mathfrak{R}$ の基本群を

$$G(\omega_1, \omega_2) = \{\varphi(u) = u + m_1\omega_1 + m_2\omega_2; m_1, m_2 = 0, \pm1, \pm2, \cdots\},$$

また $\tilde{K} = K(\mathfrak{R}_\infty^*)$ の K に関する Galois 群を $\mathfrak{G}$ とせよ．K の第一種微分 du の週期群を

$$P(\omega_1, \omega_2) = \{\omega = m_1\omega_1 + m_2\omega_2; m_1, m_2 = 0, \pm1, \pm2, \cdots\}$$

とおけば，もちろん

$$\mathfrak{G} \cong G(\omega_1, \omega_2) \cong P(\omega_1, \omega_2)$$

であるから，定理5.17, 5.18 により K の有限次不分岐拡大体 L は(同型を除いて) $P(\omega_1, \omega_2)$ の指数有限の部分群 P' と1対1に対応する．しかるに自由 Abel 群に関する定理によりそのような部分群は $P(\omega_1, \omega_2)$ の底 ω_1, ω_2 を適当にとり，また適当な自然数 n_1, n_2 をとって

$$\omega_1' = n_1\omega_1, \qquad \omega_2' = n_2\omega_2$$

とおけば

$$P' = P(\omega_1', \omega_2') = \{\omega' = m_1\omega_1' + m_2\omega_2'; m_1, m_2 = 0, \pm1, \pm2, \cdots\}$$

によって与えられる．もちろん

$$[P(\omega_1, \omega_2) : P(\omega_1', \omega_2')] = n_1 n_2.$$

　L と P' との対応の意味により，L は P' の各元を週期とする $\tilde{K}$ の函数の全体であるからそれはちょうど $\mathfrak{R}' = \mathfrak{R}_\infty^*(\omega_1', \omega_2')$ の上の解析函数体に等しい：

(5.43)　　　　$L = K(\mathfrak{R}')$, $[L : K] = n_1 n_2.$

よって楕円函数体 K の有限次不分岐拡大体 L は常にまた楕円函数体であって，しかも L/K は Abel 拡大体であることが知られる[36]．L/K の Galois 群 $\mathfrak{G}(L/K)$ は定理5.18 により $P(\omega_1, \omega_2)/P(\omega_1', \omega_2')$ に同型であるから，n_1, n_2 次の巡回群の直積である．du は K の第一種微分であり同時に $\tilde{K}$ の微分であるが，それを L の第一種微分と考えた場合の週期群が $P' = P(\omega_1', \omega_2')$ であ

---

[36]　楕円函数体の不分岐拡大体がまた楕円函数体となることは Hurwitz の公式(4.4)からもわかる．すなわちその公式で $\sum_{P'}(e_{P'} - 1) = 0$, また $g = 1$ であるから $g' = 1$ を得る．

る.

さて週期群 $P(\omega_1, \omega_2)$ からつくられる (5.8) の $\wp$ 函数を $z = \wp(u|\omega_1, \omega_2)$ とし, $P(\omega_1', \omega_2')$ を用いて同様に定義される $\wp$ 函数を $z_1 = \wp(u|\omega_1', \omega_2')$ とせよ. z_1 はもちろん L の函数であって, ここで

$$(5.44) \qquad\qquad L = K(z_1)$$

が成立する. なんとなれば $w = \wp'(u|\omega_1, \omega_2)$, $w_1 = \wp'(u|\omega_1', \omega_2')$ とすれば $\dfrac{w_1}{w}$ は L に属する u の偶函数であるから, 322-323 頁の注意によりそれは z_1 の有理式として表される. すなわち $w_1 \in K(z_1)$. しかるに一方 $L = k(z_1, w_1)$ なる故 (5.44) を得る.

z は u の偶函数であるから上と同じ理由によりそれは z_1 の有理式として表される:

$$z = r(z_1).$$

この右辺の分母を払って z と z_1 との関係式を

$$F_1(z, z_1) = 0$$

の形にすることができる. ただし $F_1(X, Y)$ は X については 1 次, Y については (5.43), (5.44) より $n_1 n_2$ 次の既約多項式である.

特に $n_1 = n_2 = n$ とすれば

$$z_1 = \wp(u|n\omega_1, n\omega_2') = \frac{1}{n^2} \wp\left(\frac{u}{n}\bigg|\omega_1, \omega_2\right)$$

であるから $L = K(z_1) = K\left(\wp\left(\dfrac{u}{n}\bigg|\omega_1, \omega_2\right)\right)$ となって,

$$F(X, Y) = F_1\left(X, \frac{1}{n^2}Y\right)$$

とおけば $F(z, Y)$ は $\wp\left(\dfrac{u}{n}\bigg|\omega_1, \omega_2\right)$ を根とする K の既約式である. この Y に関して n^2 次の方程式

$$F(z, Y) = 0$$

を K に関する**一般 n 等分方程式**と呼ぶ. L/K は Abel 体であるからそれはいわゆる Abel 方程式であって, K に関する巾根のみを用いて解かれる. その根はもちろん $\wp\left(\dfrac{u}{n}\bigg|\omega_1, \omega_2\right)$ の K に関する共軛元

$$\wp\left(\frac{u+m_1\omega_1+m_2\omega_2}{n}\bigg|\omega_1,\omega_2\right),\qquad m_1,\,m_2=0,\,1,\,\cdots,\,n-1$$

によって与えられる. $\wp\left(\dfrac{u}{n}\bigg|\omega_1,\omega_2\right)$ を $\wp(u|\omega_1,\omega_2)$ の n 分値と呼ぶ.

　$\wp(u|\omega_1,\omega_2)$ に関して $\wp\left(\dfrac{u}{n}\bigg|\omega_1,\omega_2\right)$ と対称な関係にあるのは $\wp(nu|\omega_1,\omega_2)$ である. この函数は明らかに(5.4)を満足するから K に属するが, 一般に a を複素数とする時 $\wp(au|\omega_1,\omega_2)$ がまた K の函数となるかどうかということを調べてみよう. $\wp(au|\omega_1,\omega_2)\in K$ となるためには(5.4)より

$$(5.45)\quad \wp(a(u+\omega)|\omega_1,\omega_2)=\wp(au|\omega_1,\omega_2),\qquad \omega\in P(\omega_1,\omega_2)$$

が必要かつ十分な条件であるが, ここで $u=0$ とすれば右辺は ∞ となるから $a\omega$ は $\wp(u|\omega_1,\omega_2)$ の極でなければならぬ:

$$(5.46)\qquad\qquad\qquad a\omega\in P(\omega_1,\omega_2).$$

逆に(5.47)から(5.45)が導かれることは明白であろう. (5.46)はまた直ちに知られるように

$$(5.47)$$

$$a\omega_1=p\omega_1+q\omega_2,\quad a\omega_2=r\omega_1+s\omega_2,\quad p,\,q,\,r,\,s=\text{有理整数}$$

と同値である. この式から ω_1,ω_2 を消去すれば

$$\begin{vmatrix} p-a & q \\ r & s-a \end{vmatrix}=0.$$

すなわち a は

$$X^2-(p+s)X+ps-qr=0$$

の根である. よってもしもそれが有理整数でなければ, a は二次体の整数でなければならぬ. この場合当然 $q\neq0$ となるから, $a=p+q\tau\ \left(\tau=\dfrac{\omega_2}{\omega_1}\right)$ より

$$(5.48)\qquad\qquad\qquad R_0(a)=R_0(\tau).$$

ただし R_0 は有理数体である. 仮定により $\mathrm{Im}(\tau)>0$ であったから(5.48)は虚二次体である. 従って a もまた虚数であって, このような a によって生ずる変換

$$u\mapsto au$$

を K の**虚数乗法**と呼ぶ.

　上とは逆に $\mathfrak{R} = \mathfrak{R}(K)$ を定める $\tau = \dfrac{\omega_2}{\omega_1}$ が虚二次数であれば楕円函数体 K は虚数乗法を許し，しかもこの場合(5.45)を満足する a の全体が虚二次体 $R_0(\tau)$ の(代数的)整数のある部分環をなすことが容易に証明される. このように一般に虚二次体と楕円函数との間には深い関係があるのであって，それを明らかにしたのがいわゆる虚数乗法論である[37].

　なおこの虚数乗法の理論は楕円函数体に限らず一般の代数函数体においても論ぜられている. その基礎になるのが代数函数体の間の代数的対応の理論であって，それは代数函数論において重要な一分野をなすものであるが，本書では紙数の関係により割愛したのである[38].

　以上これまで述べてきた結果の他にもなお楕円函数体に関しては多くの興味ある事柄が知られているが，本章の初めに述べた方針に従ってこの辺で筆を擱くこととする.

---

37)　菅原正夫，虚数乗法論(岩波講座「数学」)あるいは H. Weber, Lehrbuch der Algebra, III (Braunschweig)参照. なおこれを一般の係数体の上の楕円函数体に拡張したのが第 2 章，註 19 の Hasse の論文である.

38)　代数的対応は今日代数幾何学において非常に一般的な見地から論ぜられている. (本叢書「代数幾何学」の項参照). 特にここでいう代数函数体の間の代数的対応の理論については M. Deuring, Arithmetische Theorie der Korrespondenzen algebraischer Funktionenkörper I, Crelle's Jour. 177 (1937)参照. そこに古典的な虚数乗法の理論も要領よく紹介されている.

附　録

　序言に述べたように，この附録では一般の微分とその留数に関する理論を，J. Tate の idea に従って解説する[1]．この方法は代数函数論以外の分野にも応用が有りそうに思われる[2]．

§1　有限性写像とその trace

　1.1　k を任意の体，V を k 上の線形空間，V の自己準同形環を $\mathrm{End}(V)$ と記す．V が有限次元であれば，任意の線形写像 $f: V \to V$（すなわち $f \in \mathrm{End}(V)$）に対し，f の trace, $T(f)$, が定義されることは周知であるが，V が無限次元の線形空間であっても，ある種の f に対しては $T(f)$ が定義できる．次にそれを説明する．

　定義　線形写像 $f: V \to V$ が，十分大きな自然数 n に対し

$$\dim f^n(V) < +\infty$$

を満足する時，f を**有限性**(finitepotent)**写像**と呼ぶ．

　補題 A.1　f が有限性であるためには，次の条件を満足する V の部分空間 W が存在することが必要かつ十分である：i) $\dim W < +\infty$，ii) $f(W) \subseteqq W$，iii) f により誘導された線形写像 $f_{V/W}: V/W \to V/W$ は巾零(nilpotent)．

　証明　明白．

　上の条件を満足する W を，有限性写像 f の核空間(core space)と呼ぶことにする．W_1, W_2 が f の核空間ならば，$W = W_1 + W_2$ も同様で，しかも誘導された写像 $f_{W/W_1}: W/W_1 \to W/W_1$ は巾零であるから

---

1)　J. Tate, Residues of differentials on curves, Ann. École Norm. Sup., 1968, 149-159. 参照．

2)　なお本書後半の解析的理論，特に第5章 §3. を補うものとして，次の近著を挙げておく：S. Lang, Introduction to algebraic and abelian functions, Addison-Wesley, 1972.

$$T(f_{W_1}) = T(f_W).$$

ここに f_{W_1}, f_W はもちろん f によって W_1, W の上に誘導された線形写像で，T は有限次元空間 W_1, W の上の trace である．同様にして

$$T(f_{W_2}) = T(f_W).$$

これは，W を f の任意の核空間とする時，$T(f_W)$ の値が f だけに依存して W のとり方に無関係であることを示している．よって有限性線形写像 f の V における trace, $T(f) (=T_V(f))$ を

$$T(f) = T(f_W)$$

により一意的に定義することができる．

次にこの trace の基本的性質を二三説明する．

補題 A. 2

   i) $\dim V < +\infty$ であれば，すべての線形写像 $f : V \to V$ が有限性で，かつ $T(f)$ は普通の意味の trace と一致する．

   ii) f が巾零ならば，f は有限性でかつ

$$T(f) = 0.$$

   iii) f を有限性とし，f で不変な部分空間を U とすれば $(f(U) \subseteqq U)$,

$$f_{V/U} : V/U \to V/U, \quad f_U : U \to U$$

     は共に有限性でかつ

$$T(f) = T(f_{V/U}) + T(f_U).$$

証明 i), ii)は明白であるから iii)を証明する．W を f の核空間とし，$W' = (W+U)/U,\ W'' = W \cap U$ とおけば，W', W'' はそれぞれ $f_{V/U}, f_U$ の核空間となるから，これらの写像は有限性である．また f 同形 $W' \cong W/W''$ により $T(f_{W'}) = T(f_{W/W''})$ であるから，$T(f_W) = T(f_{W/W''}) + T(f_{W''})$ から上の公式が得られる．

注意 以下 $T(f_{V/U}), T(f_U)$ の代わりにしばしば $T_{V/U}(f), T_U(f)$ と書くことがある．よって

$$T_V(f) = T_{V/U}(f) + T_U(f).$$

上の補題の三つの性質，i), ii), iii), が，有限性写像 f に対し定義された

函数 $T(f)$ を一意的に特徴付けることは明らかである.

補題 A.3 f, g を End(V) の元とし, fg を有限性と仮定すれば, gf もまた有限性であって

$$T(fg) = T(gf).$$

証明 fg が有限性であるから, $W = (fg)^n(V)$ は十分大きなすべての n に対して一致し, fg の核空間を与える. 一方 $(gf)^{n+1}(V) = g(fg)^n f(V) \subseteq g(W)$ であるから, gf も有限性. よって十分大きなすべての n に対し, $W' = (gf)^n(V)$ は gf の核空間で, $W' \subseteq g(W)$, $\dim W' \leq \dim g(W) \leq \dim W$. 同様にして, $W \subseteq f(W')$, $\dim W \leq \dim W'$. したがって, $\dim W = \dim W'$, かつ $g: W \to W'$ は同形写像である. 明らかに

$$
\begin{CD}
W @>fg>> W \\
@VgVV @VVgV \\
W' @>gf>> W'
\end{CD}
$$

は可換であるから, $T((fg)_W) = T((gf)_{W'})$, すなわち $T(fg) = T(gf)$.

定義 End(V) の $(k$ 上の$)$ 部分空間を F とする時, 適当な自然数 n が存在して, F に属する任意の n 個の写像, $f_1, \cdots, f_n$ に対して

$$\dim f_1 \cdots f_n(V) < +\infty$$

となるならば, F を End(V) の有限性部分空間と呼ぶ.

F が有限性であれば F に属する任意の f は(前の意味で)有限性, したがって $T(f)$ が定義される.

補題 A.4 F が End(V) の有限性部分空間であれば

$$T : F \to k,$$

$$f \mapsto T(f)$$

は k 上の線形写像である.

証明 F が有限個の元(二つでよい)により k 上に張られる場合を考えれば十分である. n を上の定義にあるような自然数とし, F に属する任意の n 個の元の積, $f_1 \cdots f_n$, $f_i \in F$, から張られる End(V) の部分空間を F^n と記す.

$g_1, \cdots, g_m$ を F/k の一組の基とすれば，F^n はまた有限個の積，$g_{i_1} \cdots g_{i_n}, 1 \leqq$ $i_1, \cdots, i_n \leqq m$，により張られるから，有限性の定義により

$$\dim F^n(V) < +\infty.$$

よって $W = F^n(V)$ は F に属するすべての f の核空間となり，かつ $T(f) = T(f_W)$. ゆえに補題は証明された．

1.2　以下の応用においては，上の結果を V がいわゆる"線形位相空間"，すなわち線形位相(linear topology)を与えられた線形空間，である場合に用いる．よってここに線形位相についての簡単な説明を加えておこう[3]．

線形空間 V 上に定義された Hausdorff 位相が次の条件を満足する時，これを**線形位相**と呼ぶ：

　　i)　　V の加法群はこの位相によって位相群を成す，

　　ii)　　V の部分空間 W_α から成る 0 の基本近傍系 $\{W_\alpha\}$ が存在する．

たとえば V 上の discrete topology は線形位相である．

V を線形位相空間とする時，有限交叉性(finite intersection property)を有する V の閉線形部分多様体の族 $\{F_\alpha\}$ がいつも必ず共通点を持つならば，V を linearly compact (以下 l.c. と略す)線形位相空間と呼ぶ(線形部分多様体とは V の部分空間による剰余類のこと)．これについて次の重要な性質が知られている：a) l.c. 空間の(任意個の)直積はまた l.c. 空間である，b) 線形位相空間 V が l.c. かつ discrete であるためには $\dim V < +\infty$ が必要十分である．

線形位相空間 V が l.c. 開部分空間を含む時，V を locally linearly compact (略して l.l.c.)と呼ぶ．このような l.l.c. 空間に対し，その双対空間を定義し，locally compact abel 群におけると同様な双対定理を証明することができる．また V を線形位相空間，W をその閉部分空間とする時，V が l.l.c. (ないし l.c.)であるためには，V/W および W が共に l.l.c. (ないし l.c.)であることが必要十分である．

---

3)　証明の詳細については，S. Lefschetz, Algebraic topology (Amer. Math. Colloq. Pub. 27), Chap. II, §6 参照.

1.3　さて V を体 k 上の l.l.c. 線形位相空間とし，連続な V の自己準同形 $f:V \to V$ の全体を E とする．E は $\mathrm{End}(V)$ の（k 上の）subalgebra である．$\mathrm{Im}\,f(=f(V))$ の閉包が l.c. であるような E の元 f の全体を E_1，$\mathrm{Ker}\,f$ が V の開集合であるような E の元 f の全体を E_2 とし，$E_0 = E_1 \cap E_2$ とする．容易にわかるように，E_0, E_1, E_2 はいずれも E の両側 ideal である．V の任意の l.c. 開部分空間を U とし，V から U の上への射影 (projection) を π とすれば，明らかに

$$\pi \in E_1, \quad 1 - \pi \in E_2.$$

これから直ちに

$$E = E_1 + E_2$$

を得る．

補題 A.5　$f \in E_1$, $g \in E_2$ とすれば

$$\dim gf(V) < +\infty.$$

証明　$\mathrm{Im}\,f$ の閉包 W は l.c.，$U = \mathrm{Ker}\,g$ は V の開部分空間である．よって $W/(W \cap U)$ は l.c. かつ discrete，したがって $\dim W/(W \cap U) < +\infty$．$f(V) \subseteq W$, $g(W \cap U) = 0$ であるから $\dim gf(V) \leqq \dim W/(W \cap U) < +\infty$.

$E_0 = E_1 \cap E_2$ であるから，上の補題により E_0 は $\mathrm{End}(V)$ の有限性部分空間であることがわかる．よって補題 A.4 により線形写像

$$T : E_0 \to k$$
$$f \mapsto T(f)$$

が定義される．

補題 A.6　$f \in E_1$, $g \in E_2$ とすれば，fg, gf は共に E_0 に属し

$$T(fg) = T(gf).$$

証明　これは補題 A.3 により明らか．

§2　微分とその留数

2.1　まず一般の微分 (differential) の定義から始めよう．単位元 1 を有し，体 k を部分体として含む可換環を R とする：$1 \in k \subseteqq R$．R は k 加群であるか

ら tensor 積 $R\otimes_k R$ が定義されるが，この積に

$$x(y\otimes z) = xy\otimes z$$

がすべての $x, y, z\in R$ に対し成立するように R 加群構造を（一意的に）導入することができる．この時 $R\otimes_k R$ の元で

$$x\otimes yz - xy\otimes z - xz\otimes y$$

なる形のものから生成される部分加群を A とすれば，A は $R\otimes_k R$ の R 部分群で，R 加群としては

$$1\otimes yz - y\otimes z - z\otimes y, \qquad y, z\in R,$$

から生成される．

$$\Omega_{R/k} = R\otimes_k R/A,$$
$$dx = 1\otimes x \bmod A, \qquad x\in R$$

とおけば，$\Omega_{R/k}$ はすべての dx, $x\in R$, から生成される R 加群である．

$$xdy = x\otimes y \bmod A, \qquad x, y\in R$$

であることに注意すれば，$\Omega_{R/k}$ は加法群としてはこのようなすべての xdy により生成されることがわかる．

定義 $\Omega_{R/k}$ の元を R/k の**微分**と呼び，特に dx を x の微分と呼ぶ．dx の定義から

$$d(x+y) = dx + dy, \qquad d(xy) = xdy + ydx, \qquad x, y\in R.$$

$a\in k$ とすれば

$$1\otimes a = a\otimes 1 = -(a\otimes 1\cdot 1 - a\otimes 1 - a\otimes 1)$$
$$\equiv 0 \quad \bmod A.$$

よって

$$da = 0, \qquad d(ax) = adx, \qquad a\in k, \; x\in R.$$

次に $\Omega_{R/k}$ の重要な性質を一つだけ簡単に説明しておく．R から R 加群 V $(1\cdot v = v, \; v\in V)$ への写像

$$D : R \to V$$

が次の条件：

$$D(x+y) = D(x) + D(y), \qquad D(xy) = xD(y) + yD(x),$$

$$D(a) = 0, \qquad a \in k, \quad x, y \in R$$

を満足する時，D を V に値を取る R の k-derivation と呼ぶ．このような k-derivation の全体を $\mathfrak{D}(R/k, V)$ と記せば，これは

$$(xD + yD')(z) = xD(z) + yD'(z), \quad x, y, z \in R$$

なる算法によって R 加群を成す．さて

$$f : \Omega_{R/k} \to V$$

を任意の R 準同形とする時

$$f \circ d : R \to V$$
$$x \mapsto f(dx)$$

は k-derivation を定義する．逆に任意の $D \in \mathfrak{D}(R/k, V)$ に対し，$D = f \circ d$ を満足する $f : \Omega_{R/k} \to V$ がただ一つ存在することも容易にわかる．よって

$$\mathrm{Hom}_R(\Omega_{R/k}, V) \overset{\sim}{\to} \mathfrak{D}(R/k, V).$$

したがって derivation を調べることによって微分の性質を知ることができる．

2.2 さて R/k を上の通りとし，V を次の条件を満足する R 加群とする：

i)　　V は k 上の l.l.c. 線形位相空間である，

ii)　　すべての $x \in R$ に対し，線形写像

$$\varphi_x : V \to V$$
$$v \mapsto xv$$

は連続である．

今後簡単のためにこのような R 加群 V を連続 R 加群と呼ぶことにする．

　V を上の通りとし，1.3 におけるごとく，V の連続自己準同形の全体を E とすれば，任意の $x, y \in R$ に対し ii) により

$$\varphi_x, \ \varphi_y \in E.$$

$E = E_1 + E_2$ であるから

$$f, \ g \in E_1, \quad f \equiv \varphi_x, \quad g \equiv \varphi_y \quad \mathrm{mod}\, E_2$$

を満足する f, g が存在する．

補題 A.7　交換子 $[f, g](= fg - gf)$, $[f, \varphi_y]$, $[\varphi_x, g]$ はすべて E_0 に属し，

かつ

$$T([f, g]) = T([f, \varphi_y]) = T([\varphi_x, g]).$$

証明　明らかに $[f, g] \in E_1$. R は可換環であるからもちろん $xy = yx$, $\varphi_x \varphi_y = \varphi_y \varphi_x$. よって

$$[f, g] \equiv [\varphi_x, \varphi_y] \equiv 0 \mod E_2.$$

したがって $[f, g] \in E_0 = E_1 \cap E_2$. 同様に $[f, \varphi_y]$, $[\varphi_x, g]$ も E_0 に含まれる. $f \in E_1$, $g - \varphi_y \in E_2$ であるから補題 A.6 により $T([f, g-\varphi_y]) = 0$, すなわち $T([f, g]) = T([f, \varphi_y])$. $T([\varphi_x, g])$ についても同様(証終).

この補題により, 上の共通の trace の値は R の元 x, y だけに依存して, f, g の取り方には無関係に定まることがわかる. よってこれを $\{x, y\}$ と記す:

$$\{x, y\} = T([f, g]) = T([f, \varphi_y]) = T([\varphi_x, g]).$$

明らかに, $\{x, y\}$ は x, y につき bilinear であるから, 線形写像

$$R \otimes_k R \to k$$

$$x \otimes y \mapsto \{x, y\}$$

が存在する.

さて x, y, f, g は上の通りとし, また $z \in R$ に対し

$$h \in E_1, \quad h \equiv \varphi_z \mod E_2$$

とすれば

$$gh \in E_1, \quad gh \equiv \varphi_y \varphi_z \equiv \varphi_{yz} \mod E_2$$

等が成立するから,

$$\{x, yz\} = T([f, gh]) = T(fgh - ghf),$$
$$\{xy, z\} = T([fg, h]) = T(fgh - hfg),$$
$$\{zx, y\} = T([hf, g]) = T(hfg - ghf).$$

よって $zx = xz$ を用いて

$$\{x, yz\} - \{xy, z\} - \{xz, y\} = 0,$$

すなわち上の写像 $R \otimes_k R \to k$ において

$$x \otimes yz - xy \otimes z - xz \otimes y \mapsto 0.$$

したがって写像 $R \otimes_k R \to k$ は線形写像

$$\mathrm{Res}_V : \Omega_{R/k} = R \otimes_k R/A \to \quad k$$
$$\omega \quad \mapsto \mathrm{Res}_V(\omega)$$

を誘導する.

定義　$\mathrm{Res}_V(\omega)$ を微分 ω の V における**留数**と呼ぶ.

$\omega = xdy = x \otimes y \mod A,\ x, y \in R,$ に対しては

$$\mathrm{Res}_V(xdy) = \{x,\ y\} = T([f,\ g])$$
$$= T([f,\ \varphi_y]) = T([\varphi_x,\ g]).$$

$[f,\ g] + [g,\ f] = 0$ を用いて

$$\mathrm{Res}_V(xdy) + \mathrm{Res}_V(ydx) = 0, \qquad x,\ y \in R.$$

特に $y = 1$ とすれば, $dy = 0$ であるから

$$\mathrm{Res}_V(dx) = 0, \qquad x \in R.$$

注意　Tate は R 加群 V に線形位相を仮定しないで留数を定義した. その
ため結果はわれわれの場合より一般的であるが, 途中の議論はやや複雑になっ
ている. 代数函数体への応用を主眼とする場合, V を l.l.c. 線形空間と仮定す
る方が簡明であろう.

2.3　次に留数の主な性質をいくつか証明する.

定理 A.1　V を連続 R 加群, W をその閉 R 部分群とすれば, $V/W, W$ は
共にまた連続 R 加群であって

$$\mathrm{Res}_V(\omega) = \mathrm{Res}_{V/W}(\omega) + \mathrm{Res}_W(\omega), \qquad \omega \in \Omega_{R/k}.$$

証明　$\omega = xdy,\ x,\ y \in R,$ に対して証明すればよい. $f, g \in E_1,\ f \equiv \varphi_x,\ g$
$\equiv \varphi_y \mod E_2$ とすれば, 容易にわかるように

$$f_{V/W}, g_{V/W} \in E_1(V/W), f_{V/W} \equiv \varphi_{x,V/W}, g_{V/W} \equiv \varphi_{y,V/W} \mod E_2(V/W),$$
$$f_W,\quad g_W \in E_1(W), \qquad f_W \equiv \varphi_{x,W}, \qquad g_W \equiv \varphi_{y,W} \qquad \mod E_2(W).$$

ただし V/W に関する E_1 空間を $E_1(V/W)$, 等々, とした. よって, $[f_{V/W},$
$g_{V/W}] = [f,\ g]_{V/W},\ [f_W,\ g_W] = [f,\ g]_W$ に注意すれば, 定理は補題 A.2,
iii) から直ちに得られる.

系　V が閉 R 部分群 V_1, V_2 の直和であれば

$$\mathrm{Res}_V(\omega) = \mathrm{Res}_{V_1}(\omega) + \mathrm{Res}_{V_2}(\omega), \qquad \omega \in \Omega_{R/k}.$$

定理 A. 2 V が l. c. ないし discrete であれば

$$\mathrm{Res}_V(\Omega_{R/k}) = 0.$$

証明 V が l. c. であれば $E_1 = E$. よって $f = \varphi_x$, $g = \varphi_y$ とすることができる. $[\varphi_x, \varphi_y] = 0$ であるから

$$\mathrm{Res}_V(xdy) = T([\varphi_x, \varphi_y]) = 0.$$

V が discrete であれば $E_2 = E$. よって $f = g = 0$ とすることができるから

$$\mathrm{Res}_V(xdy) = T([f, g]) = 0.$$

補題 A. 8 $x, y \in R$ とする時, $x(U + yU + y^2 U) \subseteq U$ ないし $y(U + xU + x^2 U) \subseteq U$ を満足する V の l. c. 開部分空間 U が存在すれば

$$\mathrm{Res}_V(xdy) = 0.$$

特に $xU \subseteq U$ および $yU \subseteq U$ を満足する U があれば

$$\mathrm{Res}_V(xdy) = 0.$$

証明 $\mathrm{Res}_V(xdy) + \mathrm{Res}_V(ydx) = 0$ であるから, $x(U + yU + y^2 U) \subseteq U$ の場合にだけ証明すればよい. V から U の上への射影を π とすれば, $\pi\varphi_x \in E_1$, $\pi\varphi_x \equiv \varphi_x \bmod E_2$. よって

$$\mathrm{Res}_V(xdy) = T(\psi), \ \psi = [\pi\varphi_x, \varphi_y] = \pi\varphi_x\varphi_y - \varphi_y\pi\varphi_x.$$

$W = U + yU$ とおけば, $\psi_{V/W} = 0$, $\psi_W = 0$ は容易に確かめられる. したがって

$$T(\psi) = T_V(\psi) = T_{V/W}(\psi) + T_W(\psi) = 0.$$

補題 A. 9 $x \in R$ とすれば, すべての $n \geq 0$ に対し

$$\mathrm{Res}_V(x^n dx) = 0.$$

特に x が R の正則元(逆を持つ元)であれば, すべての $n \leq -2$ に対しても

$$\mathrm{Res}_V(x^n dx) = 0.$$

証明 $\mathrm{Res}_V(dx) = 0$ であることは既に上に注意した. よって $n \geq 1$ とし, $f \in E_1$, $f \equiv \varphi_x \bmod E_2$ とすれば, $f^n \in E_1$, $f^n \equiv \varphi_x^n \equiv \varphi_{x^n} \bmod E_2$. したがって

$$\mathrm{Res}_V(x^n dx) = T([f^n, f]) = 0.$$

x が正則元である場合には

$$xd(x^{-1}) + x^{-1}dx = d(1) = 0,$$

$$dx = -x^2 d(x^{-1}), \quad x^n dx = -(x^{-1})^{-2-n} d(x^{-1})$$

を用いればよい.

補題 A. 10　x を R の正則元とし, $xU \subseteqq U$ を満足する V の l.c. 開部分空間を U とすれば

$$\mathrm{Res}_V(x^{-1}dx) = (\dim U/xU)1_k.$$

証明　上と同じく V から U の上への射影を π とすれば

$$\mathrm{Res}_V(x^{-1}dx) = T(\psi), \quad \psi = [\pi\varphi_x^{-1}, \varphi_x] = \pi - \varphi_x\pi\varphi_x^{-1}.$$

$xU \subseteqq U$ を用いれば容易に

$$\psi_{V/U} = 0, \quad \psi_{U/xU} = 1, \quad \psi_{xU} = 0.$$

よって $T_V = T_{V/U} + T_{U/xU} + T_{xU}$ により直ちに補題の公式が得られる. U/xU は l.c. かつ discrete であるから $\dim U/xU < +\infty$ であることに注意.

2.4　いままではただ一つの可換環 R を考えてきたが, 次には R が同様な可換環 S に部分環として含まれている場合を考え, $\Omega_{R/k}$ と $\Omega_{S/k}$, およびそれらの留数の間の関係を調べてみる.

$\Omega_{S/k}$ を定義する $S \otimes_k S$ の S 部分加群を B とすれば, 単射 $R \to S$ により誘導された写像 $R \otimes_k R \to S \otimes_k S$ はまた

$$\Omega_{R/k} \to \Omega_{S/k}$$

$$xdy = x \otimes y \bmod A \mapsto xdy = x \otimes y \bmod B$$

を誘導する. この写像は一般には単射ではない.

さて X を任意の連続 S 加群とする時, X は明らかにまた連続 R 加群でもあるから

$$\mathrm{Res}_X : \Omega_{R/k} \to k, \qquad \mathrm{Res}_X : \Omega_{S/k} \to k$$

が定義される. $x, y \in R$ とすれば, $\mathrm{Res}_X(xdy)$ は定義により x, y が X の上にひきおこす線形写像にだけ依存するから, xdy を $\Omega_{R/k}$ の微分と考えても, また $\Omega_{S/k}$ の微分と考えても, $\mathrm{Res}_X(xdy)$ の値に変わりはない. よって一般に

$$\Omega_{R/k} \to \Omega_{S/k},$$
$$\omega \quad \mapsto \quad \omega'$$

とする時

$$\mathrm{Res}_X(\omega) = \mathrm{Res}_X(\omega')$$

を得る.

R は S の部分環であるから, S はもちろん R 加群であるが, 以下 S は有限階(n 階)の自由 R 加群であると仮定する. V を任意の連続 R 加群とし,

$$X = S \otimes_R V$$

とおけば, X は S 加群を与える. いま S/R の自由基 $\xi_1, \cdots, \xi_n$ を定めれば明らかに

$$V^n \quad \to \quad X,$$
$$(v_1, \cdots, v_n) \mapsto \xi_1 \otimes v_1 + \cdots + \xi_n \otimes v_n.$$

仮定により V は k 上の l.l.c. 線形位相空間であるから, 上の同形を用いてこの位相を X の上に移せば, X もまた l.l.c. 線形位相空間となる. しかも X のこの線形位相は S/R の基 $\xi_1, \cdots, \xi_n$ のとり方に無関係であることが容易にわかる. 一般に任意の $f \in \mathrm{End}(X)$ が与えられた時, すべての $v_1, \cdots, v_n \in V$ に対し

$$f\left(\sum_{i=1}^n \xi_i \otimes v_i\right) = \sum_{i,j=1}^n \xi_i \otimes f_{ij}(v_j)$$

を満足する n^2 個の $f_{ij} \in \mathrm{End}(V)$, $i, j = 1, \cdots, n$, がただ一組存在し, したがって k 上の algebra として

$$\mathrm{End}(X) \xrightarrow{\sim} M_n(\mathrm{End}(V))$$
$$f \quad \mapsto \quad (f_{ij})$$

となる. ただし M_n は $n \times n$ の行列環を表す. しかも明らかにこの同形により

$$E(X) \xrightarrow{\sim} M_n(E(V)).$$

さて S の任意の元 ξ に対し

$$\xi\xi_j = \sum_{i=1}^n x_{ij}\xi_i, \qquad j = 1, \cdots, n,$$

また

$$\psi_\xi : X \to X,$$
$$w \mapsto \xi \cdot w$$

とおけば，直ちにわかるように

$$\psi_\xi \mapsto (\varphi_{x_{ij}}).$$

ただし前と同じく，$x \in R$ に対し

$$\varphi_x : V \to V,$$
$$v \mapsto x \cdot v$$

とした．仮定により $\varphi_x \in E(V)$ であるから，同形 $E(X) \simeq M_n(E(V))$ により ψ_ξ は $E(X)$ に属す．すなわち ψ_ξ は連続であることが知られる．以上により $X = S \otimes_R V$ が連続 S 加群であることが証明された．

次に $E(X) \overset{\sim}{\to} M_n(E(V))$ による $M_n(E_0(V))$ の逆像を E' とすれば，E' は $E(X)$ の部分空間でしかも

$$E' \subsetneqq E_0(X).$$

よって trace

$$T_X : E' \to k$$

が定義される．E' の任意の元 f をとり，$f \mapsto (f_{ij})$, $f_{ij} \in E_0(V)$, $i, j = 1, \cdots, n$, とせよ．行列 (f_{ij}) を対角線と，対角線の上の部分と，その下の部分との和に分解し，それに対応して

$$f = f_0 + f_1 + f_2$$

とすれば，f_0, f_1, f_2 もまた E' に属し，かつ f_1, f_2 は巾零である．よって

$$T_X(f_1) = T_X(f_2) = 0, \qquad T_X(f) = T_X(f_0).$$

一方定義により容易に

$$T_X(f_0) = \sum_{i=1}^{n} T_V(f_{ii}).$$

したがって次の公式が得られる：

$$T_X(f) = \sum_{i=1}^{n} T_V(f_{ii}).$$

さて X は連続 S 加群であるから

$$\mathrm{Res}_X : \Omega_{S/k} \to k$$

が定義される.

定理 A. 3　$\xi \in S,\ y \in R$ とすれば

$$\mathrm{Res}_X(\xi dy) = \mathrm{Res}_V(T_{S/R}(\xi)dy).$$

ここに $T_{S/R}$ は R 上の algebra S の trace である.

証明　V の l. c. 開部分空間 U をとり

$$W = \xi_1 \otimes U + \cdots + \xi_n \otimes U$$

とすれば, W は X の l. c. 開部分空間となる. V から U の上への射影を π とし, 同形 $\mathrm{End}(X) \xrightarrow{\sim} M_n(\mathrm{End}(V))$ において

$$\pi' \mapsto \begin{pmatrix} \pi & & & 0 \\ & \pi & & \\ & & \ddots & \\ 0 & & & \pi \end{pmatrix}$$

とすれば, π' は X から W の上への射影を与える. 一方

$$\psi_\xi \mapsto (\varphi_{x_{ij}}), \quad \psi_y \mapsto \begin{pmatrix} \varphi_y & & 0 \\ & \ddots & \\ 0 & & \varphi_y \end{pmatrix}$$

であるから

$$[\pi'\psi_\xi,\ \psi_y] \mapsto ([\pi\varphi_{x_{ij}},\ \varphi_y]).$$

よってこの定理の前に述べた公式を用いて

$$\begin{aligned}
\mathrm{Res}_X(\xi dy) = T_X([\pi'\psi_\xi,\ \psi_y]) &= \sum_{i=1}^n T_V([\pi\varphi_{x_{ii}},\ \varphi_y]) \\
&= \sum_{i=1}^n \mathrm{Res}_V(x_{ii}dy) = \mathrm{Res}_V\left(\left(\sum_{i=1}^n x_{ii}\right)dy\right) \\
&= \mathrm{Res}_V(T_{S/R}(\xi)dy).
\end{aligned}$$

§3　代数函数体における微分とその留数

3.1　上に述べた微分と留数の一般論を代数函数体に適用してみよう.

基礎体 k の上の代数函数体を K とする. K の素点を P. P による K の完備化を K_P, K_P の賦値環を $\mathfrak{o}_P$, $\mathfrak{o}_P$ の素 ideal を $\mathfrak{p}_P$ と記す. $k \subseteq K \subseteq K_P$ であるから K_P は k 上の線形空間である. K_P のいわゆる P-進位相における 0 の基本近傍系は, $\mathfrak{p}_P$ の巾, $\mathfrak{p}_P^m$, $m \geqq 0$, により与えられるが, $\mathfrak{p}_P^m$ は明らかに $(k$ 上の$)$ K_P の部分空間であるから, この K_P の位相は k の上の線形位相である. 一方展開定理(定理 1.6)を用いれば容易に, $\mathfrak{o}_P$ が 1 次元の l.c. 線形空間 k の直積であることがわかる. よって $\mathfrak{o}_P$ は K_P の l.c. 開部分空間, したがって K_P は l.l.c. 線形空間である.

さて K_P は位相体でその乗法は連続であるから, それは明らかに $(2.2$ の意味で$)$ 連続 K_P 加群, したがってまた連続 K 加群を成す. よって $\Omega_{K_P/k}$ ないし $\Omega_{K/k}$ に属する任意の微分 ω に対し留数 $\mathrm{Res}_{K_P}(\omega)$ が定義される. 以下この留数を

$$\mathrm{Res}_P(\omega)$$

と記し, ω の素点 P における**留数**と呼ぶことにする.

補題 A.11　ξ, η を K_P の元とし

$$\min(\nu_P(\xi), \quad \nu_P(\xi) + \nu_P(\eta), \quad \nu_P(\xi) + 2\nu_P(\eta)) \geqq 0$$

ないし

$$\min(\nu_P(\eta), \quad \nu_P(\eta) + \nu_P(\xi), \quad \nu_P(\eta) + 2\nu_P(\xi)) \geqq 0$$

とすれば

$$\mathrm{Res}_P(\xi d\eta) = 0.$$

証明　仮定により

$$\xi(\mathfrak{o}_P + \eta\mathfrak{o}_P + \eta^2\mathfrak{o}_P) \subseteq \mathfrak{o}_P \quad \text{ないし} \quad \eta(\mathfrak{o}_P + \xi\mathfrak{o}_P + \xi^2\mathfrak{o}_P) \subseteq \mathfrak{o}_P.$$

$\mathfrak{o}_P$ は K_P の l.c. 開部分空間であるから, 補題 A.8 により直ちに上の結果を得る.

系　写像

$$K_P \times K_P \to \qquad k$$
$$(\xi, \eta) \quad \mapsto \mathrm{Res}_P(\xi d\eta)$$

は連続である.

さて P を次数 1, すなわち $n(P)=1$, と仮定し, π を K_P の任意の素元とせよ. K_P の元 ξ, η を任意にとる時, 展開定理により

$$\xi = \sum_{-\infty \ll n < \infty} a_n \pi^n,$$
$$\eta = \sum_{-\infty \ll n < \infty} b_n \pi^n, \quad a_n, b_n \in k.$$

η の巾級数を π につき形式的に微分して

$$\frac{d\eta}{d\pi} = \sum_{-\infty \ll n < \infty} n b_n \pi^{n-1}$$

とすれば, 巾級数

$$\xi \frac{d\eta}{d\pi} = \left(\sum_{-\infty \ll n < \infty} a_n \pi^n \right) \left(\sum_{-\infty \ll n < \infty} n b_n \pi^{n-1} \right)$$
$$= \sum_{-\infty \ll n < \infty} c_n \pi^n$$

における π^{-1} の係数は

$$c_{-1} = \sum_{m+n=0} n a_m b_n$$

により与えられる.

定理 A. 4

$$\mathrm{Res}_P(\xi d\eta) = c_{-1}$$
$$= \sum_{m+n=0} n a_m b_n.$$

証明 N を十分大きな自然数として

$$\xi' = \sum_{-\infty \ll n < N} a_n \pi^n, \quad \eta' = \sum_{-\infty \ll n < N} b_n \pi^n$$

とおけば, 補題 A. 11, 系により

$$\mathrm{Res}_P(\xi d\eta) = \mathrm{Res}_P(\xi' d\eta').$$

よって定理を証明するには，十分大きな n に対しては $a_n = b_n = 0$ と仮定して差支えない．したがってまた

$$\xi = \pi^m, \quad \eta = \pi^n, \quad \xi d\eta = n\pi^{m+n-1} d\pi$$

なる場合だけ考えればよいが，補題 A.9，A.10 により

$$\mathrm{Res}_P(\pi^{m+n-1} d\pi) = 0, \qquad\qquad m+n \neq 0,$$
$$= n(P)1_k = 1_k, \quad m+n = 0.$$

よって定理は証明された．

　この定理により特に

$$\xi \frac{d\eta}{d\pi}, \qquad \xi, \eta \in K_P,$$

を π の巾級数に展開した時の π^{-1} の係数は，K_P の素元 π のとり方に依存しないことがわかる（定理 2.16 参照）．

　さて基礎体 k が代数的閉体であれば，k 上の代数函数体 K の素点 P はいつも条件 $n(P)=1$ を満足する．したがって上記公式により留数 $\mathrm{Res}_P(\xi d\eta)$ を計算することができる．なお k が完全体（特に有限体）である時，上の結果を $n(P)>1$ なる場合に拡張することも容易であるが，ここでは省略する．読者は練習問題として考察されたい．

　次に L を K と同じく k 上の代数函数体とし，かつ K の拡大体とする：

$$k \subseteq K \subseteq L.$$

L/K はもちろん有限次拡大である．L の素点 Q の K 上への射影を P とすれば，明らかに

$$K_P \subseteq L_Q.$$

定理 A.5　$\xi \in L_Q$, $y \in K_P$ とすれば

$$\mathrm{Res}_Q(\xi dy) = \mathrm{Res}_P(T_{L_Q/K_P}(\xi)dy).$$

証明　$K_P \otimes_{K_P} L_Q = L_Q$ であるから，定理 A.3 を用いればよい．

補題 A.12　K, L を上の通りとし，P を K の素点，$Q_1, \cdots, Q_g$ を P の L におけるすべての拡張とすれば，K_P 上の algebra として

$$K_P \otimes_K L \simeq L_{Q_1} \oplus \cdots \oplus L_{Q_g}.$$

証明 K_P, $L \subseteq L_{Q_i}$, $i = 1, \cdots, g$, であるから，準同形

$$f : K_P \otimes_K L \to L_{Q_1} \oplus \cdots \oplus L_{Q_g}$$

が存在する．定理 1.9 および第 2 章 §3，注意 2 により，上の両辺は K_P 上の線形空間として同次元(有限)である．一方近似定理(定理 1.1)により，$\mathrm{Im}\, f$ は $L_{Q_1} \oplus \cdots \oplus L_{Q_g}$ のなかで稠密である．f はもちろん K_P 上の線形写像，したがって $\mathrm{Im}\, f$ は $L_{Q_1} \oplus \cdots \oplus L_{Q_g}$ の部分空間であるから，K_P が完備体であることを用いれば，これから容易に f が全射，したがって同形写像であることが知られる．

定理 A.6 $K, L, P, Q_1, \cdots, Q_g$ を上の通りとし，$x \in L$，$y \in K$ とすれば

$$\sum_{i=1}^{g} \mathrm{Res}_{Q_i}(xdy) = \mathrm{Res}_P(T_{L/K}(x)dy).$$

証明 上の補題により

$$\sum_{i=1}^{g} T_{L_{Q_i}/K_P}(x) = T_{L/K}(x).$$

よって定理 A.5 を用いればよい．この定理はまた定理 A.3 を直接に $K_P \otimes_K L \simeq L_{Q_1} \oplus \cdots \oplus L_{Q_g}$ に適用しても得られる．なお $\mathrm{Res}_{Q_i}(xdy)$ の値は，xdy を $\Omega_{L_{Q_i}/k}$ の元と見ても，また $\Omega_{L/k}$ の元と見ても変わらぬことに注意．$\mathrm{Res}_P(T_{L/K}(x)dy)$ についても同様．

3.2 再び k 上の代数函数体を K とし，第 2 章 §4 に定義された K の adele 環 $\tilde{K}$ を考える[4]．$k \subseteq K \subseteq \tilde{K}$ であるから $\tilde{K}$ は k 上の線形空間であるが，$\tilde{K}$ の位相を定める開集合 $\tilde{L}(A)$ はすべて $\tilde{K}$ の k 部分空間であるから，$\tilde{K}$ は k 上の線形位相空間である．定義により $\tilde{L}(A)$ は $\mathfrak{p}_P^{m_P}$，$m_P = -\nu_P(A)$，の直積(ただし P は K のすべての素点の上を動く)で，各 $\mathfrak{p}_P^{m_P}$ は l.c. であるから，$\tilde{L}(A)$ も l.c.，したがって adele 環 $\tilde{K}$ は l.l.c. 線形位相空間である．

---

4) 加法的 idèle (脚註 3)，77 頁参照)は現今 adele と呼ばれている．

補題 A. 13 K は $\tilde{K}$ の discrete な部分空間で，かつ商空間 $\tilde{K}/K$ は l.c. である．

　証明 P を K の素点とする時，定理 2.2 により

$$K \cap \tilde{L}(P^{-1}) = \{0\}.$$

よって K は discrete である．次に K の因子を A とする時，線形写像

$$f : \tilde{K}/(\tilde{L}(A)+K) \to k$$

の全体を $\mathfrak{L}'_A$ と記せば，$\mathfrak{L}'_A$ は第 2 章 §4 に定義された $\mathfrak{L}_A$ と本質的に一致するから

$$\dim \mathfrak{L}'_A < +\infty.$$

よって $\mathfrak{L}'_A$ の双対空間である $\tilde{K}/(\tilde{L}(A)+K)$ も k 上に有限次元，したがって l.c. である．一方 $\tilde{L}(A)$ は l.c. であるから，同形 $(\tilde{L}(A)+K)/(K \cong \tilde{L}(A)/\tilde{L}(A)\cap K)$ を用いて $(\tilde{L}(A)+K)/K$ も l.c.，したがって $\tilde{K}/K$ は l.c. である．

　さて $\tilde{K}$ は l.l.c. 位相環でかつ $K \subseteq \tilde{K}$ であるから，$\tilde{K}$ は連続 K 加群を成す．よって $\Omega_{K/k}$ の微分 ω に対し留数 $\text{Res}_{\tilde{K}}(\omega)$ が定義される．

　補題 A. 14

$$\text{Res}_{\tilde{K}}(\Omega_{K/k}) = 0.$$

　証明 K は $\tilde{K}$ の K 部分加群であるから，定理 A.1，A.2 および補題 A.13 により

$$\text{Res}_{\tilde{K}}(\Omega_{K/k}) = \text{Res}_{\tilde{K}/K}(\Omega_{K/k}) + \text{Res}_K(\Omega_{K/k}) = 0.$$

　定理 A. 7（留数定理）　$\Omega_{K/k}$ に属する任意の微分 ω をとる時，K のほとんどすべて（有限個を除く）の素点 P に対して

$$\text{Res}_P(\omega) = 0.$$

しかも

$$\sum_P \text{Res}_P(\omega) = 0.$$

　証明 $\omega = xdy,\ x, y \in K$，の場合に証明すれば十分である．明らかにほとんどすべての P に対し

$$\nu_P(x) \geqq 0, \quad \nu_P(y) \geqq 0.$$

例外の素点を $P_1, \cdots, P_h$ とすれば，補題 A.11 により

$$\mathrm{Res}_P(\omega) = 0, \quad P \neq P_1, \cdots, P_h.$$

よって前半は証明された．次に

$$M = \{\tilde{a} = (a_P) \in \tilde{K}; \, a_{P_i} = 0, \quad i = 1, \cdots, h\}$$

とおけば，M は $\tilde{K}$ の ideal であって

$$\tilde{K} = K_{P_1} \oplus \cdots \oplus K_{P_h} \oplus M.$$

また K の因子群の単位元を E とし

$$U = M \cap \tilde{L}(E)$$

とすれば，U は M の l.c. 開部分空間でかつ

$$xU \subseteqq U, \quad yU \subseteqq U.$$

よって補題 A.8 により

$$\mathrm{Res}_M(\omega) = 0.$$

したがって定理 A.1，系を用いて

$$\mathrm{Res}_{\tilde{K}}(\omega) = \mathrm{Res}_{P_1}(\omega) + \cdots + \mathrm{Res}_{P_h}(\omega) + \mathrm{Res}_M(\omega)$$

$$= \mathrm{Res}_{P_1}(\omega) + \cdots + \mathrm{Res}_{P_h}(\omega)$$

$$= \sum_P \mathrm{Res}_P(\omega).$$

前の補題により $\mathrm{Res}_{\tilde{K}}(\omega) = 0$ であるから後半も証明された．

3.3　以下 k は代数的閉体と仮定する．K を k 上の代数函数体とすれば，定理 2.1 により K は分離元 x，すなわち $K/k(x)$ が分離（第一種）拡大であるような元 $x \notin k$，を含む．

　補題 A.15　$\Omega_{K/k}$ の元として

$$dx \neq 0.$$

　証明　有理函数体 $k(x)$ の素点で，$\nu_P(x) = 1$, $n(P) = 1$ を満足する P が存在する（第 1 章 §1，例 2）．また $K/k(x)$ は有限次分離（第一種）拡大であるから

$$T_{K/k(x)}(y) = x^{-1}$$

となる K の元 y が存在する．$Q_1, \cdots, Q_g$ を P の K におけるすべての拡張と

すれば，定理 A.4，A.6 により

$$\sum_{i=1}^{g} \operatorname{Res}_{Q_i}(ydx) = \operatorname{Res}_P(x^{-1}dx) = 1_k.$$

よって $dx \neq 0$ でなければならぬ．

　定理 A.8　K 加群 $\Omega_{K/k}$ の K 上の次元は 1：

$$\dim_K \Omega_{K/k} = 1.$$

　証明　x を K/k の分離元，y を K の任意の元とし，x と y との間の既約関係式を

$$g(x, y) = 0, \quad g(X, Y) \in k[X, Y]$$

とすれば，容易に

$$g_x(x, y)dx + g_y(x, y)dy = 0.$$

y は $k(x)$ に関し第一種の代数的元であるから $g_y(x, y) \neq 0$. ゆえに

$$dy = wdx, \quad w = -g_x g_y^{-1} \in K.$$

y は任意であったから

$$\Omega_{K/k} = Kdx.$$

前補題により $dx \neq 0$ であるから定理は証明された．

　上の証明において，$K/k(x, y)$ は分離（第一種）拡大であるから，もしも $y \ (y \notin k)$ が K/k の分離元でなければ，$k(x, y)/k(y)$ は非分離（第二種）有限次拡大でなければならぬ．よって $g_x(x, y) = 0$. $g_y(x, y) \neq 0$ であったから

$$dy = 0$$

を得る．すなわち，K の元 $x(x \notin k)$ が分離元であるためには $dx \neq 0$ が必要十分な条件であることがわかる．

　注意　以上の議論は k が代数的閉体でなくても，K/k が分離元を持ちさえすれば，そのまま通用する．一方 K/k が分離元を含まぬ場合には

$$\dim_K \Omega_{K/k} > 1$$

となることも知られている．

　さて第 2 章 §5 に定義された Hasse 微分の全体を $H_{K/k}$ とし，K の元 x の H 微分を，$\Omega_{K/k}$ の元 dx と区別するため，$d'x$ と記す．$H_{K/k}$ は K 加群で

$$D : K \to H_{K/k}$$

$$x \mapsto d'x$$

は明らかに K の k-derivation であるから，2.1 の注意により K 加群としての全射

$$f : \Omega_{K/k} \to H_{K/k},$$

$$dx \mapsto d'x$$

が存在する．しかるに $H_{K/k}$ も $\Omega_{K/k}$ も K 上に 1 次元であるから（定理 2.18，A.8），f は同形写像でなければならぬ．これにより $\Omega_{K/k}$ の微分 ydx は H 微分 $yd'x$ と本質的に同じものであることがわかる．しかも定理 A.4 により ydx の素点 P における留数は $yd'x$ の P における留数と一致する．したがって定理 A.7 は定理 2.19 の別証を与えたことになり，また定理 A.5 は定理 2.19 の証明中の要点であった公式 (5.12) の一般化である．また H 微分の留数を定義するために基本的であった定理 2.16 が定理 A.4 から直ちに導かれることも既に見た通りである．

　上述のごとく，この附録に解説した微分とその留数の理論は，これを代数函数体に限って言えば，第 2 章 §5 に述べたところと本質的に変わりはない．しかしながら読者は，第 2 章において，巧妙ではあるがやや技巧的，計算的な方法により得られた種々の結果が，ここでは一般論から極めて容易にかつ自然に導かれることに注目すべきであろう[5]．なお adele 環 $\tilde{K}$ が l.l.c. 空間であることから，線形位相空間に対する双対定理を用いて第 2 章の Riemann-Roch の定理（定理 2.13）その他を導くこともできる．このように，線形位相空間論を基礎にして微分と留数を含めた代数函数体の代数的理論を構成すれば，理論の全体がなお一層すっきり見通しよくなるが，ここではこれ以上触れぬこととする．

---

[5]　本叢書『数論』第 2 章 §8 に定理 2.16 のもう一つの証明がある．

索　引

岩澤健吉(1917-1998)

1940 年東京帝国大学理学部数学科卒．東京大学助教授からマサチューセッツ工科大学をへてプリンストン大学教授(1967-86 年)，同大学名誉教授．米国数学会コール賞，日本学士院賞(いずれも 1962 年)．著書は，本書のほか『局所類体論』〈数学選書〉岩波書店 1980 年；*Local Class Field Theory* (Oxford Mathematical Monographs) OUP 1986(『局所類体論』)；*Algebraic Functions* (Translations of Mathematical Monographs) AMS 1993(『代数函数論』)など．没後に編まれた *Collected Papers* 2 vols. Springer 2001 がある．

代数函数論

1952 年　3 月 10 日　　第 1 刷発行
1973 年 10 月 31 日　　第 12 刷増補版発行Ⓒ
2009 年　6 月 24 日　　第 21 刷発行
2019 年　7 月 26 日　　改版第 1 刷発行

著　者　　岩澤健吉

発行者　　岡本　厚

発行所　　株式会社　岩波書店
　　　　　〒101-8002 東京都千代田区一ツ橋 2-5-5
　　　　　電話案内　03-5210-4000
　　　　　https://www.iwanami.co.jp/

印刷・法令印刷　函・加藤製函所　製本・松岳社

【岩波オンデマンドブックス】

局 所 類 体 論	岩 澤 健 吉	A5判 198頁 本体 4100円
リ ー マ ン 面	H. ワ イ ル 田 村 二 郎 訳	A5判 218頁 本体 4200円
解 析 的 整 数 論 I・II	カール・ジーゲル 片 山 孝 次 訳	A5判200・344頁 本体4000・5800円
多変数複素解析 増補版	大 沢 健 夫	A5判 184頁 本体 4000円

【岩波オンデマンドブックス】

岩澤理論とその展望 上 (2019 年 9 月刊行予定)	落 合 理	A5判 198頁
岩澤理論とその展望 下	落 合 理	A5判 394頁 本体 7400円

———————— 岩 波 書 店 刊 ————————

定価は表示価格に消費税が加算されます

2019 年 7 月現在